U0151344

数学模型
案例指导与分析

Mathematical Model

李大明◎主编

上海交通大学出版社
SHANGHAI JIAO TONG UNIVERSITY PRESS

内容提要

本书介绍了 42 个数学模型,它们来自天文学、凝聚态物理、高能物理、核反应堆、材料科学、洋流运动学、交通技术、电网技术、通信技术和经济学等不同领域。书中详细推导了这些模型,并且对部分模型给出了计算结果。这些模型与很多数学分支专业(微积分、几何、优化、控制、泛函、变分、微分方程和随机过程等)相关,也与物理学中的热力学、配分函数和平均场等概念有关。为了方便描述,对部分模型采用路径积分作为研究工具。本书中每个模型都是互相独立的,读者可以选择阅读自己感兴趣的相关模型。

本书适合从事数学建模的高年级本科生和研究生学习,也可供对相关模型感兴趣的研究人员参考。

图书在版编目(CIP)数据

数学模型:案例指导与分析/李大明主编. —上海:上海交通大学出版社,2022.9
ISBN 978-7-313-26961-4

Ⅰ.①数…　Ⅱ.①李…　Ⅲ.①数学模型　Ⅳ.①O141.4

中国版本图书馆 CIP 数据核字(2022)第 104854 号

数学模型:案例指导与分析
SHUXUE MOXING:ANLI ZHIDAO YU FENXI

主　　编:李大明			
出版发行:上海交通大学出版社	地　　址:上海市番禺路 951 号		
邮政编码:200030	电　　话:021-64071208		
印　　制:上海景条印刷有限公司	经　　销:全国新华书店		
开　　本:710mm×1000mm　1/16	印　　张:19.75		
字　　数:376 千字			
版　　次:2022 年 9 月第 1 版	印　　次:2022 年 9 月第 1 次印刷		
书　　号:ISBN 978-7-313-26961-4	电子书号:978-7-89424-276-1		
定　　价:68.00 元			

前　言

　　数学模型无处不在。在物理和其他自然科学领域中很多理论都可看成数学模型,所以,数学模型和理论往往不加以区分。数学建模可分为机理性建模和数据建模。机理性建模依赖各种规律(如守恒律)建立模型。而当问题的运作机制不清楚时,只能先做大量实验,再根据实验数据进行建模从而发现规律。本书除了案例 5(商品排名)是数据建模外,其他案例都属于机理性建模/模型。这些模型来自简单的机械设计(案例 3)、运动机械控制(案例 8~11、14、20)、天文学(案例 6、7、42)、交通技术(案例 4)、电网技术(案例 16)、湍流(案例 35)、洋流运动(案例 17、18)、核反应堆(案例 15、21)、通信技术(案例 24)、自动化技术(案例 12)、燃气涡轮发电机(案例 13)、CT 成像(案例 23)、经济(案例 1、32~34)、传统材料(案例 25、30、31、37)、现代材料(案例 19、26~29)、材料加工工艺(案例 22)、神经网络(案例 36)、凝聚态物理(案例 38)和高能物理(案例 39~41)。在高能物理领域的各种模型中,一个重要工具就是路径积分(Feynman path integral),也称泛函积分,它在数学上可理解为 Wiener 积分。虽然路径积分在数学上不是很严格,但它对系统的(波动性/随机性/量子化)描述非常方便。该工具也应用于凝聚态物理、材料科学和经济学等领域(参见案例 26、29、32、33、35、36、39、41)。

　　很多问题往往需要通过数学模型解决。一般分为以下几个解决步骤:

　　(1) 用数学模型/理论描述问题,它包含一些未知参数。

　　(2) 参数已知时求解模型。常用的求解方法包括:①第一性原理计算,比如

Monte Carlo 方法/分子动力学方法；②如果模型有小参数时，可用微扰展开求解；③在某些极限情况下，可用近似方法求解，比如平均场方法；④解析理论，它具有非常强的指导意义，比如高能物理模型，没有互相作用的理论往往可以解析求解。

（3）模型的求解结果与实验结果进行比较。如果它们不吻合，重新调整输入参数，直到模型的解与实验结果的误差达到精度要求。不断地调整参数是一个优化问题，也称反问题或重整化。如此反复调整后的参数所对应的模型可做进一步预测，如果预测的量与实验吻合，则称这样的模型是成功的。否则，需要在原模型中重新调整参数，比如，增加参数个数，甚至用更强大的模型替换，重复上述过程。

本书的电子资源包含案例 1～4、6、8～12、14、15、17、30、38 的程序代码，读者可通过扫描封面勒口处的二维码下载获取。

本书的部分模型来自上海交通大学数学建模校内赛、苏北数学建模联赛、全国大学生数学建模竞赛(CUMCM)和研究生数学建模竞赛，以及美国大学生数学建模竞赛(MCM)。感谢上海交通大学的学生提供案例：供应链的生产与订购决策（袁继权）、亚马逊商品的排名和数据挖掘（沈逸卿）、倒立摆模型（徐享）、飞行速度规划（高威）、机器人运动（王一帆）、燃气涡轮发电机（连波）。作者也对其他案例中的引用文献/参考书的作者表示感谢。本书的出版获得了李亚纯、皮玲和周洁的大力支持，作者对此表示感谢！

本书是为了满足两类读者的需求而编写的。第一类读者是从事数学建模研究的本科生、研究生、大学教师等；第二类读者是对这些模型感兴趣的研究人员。由于作者的水平和时间有限，书中难免存在不足，欢迎广大读者提出宝贵的批评和建议。此外，本书在编写过程中获得了上海交通大学数学科学学院和国家自然科学基金(项目号11971309)的资助，谨致谢忱！

Contents

目　　录

案例 **1**

供应链的生产与订购决策

供应链是一种企业运营方式，是通过协调客户需求信息、原材料供应、生产批发销售等环节，最后把产品送到客户的活动。在不确定的生产和需求下，研究供应链的生产与订购决策问题，具有重要的理论和现实意义。

如果只有一个生产商和一个销售商构成的供应链：销售商向生产商订购商品，生产商将商品按批发价批发给销售商，销售商将商品按销售价格销售给顾客。

假设商品的需求量是确定的，而生产商生产商品的数量不确定，请建立数学模型，确定销售商的最优订购量和生产商的最优计划产量。

对于单位商品，生产成本为 20，库存成本为 5，批发缺货成本（生产商供应量少于销售商的订购量而产生的惩罚性成本）为 15，销售缺货成本（销售商的供应量少于客户的需求量而产生的惩罚性成本）为 25，批发价格为 40，销售价格为 60。商品市场需求量为 400。生产商计划生产量为 Q，商品生产量的波动区间为 $[0.85Q, 1.15Q]$。

由于商品市场需求量 400 确定，销售商的最优订购量就是该商品的市场需求量 400。当生产商实际生产量 Q_1 大于销售商的最优订购量 400 时，生产商的利润为

$$L(Q_1) = 40 \times 400 - 20Q_1 - 5(Q_1 - 400) = -25Q_1 + 18\,000 \qquad (1-1)$$

式中，第一项（40×400）为生产商销售收入，第二项为生产成本，第三项为库存损失。当 $Q_1 < 400$ 时，生产商的利润为

$$L(Q_1) = 40Q_1 - 20Q_1 - 15(400 - Q_1) = 35Q_1 - 6\,000 \qquad (1-2)$$

式中，第三项 $[15(400-Q)]$ 为缺货损失。假设实际生产量 Q_1 在 $[0.85Q, 1.15Q]$ 中均匀分布，生产商的平均利润为

本案例参考苏北数学建模联赛 2010A。

$$E(Q) = \frac{1}{1.15Q - 0.85Q} \int_{0.85Q}^{1.15Q} L(Q_1) \mathrm{d}Q_1$$

$$= \frac{1}{0.3Q} \left[\int_{0.85Q}^{400} (35Q_1 - 6\,000) \mathrm{d}Q_1 + \int_{400}^{1.15Q} (-25Q_1 + 18\,000) \mathrm{d}Q_1 \right]$$

$$= -\frac{389}{4}Q + 86\,000 - \frac{16 \times 10^6}{Q} \tag{1-3}$$

图 1-1 给出了生产商的平均利润曲线，它是计划生产量 Q 的函数。当 $Q = 406$ 时，生产商的平均利润达到最大，最大值为 7 107.6。

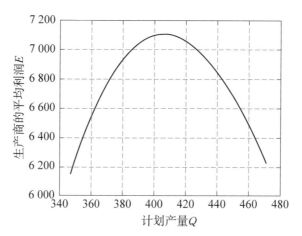

纵轴：生产商的平均利润 E　横轴：计划产量 Q

图 1-1　生产商的平均利润与计划产量关系

现在假设市场需求量 X 是随机的，X 的平均值为 400，市场需求量的波动区间为 $[0.8 \times 400, 1.2 \times 400] = [320, 480]$。首先确定销售商的最优订购量。当销售商的订购量 $P > X$ 时，销售商的利润为

$$R(X) = 60X - 40P - 5(P - X) = 65X - 45P \tag{1-4}$$

式中，第一个等号右边第一项为销售商销售收入，第二项为购买成本，第三项为库存损失。当 $P < X$ 时，销售商的利润为

$$R(X) = 60P - 40P - 25(X - P) = 45P - 25X \tag{1-5}$$

此时第一个等号右边第三项表示缺货损失。结合式(1-4)和式(1-5)，销售商的利润为

$$R(X) = 60\min(X, P) - 40P - 5\max(P - X, 0) - 25\max(X - P, 0) \tag{1-6}$$

设市场需求量在 $[320, 480]$ 中均匀分布，销售商的平均利润为

$$E(P) = \frac{1}{480-320}\int_{320}^{480}R(X)\mathrm{d}X$$

$$= \frac{1}{160}\left[\int_{320}^{P}(65X-45P)\mathrm{d}X + \int_{P}^{480}(45P-25X)\mathrm{d}X\right]$$

$$= -\frac{9P^2}{32} + 225P - 38\,800 \tag{1-7}$$

$E(P)$ 是 P 的二次多项式,关于 $P=400$ 对称,故销售商的平均利润在 $P=400$ 时达到最大。生产商的最优利润和市场需求确定时的情形相同。如果销售价格从 60 变为 70 时,销售商的平均利润在 $P=408$ 时达到最大。

如果是两个生产商和一个销售商构成的供应链:一级生产商生产原产品,供应给二级生产商,二级生产商供应产成品给销售商。对于一级生产商的单位原产品,生产成本为 20,库存成本为 5,缺货成本(一级生产商供应量少于二级生产商的订购量而产生的惩罚性成本)为 15,价格为 40。对于二级生产商的单位产成品,生产成本为 10,库存成本为 7,缺货成本(二级生产商供应量少于销售商的订购量而产生的惩罚性成本)为 30,价格为 95。二级生产商投入单位原产品产出 0.7 个产成品。产成品市场需求量为 280。一级生产商计划生产量为 N,生产量的波动区间为 $[0.85N, 1.15N]$。二级生产商计划生产量为 B,生产量的波动区间为 $[0.9B, 1.1B]$。

由于市场需求量确定为 280,则销售商的最优订购量也是 280。二级生产商实际生产量为 C,那么二级生产商的利润为

$$Z_2 = 95\min(C, 280) - 40\frac{C}{0.7} - 10C - 7\max(C-280, 0) - 30\max(280-C, 0)$$

$$= \begin{cases} 95C - 40\dfrac{C}{0.7} - 10C - 30(280-C), & C < 280 \\[2mm] 95\times 280 - 40\dfrac{C}{0.7} - 10C - 7(C-280), & C > 280 \end{cases} \tag{1-8}$$

第一个等号右边第二项和第三项分别为进货成本和生产成本。假设二级生产商生产量在 $[0.9B, 1.1B]$ 中均匀分布,则二级生产商的平均利润为

$$E(B) = \int_{0.9B}^{1.1B}\frac{Z_2(C)}{1.1B-0.9B}\mathrm{d}C = -341.442\,9B - \frac{25\,872\,000}{B} + 194\,880 \tag{1-9}$$

E 是 B 的函数,参见图 1-2 的上图,二级生产商的最优计划产量为 275,则最优计划订购量为 $275/0.7 \approx 393$。

一级生产商实际生产量为 H,一级生产商的利润为

$$Z_1 = 40\min(H,393) - 20H - 5\max(H-393,0) - 15\max(393-H,0)$$
$$= \begin{cases} 40H - 20H - 15(393-H), & H < 393 \\ 40 \times 393 - 20H - 5(H-393), & H > 393 \end{cases} \tag{1-10}$$

假设一级生产商生产量在 $[0.85N,1.15N]$ 中均匀分布,则一级生产商的平均利润为

$$E(N) = \int_{0.85N}^{1.15N} \frac{Z_1(H)}{1.15N - 0.85N} dH = -97.25N - \frac{15\,444\,900}{N} + 84\,495$$

$$\tag{1-11}$$

它是 N 的函数,参见图 1-2 的下图。一级生产商的最优计划产量为 399。

当市场需求量不确定时,也可以考虑两个生产商和一个销售商的供应链问题。

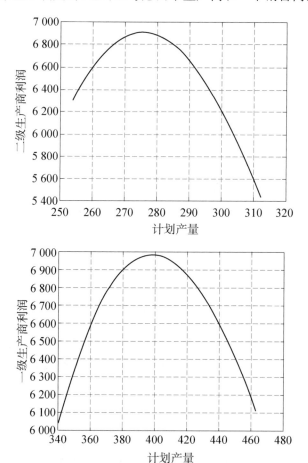

图 1-2　二级生产商的利润与计划产量关系(上)和
一级生产商的利润与计划产量关系(下)

小朋友站队排序

各种约束条件下的排序在实际中有广泛应用,请回答以下问题。

问题 1:有 5 个编号分别为 A、B、C、D、E 的小朋友(见图 2-1 的左图)需要排队。图 2-1 的右图是一个矩阵表,表中元素或为空、或小于"$<$"或大于"$>$"。表中每一行表示该行对应的小朋友在队列中的位置。比如,第 A 行中只有第 D 列为小于:"$A<D$",这说明小朋友 A 需要站在小朋友 D 的左侧。5 个小朋友体重互不相同,图 2-2 给出了每个小朋友的体重,比如,小朋友 A 的体重为 15 kg。每个小朋友的下方都有一个测不准的秤,称重后产生一个示数,它表示这个小朋友体重的倍数,比如,小朋友 A 在他下方的秤称重后,这个秤的示数为 0.8。所以示数和 1 的差异程度反映了秤的不准确程度。请设计一个算法使得 5 个小朋友从左往右重新站队后满足下面要求:①符合图 2-1 右图的矩阵表;②小朋友称重后得到的所有秤的示数和 1 的距离尽量小。

图 2-1 编号为 $ABCDE$ 的 5 个小朋友(左),矩阵表(右)

	A	B	C	D	E
A				$<$	
B			$>$		
C					
D		$<$			
E		$>$			

问题 2:7 个小朋友的体重互不相同,他们穿着 7 种颜色的上衣,见图 2-3 的左图。有三种类型的秤,见图 2-4 (左),比如,"Max 18 kg, RMB 36"表示该秤的

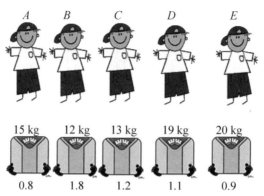

图 2 - 2 5 个小朋友的体重不同,用他们下方的秤
称重后得到一个示数

最大称重为 18 kg、单价为 36 元。每种类型的称都有一种颜色,比如类型为
"Max 18 kg,RMB 36"的秤为绿色。不同颜色衣服的小朋友站在不同颜色的秤上
会有不同的心情。依据图 2 - 4(右),三个大圈表示三种不同颜色(绿、蓝和红)的
秤。红色大圈包含了红色、黄色、紫色(和小朋友 C 的衣服颜色相同)和白色。如
果红色秤上小朋友的颜色分别为红色、黄色、紫色和白色,则对应的形状为大圆、小
橄榄、小橄榄和小三角,对应上秤后心情分别为 2、1、1 和 0.5。红色秤上其他衣
服颜色的小朋友的心情为 0。其他两个颜色大圈包含的颜色也可以类似理解,特
别地,蓝色大圈包含了浅蓝色(和小朋友 F 的衣服颜色相同)的小橄榄形状。小朋
友 F 在蓝色的秤上得到心情为 1。

老师需要购买若干个这三种类型的秤,每个秤上可站立若干个小朋友称得总
体重。请给出一个购买方案使得在如下约束下购买总费用达到最小:①7 个小朋
友从左往右站队后符合图 2 - 3 右图的矩阵表;②每个秤上的重量不能超过该秤的
最大载重;③所有小朋友的心情总数大于 8。请对给出的购买方案列出购买费用
和小朋友的排队顺序。

问题 1 中首先确定满足矩阵表的小朋友排序。小朋友 A,$\cdots$,E 位置分别为
x_1,$\cdots$,$x_5 \in \{1, 2, 3, 4, 5\}$。根据排队和矩阵表的位置要求,有

$$x_i \neq x_j, \quad i \neq j = 1, \cdots, 5 \tag{2-1}$$

$$x_1 < x_4 < x_2 < x_5, \quad x_2 > x_3 \tag{2-2}$$

条件式(2-1)确保排队从左到右,任意两个不同的小朋友不能处于同一位置。
比如:

图 2-3 编号为 **ABCDEFG** 的 **7** 个小朋友(左),矩阵表(右)
(扫描二维码查阅彩图)

   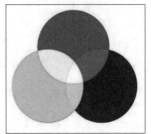

Max 18 kg,   Max 25 kg,   Max 30 kg,
RMB 36   RMB 50   RMB 60

图 2-4 三种类型的秤(左),小朋友称得不同的心情(右)
(扫描二维码查阅彩图)

$$x_1 = 1, \quad x_4 = 2, \quad x_3 = 3, \quad x_2 = 4, \quad x_5 = 5 \qquad (2-3)$$

满足问题要求的一个排序。根据式(2-2),该问题只有 3 个排序:

$$ADCBE(和上述的一个排序对应), CADBE, ACDBE \qquad (2-4)$$

这三个解也可以通过对满足式(2-2)进行遍历实现。计算复杂度为 5!。

图 2-1 右图的矩阵表可以表示为有向图 **G**(参见图 2-5),有向图 **G** 的节点表示 5 个小朋友,矩阵表中各个不等式可表示有向图的边,如 $A < D$ 表示为节点 D 到节点 A 的一条边。如果有满足矩阵表的排序,则相应的有向图必定是无环有向图。符号矩阵表的排序可用有向图的拓扑排序实现。在有向图 **G** 中任取进入度为 0 的顶点(只有点 E),从图中删除 E 和和 E 相邻的边。再对更新后的图找所有进入度为 0 的顶点(只有 B),从图中删除 B 和 B 相邻的边。此时,图分为两个分支 C 和 D(称为分叉点)。取两个分支中任意一个,继续进行,比如分支 C,删除 C。之后需要回溯到另一个分支 D,继续进行,直到删除了 5 个节点可得到 $EBCDA$,将

其反序就是一个可行解 $ADCBE$。在分叉点取另一个分支 D 可得另外两个可行解。

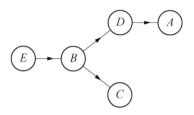

图 2-5   图 2-1 右图的矩阵表对应的有向图 G

第 i 个秤位于 i 位置，用于称第 i 个小朋友的体重，$i=1$，$\cdots$，5。体重为 $15\,\text{kg}$ 的小朋友 A 用第 1 个秤称重时，第 1 个秤的显示读数为 0.8，它称得 $0.8\times15=12\,\text{kg}$。这表明：不称体重时第 1 个秤的刻度为 $C_1=-3\,\text{kg}$，也就是说，用它称得重量为 $W(\text{kg})$ 时，第 1 个秤称得 $(W-3)\,\text{kg}$，它对应的显示读数为 $\dfrac{W-3}{W}$。根据题目要求，不称体重时第 2、3、4 和 5 秤的刻度为

$$C_2=12\times1.8-12=9.6\,\text{kg}, \quad C_3=13\times1.2-13=2.6\,\text{kg}$$
$$C_4=19\times1.1-19=1.9\,\text{kg}, \quad C_5=20\times0.9-20=-2\,\text{kg}$$

5 个小朋友满足矩阵表的排序后，记 $p_i\in\{1,2,3,4,5\}$ 为第 i 个小朋友的位置，$i=1$，$\cdots$，5。重为 W_i 的第 i 个小朋友用第 p_i 个秤称重后，第 p_i 个秤称得体重为 $W_i+C_{p_i}$，显示读数为 $\dfrac{W_i+C_{p_i}}{W_i}$。根据题目要求，需要找排队 $(p_i)_{i=1}^5$ 使得

$$\sum_{i=1}^{5}\left|\frac{W_i+C_{p_i}}{W_i}-1\right|=\sum_{i=1}^{5}\left|\frac{C_{p_i}}{W_i}\right| \tag{2-5}$$

达到最小。式（2-4）中的 3 个排序 $ADCBE$、$CADBE$、$ACDBE$ 对应的目标函数值分别为 1.1636、1.2659、1.3336。最优的排序为 $ADCBE$，即 $p_1=1$，$p_2=4$，$p_3=3$，$p_4=2$，$p_5=5$。

问题 1 中的最优解也可以用整数规划实现。

若第 i 个小朋友在 j 位置的秤上，则 $x_{ij}=1$；否则 $x_{ij}=0$。$i=1$，$\cdots$，5 分别表示 A、B、C、D 和 E 小朋友，$j=1$，$\cdots$，5 表示 1、2、3、4 和 5 位置的秤。第 i 个小朋友必定在某个秤上。

$$\sum_{j=1}^{5}x_{ij}=1, \quad i=1,\cdots,5 \tag{2-6}$$

第 j 个秤上必定有一个小朋友

$$\sum_{i=1}^{5} x_{ij} = 1, \quad j = 1, \cdots, 5 \tag{2-7}$$

记 y_i 为第 i 个小朋友所在的位置，则

$$\sum_{j=1}^{5} j x_{ij} = y_i, \quad i = 1, \cdots, 5 \tag{2-8}$$

把矩阵表表示为

$$\boldsymbol{G} = (g_{ij}) = \begin{pmatrix} 0 & 0 & 0 & -1 & 0 \\ 0 & 0 & 1 & 0 & 0 \\ 0 & 0 & 0 & 0 & 0 \\ 0 & -1 & 0 & 0 & 0 \\ 0 & 1 & 0 & 0 & 0 \end{pmatrix}$$

数值 -1 表示"<"关系，数值 1 表示">"关系，矩阵的其余位置为 0。矩阵表的排序约束表示为

$$g_{ij}(y_i - y_j) \geqslant 0, \quad i, j = 1, \cdots, 5 \tag{2-9}$$

目标函数为

$$\sum_{i=1}^{5} \sum_{j=1}^{5} x_{ij} \left| \frac{C_j}{W_i} \right| \tag{2-10}$$

该整数规划问题的求解表明最优排序为 $ADCBE$。

　　考虑问题 2。7 个小朋友排队称体重和心情，他们的排队满足图 2-3 右图的矩阵表，多个小朋友可以在同一位置，接受一个秤称体重和心情。比如

$$CGF(AD)BE \tag{2-11}$$

即第 1、2、3、4、5、6 个秤分别称 C、G、F、AD、B 和 E。称式 (2-11) 为一种排队测量方式，它共有 6 组，每组需要一个秤，共有 6 个秤。第 4 个秤上有小朋友 A 和 D，他们之间有满足矩阵表的顺序关系。对每一种排队测量方式确定最好的购买方案：确定每个秤的类型使得满足约束条件下购买秤的费用最小。设第 k 个秤的类型为 t_k，颜色为 $\overline{c}_{t_k}$，最大载重为 $\overline{W}_{t_k}$，价格为 p_{t_k}。每个秤的称重不超过该秤的最大载重。

　　图 2-4 中右图的三个大圈表示三种不同颜色的秤。红色大圈包含了红色、黄色、紫色和白色。如果红色秤上小朋友的颜色分别为红色、黄色、紫色和白色，则对

应的形状为大圆、小橄榄、小橄榄和小三角，心情分别为 2、1、1 和 0.5，红色秤上其他衣服颜色的小朋友的心情为 0。绿色大圈包含了绿色、黄色、浅蓝色和白色。如果绿色秤上小朋友的颜色分别为绿色、黄色、浅蓝色和白色，则他们的心情分别为 2、1、1 和 0.5，绿色秤上其他衣服颜色的小朋友的心情为 0。蓝色大圈包含了蓝色、紫色、浅蓝色和白色。如果蓝色秤上小朋友的颜色分别为蓝色、紫色、浅蓝色和白色，则他们的心情分别为 2、1、1 和 0.5，蓝色秤上其他衣服颜色的小朋友的心情为 0。表 2-1 给出了 7 个小朋友在 3 种颜色的秤上的心情得分。

表 2-1   7 个小朋友在三种颜色的秤上得到的心情得分

	绿秤(18 kg, RMB 36)	蓝秤(25 kg, RMB 50)	红秤(30 kg, RMB 60)
A(15 kg)红	0	0	2
B(16 kg)黄	1	0	1
C(10 kg)紫	0	1	1
D(5 kg)白	0.5	0.5	0.5
E(6 kg)绿	2	0	0
F(26 kg)浅蓝	1	1	0
G(13 kg)蓝	0	2	0

算法的实现：对所有满足矩阵表的排队循环（问题 1），再在该排队下的测量方式进行循环，从而确定一种排队测量方式。对每种排队测量方式，根据体重不超过最大载重和总心情大于 8 的约束条件下，使得费用最小，从而确定了这样测量方式下的购买方案。比较各种排队测量方式的购买费用进而确定最优的排队测量方式（排队和测量）。

设满足矩阵表的一种排队给定，比如，$CGFADBE$。当每组的人数确定后，一种排队测量方式也确定了。比如，当 $m=6$,

$$n_1=1, \quad n_2=1, \quad n_3=1, \quad n_4=2, \quad n_5=1, \quad n_6=1 \qquad (2-12)$$

表示对应的排队测量方式为式(2-11)。有多少种排队测量方式？设有一种符合矩阵表的排队方式，把它分成 m 组，$m=1,\cdots,7$，第 k 组的人数为 n_k，

$$\sum_{k=1}^{m} n_k = n = 7 \qquad (2-13)$$

有 m 组的排队方式的个数就是所有满足上述条件的 $\{n_k=1,\cdots,7\}_{k=1}^{7}$ 的取法。

上述的遍历算法也可实现如下：找出所有满足图 2-3 中矩阵表的排队，共 63 种。对每个排队下的不同位置设置不同颜色的秤，共 $63\times3^7=137781$ 种。其中满

足有心情得分大于 8 的情况,共有 972 种。对 972 种情况都要进行如下计算:按不同的颜色的秤分组使得它满足:① 每组都是相邻的;② 每组秤的颜色都相同。确定一个购买方案使得在满足称重不超过最大载重的前提下购买的费用最小:对每一组用尽量少的(同颜色的) 秤使得满足称重不超过最大载重,这就是经典的装箱问题。

问题 2 的最优购买方案可以解析得到。对每个小朋友按最高心情购买秤,A、E、G 都得到 2 分,B、C、F 都得到 1 分,D 得 0.5 分,小朋友总的心情最高得分为 9.5。小朋友 F 的体重超过了绿色秤和蓝色秤,故他只能用红色秤,此时他的心情为 0,所以,小朋友总的心情最高得分为 $9.5-1=8.5$ 分。为了使得总心情大于8,至少有 3 个小朋友的心情为 2。根据心情得分表,只能是 A 在红色秤上,E 在绿色秤上,G 在蓝色秤上,他们的心情都是 2。所以,B、C 和 D 的心情总和大于 2。如果 B 在蓝色秤或 C 在绿色秤上,则他们的心情都为 0,B、C 和 D 的心情总和不会大于 2。所以,B 只能在绿色秤或红色秤上,C 只能在蓝色秤或红色秤上。D 可以在任意三种秤上。所以,B、C 和 D 的心情分别为 1、1 和 0.5。所以,总心情只能是8.5。除了 F 之外,每个小朋友心情都得到了最高分。

现在已经购买了 2 个红色秤、1 个绿色秤和 1 个蓝色秤(根据上面讨论,这是必须的)。F 在红色秤上,由于载重限制,该红色秤只能称 F。A、E 和 G 分别在1 个红色秤、1 个绿色秤和 1 个蓝色秤上。A 在红色秤上,红色秤还有 15 kg 剩余,红色秤上还可以称 C 或 D 或 CD。E 在绿色秤上,绿色秤还有 12 kg 剩余,绿色秤上还可以称 D(C 只能在蓝色秤或红色秤上)。G 在蓝色秤上,蓝色秤还有 12 kg剩余,蓝色秤上还可以称 C 或 D。所以,上述 3 种情况都可以称 C 和 D。为了称B,只能购买另一个秤,应该购买绿色秤来称 B。

根据矩阵表:$D<B<E$,由于 B 在一个秤上,所以 DE 不能在一个秤上。也就是说,绿色秤上只能是 E!所以只能分三种情况:①AC 在红色秤,GD 在蓝色秤;②AD 在红色秤,GC 在蓝色秤;③ACD 在红色秤,G 在蓝色秤。

不管哪种情况,都需要 2 个红色秤、2 个绿色秤和 1 个蓝色秤达到最优,费用为$2\times60+2\times36+1\times50=242$ 元。

比如,C、D 和 A 一组都在红色秤上,则

$$ACD(红色秤),B(绿色秤),E(绿色秤),G(蓝色秤),F(红色秤)$$

$$(2-14)$$

满足图 2-3 中排队矩阵表,所以,即使在这个情况下,排队方式也是很多的。

案例 **3**

创意平板折叠桌

　　怎么样把一块长方形木板做成一张圆桌,当圆桌不使用时,可以恢复到原来的木板? 圆桌的四根外侧木条着地,其他中间木条离地(参见图 3-1)。

　　每根木条的一端和桌面的边缘相连,在连接处可自由转动。为使得圆桌保持稳定,在一侧的两根外侧木条上固定一条钢筋,为一侧的其他中间木条开辟滑槽,使得钢筋能在滑槽中自由滑动,但不能脱离滑槽。

　　为了制成如图 3-1 所示的圆桌,需要在长方形木板中间分割出半径为 R 的一张最大桌面(见图 3-1 的左图),长方形木板的宽度为 $2R$,长度为 L,并且满足 $L>2R$。一侧木板的剩下部分被分割成 N 根宽为 W 的木条(另一侧相同处理)。相邻木条之间间隔为 G,故 $2R=NW+(N-1)G$。钢筋固定在第 0 和第 $N-1$ 根最外侧的两根木条上,固定点到它们和桌面连接点的距离为 al_0,$R<al_0<L/2$。引入直角坐标系,原点在木板中心,x 和 y 分别为长和宽的方向,z 为与地面垂直的方向。从地面上的桌面被抬起到固定桌面的运动过程为

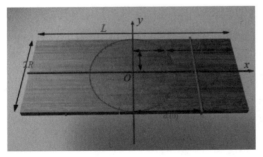

图 3-1　长方形木板(左),平板折叠桌(右)

本案例参考全国大学生数学建模竞赛(Contemporary Undergraduate Mathematical Contest in Modeling, CUMCM)-2014B。

桌面运动 ⇒ 最外侧木条运动 ⇒ 钢筋运动 ⇒ 内侧木条运动

在初态状态,第 $i(0 \leqslant i \leqslant N-1)$ 根木条和桌面的连接点在 x 方向和 y 方向的坐标分别为 (b_{ix}, b_{iy})

$$b_{ix} = \sqrt{R^2 - b_{iy}^2}, \quad b_{iy} = R - \frac{W}{2} - i(W+G) \tag{3-1}$$

特别地,

$$b_{0y} = -b_{N-1y} = R - \frac{W}{2}, \, b_{0x} = b_{N-1x} = W\left(R - \frac{W}{4}\right) \approx WR, \, W \ll R$$

第 i 根木条的长度为

$$l_i = \frac{L}{2} - b_{ix} \tag{3-2}$$

由于木条做刚体运动,对于任意 $i(0 \leqslant i \leqslant N-1)$,式(3-1)和式(3-2)中的三个量 b_{ix},b_{iy} 和 l_i 在运动过程中不变。

在终态时,圆形桌面抬离地面并到固定的高度 H 后(终态),第 0 个木条和桌面的角度满足

$$\theta_{\text{end}} = \arcsin\left(\frac{H-D}{l_0}\right) \tag{3-3}$$

式中,H 为桌面的高度,D 为桌面的厚度。

在抬高桌面过程中(见图 3-2),第 0 根木条被拉动,它与水平桌面的角度为 $\theta_0(0 \leqslant \theta_0 \leqslant \theta_{\text{end}})$,桌面离地面的距离为 z(不包括桌面厚度):

$$z = l_0 \sin\theta_0 \tag{3-4}$$

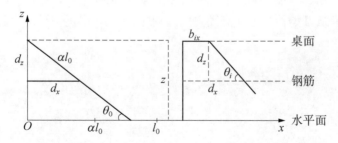

图 3-2　第 0 根木条和地面成角度 θ_0(左),第 i 根木条被抬离地面(右),钢筋和桌面的距离为 d_z

平行于 Oyz 平面的钢筋也固定在第 $N-1$ 根木条上,第 $N-1$ 根木条运动与第 0 根木条的运动相同,特别地,第 $N-1$ 根木条和桌面所成的角度 θ_{N-1} 和 θ_0 相同。固定

在第 0 根和第 $N-1$ 根木条上的钢筋也随之运动,钢筋离桌面的距离为

$$d_z = \alpha l_0 \sin\theta_0 \qquad (3-5)$$

钢筋离 Oyz 平面的距离为

$$d_x = b_{0x} + \alpha l_0 \cos\theta_0 \qquad (3-6)$$

内侧的第 i 根木条和桌面的角度为 $\theta_i (1 \leqslant i \leqslant N-2)$

$$\theta_i = \arctan\frac{d_z}{|d_x - b_{ix}|} \qquad (3-7)$$

钢筋在第 i 根木条中滑动,钢筋和第 $i(1 \leqslant i \leqslant N-2)$ 根木条的接触点到第 i 根木条和桌面连接点的距离为

$$d_i = \sqrt{d_z^2 + (d_x - b_{ix})^2} \qquad (3-8)$$

上述得到的量 z、d_z、d_x、θ_i 和 d_i 都依赖 θ_0。第 i 根木条中滑槽的长度为 $d_i(\theta_{\text{end}}) - d_i(0)$。由图 3-2 的右图可知,第 i 根木条末端的坐标为 $(0 \leqslant i \leqslant N-1)$

$$x_i = b_{ix} + \text{sign}(d_x - b_{ix})l_i\cos\theta_i, \quad y_i = b_{iy}, \quad z_i = z - l_i\sin\theta_i \qquad (3-9)$$

这里

$$\text{sign}(d_x - b_{ix}) = \begin{cases} 1, & d_x - b_{ix} > 0 \\ -1, & d_x - b_{ix} < 0 \\ 0, & d_x - b_{ix} = 0 \end{cases}$$

　　设桌面长 $L=120$、宽 $2R=50$、厚 $D=3$、每根木条宽 $W=2.5$、桌面高度 $H=53$,取 $N=20$,桌面以一个均匀速度被抬离地面。图 3-3 给出了两个不同时刻木条的形状。在任意时刻,这些木条构成了直纹面(由直线构成的曲面)。图 3-4 给出了中间木条中滑槽的长度,越靠近中间,木条的滑槽长度越长,并且关于中间木条左右对称。桌面从开始抬离地面到固定的过程中,中间木条的滑动距离最长。

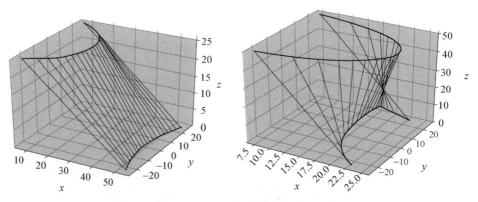

图 3-3　不同时刻木条的形状

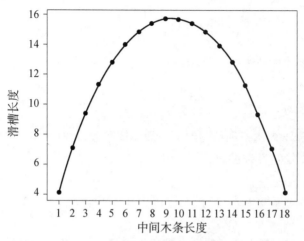

图 3-4　18 根中间木条的滑槽长度

下面分析桌面在终态时的力学稳定性。在终态时,钢筋被卡在每根内侧木条滑槽的末端位置。钢筋和内侧木条的互相作用看成系统的内力,整个桌子在四根外侧木条的支持下保持平衡。四根外侧木条关于 y 轴(前后)对称,钢筋的方向和 y 轴平行,所以桌子在 Oyz 平面上有很好的力学稳定性,我们只需分析左右侧两根外侧木条的受力情况(见图 3-5)。

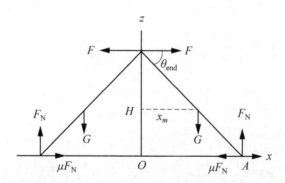

图 3-5　左、右侧两根外侧木条的受力示意图

G 为一侧桌面受到的重力。重心到 Oz 的距离为 x_m,它依赖终态时桌子(包括桌面、钢筋和木条)的形状。F_N 为外侧木条受到地面的支撑力,根据 z 方向的力学平衡,$F_N=G$。μF_N 为外侧木条受到地面的摩擦力,μ 为摩擦系数。F 为一侧外侧木条对另一侧外侧木条的水平方向(x 方向)的力,根据 x 方向的力学平衡,$F=\mu F_N$。利用支撑点 A 处的力矩平衡得到

$$FH = G\left(\frac{H}{\tan(\theta_{\text{end}})} - x_m\right) \tag{3-10}$$

得到桌子的力学稳定性条件

$$\mu = \frac{1}{\tan(\theta_{\text{end}})} - \frac{x_m}{H} \leqslant \mu_{\max} \tag{3-11}$$

其中 $\mu_{\max}$ 为外侧支撑木条和地面的最大静摩擦系数。式（3-11）是桌子在 Oxz 平面上的力学平衡稳定性条件。

思考下述问题：

（1）当桌面的高度为多少时，可以确保某一根木条（比如第 i 根）满足 $d_x < b_{ix}$？

（2）上述案例中假设了中间木条都和钢筋接触（滑动）。如果在运动过程中可以不接触，终态中最中间的木条有没有可能垂直地面？

（3）αl_0 在 R 和 $L/2$ 之间是否可以任意选取？提示：$d_x < x_i$。

（4）当桌面匀速地离开地面，木条末端的运动是否匀速运动？为了确保某根木条的末端为匀速运动，被抬离地面的桌面的速度如何确定？

高速公路收费亭设置

收费站附近的高速公路由多条车道以及多个收费亭构成,如图 4-1 所示。

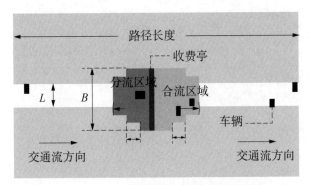

图 4-1 收费亭附近的交通区域

通常,收费亭的个数比车道的个数要多。在进入收费亭之前,车辆就会散开,进入收费亭。当车辆离开收费亭时,交通流又会被压缩进入高速公路的车道上。当有很多车辆时,离开收费亭回到高速公路的区域会产生拥堵。当车辆更多时,进入收费亭的区域也会产生拥堵。

如何刻画车辆在高速公路上运动? 从宏观层面上,可用偏微分方程描述交通流。在介观层面上可用元胞自动机模拟相邻车辆之间的互相作用。在微观层面上可以描述两辆车之间的互相作用,比如,跟驰模型。这里关心如下问题:如何确定收费亭的个数? 车辆进入收费亭之前的排队情况如何? 驶出收费亭后,如何控制车辆能安全地回到高速公路? 收费亭附近区域的形状如何对交通拥堵产生影响?

车辆通过收费系统指的是车辆从 m 车道的高速公路分流到 $n(\geqslant m)$ 车道的收费站,然后再合流回 m 车道的高速公路的过程。分流区域是指收费站的高速公路

本案例参考文献[12]、美国大学生数学建模竞赛(The Mathematical Contest in Modeling,MCM)-2005B。

入口到收费亭之间的车道区域。合流区域是指收费亭到收费站的高速公路出口之间的车道区域。引入一些记号：车流密度 $\rho(t)$ 为 t 时刻单位长度内的车辆数。$v_{\max}$ 为车辆在高速公路上的最高限制行驶速度。v 为某段时间内通过某点多辆车车速的平均值。收费亭的服务时间 τ，为驶入收费亭、付费且驶出收费亭需要的平均时间。

用宏观模型模拟交通。考虑车流连续性守恒：

$$\frac{\partial \rho}{\partial t} + \frac{\partial q}{\partial x} = 0 \tag{4-1}$$

$q = \rho v$ 为单位时间通过某点的车辆数。方程（4-1）等号两边关于 t 和 x 在 $[t_0, t_1] \times [x_0, x_1]$ 上积分：

$$\int_{x_0}^{x_1} \rho(t_1, x)\mathrm{d}x - \int_{x_0}^{x_1} \rho(t_0, x)\mathrm{d}x = \int_{t_0}^{t_1} q(x_0, t)\mathrm{d}t - \int_{t_0}^{t_1} q(x_1, t)\mathrm{d}t$$

这表明了在 $[x_0, x_1]$ 中的车流增加量等于该时间段内从 x_0 中流入的车流量减去从 x_1 处流出的车流量。

在车流密度大时，设车速和车流密度满足

$$v = v_{\max} \ln\left(\frac{\rho_{\max}}{\rho}\right)$$

车流量 $q = \rho v = \rho v_{\max} \ln\left(\frac{\rho_{\max}}{\rho}\right)$ 有最大值 $q_{\max} = \dfrac{\rho_{\max} v_{\max}}{\mathrm{e}}$。当车流密度适中时，设车速和车流密度满足如下线性关系：

$$v = v_{\max}\left(1 - \frac{\rho}{\rho_{\max}}\right) \tag{4-2}$$

方程（4-1）是关于未知量 ρ 的偏微分方程。根据密度的边界条件和初始条件，可以用有限差分或有限体积方法求解。

收费亭的服务时间为 τ，n^*/τ 表示单位时间内得到服务的车辆数。单位时间通过某点的最大车辆数为 $q_{\max}$，m 个车道的最大车流量为 $mq_{\max}$。设计 n^* 个收费亭确保收费系统不会对最大车流量产生影响，最优收费亭个数为

$$n^* = \tau m q_{\max}$$

当车辆非常多时，进入收费亭的区域会产生拥堵，车辆需要排队等待收费。排队系统由三个部分组成：输入过程、排队规则和服务方式。在 $[t_0, t_0 + t]$ 内有 k 辆车到达的概率满足 Poisson 分布：

$$P_k(t) = \frac{(\lambda t)^k}{k!} \mathrm{e}^{-\lambda t}, \quad k = 0, 1, \cdots, t > 0$$

在 t 时间段内平均到达的顾客数为 $\sum_{k=0}^{\infty} kP_k(t) = \lambda t$，$\lambda$ 为单位时间内($t=1$) 平均到达的车辆数。收费亭对每辆车的服务时间 t 服从指数分布 $\begin{cases} \mu\mathrm{e}^{-\mu t}, & t \geqslant 0 \\ 0, & t < 0 \end{cases}$。每个收费亭对每辆车的平均服务时间为 $\int_0^{\infty} t\mu\mathrm{e}^{-\mu t}\,\mathrm{d}t = 1/\mu$，单位时间内每个收费亭完成服务的车辆数为 μ。服务强度 $s = \dfrac{\lambda}{\mu}$。对于有 n 个收费亭并行服务的排队系统，$s = \dfrac{\lambda}{n\mu}$，假设 $s < 1$。

在 t 时刻系统中有 k 辆车的概率为 $P_k(t)$，当系统达到稳定后，它与 t 无关，故 $\sum_{k=0}^{\infty} P_k = 1$。一个车辆在系统中的停留时间称为逗留时间 W。一个车辆在系统中的排队等待时间，称为等待时间 W_q。所有到达的车辆在收费亭前排成一列，接受 n^* 个收费亭的服务。系统达到平衡后，有

$$\begin{cases} \mu P_1 = \lambda P_0 \\ (k+1)\mu P_{k+1} + \lambda P_{k-1} = (\lambda + k\mu)P_k, & 1 \leqslant k < n^* \\ n^*\mu P_{k+1} + \lambda P_{k-1} = (\lambda + n^*\mu)P_k, & k \geqslant n^* \end{cases} \quad (4\text{-}3)$$

状态 $k-1$、k 和 $k+1$ 之间的转移概率如图 4-2 所示，有 k 辆车的状态称为状态 k。当 $k < n^*$ 时，如果有 $k+1$ 个车辆时，单位时间内 n^* 个收费亭可以服务$(k+1)\mu$ 辆。$(k+1)\mu$ 表示从状态 $k+1$ 到状态 k 的转移速率。$(k+1)\mu P_{k+1}$ 表示从状态 $k+1$ 到状态 k 的概率流。单位时间内进入队列的车辆有 λ 辆，它与队列总的车辆数无关。λP_k 表示从状态 k 到状态 $k+1$ 的概率流。

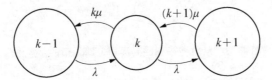

图 4-2　状态 $k-1$、k 和 $k+1$ 之间的转移概率

式(4-3)中第二个方程表示概率流守恒：流入状态 k 的概率流和流出状态 k 的概率流相等。当 $k=0$ 时，第二个方程变为第一个方程($P_{-1}=0$)。当 $k \geqslant n^*$，有 k 或 $k+1$ 辆车时，单位时间内 n^* 个收费亭只能服务 $n^*\mu$ 辆车，故第二个方程变为第三个方程。方程(4-3)的解可表示为

$$P_0 = \left[\sum_{k=0}^{n^*-1}\frac{(n^*s)^k}{k!}+\frac{1}{n^*!}\frac{(n^*s)^{n^*}}{1-s}\right]^{-1}, \quad P_k=\begin{cases}\dfrac{1}{k!}(n^*s)^kP_0, & 0\leqslant k<n^*\\[2mm]\dfrac{1}{n^*!}\dfrac{1}{n^{*k-n^*}}(n^*s)^kP_0, & k\geqslant n^*\end{cases}$$

一辆车的平均等待时间为

$$E(W_q)=\frac{1}{\mu}\sum_{k=1}^{\infty}(k-1)P_k=\frac{s}{\lambda(1-s)^2}P_{n^*}$$

一辆车的平均逗留时间为

$$E(W)=\frac{1}{\mu}\sum_{k=1}^{\infty}kP_k=\frac{s}{\lambda(1-s)^2}P_{n^*}+\frac{1}{\mu}$$

值得注意的是这些解是在系统达到稳态的前提下得到的。当服务强度 $s>1$ 时,到达的车辆数比得到服务后离开的车辆数要多,系统不会达到稳定。

车辆合流的交通流模型。 车流离开收费亭的 n 个车道经过过渡区合并到 m 个车道(见图4-3)。驶入过渡区的车流量和驶出过渡区的车流量相等:

$$(v_1-v_m)n\rho_1=(v_2-v_m)m\rho_2\Leftrightarrow v_m=\frac{v_1n\rho_1-v_2m\rho_2}{n\rho_1-m\rho_2} \tag{4-4}$$

$v_1(v_2)$ 和 $\rho_1(\rho_2)$ 分别为驶入(出)过渡区的车速和单车道的车流密度,v_m 为过渡区的平均速度。

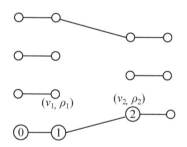

图4-3　从收费亭到回到高速公路入口的示意图

λ 为单位时间内到达收费站的平均车辆数,它满足 $\lambda=v_1n\rho_1$。假设车辆离开收费亭进入过渡区之前以舒适加速度 α 匀加速前进,则过渡区前的车道长度 l 决定了车辆速度 $v_1=\sqrt{2\alpha L}$,从而确定 $\rho_1=\lambda/(nv_1)$。设车辆回到高速公路上恢复到最大极限速度 $v_2=v_{\max}$,根据速度和密度的线性关系式(4-2)确定 ρ_2。总之,可以从式(4-4)确定车辆经过过渡区的平均速度 v_m。 车辆离开收费亭回到高速公路的平均时间为

$$\sqrt{2L/\alpha} + \frac{l'}{v_m}$$

这里 l' 为过渡区的长度。

基于安全距离的车辆跟驰模型。 当道路上车辆密度很大时,车距很小,任意一辆车的车速都受到前面的车辆速度的影响。驾驶员只能按前车的速度控制自己的车速,这称为非自由驾驶状态,也叫跟驰驾驶,如图 4-4 所示。

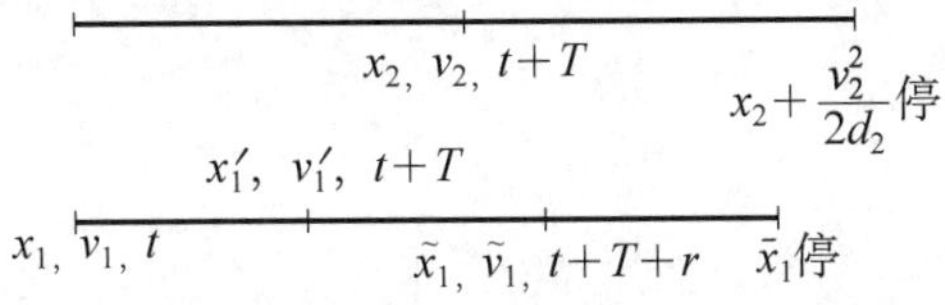

图 4-4　前车(上)和后车(下)不同时刻的状态(非自由驾驶状态)

设前车从 $t+T$ 时刻(位置为 x_2、速度 v_2)开始以最大的减加速度 d_2 刹车,最后停在 $x_2+\dfrac{v_2^2}{2d_2}$。在 t 时刻,后车的位置为 x_1,速度为 v_1,后车从 t 到 $t+T$ 以加速度 a_1 加速,在 $t+T$ 时刻位置为 $x_1'=x_1+v_1T+\dfrac{1}{2}a_1T^2$,速度为 $v_1'=v_1+a_1T$。从 $t+T$ 到 $t+T+r$ 时间内速度维持不变,其中 r 为后车驾驶员的反应时间。$t+T+r$ 时刻后车的位置为 $\tilde{x}_1=x_1'+rv_1'$,速度为 $\tilde{v}_1=v_1'$。后车从 $t+T+r$ 时刻开始以减速度 d_1 刹车,停止后的位置为 $\bar{x}_1=\tilde{x}_1+\dfrac{\tilde{v}_1^2}{2d_1}$。为了保证前后车不相撞,只需要前后车在 $t+T+r$ 时刻和完全停止后都不相撞:

$$\left(x_2+v_2r-\frac{d_2r^2}{2}\right)-\tilde{x}_1 \geqslant L_{car}, \quad \left(x_2+\frac{v_2^2}{2d_2}\right)-\bar{x}_1 \geqslant L_{car}$$

从而确定后车在 t 时刻的位置 x_1、速度 v_1 和 $[t, t+T]$ 时间段内的加速度 a_1。第一个不等式关于 x_1,v_1 和 a_1 是线性的,第二个不等式关于 x_1 是线性的、关于 v_1、a_1 为二次多项式。L_{car} 为一辆车的长度。

用元胞自动机研究收费亭附近区域的形状对通行能力的影响。图 4-5 表示收费亭附近的交通区域形状。把 3 条车道和 8 个收费亭通道离散为很多小网格(元胞),每个收费亭通道占一个元胞(设收费亭的宽度占一个网格),每个元胞表示一个车身的大小。取时间步长为 1 s,模拟一天时间。一个时间步长内,车辆只能往前移动一个单位或进入相邻的车道或保持不变。设收费亭的服务时间为 4 个时间步长。每个元胞的状态:0 表示该元胞处无车辆,1 表示该元胞处有车辆,−2 表示该元胞前有车辆。收费亭通道处的元胞状态在 1~4 之间:比如 3 表示这个元胞处的车辆停留了 3 个时间步长;当元胞状态为 −2 时,即当前元胞的前面有车辆,该元胞中的车辆需要进入相邻的车道。对于收费亭处的车辆,在每一个时间步长中,它对于元胞状态加 1。当该元胞的数值大于 4 时,表示车辆已经被服务完毕,它应该要进入下一个元胞。每一时刻,车辆从模拟区域的起始部分进入。若某车辆已到模拟区域的末尾,则把它从模拟区域中去除。整个算法如下:

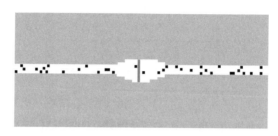

图 4 − 5   中间垂直的灰色线段表示 8 个收费亭,其他灰色区域表示车辆不可进入的隔离带,有 3 条公路,黑色的点表示车辆

产生二维元胞数组 L_{ij}, $i = 1, \cdots, l$, $i_{\min} \leqslant j \leqslant i_{\max}$。$l$ 为模拟区域的长度,模拟区域的宽度 $i_{\max} - i_{\min}$ 依赖 i。$i = \dfrac{l-1}{2}$ 表示收费亭的位置。L_{ij} 初始化为 0,表示整个模拟区域没有车辆。初始时刻 $t = 0$。

1.   若 $t \leqslant 3\,600 \times 24$(执行第 2 ~ 21 行)。

2.   车辆向前移动:对 i 从 $l − 1$ 到 1 循环,j 从 $i_{\min}$ 到 $i_{\max}$ 循环(执行第 3 ~ 8 行)。

3.   若 $i \neq \dfrac{l-1}{2}$ 且 $L_{ij} = 1$(执行第 4 ~ 5 行)。

4.   若 $L_{i+1,j} \neq 0$,则 $L_{ij} = -2$。

5.   若 $L_{i+1,j} = 0$,则 $L_{ij} = 0$,$L_{i+1,j} = 1$。

6.   若 $i = \dfrac{L-1}{2}$ 且 $L_{ij} > 0$(执行第 7 ~ 8 行)。

7.   若 $L_{i,j} \geqslant 4$ 且 $L_{i+1,j} = 0$,则 $L_{ij} = 0$,$L_{i+1,j} = 1$。

8.   若 $L_{i+1,j} < 4$,L_{ij} 加 1。

9.   车辆切换车道:对 i 从 $l − 1$ 到 1 循环,j 从 $i_{\min}$ 到 $i_{\max}$ 循环(执行第 10 ~ 19 行)

10.   若 $L_{i+1,j} = -2$(执行第 11 ~ 19 行)。

11.   若 rand < 0.8(执行第 12 ~ 19 行)。

12.   若 rand < 0.5(执行第 13 ~ 15 行)(先切换左车道,后切换右车道)。

13.　　　　　若 $L_{i,j-1}=0$ 且 $L_{i-1,j-1}=0$，则 $L_{i,j-1}=1$，$L_{ij}=0$。

14.　　　　　否则如果 $L_{i,j+1}=0$ 且 $L_{i-1,j+1}=0$，则 $L_{i,j+1}=1$，$L_{ij}=0$。

15.　　　　　否则 $L_{ij}=1$（把该元胞的状态变为1）。

16.　　　　　若 $\text{rand}>0.5$（执行第 $17\sim19$ 行）（先切换右车道，后切换左车道）。

17.　　　　　若 $L_{i,j+1}=0$ 且 $L_{i-1,j+1}=0$，则 $L_{i,j+1}=1$，$L_{ij}=0$。

18.　　　　　否则如果 $L_{i,j-1}=0$ 且 $L_{i-1,j-1}=0$，则 $L_{i,j-1}=1$，$L_{ij}=0$。

19.　　　　　否则 $L_{ij}=1$。

20.　　　　　入口处车辆进入：在一个时间步长内产生需要进入车辆数目的随机数。并把车辆随机地分配到 $l_{\max}-l_{\min}+l$ 条公路上。若分配到第 j 条公路上，$L_{1j}=1$。

21.　　　　　出口处车辆的移除：若 $L_{lj}=1$，则 $L_{lj}=0$，$j=l_{\min}$，$\cdots$，$l_{\max}$。

22.　　　　　时刻 t 加 1。

图 4-6 是三个不同形状的合流区域。图 4-7 给出了不同形状的合流区域对通行能力的影响，T 为分流区域中车辆通过一个元胞需要的时间，它依赖一天 24 小时的时间。和图 4-6 左图对比，中图的合流区域扩大明显，通行时间明显变少；但当合流区域继续扩大后（由中图变为右图中的合流区域），通行时间减少得不是很明显。

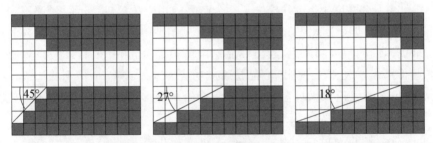

图 4-6　收费亭附近不同形状的合流区域，从左到右，合流区域扩大

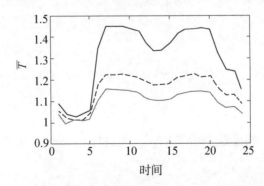

图 4-7　收费亭附近的合流区域的不同形状对通行能力的影响（由上到下的 3 条曲线分别对应图 4-6 的左图，中图和右图）

亚马逊商品的排名和数据挖掘

在线上市场中,亚马逊为客户提供了对购买产品进行评分和评价的机会。个人评级称为"星级",用1(低评级)到5(高评级)的等级来表示他们对产品的满意度。此外,客户可以提交基于文本的消息(称为"评论"),以表达有关产品的更多意见和信息。其他客户可以根据这些评论有帮助或无帮助的等级(称为"帮助等级"),来协助他们确定自己的产品购买决策。公司使用这些数据来深入了解其参与市场、参与时间以及产品是否成功。阳光公司在线上市场上销售了三种新产品:微波炉、婴儿奶嘴和吹风机,并提供了每个产品的相应数据:星级评级、评论和帮助等级。公司关心如下问题:①基于星级和评论,给出一个度量判断它们包含的信息量;②根据以前的星级和评论,给出商品的声望值的度量,并预测未来声望值的变化;③基于星级评级和评论判断商品是否成功或失败;④某一个特别的星级评级是否会导致更多的评论,比如,客户对低评级会给出更多某类评论;⑤具体的某类描述(如"失望")会与星级评级密切相关吗?

下面对一个商品进行分析。记 id 表示评论的编号:它包含了(星级)评级 $s_{id} \in \{1, \cdots, 5\}$、用文字描述的评论 R_{id} 和帮助等级 h_{id}。为了量化评级数据,评级 s_{id} 对应一个在 $s = s_{id} \in \{1, \cdots, 5\}$ 处达到最大的星级分布

$$\text{VEC}_{s_{id}} = (\text{VEC}_{s_{id}}^{s})_{s=1}^{5}, \quad \text{VEC}_{s_{id}}^{s} = \frac{e^{-\frac{|s-s_{id}|^2}{2\sigma_0}}}{\sum_{j=1}^{5} e^{-\frac{|j-s_{id}|^2}{2\sigma_0}}} \quad (5-1)$$

σ_0 为正参数。当 σ_0 越接近 0,分布 $\text{VEC}_{s_{id}}$ 越接近 s_{id} 处的 δ 分布:

$$\delta_{s_{id}}^{s} = \begin{cases} 1, & s = s_{id} \\ 0, & s \neq s_{id} \end{cases} \tag{5-2}$$

与评级相比，文字描述的评论 $R = R_{id}$ 的量化比较复杂。为了与 5 个评级（1 为低评级，5 为最高评级）对应，把具有非常典型特征的单词分为 5 类 $\{G_j\}_{j=1}^{5}$。比如，第 5 类中的单词都是非常正面的（"完美""很好"等），第 1 类中的单词都是非常反面的（"失望""但是"等）。5 类单词和 5 个评级不要混淆，我们用 $s = 1, \cdots, 5$ 表示评级，用 $j = 1, \cdots, 5$ 表示类别。为了比较某一个评论 R 的分布 $\{INT_R^j\}_{j=1}^{5}$ 和相应的星级分布 $(VEC_{s_{id}}^{s})_{s=1}^{5}$，星级的级别个数和单词的类别个数相同，它们都是 5。

下面计算某评论 $R = R_{id}$ 对这五类的分布 $INT_R = \{INT_R^j\}_{j=1}^{5}$。设 w 为 R 中某个单词，seed 为特征单词，定义它们之间的 Kullback-Leibler 距离：

$$D(w \parallel \text{seed}) = \sum_{k=1}^{N} P(d_k \mid w) \lg \frac{P(d_k \mid w)}{P(d_k \mid \text{seed})} \tag{5-3}$$

$P(d_k|w)$ 为单词 w 左边 k 个单词中概率权重，$P(d_k|\text{seed})$ 定义类似，$|R|$ 为评论 R 中单词的个数。定义对称化的 Kullback-Leibler 距离：

$$\text{SD}(w \parallel \text{seed}) = D(w \parallel \text{seed}) + D(\text{seed} \parallel w) \tag{5-4}$$

单词 w 和特征词 seed 之间的相似度

$$\text{SI}(w \parallel \text{seed}) = \frac{1}{1 + \text{SD}(w \parallel \text{seed})} \in (0, 1) \tag{5-5}$$

单词 w 和第 j 类单词 G_j 之间的相似度

$$\text{SI}(w \parallel G_j) = \frac{1}{|G_j|} \sum_{\text{seed} \in G_j} \text{SI}(w \parallel \text{seed}) \tag{5-6}$$

$|G_j|$ 表示 G_j 中特征词的个数。评论 R 和第 j 类单词 G_j 之间的相似度

$$\text{SI}(R \parallel G_j) = \frac{1}{|R|} \sum_{w \in R} \text{SI}(w \parallel G_j) \tag{5-7}$$

评论 $R = R_{id}$ 在这 5 类单词中的分布 CE_R 为

$$CE_R^j = \frac{\text{SI}(R \parallel G_j)}{\sum\limits_{j=1}^{5} \text{SI}(R \parallel G_j)}, \quad j = 1, \cdots, 5 \tag{5-8}$$

和式(5-8)结合，得到评论 $R = R_{id}$ 在这 5 类单词中的分布 INT_R 为

$$\text{INT}_R = \text{softmax}(\lambda CE_R + (1-\lambda)\text{VADER}_R) \qquad (5-9)$$

其中,$\text{VADER}_R^{①}$ 是和 CE_R 类似的分布,参见情感分析工具 VADER 相关文献[13]。$\lambda = 0.5$ 为权重系数,

$$\text{softmax}(x_1, \cdots, x_5) = \frac{(e^{x_1}, \cdots, e^{x_5})}{\sum\limits_{j=1}^{5} e^{x_j}} \qquad (5-10)$$

编号 id 的评论 R_{id} 的重要性程度定义为

$$\text{IMP}_{\text{id}} = (1+h_{\text{id}})\exp\left[-\alpha\left(1 - \frac{\text{INT}_{R_{\text{id}}} \cdot \text{VEC}_{s_{\text{id}}}}{\|\text{INT}_{R_{\text{id}}}\| \|\text{VEC}_{s_{\text{id}}}\|}\right)\right]\exp\left[\beta\sum_{j=1}^{5}\text{INT}_{R_{\text{id}}}^{j}\ln(\text{INT}_{R_{\text{id}}}^{j})\right]$$

$$(5-11)$$

式中,α 和 β 为正的参数,当$\text{INT}_{R_{\text{id}}}$ 和$\text{VEC}_{s_{\text{id}}}$ 越接近平行时,即评级和评论越一致,编号为 id 的评论越重要。当分布$\text{INT}_{R_{\text{id}}}$ 越均匀,$\sum\limits_{j=1}^{5}\text{INT}_{R_{\text{id}}}^{j}\ln(\text{INT}_{R_{\text{id}}}^{j})$ 越小,评论 R_{id} 的重要性越小。帮助等级 h_{id} 越大,id 的重要性越大,也表明该评论包含的信息量越多。

评论的重要性往往决定了该商品的声望。记REP_T 为第 T 天该商品的声望值,它满足方程

$$\text{REP}(T) = \text{REP}(T-1) + \Delta\text{REP}(T) - \text{PEN}(T) \qquad (5-12)$$

$\Delta\text{REP}(T)$ 为声望的增加量:

$$\Delta\text{REP}(T) = \frac{1}{2Z}\sum_{\text{id}}\text{IMP}_{\text{id}}\left[\theta s_{\text{id}} + (1-\theta)\underset{j}{\text{argmax}}\{\text{INT}_{R_{\text{id}}}^{j}\} - 3\right] \qquad (5-13)$$

式中,$\sum\limits_{\text{id}}$ 表示对该商品过去一段时间(如 10 天)所有的评论进行累加,$\underset{j}{\text{argmax}}\{\text{INT}_{R_{\text{id}}}^{j}\}$ 表示 R_{id} 中分量最大对应的指标。$\theta s_{\text{id}} + (1-\theta)\underset{j}{\text{argmax}}\{\text{INT}_{R_{\text{id}}}^{j}\}$ 表示评级和评论的综合排名。归一化参数

$$Z = \sum_{\text{id}}\text{IMP}_{\text{id}} \qquad (5-14)$$

确保声望值增加量在-1 到 1 之间。过去一段时间内的负面评价和评论往往导致声望值降低,式(5-12)中的惩罚项为

---

① VADER,是 Valence Aware Dictionary and sEntiment Reasoner 的缩写,是专门为社交媒体进行情感分析的工具。

$$PEN(T) = k_2 \mathrm{sigmoid}(k_1 \mathrm{REP}(T-1)) \frac{\#\{id \mid \theta s_{id} + (1-\theta)\mathrm{argmax}_j\{INT_{R_{id}}^j\} \leqslant k_3\}}{\#\{id \mid T-10 \leqslant RD_{id} \leqslant T\}}$$

$$(5-15)$$

式中,最后一项表示过去一段时间(10 天)评论总数中评级小于 k_3 的评价占的比例, k_1、k_2 和 k_3 为可调整的参数,sigmoid 定义为

$$\mathrm{sigmoid}(x) = \frac{1}{1 + e^{-x}}$$

$\mathrm{sigmoid}(x)$ 是 x 的递增函数。式(5-15)中和该函数对应的项表明:声望值越大,越容易造成声望的损失。

图 5-1 给出了三种商品的声望值随时间的变化。婴儿奶嘴的声望值基本上大于 0,而微波炉的声望值基本上小于 0,这表明了婴儿奶嘴比微波炉获得更好的评价。

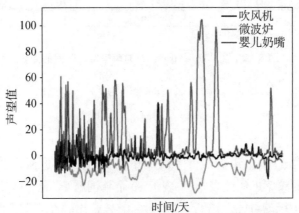

图 5-1 三种商品吹风机(hair dryer)、微波炉(microwave)和婴儿奶嘴(pacifier)的声望值随时间的变化

对于给定的声望值 $\mathrm{REP}(T)$,用数据拟合模型

$$\mathrm{REP}(T) = a_0 + \sum_{k=1}^{p} a_k \mathrm{REP}(T-k) + \varepsilon_T \qquad (5-16)$$

式中, ε_T 为白噪声,系数 $(a_k)_{k=0}^p$ 用某一段时间 $[T_0, T_1]$ 内的声望值拟合得到。取 $p=50$,在任意时间段 $[T_a, T_b]$ 内定义声望的均值为

$$\mathrm{REP}^{T_a T_b} = \frac{1}{T_b - T_a} \int_{T_a}^{T_b} \mathrm{REP}(T) dT \qquad (5-17)$$

定义商品是否成功的指标

$$\gamma(t) = \text{REP}^{T_0 t} / \text{REP}^{T_0 T_1} \tag{5-18}$$

当 $\gamma(t) > 1$,商品成功;当 $0 < \gamma(t) < 1$,商品弱成功;当 $-1 < \gamma(t) < 0$,商品弱失败;当 $\gamma(t) < -1$,商品失败。图 5-2 给出了婴儿奶嘴的声望值数据的拟合、测试和预测数据。用 $[T_0, T_1]$ 的前 3/4 时间段做拟合,后 1/4 时间段做测试,最右侧表示它的预测的声望值。可确定婴儿奶嘴的商品是弱成功。

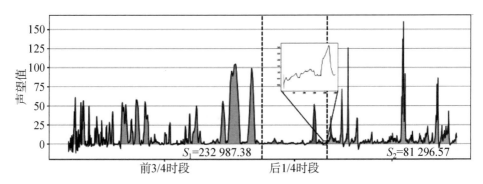

图 5-2　婴儿奶嘴(**pacifier**)的声望值随时间的变化

根据贝叶斯定理,单词 w 的评级 s 的概率为

$$P(s \mid w) = \frac{P(w \mid s)P(s)}{P(w)} \tag{5-19}$$

式中,$P(s)$ 用评级 s 的频率近似,$P(w)$ 用单词 w 的频率近似,$P(w|s)$ 用在评级为 s 中单词 w 的频率近似。表 5-1 表示 10 个单词属于 5 星级评级的可能性。单词 easy 属于 5 星级的可能性达到了 85.1%,它往往出现在非常正面的评论中。

表 5-1　10 个单词和 15 星级评级之间的关系

单词 w	easy	popcorn	love	feature	button	great	much	high	can	also
$P(s=5\|w)$	0.851	0.833	0.780	0.777	0.769	0.768	0.745	0.725	0.720	0.719

案例 **6**

太 阳 影 子

一根直杆垂直地面,如何计算它的太阳影子长度 S？这与直杆所在位置和太阳直射点位置有关,参见图 6-1 的左图。

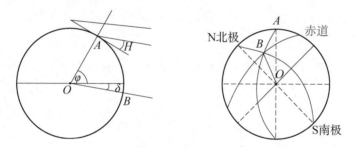

图 6-1 过 A、B 和球心 O 的大圆(左),球面上的 A、B、北极和南极的位置(右)

设直杆长度为 L,直杆位置 A 的经度和纬度分别为 L_A 和 φ,其中 $\varphi \in [-90°, 90°]$,北纬为正,南纬为负。$L_A \in [-180°, 180°]$,东经为正、西经为负。太阳中心和地球中心的连线和地球表面的交点称为太阳直射点 B。太阳到地球距离非常遥远,平行太阳光和太阳-地球中心连线平行。直射点 B 的纬度 δ 称为太阳赤纬。若 B 在北半球,δ 为正;若 B 在南半球,δ 为负。太阳赤纬 $\delta \in [-23.45°, 23.45°]$,即直射点 B 在北回归线和南回归线之间。

图 6-1 的左图是过 A 和 B 两点的一个大圆,太阳光线和 A 处地平面的夹角为 H,称为太阳高度角。影子长度为

$$S = \frac{L}{\tan H} \tag{6-1}$$

图 6-1 的右图给出了 A、B 和两极的位置关系。当 A 和 B 两点的经度相同时,过

点 A 和 B 的大圆变为过两极的大圆。在球面三棱锥 $OABN$ 中，$\overset{\frown}{NOA}=90°-\varphi$，$\overset{\frown}{NOB}=90°-\delta$，$\overset{\frown}{AOB}=90°-H$。由于 A 和 B 的经度不同，$\overset{\frown}{AOB}\neq\varphi-\delta$。记 $t=\overset{\frown}{BNA}$ 为 A 和 B 两点的经度之差。由球面三角余弦公式

$$\cos\overset{\frown}{AOB}=\cos\overset{\frown}{NOB}\cos\overset{\frown}{AON}+\sin\overset{\frown}{NOB}\sin\overset{\frown}{AON}\cos\overset{\frown}{BNA}$$

太阳高度角 H 满足

$$\sin H=\sin\delta\sin\varphi+\cos\delta\cos\varphi\cos t \tag{6-2}$$

点 A 处太阳高度角 H 仅与点 A 的纬度 φ、B 的纬度 δ 以及它们的经度差 t 有关。式(6-2)等号右边在 δ 和 φ 交换后保持不变，把 δ 用 $-\delta$ 替换也保持不变。由式(6-1)和式(6-2)得到影子长度 $S=S(L,t,\delta,\varphi)$，它是杆长 L、经度差 t、太阳赤纬 δ 和观测点纬度 φ 的函数。

图 6-2 的左图是太阳影子长度随观测点 A 纬度 φ 的变化。当测量地纬度和太阳赤纬重合时，太阳直射，影长为 0。观测点的纬度向南北两侧递增时，影子长度逐渐增大。

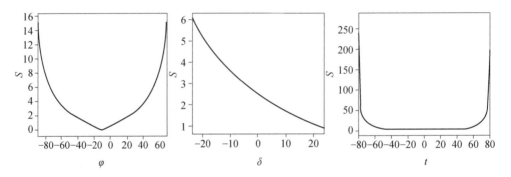

图 6-2 太阳影子长度 S 随纬度 φ 的变化，$t=0$、$\delta=-10.77°$、$L=3\mathrm{m}$(左)；S 随太阳赤纬 δ 的变化，$t=0$、$\varphi=39°54'26''\mathrm{N}$、$L=3\mathrm{m}$(中)；$S$ 随时角 t 的变化，$\delta=-10.77°$、$\varphi=39°54'26''\mathrm{N}$、$L=3\mathrm{m}$(右)

受地球公转等因素的影响，太阳赤纬 δ 在23.45°N和23.45°S之间周期变化，其中 $\Gamma=2\pi(n-1)/365$ 为日角，n 为当年日因子(测量日期与当年1月1日之间的天数间隔)。 用下述公式计算太阳赤纬

$$\begin{aligned}\delta=&0.006\,918-0.399\,912\cos\Gamma+0.070\,257\sin\Gamma\\&-0.006\,758\cos(2\Gamma)+0.000\,907\sin(2\Gamma)\\&-0.002\,697\cos(3\Gamma)+0.001\,48\sin(3\Gamma)\end{aligned} \tag{6-3}$$

图 6-3 给出了太阳赤纬在一年中的变化，春分日和秋分日对应的太阳赤纬为 0。

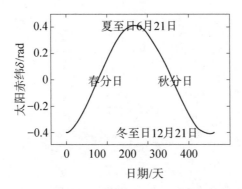

图 6 - 3　太阳赤纬 δ(弧度)在一年(365 天)中的变化

　　图 6 - 2 中间的图是太阳影子长度随太阳赤纬 δ 的变化。当太阳赤纬从南回归线向北回归线变化时,影子长度逐渐递减。这解释了为什么在北半球生活时,冬天比夏天的影子要长!

　　每个经度对应一天 24 小时中的某个时刻,在 $120°E$ 地区的地方时间称为北京时间 T_0,它不是北京当地($116.4°E$)的地方时间。北京时间 T_0 和观测点的地方时 T_A 满足(地球自转 15 度对应一小时,24 小时转一圈($360°$))

$$T_A = T_0 + \frac{L_A - 120°}{15°} \qquad\qquad (6-4)$$

若观测点 A 的经度为 $135°E$(在 $120°E$ 的东侧),它的地方时为 $T_A = T_0 + 1$,即它比北京时间 T_0 晚 1 小时。经度差 t 和观测点的地方时 T_A 的关系为

$$t = (T_A - 12) \times 15 \in [-180°, 180°] \qquad\qquad (6-5)$$

图 6 - 2 的右图是太阳影子长度随时角 t 的变化。当经度差 t 为 0 时,观测点的地方时刚好是正午 12:00(正午 12:00 的定义),此时直射点 B 到观测点的距离最近,影长最小(3.66 米)。影长关于 $t = 0$ 对称。当 $|t|$ 增大到 $90°$ 时,影长趋向无穷大。

　　图 6 - 4 给出了太阳影子长度随北京时间 T_0 的变化。测量日期为 2015 年 10 月 22 日,日因子为 $n = 294$,根据式(6 - 3)得到太阳赤纬 $\delta = 10.77°S$。由于北京时间和观测点的地方时间略微不同,影长最低点不是正午 12 时,而是稍滞后一个时间:12.24 时(即 12 时 14 分),对应 $|t| = 0.008\ 6$ 达到最小。从 9 时到 15 时,影子长度先减少后增大,变化曲线关于 12 时 14 分对称。

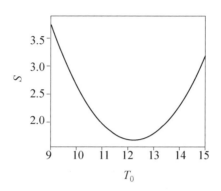

图 6 - 4 太阳影子长度随北京时间 T_0 的变化,测量日期为 2015 年 10 月 22 日(太阳赤纬 $\delta = 10.77°$S)、观测点经度 $L_A = 116°23'29''$E、纬度 $\varphi = 39°54'26''$N、杆长 $L = 3$ m

如果测量不同时间下的影子长度,得到数据 $(T_{0,i}, S_i)_{i=1}^{21}$,其中 S_i 表示北京时间为 $T_{0,i}$ 时的影长。利用这些数据,可得到测量地的经纬度以及杆长,这通过求解优化问题得到

$$\min_{L, L_A, \varphi} \sum_{i=1}^{21} (S_i - S(L, t_i, \delta, \varphi))^2 \qquad (6-6)$$

第 i 次测量的时角 t_i、测量地的地方时 $T_{A,i}$ 和北京时间 $T_{0,i}$ 的关系为

$$t_i = (T_{A,i} - 12) \times 15, \quad T_{A,i} = T_{0,i} + \frac{L_A - 120°}{15°}.$$

故 t_i 是 L_A 的函数。从赛题中给出的这些数据以及测量日期(2015 年 4 月 18 日),可以计算出测量点的经度 108°47′E、纬度 19°12′N 和杆长 2.028 米。

如果测量日期未知,优化问题[式(6-6)]还需要对太阳赤纬 δ 求极小。在达到一定精度下得到两个解,这是由于一个 δ 对应于一年中的两个日期,它们关于夏至日对称。

太阳高度角 H 满足式(6-2),H 为 0 表示太阳从地平线上升起(日出)或从地平线下落(日没)。令 $H = 0$,从式(6-2)得到

$$\cos t = -\tan \delta \tan \varphi \qquad (6-7)$$

根据 δ 和 φ 得到两个 $t \in [-180°, 180°]$,再从式(6-4)和式(6-5)得到相应的两个北京时间 T_0,分别对应日出和日没时间,它们的时间差就是白天时长。

经过简单计算,2020 年 9 月 16 日闵行区(121.38°E、31.12°N)的日出和日没的北京时间分别为 5 点 48 分和 18 点。

太阳高度角公式(6‐2)的另一个应用可以定义当地黄昏的北京时间(CUMCM‐2015C)。比如定义黄昏时间对应的太阳高度角在−5°和5°之间,从而确定黄昏的北京时间范围。

一天中的太阳辐射能为

$$\int_{sr}^{ss} I_0(t)\,\mathrm{d}t$$

其中 sr 和 ss 表示日出和日没时间,$I_0(t)=I_{sc}E_0\sin H$,$E_0=1+0.033\cos\left[(2\pi n/365)\right]$ 为地球绕太阳的椭圆轨道的偏心校正系数,n 表示当年日因子。$I_{sc}=1367\,\mathrm{W\cdot m^{-2}}$ 为单位小时内太阳光垂直直射单位面积上的辐射能。

案例 **7**

星 图 识 别

　　对遥远恒星的观察可以确定航行体的观察方向。星敏感器是固定在航行体中的观察装置,它的观察方向(又称光轴)为 Oz,O 为投影中点,恒星 P_i 在感光面上的投影记为 Q_i,光轴和感光面的交点也是感光面的中心 O'。以投影中心 O 为坐标原点,以光轴为 z 轴,过点 O 平行于感光面两边的直线作为 x 轴和 y 轴,构成星敏感器坐标系。以感光面的中心 O' 为坐标原点,平行于感光面两边的直线为 X 轴和 Y 轴,构成(二维)图像坐标系。现在观察第 i 个恒星 $P_i(i=1, 2, 3)$,它在天球坐标系下的赤经和赤纬分别为 α_i 和 δ_i,它在感光面上的投影 Q_i 到 O' 的距离 a_i 可测量。希望对 3 个恒星的观察来确定观察方向 Oz。点 O 到 O' 的距离为 f。上述坐标系的关系如图 7-1 所示。

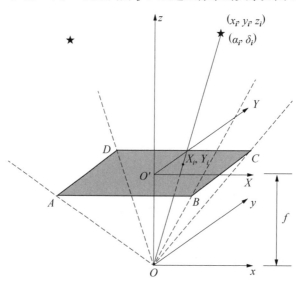

图 7-1　星敏感器坐标系、图像坐标系及前视投影成像

本案例参考研究生数学建模竞赛-2019B。

在天球坐标系中考虑整个系统。恒星离地球中心的距离远大于飞行器和地球中心的距离，OQ_i 的方向近似为地心到点 P_i 的连线方向，从而 OQ_i 在天球坐标系下的经纬度为 α_i、δ_i，在天球坐标系下的单位向量为

$$(\cos\delta_i\cos\alpha_i,\ \cos\delta_i\sin\alpha_i,\ \sin\delta_i)^{\mathrm{T}} \tag{7-1}$$

Oz 在天球坐标系下的单位向量为

$$(\cos\delta\cos\alpha,\ \cos\delta\sin\alpha,\ \sin\delta)^{\mathrm{T}} \tag{7-2}$$

OO' 和 OQ_i 的夹角为

$$\theta_i=\arctan\frac{a_i}{f}=\arccos\frac{OQ_i\cdot OO'}{\mid OQ_i\parallel OO'\mid} \tag{7-3}$$

由式(7-1)、式(7-2)、式(7-3)得到

$$(\cos\delta_i\cos\alpha_i,\ \cos\delta_i\sin\alpha_i,\ \sin\delta_i)\begin{pmatrix}\cos\delta\cos\alpha\\\cos\alpha\sin\alpha\\\sin\delta\end{pmatrix}=\cos\theta_i,$$
$$i=1,2,3 \tag{7-4}$$

若点 O 和 O' 的距离 f 给定，式(7-4)的右端项已知。当 OQ_1、OQ_2 和 OQ_3 不共面，线性方程组(7-4)的系数矩阵非奇异，上述方程有唯一解，从而确定 Oz 方向的赤经 α 和赤纬 δ。当测量数据很准确，这个解必定非常接近单位向量。实际计算时也可用最小二乘法解得到(α,δ)。当 f 未知时，需要确定 f 使得式(7-4)的解为单位向量。

7.1　坐标变换

首先确定三个坐标系之间的坐标变换。天球直角坐标系 $Ouvw$ 绕天极 Ow 转 φ，再绕天极 Ou 转 θ，最后绕天极 Ow 转 ψ，对应的旋转矩阵为

$$
\boldsymbol{P}=\begin{pmatrix}\cos\psi&\sin\psi&0\\-\sin\psi&\cos\psi&0\\0&0&1\end{pmatrix}\begin{pmatrix}1&0&0\\0&\cos\theta&\sin\theta\\0&-\sin\theta&\cos\theta\end{pmatrix}\begin{pmatrix}\cos\varphi&\sin\varphi&0\\-\sin\varphi&\cos\varphi&0\\0&0&1\end{pmatrix}
$$
$$
=\begin{pmatrix}\cos\psi\cos\varphi-\cos\theta\sin\varphi\sin\psi&\cos\psi\sin\varphi+\cos\theta\cos\varphi\sin\psi&\sin\theta\sin\psi\\-\sin\psi\cos\varphi-\cos\theta\sin\varphi\cos\psi&-\sin\psi\sin\varphi+\cos\theta\cos\varphi\cos\psi&\sin\theta\cos\psi\\\sin\theta\sin\varphi&-\sin\theta\cos\varphi&\cos\theta\end{pmatrix}
$$

φ、θ 和 ψ 为三个 Euler 角，这里坐标轴旋转都是逆时针旋转。

设(ξ_1,ξ_2,ξ_3)、(e_1,e_2,e_3) 分别是天球坐标系和星敏感器坐标系的三个坐

标轴对应的单位向量，(ξ_1, ξ_2, ξ_3) 经过上述旋转后得到 (e_1, e_2, e_3)。一个向量在天球坐标系和星敏感器坐标系的坐标分别为 (χ_1, χ_2, χ_3)、(x_1, x_2, x_3)，则

$$(x_1, x_2, x_3)^{\mathrm{T}} = P(\chi_1, \chi_2, \chi_3)^{\mathrm{T}}$$

$$\xi_j = \sum_{i=1}^{3} P_{ij} e_i, \quad j = 1, 2, 3 \Leftrightarrow e_i = \sum_{j=1}^{3} P_{ij} \xi_j, \quad i = 1, 2, 3$$

特别地，有

$$e_3 = \sum_{j=1}^{3} P_{3j} \xi_j = \begin{pmatrix} \sin\theta\sin\varphi \\ -\sin\theta\cos\varphi \\ \cos\theta \end{pmatrix} = \begin{pmatrix} \cos\delta\cos\alpha \\ \cos\delta\sin\alpha \\ \sin\delta \end{pmatrix}$$

这里 ξ_j 是第 j 个分量为 1、其他分量为 0 的单位向量，$j = 1, 2, 3$。上式最后的等式是由于

$$\varphi = 90° + \alpha, \quad \theta = 90° - \delta$$

这表明 φ 和 θ 这样选取后，e_3（光轴方向）在天球坐标系的经度和纬度分别为 α 和 δ。为了使得旋转矩阵 $\boldsymbol{P}$ 尽可能简单，取 $\psi = 90°$，从而旋转矩阵为

$$\boldsymbol{P} = \begin{pmatrix} -\cos\alpha\sin\delta & -\sin\alpha\sin\delta & \cos\delta \\ \sin\alpha & -\cos\alpha & 0 \\ \cos\alpha\cos\delta & \sin\alpha\cos\delta & \sin\delta \end{pmatrix}$$

恒星在天球坐标系下的单位方向矢量为

$$(\cos\delta_i\cos\alpha_i, \cos\delta_i\sin\alpha_i, \sin\delta_i)^{\mathrm{T}}$$

其在星敏感器坐标系下的坐标（它由 $\boldsymbol{P}$ 乘该单位方向矢量）为

$$\begin{cases} x_i = \cos\delta\sin\delta_i - \sin\delta\cos\delta_i\cos(\alpha_i - \alpha) \\ y_i = \cos\delta_i\sin(\alpha_i - \alpha) \\ z_i = \sin\delta\sin\delta_i + \cos\delta\cos\delta_i\cos(\alpha_i - \alpha) \end{cases} \quad (7-5)$$

在图像坐标系下的坐标为

$$X_i = f\frac{x_i}{z_i}, \quad Y_i = f\frac{y_i}{z_i}$$

把式（7-5）代入该公式，可知 X_i 和 Y_i 都依赖 (α, δ, f)，再根据条件

$$X_i^2 + Y_i^2 = a_i^2, \quad i = 1, 2, 3$$

确定 (α, δ, f)。所以，它提供了 f 未知时的另一求法。

7.2　天文术语

　　本小节内容参考文献[1]。对于地球,常用的坐标系是地理坐标系,地球赤道为地球的主圈,赤道和本初子午线分别决定了地理位置的纬度和经度。一个位置的北极和南极方向分别定义了位置的北和南,面向北面的右侧和左侧分别是东和西方向。

　　天球是以地心为球心,半径无穷大的球体。根据天球的主圈选取的不同,分为不同的天球坐标系。

　　(1) 地平坐标系:一地的铅垂线向上和向下无限延长,同天球相交两点(称为天顶和天底)。以天顶和天底为两极的过地心的(和天球相交)大圆称为地平经圈,观察者所在的地平面无限扩展与天球相交的大圆称为地平(纬)圈。在地平圈中规定了东南西北四个点,通过南北两点的地平经圈(过天顶和天底)称为天子午圈。一个天体在地平坐标系下的经纬度分别称为高度(和地平圈的夹角)和方位(用地平经圈作为起始点)。

　　(2) 赤道坐标系:地轴(地球旋转轴)无限延长称为天轴,天轴和天球交于两点,称为天北极和天南极。赤道坐标系的主圈就是天赤道。天赤道上规定了四个点(春分点、夏至点、秋风点和冬至点)。在天球第二赤道坐标系中,从春分点开始度量天体的经度(称为赤经),从天赤道所在的平面度量天体的纬度(称为赤纬)。

　　(3) 黄道坐标系:地球绕太阳公转的轨道平面做为主圈,主圈称为黄道。和主圈垂直过地心的直线和天球交于两点,称为北黄极和南黄极。黄道是太阳在天球黄道坐标系下的投影轨迹,在黄道上,也有四个点(春分点、夏至点、秋风点和冬至点)。天球在黄道坐标系下的经纬度称为黄纬和黄经,其中黄经是以春分点开始来度量。

案例 **8**

着陆器的轨道控制

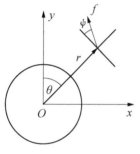

图 8-1 极坐标系下的轨道着陆示意图

嫦娥三号在月球上的着陆是包括从近月点开始主减速的一个过程。该过程从离月球表面的高度为 15 km 的近月点开始直到离月球表面的高度为 3 km 处结束,设计嫦娥三号的轨道满足各种要求。

以月心为坐标原点 O,月心到近月点的方向为 y 轴,建立直角坐标系,着陆轨道在该平面中。设 r 为点 O 到着陆器的距离,θ 为着陆器和 y 轴的正方向所成的角度,如图 8-1 所示。在极坐标下着陆器的控制方程为

$$\begin{cases} \dot{r} = v \\ \dot{v} = \dfrac{f}{m}\sin\psi - \dfrac{\mu}{r^2} + r\omega^2 \\ \dot{\theta} = \omega \\ \dot{\omega} = -\dfrac{1}{r}\left(\dfrac{f}{m}\cos\psi + 2v\omega\right) \\ \dot{m} = -\dfrac{f}{c} \end{cases} \tag{8-1}$$

式中,变量上方的记号"·"表示该变量对时间的一阶导数。v 和 ω 分别为径向速度和角速度,m 为着陆器的质量,f 为推力,其大小在 1 500 N 到 7 500 N 之间,ψ 为推力方向和径向垂线的夹角(称为推力方向角),μ 为月球引力常数,c 为比冲,表示单位质量的燃料燃烧后产生的推力大小。式(8-1)的前四个方程描述着陆器的径向距离 r 和角度 θ 在月球重力和推力作用下的变化,最后一个方程描述了着陆器(燃料)的质量变化产生推力。着陆器在近月点满足初始条件:

本案例参考 2014 年全国大学生数学建模竞赛(CUMCM-2014A)。

$$r(0)=r_0, \quad v(0)=0, \quad \theta(0)=0, \quad \omega(0)=\omega_0, \quad m(0)=m_0 \quad (8-2)$$

$\omega_0=v_0/r_0$ 为近月点处的初始角速度，v_0 为近月点的速度大小（方向和径向垂直），r_0 为近月点到月心的距离。着陆器满足终端条件：

$$r(T)=r_T=r_{\text{moon}}+3\,000, \quad \{v(T)^2+[r_T\omega(T)]^2\}^{1/2}=57 \quad (8-3)$$

式中，r_{moon} 为月球半径。在 T 时刻，着陆器到月球表面的高度为 $3\,000$ m，对应的速度为 57 m/s，$r_T\omega(T)$ 为和径向垂直的切向速度大小。在 0 到 T 的时间内消耗燃料的质量为

$$\int_0^T (-\dot{m})\mathrm{d}t = m(0)-m(T) \quad (8-4)$$

我们得到连续最优控制问题：在约束式(8-1)、式(8-2)和式(8-3)下，确定 f 和 ψ 使得由式(8-4)定义的消耗燃料最小。

引入长度、时间和质量的参考量纲

$$r_{\text{ref}}=r_{\text{moon}}, \quad t_{\text{ref}}, \quad m_{\text{ref}}=m_0 \quad (8-5)$$

它们诱导出速度和推力的参考量纲

$$v_{\text{ref}}=\frac{r_{\text{ref}}}{t_{\text{ref}}}, \quad f_{\text{ref}}=\frac{m_{\text{ref}}v_{\text{ref}}}{t_{\text{ref}}} \quad (8-6)$$

定义无量纲量

$$R=\frac{r}{r_{\text{moon}}}, \quad V=\frac{v}{v_{\text{ref}}}, \quad \Theta=\theta, \quad \Omega=t_{\text{ref}}\omega,$$

$$M=\frac{m}{m_{\text{ref}}}, \quad s=\frac{t}{t_{\text{ref}}}, \quad S=\frac{T}{t_{\text{ref}}}, \quad \frac{\mathrm{d}}{\mathrm{d}s}=t_{\text{ref}}\frac{\mathrm{d}}{\mathrm{d}t} \quad (8-7)$$

$$F=\frac{f}{f_{\text{ref}}}, \quad \tilde{\mu}=\frac{\mu}{r_{\text{ref}}^3/t_{\text{ref}}^2}, \quad C=\frac{cm_{\text{ref}}}{f_{\text{ref}}t_{\text{ref}}}=\frac{c}{v_{\text{ref}}} \quad (8-8)$$

取 $t_{\text{ref}}=1\,000$ s 使得无量纲的月球引力常数 $\tilde{\mu}=O(1)$。 控制方程(8-1)的无量纲化方程为

$$\begin{cases} \dfrac{\mathrm{d}}{\mathrm{d}s}R=V \\[2mm] \dfrac{\mathrm{d}}{\mathrm{d}s}V=\dfrac{F}{M}\sin\psi-\dfrac{\tilde{\mu}}{R^2}+R\Omega^2 \\[2mm] \dfrac{\mathrm{d}}{\mathrm{d}s}\Theta=\Omega \\[2mm] \dfrac{\mathrm{d}}{\mathrm{d}s}\Omega=-\dfrac{1}{R}\left(\dfrac{F}{M}\cos\psi+2V\Omega\right) \\[2mm] \dfrac{\mathrm{d}}{\mathrm{d}s}M=-\dfrac{F}{C} \end{cases} \quad , \quad 0\leqslant s\leqslant S \quad (8-9)$$

无量纲化的初始条件:

$$R(0) = \frac{r_0}{r_{\text{ref}}}, \quad V(0) = 0, \quad \Theta(0) = 0, \quad \Omega(0) = t_{\text{ref}}\omega_0, \quad M(0) = \frac{m_0}{m_{\text{ref}}}$$

$$(8-10)$$

无量纲化的终端条件:

$$R(S) = \frac{r_T}{r_{\text{ref}}}, \quad \left\{ V(S)^2 + \left[\frac{r_T}{r_{\text{ref}}} \Omega(S) \right]^2 \right\}^{1/2} = \frac{57}{v_{\text{ref}}} \qquad (8-11)$$

在约束式(8-9)、式(8-10)和式(8-11)下,求 F 和 ψ 使得

$$\int_0^T (-\dot{m}) \mathrm{d}t = m(0) - m(T) = m_{\text{ref}}(M(0) - M(S)) \qquad (8-12)$$

达到最小。

把无量纲的时间区域 $[0, S]$ 等分成 N 个小区间,时间方向的离散点为 $S_k = k\frac{S}{N}$, $k = 0, \cdots, N$。引入状态变量 $X = (R, V, \Theta, \Omega, M)$,用四阶 Runge-Kutta 方法离散无量纲化的控制方程(8-9),得到 S_k 时刻的状态 X_k 和 S_{k+1} 时刻的状态 X_{k+1} 的关系为

$$X_{k+1} = G(X_k) \qquad (8-13)$$

等号右端项还依赖时间步长 $\frac{S}{N}$、控制变量 F 和 S_k 时刻的状态 ψ_k。将连续控制问题转化为关于

$$S, F, \{\psi_k\}_{k=0}^{N-1}, \{X_k\}_{k=0}^N$$

的非线性规划问题:满足式(8-13)、式(8-10)和式(8-11)使得 $M(0) - M(S)$ 达到最小,这里关于 S 和 F 满足

$$S \geqslant 0, \quad \frac{1\,500}{f_{\text{ref}}} \leqslant F \leqslant \frac{7\,500}{f_{\text{ref}}}$$

基于软件包 CasAdi,我们给出了数模模拟结果,图 8-2 表示了各个物理量随时间的变化曲线:整个过程需要 $T = 413.2$ s,推力 $f = 7\,500$ N。着陆器的径向距离 r 变小,径向和 y 方向的夹角 θ 变大,径向速度大小先增大后变小,方向和径向相反,角速度接近线性地变小,最下方两个图表明燃料质量 m 和推力方向 ψ 随时间都近似线性变化。

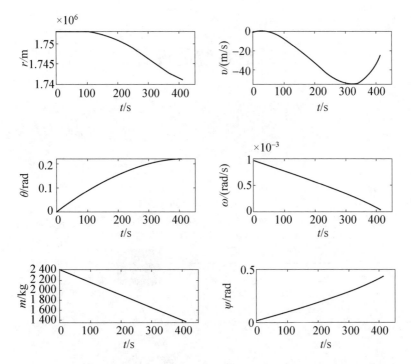

图 8-2　各物理量随时间 t 的变化（r、v、θ、ω、m 和 ψ 分别表示径向距离、径向速度、着陆器和 y 轴所成的角度、径向角速度、着陆器质量和推力方向角）

案例 *9*

系泊系统的设计

近浅海观测网的传输节点由浮标系统、系泊系统和水声通信系统组成。

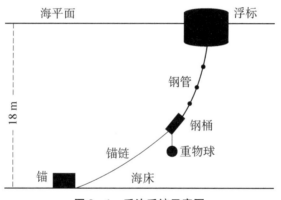

图 9 - 1 系泊系统示意图

　　如图 9 - 1 所示,圆柱体的浮标系统漂浮在海面上,系泊系统由钢管、钢桶、重物球、电焊锚链和抗拖移锚组成。锚的质量为 600 kg,锚链选用无挡普通链环。钢管共 4 节,每节长度 1 m,直径为 50 mm,每节钢管的质量为 10 kg。要求锚链末端与锚的链接处的切线方向与海床的夹角不超过 16°,否则锚会被拖行。水声通信系统安装在一个长 1 m,外径 30 cm 的密封圆柱形钢桶内,设备和钢桶总质量为 100 kg。钢桶上接第 4 节钢管,下接电焊锚链。钢桶竖直时,水声通信设备的工作效果最佳。钢桶的倾斜角度(钢桶与竖直线的夹角)超过 5°时,设备的工作效果较差。为了控制钢桶的倾斜角度,钢桶与电焊锚链链接处可悬挂重物球。系泊系统的设计问题就是确定锚链的型号、长度和重物球的质量,使得浮标的吃水深度和游动区域及钢桶的倾斜角度尽可能小。

本案例参考 CUMCM - 2016A。

把浮标、钢管、钢桶和每节锚链看成圆柱形的刚体。对每个刚体进行受力分析：要求力的平衡和力矩平衡。$i=0$ 表示浮标，$i=1,\cdots,4$ 表示 4 个钢管，$i=5$ 表示钢桶，$i=6,\cdots,m+5$ 表示 m 节锚链。各种类型的刚体的受力分析类似，钢桶的受力分析需要考虑重物球的重力和浮力。整个系统在一个平面内，把锚看成坐标原点，水平方向为 x 轴，垂直方向为 y 轴。$\boldsymbol{T}_i=T_i(\cos\theta_i,\ \sin\theta_i)$ 为第 $i-1$ 物体对第 i 物体施加的力。第 i 物体和水平方向的角度为 φ_i。第 i 物体的重力和浮力大小分别记为 G_i 和 F_i。

如图 9-2 所示，由浮标的受力平衡得到：

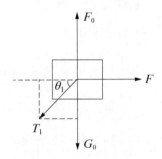

图 9-2　浮标的受力平衡

$$0=-\boldsymbol{T}_1+(F,\ 0)+(0,\ -G_0)+(0,\ F_0) \tag{9-1}$$

它的分量形式：

$$\begin{cases} T_1\cos\theta_1=F \\ T_1\sin\theta_1=F_0-G_0=\rho\pi r^2 hg-1000g \end{cases} \tag{9-2}$$

其中 ρ 为海水密度，h 为浮标的吃水深度，v 为海面风速，$r=D/2=1$ 为浮标底部半径，$D=2\,\mathrm{m}$ 为浮标底部的直径，浮标高度为 $2\,\mathrm{m}$，浮标的质量为 $1000\,\mathrm{kg}$，g 为重力加速度，$F=0.625D(2-h)v^2$ 为海面风力的近似公式。

第一根钢管的受力平衡（见图 9-3 的左图）如下：

$$0=\boldsymbol{T}_1+(-\boldsymbol{T}_2)+(0,\ F_1)+(0,\ -G_1)$$
$$=T_1(\cos\theta_1,\ \sin\theta_1)-T_2(\cos\theta_2,\ \sin\theta_2)+(0,\ F_1)+(0,\ -G_1)$$

分量形式：

$$\begin{cases} T_2\cos\theta_2=T_1\cos\theta_1 \\ T_2\sin\theta_2=T_1\sin\theta_1-G_1+F_1 \end{cases}$$

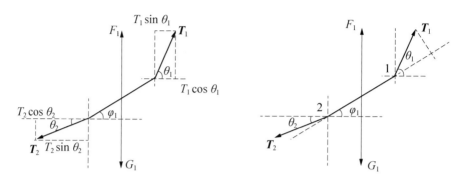

图 9 - 3　第一根钢管的受力平衡(左)和力矩平衡(右)

第一根钢管的力矩平衡(见图 9 - 3 的右图)

$$\begin{cases} L_1 T_1 \sin(\theta_1 - \varphi_1) = \dfrac{1}{2} L_1 (G_1 - F_1) \cos \varphi_1 & (2\ \text{为支撑点}) \\[3mm] L_1 T_2 \sin(\varphi_1 - \theta_2) = \dfrac{1}{2} L_1 (G_1 - F_1) \cos \varphi_1 & (1\ \text{为支撑点}) \end{cases}$$

φ_1 为第一根钢管和水平面的夹角。由第一个公式得到

$$\tan \varphi_1 = \frac{T_1 \sin \theta_1 - \dfrac{1}{2}(G_1 - F_1)}{T_1 \cos \theta_1}$$

同理可分析其他刚体的受力情况。

模型的控制方程为

$$\text{浮标：} \begin{cases} T_1 \cos \theta_1 = 0.625 D(2 - h) v^2 \\ T_1 \sin \theta_1 = \rho \pi r^2 h g - 1000 g \end{cases}$$

对第 i 个刚体，$i = 1, \cdots, 4, 5, 6, \cdots, m+5$，

$$\begin{cases} T_{i+1} \cos \theta_{i+1} = T_i \cos \theta_i, & 1 \leqslant i \leqslant m+4 \\[2mm] T_{i+1} \sin \theta_{i+1} = T_i \sin \theta_i - G_i + F_i, & 1 \leqslant i \leqslant m+4 \\[2mm] \tan \varphi_i = \dfrac{T_i \sin \theta_i - \dfrac{1}{2}(G_i - F_i)}{T_i \cos \theta_i}, & 1 \leqslant i \leqslant m+5 \end{cases}$$

当 $i = 5$ 时，由钢桶的受力平衡知道，上述第二式右端需要加上 $(-G_s + F_s)$，这里 G_s 和 F_s 分别是重物球的重力和浮力。水深 H 和浮标移动半径 R 分别为

$$H = \sum_{i=1}^{m+5} L_i \sin \varphi_i + h, \quad R = \sum_{i=1}^{m+5} L_i \cos \varphi_i$$

给定 h，按上述公式确定锚链 i 对应的 $\varphi_i (6 \leqslant i \leqslant m+5)$，同时计算该锚链是否已到达海底。若还没有到达海底，计算下一个锚链；否则计算到此结束，其他锚链都是平铺在海底。如果在该 h 下所有锚链都没有到达海底，那么重新调整 h，直到有锚链到达海底为止。

设锚链每节长 $0.105\,\text{m}$，共 $m=210$ 节。重物球重量 $G_s = 1\,200\,\text{kg}$，水深 $H = 18\,\text{m}$。如图 9-4 所示：当风速为 $12\,\text{m/s}$ 时，部分锚链平铺在海底中；当风速为 $24\,\text{m/s}$ 时，所有锚链都被拉起。

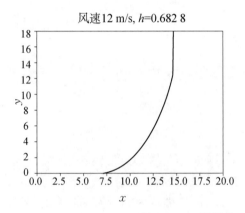
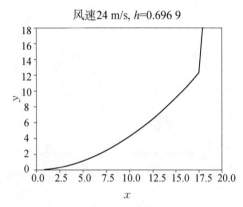

图 9-4　不同风速下锚链系泊系统的构型

案例 10

倒 立 摆 模 型

倒立摆模型在行走和跑步等模拟中有重要的应用,本节介绍它的两个应用:机器人行走和人的跑步模拟。

10.1 双足步行①

双足步行是将两只脚交替地抬起和放下,以适当的步伐运动,这样当一只脚抬起时,另一脚着地。双足步行的模拟对机器人运动研究有重要意义。将模仿人的

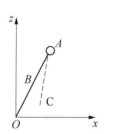

图 10-1　二维倒立摆示意图

(仿人)机器人近似化:机器人的所有质量集中到其质心位置;机器人的两条腿无质量,它们和地面接触时通过一个可以转动的支点实现;只考虑机器人的前后和上下方的运动,忽略左右(横向)运动,从而认为机器人运动局限在铅垂线 z 轴和步行的纵向 x 轴的二维平面内。在这些假设下,机器人可简化为一个二维倒立摆(linear inverted pendulum model, LIPM),如图 10-1 所示。

机器人质心(center of mass,COM)看成倒立摆的顶端 A,它的质量为机器人质量,机器人两条腿被简化为和顶端 A 相连的(无质量)有弹性的两条直杆 B(支撑直杆)、C(游离直杆)。为了模拟机器人的双足步行,倒立摆的一根直杆着地,另一根直杆必定离地。并且在任意时刻,必定有一个直杆着地。请解决如下问题。

问题 1:在二维倒立摆的一根直杆 B 着地过程中,对倒立摆进行受力分析,并给出倒立摆顶端 A 的位置在二维平面内随时间的变化规律。如果 A 的铅垂线 z 轴方向的坐标不随时间变化,则称二维倒立摆为线性倒立摆。对于线性倒立摆,顶端 A 受到支撑直杆的力需要满足什么条件? 对于线性倒立摆高度为 1 m 和 1.5 m

---

① 本部分内容参考上海交通大学数学建模校内赛。

的两种情形,模拟线性倒立摆顶端 A 的 x 方向坐标和速度随时间的变化曲线,并且分析倒立摆高度对模拟结果的影响。问题 2 和问题 3 只针对线性倒立摆进行讨论。

问题 2:问题 1 中支撑直杆 B 着地时,游离直杆 C 抬起。则直杆 C 称为游离直杆,它往往是受控的,比如,游离直杆 C 跨出一个步长 s 后着地,在这一个瞬间直杆 B 抬离地面。所以,在下一次直杆 C 着地过程中,它的初始时刻 x 方向的位置和速度被直杆 B 抬离地面瞬间决定。研究分析这一瞬间位置和速度如何确定,它们和该瞬间前后时刻的能量有何联系,特别地,需要分析瞬间速度如何依赖步长 s。

问题 3:图 10-2 给出了行走一步的步行模式。初始时刻,倒立摆有一个初始速度,左腿支撑、右腿游离[图 10-2(a)]。右腿着地瞬间[图 10-2(b)]。右腿支撑过程[图 10-2(b)~(d)]。左腿着地,倒立摆停止[图 10-2(e)]。模拟一步内顶点 A 的位置和速度的变化,并研究步长 s 和线性倒立摆高度对模拟结果的影响。

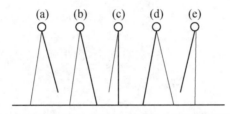

图 10-2　行走一步的步行模式,步行方向朝右,细线和粗线分别为左腿和右腿

问题 4:把顶点 A 的位置限制在一条有斜坡的直线 $z=z_c+kx$ 上,如图 10-3 所示,重新考虑问题 1。特别地,斜率 k 对顶端 A 的 x 方向坐标随时间变化是否有影响。设有两个台阶时(图 10-4),模拟倒立摆登上两个台阶的过程,并且分析台阶形状对模拟结果的影响。

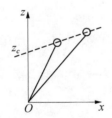

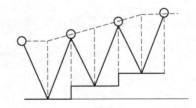

图 10-3　二维倒立摆顶点 A 的运动限制　　　图 10-4　倒立摆在两个台阶上的运动
　　　　　在有斜坡的直线上

二维倒立摆的直杆是有弹性的,直杆的长度随时间变化。二维倒立摆的直杆 B 着地过程中,直杆 C 游离。质心处于 A 位置,需要对 A 进行受力分析。A 到原

点 O 的距离(直杆 B 的地面支撑点)记为 r，z 轴正方向和 OA(直杆 B)方向的夹角为 ϕ。依赖时间 t 的 A 的极坐标(r,ϕ)满足

$$\begin{cases} r^2\ddot{\phi} + 2r\dot{r}\dot{\phi} - gr\sin\phi = \tau/M \\ \ddot{r} - r\dot{\phi}^2 + g\cos\phi = f/M \end{cases} \tag{10-1}$$

M 为倒立摆的质量，g 为重力加速度，$\dot{r}$ 和 $\ddot{r}$ 分别表示 r 对时间的一阶和二阶导数。f 为顶端 A 受到支持直杆 B(通过地面)的力，它沿径向 r 方向。τ 为作用于直杆 B 的地面支撑点处的力矩。式(10-1)中 $\ddot{r} - r\dot{\phi}^2 + g\cos\phi$ 表示径向加速度，$r\ddot{\phi} + 2\dot{r}\dot{\phi} - g\sin\phi$ 为和径向垂直方向的角加速度。当 τ 为 0，支撑力 f 看成是 A 受到某个物体的吸引时，方程(10-1)变为天体绕另一个质量更大天体的运动。

方程(10-1)可以做如下推导：在与径向垂直的方向上，由角动量与力矩的关系得到

$$\frac{\mathrm{d}}{\mathrm{d}t}\left(Mr^2\frac{\mathrm{d}\phi}{\mathrm{d}t}\right) = \tau + Mgr\sin\phi \tag{10-2}$$

这就是方程(10-1)中第一式。在径向方向上，由牛顿第二定律得到

$$f - Mg\cos\phi = M\ddot{r} - M(\dot{\phi})^2 r \tag{10-3}$$

它就是方程(10-1)中第二式。

当机器人的足底与地面接触面较小时，力矩 τ 可取为 0。假设 $\tau = 0$。这种情况下，倒立摆与地面接触的点只有一个支点，它是不稳定的，所以总会倒下，除非令线性倒立摆的质心一直保持在水平线上，这可以通过控制腿伸长缩短来实现。在给定初始条件下，若 ϕ 随时间趋向 $\pi/2$，则称倒立摆倒地。对于线性倒立摆，A 的 z 轴坐标不随时间变化，A 在直角坐标系下方程为

$$M\ddot{x} = f\sin\phi \tag{10-4}$$

根据 z 方向的力的平衡(即支持直杆 B 的力 f 满足的条件)：

$$Mg = f\cos\phi \tag{10-5}$$

把它代入式(10-4)得到

$$M\ddot{x} = Mg\tan\phi = Mg\frac{x}{z} \tag{10-6}$$

线性倒立摆与弹簧谐振子的物理过程相反。线性倒立摆倾向于远离支撑点的垂直位置，而弹簧谐振子受到弹簧弹性恢复力作用后倾向于回到平衡位置。将式(10-6)的右边添上符号，就是弹簧谐振子的运动方程，其中 Mg/z 为弹性系数。

由于 z 恒定,式(10-6)的解为

$$x(t) = x(0)\cosh(t/T_c) + T_c\dot{x}(0)\sinh(t/T_c) \qquad (10-7)$$

A 的水平速度为

$$\dot{x}(t) = x(0)/T_c\sinh(t/T_c) + \dot{x}(0)\cosh(t/T_c) \qquad (10-8)$$

其中 $T_c = \sqrt{z/g}$ 。可计算 A 从初态 $(x_0, \dot{x}_0)$ 到终态 $(x_1, \dot{x}_1)$ 需要的时间

$$T = T_c\ln\frac{x_1 - T_c\dot{x}_1}{x_0 - T_c\dot{x}_0} \qquad (10-9)$$

对方程(10-6)积分得到

$$\frac{1}{2}\dot{x}^2 - \frac{g}{2z}x^2 = E \qquad (10-10)$$

为定值,它不随时间变化,E 为(轨道)能量,它包括两项:第一项是由速度决定的动能,第二项是以支撑点为原点下横坐标 x 决定的(虚假)势能。由式(10-10)得到 E 就是 A 越过支撑点正上方($x=0$)时的动能。显然,当 $E<0$ 时,A 不可能越过支撑点正上方。另外,A 越靠近支撑点正上方,速度(不考虑符号)越小。能量 E 可表示为 $E = \frac{1}{2}\dot{x}_0^2 - \frac{g}{2z}x_0^2$,其中 x_0 和 $\dot{x}_0$ 分别为初始时刻时 A 的位置和速度。当 $E>0$ 时,A 可越过支撑点正上方,故初始速度需要满足

$$|\dot{x}_0| \geqslant |x_0|/T_c$$

图 10-5 给出了不同初始速度对 A 点水平位置和时间之间关系的影响。支撑

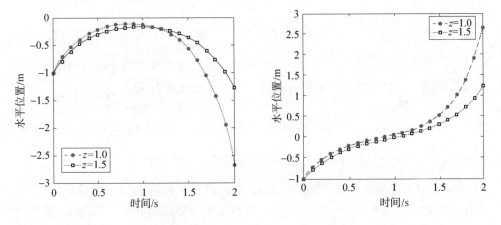

图 10-5　A 点水平位置随时间的变化:$E = -0.1$(左),$E = 0.1$(右)

点在坐标原点，初始时刻 $t=0$，A 点水平位置为 $x(0)=-1$。当 $E=-0.1(<0)$，A 的初始水平速度不足以使得 A 通过支撑点的垂直位置 $x=0$。在某时刻后，A 向左运动，参见图 10-5 的左图。反之，当 $E=0.1(>0)$，A 的初始水平速度足够大使得 A 通过支撑点的垂直位置 $x=0$，并且它随时间不断地增大，参见图 10-5 的右图。当 $E=0$ 时，A 到达支撑点的垂直位置 $x=0$ 后保持不动。

设支撑脚切换前后瞬间对应的轨道能量分别为 E_0 和 E_1，则

$$E_0=\frac{1}{2}v_f^2-\frac{g}{2z}x_f^2 \tag{10-11}$$

$$E_1=\frac{1}{2}v_f^2-\frac{g}{2z}(x_f-s)^2 \tag{10-12}$$

如图 10-2(b)所示，细线和粗线分别表示支持直杆 B 和着地瞬间的直杆 C，该瞬间 A 的速度为 v_f，以支持直杆 B 支撑点为原点，顶点 A 的坐标为 $x_f=x(t)$，其中 $x(t)$ 在式(10-7)中定义。以支持直杆 C 支撑点为原点时，在该瞬间顶点 A 的坐标为 x_f-s，其中 s 为步长。对于弹性直杆，我们假设切换瞬间，A 的位置和速度都没有变化。由上述公式得到切换条件：

$$x_f=\frac{z}{gs}(E_1-E_0)+\frac{s}{2} \tag{10-13}$$

$$v_f=\sqrt{2E_0+\frac{g}{z}x_f^2}=\sqrt{E_0+E_1+\frac{z}{gs^2}(E_1-E_0)^2+\frac{gs^2}{4z}} \tag{10-14}$$

当 $E_1>E_0$ 时，x_f 和 v_f 关于 s 在 $\sqrt{2z(E_1-E_0)/g}$ 处达到最小。式(10-13)表明：当 $E_1=E_0$ 时，$x_f=\frac{s}{2}$，切换瞬间时，人的头部刚好在两个脚的中间，两个脚前后对称。若切换后的能量 E_1 比切换前的能量 E_0 大，则 $x_f>\frac{s}{2}$，步行时人前倾。切换后的动力学方程还是式(10-6)，x 为 A 相对支持直杆 C 支撑点为原点时的水平位置，初始时刻(切换瞬间)，A 的坐标为 x_f-s，A 的速度为 v_f。

一步行走的模拟。图 10-2 中，从(a)到(b)的过程中，原点为细线(左腿)的支撑点。初始时刻，姿态如(a)所示，顶点 A 的横坐标为 x_0，它的速度为 $\dot{x}_0$。对应的能量为 $E_0=\frac{1}{2}\dot{x}_0^2-\frac{g}{2z}x_0^2$。(a)到(b)过程由式(10-7)和式(10-8)描述。

(a)到(b)过程什么时候结束？原则上，当游离腿接触到地面就结束，这需要知道游离腿随时间的变化过程。我们已知的是支撑腿随时间的变化规律，而且支撑腿顶点 A 的 z 方向坐标不变。这里假设游离腿不仅控制了步长 s，而且也控制了

(a) 到 (b) 过程需要的时间 T,再由公式 (10-12) 确定 (b) 到 (d) 过程的轨道能量 E_1。反之,也可用 E_1 作为控制变量,根据式 (10-13) 和式 (10-14) 得到 T 时刻的位置 x_f 和速度 v_f,再根据初始条件由式 (10-9) 确定时间 T。实际模拟时,可用条件式 (10-13) 作为模拟结束条件,即当某时刻 x 的位置刚好和式 (10-13) 给出的 x_f 相等,则这个过程结束。比如,取 $E_1 = E_0$, x 是从 $-s/2$ 到 $s/2$ 的一个过程。

如图 10-2 所示,从 (b) 到 (c) 的过程中,粗线 (右腿) 为支撑点的运动,对应能量为 $E_1 = \dfrac{1}{2} v_1^2$,其中 v_1 为质心 A 越过支撑点正上方时的速度,此时 A 的横坐标为 0 (相对支撑点)。从 (d) 到 (e) 的过程中,能量被终态决定 [参见图 10-2(e)], $E_2 = -\dfrac{g}{2z} x_e^2$,其中 x_e 为顶点 A 的横坐标 (相对支撑点),在终态 (e),顶点 A 静止。

图 10-6 给出了机器人行走的模拟,左图和右图分别给出了 A 点的位置和速度随时间的变化。右图中的 a、b、c、d 和 e 分别对应于图 10-2(a) ~ (e) 的不同状态。$z = 1$,步长 $s = 2$,初始位置为 $-s/2 = -1$,初始速度为 3.3,对应的轨道能量为 $E_0 = 0.545$,在整个模拟中轨道能量都保持不变。速度随时间周期性变化,从初始时刻到状态 b (第一个周期),A 从 -1 位置越过了和支撑点的垂直位置 (第一个周期中的速度最小的时刻),在该时刻后,速度变大直到状态 b,再进行双足切换,并且切换时刻速度保持不变,从而进入下一个周期。在第一个周期中,速度关于最小速度对应的时刻是对称的,这是由于方程在该时间段求解,从而 A 从 $-s/2$ 到 $s/2$,确保了状态 b 的速度和初始时刻的速度相同。

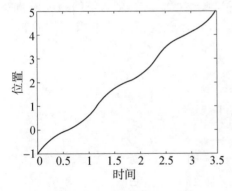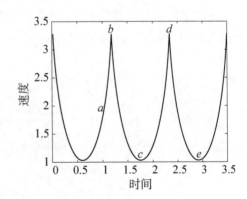

图 10-6　位置 (左) 和速度 (右) 随时间的变化 (初始位置为 $-s/2 = -1$,
初始速度为 3.3, $z = 1$,步长 $s = 2$)

对于问题 3,我们把力 f 分解为水平 x 方向和垂直 z 方向

$$f_x = f \sin\phi = (x/r)f, \qquad f_z = f \cos\phi = (z/r)f$$

为了把 A 限制在一条直线上

$$z = z_c + kx \tag{10-15}$$

故 f_x 和 f_z 必须满足

$$\frac{f_z - Mg}{f_x} = k$$

从而

$$f = \frac{Mgr}{z - kx} = \frac{Mgr}{z_c} \tag{10-16}$$

运用式(10-4)得到

$$\ddot{x} = \frac{g}{z_c} x \tag{10-17}$$

它和方程(10-6)一致! 只要把方程(10-6)中 z 用 z_c 替换得到式(10-17)。

在上台阶过程中,直线式(10-15)可以预先确定,从而确定了 z_c,每步的水平运动方程为式(10-17),质心 A 的水平速度不受台阶的影响。台阶形状对倒立摆的影响主要体现在高度和宽度上。台阶宽度越大,所需步长 s 也越大。台阶高度越高,倒立摆高度 z_c 变大。

10.2 跑步运动

人体的跑步运动极为复杂,如果把人体看成一个倒立摆,则人体的跑步运动可被简化为弹簧负载倒立摆运动(见图 10-7),利用倒立摆运动模拟人体的跑步运动。

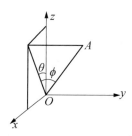

图 10-7 倒立摆示意图

设倒立摆的立足点 B(足部)在直角坐标系 $Oxyz$ 的原点,倒立摆的质心 A(人体重心)坐标为

$$\begin{cases} x = r\cos\phi\sin\theta \\ y = r\sin\phi \\ z = r\cos\phi\cos\theta \end{cases} \tag{10-18}$$

r 为质心到原点的距离，ϕ 为倒立摆和 Oxz 平面的夹角，θ 为倒立摆在 Oxz 平面的投影和 z 轴的夹角。设 t 为时间，质心坐标 $(x,\ y,\ z)$ 和 $(r,\ \phi,\ \theta)$ 都依赖时间 t。定义系统的 Lagrange 函数：

$$L = \frac{1}{2}m(\dot{x}^2 + \dot{y}^2 + \dot{z}^2) - mgz \tag{10-19}$$

它是质心动能和质心势能的差，m 为倒立摆的质量，g 为重力加速度，$(\dot{x},\ \dot{y},\ \dot{z})$ 为质心速度。倒立摆质心的动力学方程为

$$\begin{cases} \dfrac{\mathrm{d}}{\mathrm{d}t}\left(\dfrac{\partial L}{\partial \dot{r}}\right) - \dfrac{\partial L}{\partial r} = f \\[3mm] \dfrac{\mathrm{d}}{\mathrm{d}t}\left(\dfrac{\partial L}{\partial \dot{\theta}}\right) - \dfrac{\partial L}{\partial \theta} = \tau_\theta \\[3mm] \dfrac{\mathrm{d}}{\mathrm{d}t}\left(\dfrac{\partial L}{\partial \dot{\phi}}\right) - \dfrac{\partial L}{\partial \phi} = \tau_\phi \end{cases} \tag{10-20}$$

方程右端 f、τ_θ 和 τ_ϕ 为相应自由度的广义力。根据式 $(10-18)$，Lagrange 函数也可表示为 $(\dot{r},\ \dot{\theta},\ \dot{\phi},\ r,\ \theta,\ \phi)$ 的函数。式 $(10-20)$ 中 $\dfrac{\partial L}{\partial \dot{r}}$ 表示 L 对 $\dot{r}$ 的偏导数。计算表明方程 $(10-20)$ 可写为

$$\begin{cases} m\{g\cos\theta\cos\phi - r[(\cos\phi)^2\dot{\theta}^2 + \dot{\phi}^2] + \ddot{r}\} = f \\[2mm] mr\cos\phi[-g\sin\theta + 2\dot{\theta}(\dot{r}\cos\phi - r\dot{\phi}\sin\phi) + \ddot{\theta}r\cos\phi] = \tau_\theta \\[2mm] mr[-g\cos\theta\sin\phi + 2\dot{r}\dot{\phi} + r(\cos\phi\sin\phi\dot{\theta}^2 + \ddot{\phi})] = \tau_\phi \end{cases} \tag{10-21}$$

它在直角坐标系下的形式为

$$m\begin{pmatrix} \ddot{x} \\ \ddot{y} \\ \ddot{z} \end{pmatrix} = (\boldsymbol{J}^{\mathrm{T}})^{-1}\begin{pmatrix} f \\ \tau_\theta \\ \tau_\phi \end{pmatrix} + \begin{pmatrix} 0 \\ 0 \\ -mg \end{pmatrix} \tag{10-22}$$

其中

$$J = \begin{pmatrix} \dfrac{x}{\sqrt{x^2+y^2+z^2}} & z & -\dfrac{xy}{\sqrt{x^2+z^2}} \\[3mm] \dfrac{y}{\sqrt{x^2+y^2+z^2}} & 0 & \sqrt{x^2+z^2} \\[3mm] \dfrac{z}{\sqrt{x^2+y^2+z^2}} & -x & -\dfrac{yz}{\sqrt{x^2+z^2}} \end{pmatrix},$$

$$(J^{\mathrm{T}})^{-1} = \begin{pmatrix} \dfrac{x}{\sqrt{x^2+y^2+z^2}} & \dfrac{z}{x^2+z^2} & -\dfrac{xy}{\sqrt{x^2+z^2}\,(x^2+y^2+z^2)} \\[3mm] \dfrac{y}{\sqrt{x^2+y^2+z^2}} & 0 & \dfrac{\sqrt{x^2+z^2}}{x^2+y^2+z^2} \\[3mm] \dfrac{z}{\sqrt{x^2+y^2+z^2}} & -\dfrac{x}{x^2+z^2} & -\dfrac{yz}{\sqrt{x^2+z^2}\,(x^2+y^2+z^2)} \end{pmatrix}$$

$$(10-23)$$

$(J^{\mathrm{T}})^{-1}$ 为矩阵 J 的转置的逆矩阵。通过径向广义力描述腿部径向运动受到的力

$$f = k(l-l_0) + c_0(l-l_0)\frac{\mathrm{d}l}{\mathrm{d}t} \qquad (10-24)$$

这里

$$l = \sqrt{x^2+y^2+z^2} \qquad (10-25)$$

k 为弹簧系数，l_0 为原来的腿部长度(脚不着地时的长度)，式(10-24)右边的第一项表明简化为倒立摆的腿部运动是弹簧运动。倒立摆接触地面时，径向速度 $\dfrac{\mathrm{d}l}{\mathrm{d}t}$ 不为零，它受到的力和 $\dfrac{\mathrm{d}l}{\mathrm{d}t}$ 成比例，比例系数和腿长 l 有关。当 l 和 l_0 相等时，这个力消失，式(10-24)中 c_0 称为固有阻尼系数。τ_θ 和 τ_ϕ 反映了人体在跑步时髋关节、膝关节、踝关节以及各个肌肉、肌腱的综合效应。式(10-22)是倒立摆着地过程中的动力学方程(称为支撑相)；当倒立摆腾空时，倒立摆的支撑点 B 脱离地面，方程式(10-22)的右端只有重力作用，即右端第一项为 0。

当倒立摆立足点 B 的坐标$(x_B, y_B, z_B=0)$不是原点时，式(10-23)和式(10-25)需要适当修改：x、y 和 z 分别被替换为 $x-x_B$、$y-y_B$ 和 $z-z_B$。

倒立摆除了质心的运动，还需要确定倒立摆的方向。设倒立摆在腾空时支撑点着地瞬间的姿态角为 θ_0、ϕ_0，从质心到支撑点的向量为

$$AB = l_0(\cos\theta_0\sin\phi_0,\ \sin\theta_0\sin\phi_0,\ -\cos\phi_0) \qquad (10-26)$$

根据质心 A 的坐标,可确定支撑点 B(足部)的坐标。在着地瞬间,B 的 z 方向坐标为 0,此时 A 的 z 方向坐标为

$$z_A = l_0 \cos\phi_0 \tag{10-27}$$

在腾空下降时,当质心 A 的 z 方向坐标为 $l_0\cos\phi_0$ 时,腾空下降过程的计算结束,并以当前的状态作为初始状态进入支撑过程。当足部 z 方向的力[式(10-22)中右端第一项的第三个分量]为 0 时,支撑过程结束,并以当前的状态作为初始状态进入腾空上升过程。当质心的 z 方向速度为 0 时,腾空上升过程结束。把上述这三步称为一个周期。由上述过程可以确定腾空过程的时间和支撑过程的时间。跑步时高度方向为 z 方向,跑步前进方向为沿 x 方向,所以跑步以接近和 Oxz 平面平行的面中运动,侧向 y 方向的运动速度很小。在这个周期中可确定足部的侧向宽度 w,即支撑点 B 的 y 坐标的变化幅度。设初始时刻,质心 A 的坐标为 $(0, 0, z_0)$,速度为 $(v_x, v_{y0}, 0)$,x 方向的速度 v_x 给定。模型的参数为

$$(\theta_0, \phi_0, k, z_0, v_{y0}, \tau_\theta, \tau_\phi) \tag{10-28}$$

为了拟合这些参数,需要知道跑步运动的一些经验公式。一般地,人体跑步步频与速度 v_{des}、重力加速度 g 和腿长 l_0 有近似关系:

$$1/T_{des} = 0.268\,8 v_{des}^{0.205} g^{0.39} l_0^{-0.61} \tag{10-29}$$

其中,T_{des} 为一个周期的时间。支撑过程的持续时间为

$$t_{desStance} = 10^{-0.2} v_{des}^{-0.82} \tag{10-30}$$

腾空过程的持续时间为 $t_{desFlight} = (T - 2t_{desStance})/2$。假设跑步的脚步侧向的摆动幅度为 $w_{desW} = 0.04$ m。为了保持跑步的稳定性,需要稳定性限制:在腾空下降过程的最高点(一个周期的初始时刻)和在腾空上升过程的最高点(一个周期的最后时刻)的高度相同(z 方向),但它们在 y 方向的速度相反。

给定跑步速度 v_x,从经验公式得到支撑和腾空的持续时间,它们和计算的支撑和腾空持续时间的误差很小,同时在稳定性限制条件下拟合模型参数,详见式(10-28)。

取 $m=70$、$g=9.8$、$l_0=0.97$ 和 $v_x=3.5$。拟合后得到最优参数为

$$(\theta_0, \phi_0, k, z_0, v_{y0}, \tau_\theta, \tau_\phi)$$
$$= (0.386\,7, 0.246\,9, 13\,319, 0.916\,3, 0.174\,4, 21.98, -16.19) \tag{10-31}$$

利用最优参数,由图 10-8 中的左图给出了质心和足部的位置随时间变化,灰色曲线表示支撑过程时质心的运动轨迹。右图给出了三个周期内损耗能量 $c_0(l_0-l)$

$\left(\dfrac{\mathrm{d}l}{\mathrm{d}t}\right)^2$ 随时间的变化。

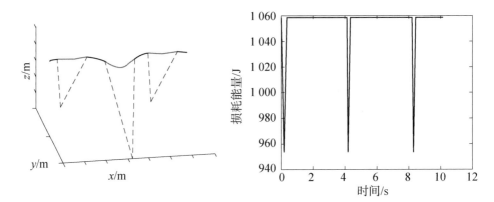

图 10‑8   在三个周期内质心和足部的位置随时间变化，三段浅灰色曲线段表示支撑过程时质心的运动轨迹（左）；三个周期内损耗能量随时间的变化（右）

案例 **11**

飞行速度规划

研究如下飞行规划问题:在给定航点集合下,如何确定航线轨迹和轨线上的飞行速度使得飞行时间最短? 先用 B 样条曲线构造过航点的航线,然后确定在约束条件下的航线速度使得航行时间最短。

首先引入 p 阶 B 样条曲线

$$C(u) = \sum_{i=0}^{n} B_{i,p}(u) P_i, \quad u \in [0, 1] \tag{11-1}$$

其中 $\{P_i\}_{i=0}^n$ 为 $n+1$ 个控制点集。$\{B_{i,p}(u)\}_{i=0}^n$ 为 $n+1$ 个 p 阶 B 样条基函数,它可递归地定义为

$$B_{i,p}(u) = \frac{u - u_i}{u_{i+p} - u_i} B_{i,p-1}(u) + \frac{u_{i+p+1} - u}{u_{i+p+1} - u_{i+1}} B_{i+1,p-1}(u) \tag{11-2}$$

类似地,$p-1$ 阶 B 样条基函数被 $p-2$ 阶 B 样条基函数定义,0 阶 B 样条基函数为分片常数函数

$$B_{i,0}(u) = \begin{cases} 1, & u_i \leqslant u \leqslant u_{i+1} \\ 0, & \text{其他} \end{cases} \tag{11-3}$$

$B_{i,p}$ 仅在 (u_i, u_{i+p+1}) 上非零,$i = 0, \cdots, n$。p 阶 B 样条曲线式(11-1)需要 $n+p+2$ 个样条节点 $\{u_i\}_{i=0}^{n+p+1}$:

$$u_0 = \cdots = u_p = 0 < u_{p+1} < \cdots < u_n < u_{n+1} = \cdots = u_{n+p+1} = 1 \tag{11-4}$$

由于 $u_p = 0 < u_{n+1} = 1$,p 和 n 满足

$$p < n+1 \Leftrightarrow p \leqslant n \tag{11-5}$$

即 $(0, 1)$ 内部的样条节点个数 $n-p$ 非负。当 $n=p$ 时,$B_{i,p}$ 在 $(u_i, u_{i+p+1}) = (0, 1)$ 上大于零,$i = 0, \cdots, p$。

可验证式(11-1)中定义的 p 阶 B 样条曲线有直到 $p-1$ 阶连续导数。p 阶 B 样条基函数的 k 阶导数满足

$$B_{i,p}^{(k)}(u) = \frac{p}{u_{i+p}-u_i}B_{i,p-1}^{(k-1)}(u) + \frac{p}{u_{i+p+1}-u_{i+1}}B_{i+1,p-1}^{(k-1)}(u), \quad 1 \leqslant k < p$$

$$(11-6)$$

给定 $m+1$ 个三维空间中的航点集 $\{Q_j\}_{j=0}^m$，确定 $n+1$ 个控制点集 $\{P_i\}_{i=0}^n$ 使得 p 阶 B 样条曲线 C 通过每个航点集：

$$Q_j = \sum_{i=0}^n B_{i,p}(\overline{u}_j)P_i, \quad j=0,\cdots,m \qquad (11-7)$$

每个航点和控制点都是 3 维向量，式(11-7)中每个航点都有 3 个方程，故共有 $3(m+1)$ 个方程和 $3(n+1)$ 个未知量 $\{P_i\}_{i=0}^n$，不妨取

$$n \leqslant m \qquad (11-8)$$

当 $n < m$ 时，用最小二乘法求解方程(11-7)的控制点集 $\{P_i\}_{i=0}^n$。式(11-7)中 $m+1$ 个插值节点 $\{\overline{u}_j\}_{j=0}^m$ 取为

$$\overline{u}_j = \overline{u}_{j-1} + \frac{|Q_j-Q_{j-1}|}{d}, \quad j=1,\cdots,m-1, \quad \overline{u}_0=0, \overline{u}_m=1 \quad (11-9)$$

其中 $d = \sum_{j=1}^m |Q_j-Q_{j-1}|$。插值节点也可写为

$$\overline{u}_j = \frac{1}{d}\sum_{i=1}^j |Q_i-Q_{i-1}|, \quad j=1,\cdots,m \qquad (11-10)$$

式(11-7)表明 Q_j 就是 p 阶 B 样条曲线 C 在 $\overline{u}_j$ 处的向量值。当航点集 $\{Q_j\}_{j=0}^m$ 相邻航点的距离很不均匀时，$\{\overline{u}_i\}_{i=0}^m$ 也非常不均匀。原则上，定义 p 阶 B 样条的样条节点 $\{u_i\}_{i=0}^{n+p+1}$ 只要满足式(11-4)即可，它可以和插值节点没有任何关系。为了尽量保持样条节点均匀，式(11-4)中的样条节点取为

$$u_{p+j} = \frac{1}{m+p-n}\sum_{i=j}^{j+m+p-n-1}\overline{u}_i, \quad j=1,\cdots,n-p \qquad (11-11)$$

特别地，

$$u_{p+1} = \frac{1}{m+p-n}\sum_{i=1}^{m+p-n}\overline{u}_i, \quad u_n = \frac{1}{m+p-n}\sum_{i=n-p}^{m-1}\overline{u}_i, \qquad (11-12)$$

显然，这样定义的样条节点满足式(11-4)。

根据固定航点集 $\{Q_j\}_{j=0}^m$，由式(11-9)确定 $\{\overline{u}_j\}_{j=0}^m$，从式(11-11)得到样条节点 $\{u_i\}_{i=0}^{n+p+1}$，从而得到 p 阶样条基函数在插值节点上的值 $B_{i,p}(\overline{u}_j)$，$i=0,\cdots,n$，$j=0,\cdots,m$。对式(11-7)采用最小二乘法求解得到 $n+1$ 个控制点集 $\{P_i\}_{i=0}^n$，从而得到式(11-1)中的 p 阶 B 样条曲线 C，它就是过航点集的有直到 $p-1$ 阶连续导数的航线。图 11-1 给出了航点集 $\{Q_i\}_{i=0}^{21}$ 以及相应的 4 阶 B 样条曲线 C。

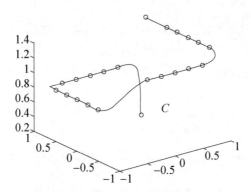

图 11-1　经过航点集 $\{Q_i\}_{i=0}^{21}$ 的 4 阶 B 样条曲线 $C(m=n=21,\ p=4)$

确定了过航点集的 p 阶 B 样条曲线 C 后，飞机沿该航线 C 飞行使得飞行时间最短，即考虑如下优化问题：

$$\min T=\min_{\dot{s}}\int_0^S \frac{\mathrm{d}s}{\dot{s}}=\min_{\dot{u}}\int_0^1 \frac{\mathrm{d}u}{\dot{u}} \qquad (11-13)$$

式中，S 为航线 C 的长度，$\dot{s}=\dfrac{\mathrm{d}s}{\mathrm{d}t}$ 为弧长参数 s 对时间的导数，s 和航线 C 的参数 $u\in[0,1]$ 一一对应。式(11-13)中的问题等价为在给定约束条件下使得每一点的速度 $\dot{u}$ 最大。把参数 $u\in[0,1]$ 离散为

$$u_i=i/N,\quad i=0,\cdots,N,\quad \Delta u=1/N$$

这些离散点和式(11-4)或式(11-11)中样条节点不同。考虑最大速度问题

$$\max\sum_{i=0}^N V(u_i)^2 \qquad (11-14)$$

其中 $V=\left|\dfrac{\mathrm{d}C(u)}{\mathrm{d}t}\right|$ 为参数 u 处的速度大小，由于 t 和 u 也一一对应，$V=V(u)$ 可看成 u 的函数。式(11-14)中 $V(u_i)$ 表示 V 在 u_i 处的值。令 $\kappa=\left|\dfrac{\mathrm{d}C(u)}{\mathrm{d}u}\right|$，则

$$\frac{\mathrm{d}u}{\mathrm{d}t} = \frac{V}{\kappa} \tag{11-15}$$

根据梯形规则，

$$\int_0^1 \frac{\mathrm{d}u}{\dot{u}} \approx \sum_{i=0}^N \frac{1}{N} \frac{\mathrm{d}t}{\mathrm{d}u}(u_i) = \sum_{i=0}^N \frac{1}{N} \frac{\kappa(u_i)}{V(u_i)}$$

当 $i=0$ 或 N 时，上述求和式要乘以 $1/2$。所以，当 κ 关于 u 的变化较平缓时，极小时间问题[式(11-13)]可用最大速度问题[式(11-14)]描述。

在实际轨迹追踪过程中，提高飞行速度会增加在圆弧处的追踪误差（弓形误差），它的估计值为

$$\xi_i = \rho_i - \sqrt{\rho_i^2 - (V(u_i)T_s/2)^2} \tag{11-16}$$

T_s 为曲线的补值周期，$\rho_i = \rho(u_i)$ 为 $u=u_i$ 处的曲率半径。在 u 处的曲率半径为

$$\rho(u) = \frac{|C_u(u)|^3}{|C_u(u) \times C_{uu}(u)|} \tag{11-17}$$

C_u 和 C_{uu} 分别是 $C(u)$ 对 u 的一阶导数和二阶导数。在给定最大弓形误差 $\xi_{\max}$ 下，曲线在每点上的飞行速度满足

$$V(u_i) \leqslant \frac{2\sqrt{\rho_i^2 - (\rho_i - \xi_{\max})^2}}{T_s} \tag{11-18}$$

由于 $\xi_{\max}$ 远比 ρ_i 小，上述约束变为

$$V(u_i) \leqslant \frac{2\sqrt{2\rho_i \xi_{\max}}}{T_s}, \quad i=0, \cdots, N \tag{11-19}$$

在 u 处的速度 $\dfrac{\mathrm{d}C(u)}{\mathrm{d}t} = (V^\mu)_{\mu=x, y, z}$ 为（和切向量 C_u 平行）

$$V^\mu(u) = C_u^\mu \frac{\mathrm{d}u}{\mathrm{d}t} = C_u^\mu \frac{V(u)}{\kappa} \tag{11-20}$$

C_u^μ 为 C_u 的第 μ 个分量，第二个等式用到了式(11-15)。速度对时间求导得到加速度

$$A^\mu(u) = C_{uu}^\mu \left(\frac{V(u)}{\kappa}\right)^2 + C_u^\mu \frac{\mathrm{d}}{\mathrm{d}t}\left(\frac{V(u)}{\kappa}\right) = C_{uu}^\mu \left(\frac{V(u)}{\kappa}\right)^2 + \frac{1}{2}C_u^\mu \frac{\mathrm{d}}{\mathrm{d}u}\left(\frac{V(u)}{\kappa}\right)^2 \tag{11-21}$$

这里第二个等式也利用了式(11-15)。对式(11-21)离散得到

$$A^\mu(u_i) = C_{uu}^\mu(u_i)\left(\frac{V(u_i)}{\kappa(u_i)}\right)^2 + \frac{1}{2}C_u^\mu(u_i)\frac{\left(\frac{V(u_{i+1})}{\kappa(u_{i+1})}\right)^2 - \left(\frac{V(u_{i-1})}{\kappa(u_{i-1})}\right)^2}{u_{i+1} - u_{i-1}}$$

(11-22)

加速度满足约束条件

$$|A^\mu(u_i)| \leqslant A_{\max}, \quad i = 0, \cdots, N \tag{11-23}$$

则最大速度问题归结为在约束条件式(11-19)和式(11-23)下使得式(11-14)达到最优。根据飞行轨迹 $C(u)$，求出

$$C_u^\mu(u_i)、C_{uu}^\mu(u_i)、\rho(u_i), \ i = 0, \cdots, N$$

该优化问题就是对 $\{V(u_i)^2\}_{i=0}^N$ 求最优的线性规划问题。

为了防止飞行过程中加速度的剧烈变化，影响系统的稳定性，引入跃度约束。记 $q(u) = V^2(u)/\kappa^2(u)$。 则加速度为

$$A^\mu(u) = C_{uu}^\mu q(u) + \frac{1}{2}C_u^\mu\frac{\mathrm{d}q}{\mathrm{d}u} \tag{11-24}$$

它对时间 t 的导数(称为跃度)为

$$J^\mu(u) = \left(C_{uuu}^\mu q + \frac{3}{2}C_{uu}^\mu q_u + \frac{1}{2}C_u^\mu q_{uu}\right)\sqrt{q} \tag{11-25}$$

和记号 C_u^μ、C_{uu}^μ 类似，C_{uuu}^μ 是 C^μ 对 u 的三阶导数，$q_u = \dfrac{\mathrm{d}q}{\mathrm{d}u}$ 和 q_{uu} 分别是 q 对 u 的一阶和二阶导数。跃度 $J^\mu(u)$ 的离散格式为

$$J^\mu(u_i) = \left\{\left[\frac{C_u^\mu(u_i)}{2\Delta u^2} - \frac{3C_{uu}^\mu(u_i)}{4\Delta u}\right]q_{i-1} + \left[C_{uuu}^\mu(u_i) - \frac{C_u^\mu(u_i)}{\Delta u^2}\right]q_i\right.$$
$$\left. + \left[\frac{C_u^\mu(u_i)}{2\Delta u^2} + \frac{3C_{uu}^\mu(u_i)}{4\Delta u}\right]q_{i+1}\right\}\sqrt{q_i} \tag{11-26}$$

跃度约束表示为

$$|J^\mu(u_i)| \leqslant J_{\max}^\mu, \quad i = 0, \cdots, N \tag{11-27}$$

这些跃度约束条件关于 q 非线性。为了线性化处理，记在无跃度约束条件的解为 $\{q_i^*\}$，附加跃度约束的可行解 q 在 $\{q_i^*\}$ 内部，$q_i \leqslant q_i^*$，$i = 0, \cdots, N$，故

$$\sqrt{\frac{q_i^*}{q_i}} \geqslant \frac{3}{2} - \frac{q_i}{2q_i^*} \geqslant 1 \tag{11-28}$$

有跃度约束条件[式(11-27)]被加强为

$$\left| \left\{ \left[\frac{C_u^\mu(u_i)}{2\Delta u^2} - \frac{3C_{uu}^\mu(u_i)}{4\Delta u} \right] q_{i-1} + \left[C_{uuu}^\mu(u_i) - \frac{C_u^\mu(u_i)}{\Delta u^2} \right] q_i + \right. \right.$$

$$\left. \left. \left[\frac{C_u^\mu(u_i)}{2\Delta u^2} + \frac{3C_{uu}^\mu(u_i)}{4\Delta u} \right] q_{i+1} \right\} \sqrt{q_i^*} \right| \leqslant J_{\max}^\mu \left(\frac{3}{2} - \frac{q_i}{2q_i^*} \right) \tag{11-29}$$

那么，式(11-14)的目标函数用$\{q_i\}$表示为

$$\max \sum_{i=0}^{N} q_i \kappa_i^2 \tag{11-30}$$

它在式(11-29)约束下的最优问题称为跃度约束下的飞行速度规划问题。显然，它关于$\{q_i\}_{i=0}^N$求最优的线性规划问题。

经过航点集$\{Q_i\}_{i=0}^{21}$的4阶B样条曲线C(见图11-1)，对该航线考虑飞行时间最短问题。图11-2的左图和右图分别是无跃度约束和跃度约束下的最优速度和加速度随弧长参数u的变化，结果表明在跃度约束下的飞行速度和加速度更加平稳。

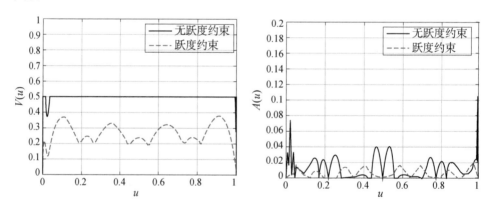

图 11-2　无跃度约束和跃度约束下的速度曲线(左)和加速度曲线(右)

机 器 人 运 动

　　机器人的逆向运动学问题是在机器人末端执行器的位置和指向已知时求每个关节的转角或位移。图 12-1 所示为串联机械臂，它有 6 个旋转关节（称为 6R 机器人），第 1 关节轴线垂直底座，第 2、3 关节轴线相互平行且都垂直于第 1 关节，第 3、4、5 关节的轴线始终交于一点，为末端执行器提供三个旋转自由度。

 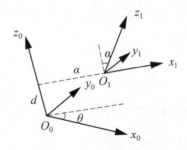

图 12-1　6R 机器人　　　　　　图 12-2　D-H 坐标系示意图

　　用机构简图简化机械臂，使用 Denavit-Hartenberg(D-H) 方法进行正向运动学建模。对于三维空间中的两个笛卡尔坐标系 $O_0 x_0 y_0 z_0$ 和 $O_1 x_1 y_1 z_1$，假设两者之间的位置关系满足：(a) x_1 轴与 z_0 轴垂直，(b) x_1 轴与 z_0 轴相交，如图 12-2 所示。

　　在这样条件下，存在唯一一组参数 a、d、θ 和 α（简称 D-H 参数），使得坐标系 $O_0 x_0 y_0 z_0$ 通过如下变换得到坐标系 $O_1 x_1 y_1 z_1$：①绕 z_0 轴旋转角度 θ；②沿 z_0 轴平移距离 d；③沿 x_0 轴平移 a；④沿 x_0 轴旋转 α。根据上述变换，坐标系 $O_0 x_0 y_0 z_0$ 到坐标系 $O_1 x_1 y_1 z_1$ 的齐次变换矩阵为

$$T_1^0 = \begin{bmatrix} \cos\theta & -\sin\theta & 0 & 0 \\ \sin\theta & \cos\theta & 0 & 0 \\ 0 & 0 & 1 & 0 \\ 0 & 0 & 0 & 1 \end{bmatrix} \begin{bmatrix} 1 & 0 & 0 & 0 \\ 0 & 1 & 0 & 0 \\ 0 & 0 & 1 & d \\ 0 & 0 & 0 & 1 \end{bmatrix} \begin{bmatrix} 1 & 0 & 0 & a \\ 0 & 1 & 0 & 0 \\ 0 & 0 & 1 & 0 \\ 0 & 0 & 0 & 1 \end{bmatrix} \begin{bmatrix} 1 & 0 & 0 & 0 \\ 0 & \cos\alpha & -\sin\alpha & 0 \\ 0 & \sin\alpha & \cos\alpha & 0 \\ 0 & 0 & 0 & 1 \end{bmatrix}$$

$$= \begin{bmatrix} \cos\theta & -\sin\theta\cos\alpha & \sin\theta\sin\alpha & a\cos\theta \\ \sin\theta & \cos\theta\cos\alpha & -\cos\theta\sin\alpha & a\sin\theta \\ 0 & \sin\alpha & \cos\alpha & d \\ 0 & 0 & 0 & 1 \end{bmatrix} \tag{12-1}$$

齐次变换矩阵 T_1^0 的前 3 行、前 3 列的子矩阵就是坐标系 $O_0 x_0 y_0 z_0$ 经过上述变换到坐标系 $O_1 x_1 y_1 z_1$ 的旋转矩阵,特别地,z_1 轴的单位向量在坐标系 $O_0 x_0 y_0 z_0$ 下就是 T_1^0 中第 3 列的前 3 个元素构成的向量(可见案例星图识别)。O_1 在坐标系 $O_0 x_0 y_0 z_0$ 下的坐标为 T_1^0 的第 4 列的前 3 个元素构成的向量。

对于具有 n 个关节和 $n+1$ 个连杆的串联机器人,在每一个连杆上固定一个坐标系,使得相邻两连杆上的坐标系满足条件(a)、(b),从而实现相邻连杆坐标系的变换。

如图 12-3 所示,构建了 6R 机器人的 D-H 坐标系。通过几何关系得到各关节对应的 D-H 参数,参见表 12-1。

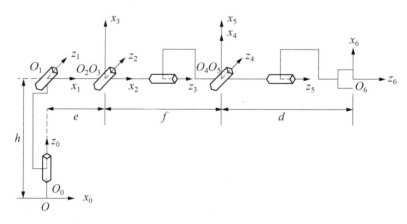

图 12-3　机构简图与 D-H 坐标系

表 12-1　等效刚性连杆机构的 D-H 参数

关节	θ	d	a	α
1	θ_1	h	0	$-90°$
2	θ_2	0	e	0

（续表）

关节	θ	d	a	α
3	θ_3	0	0	$-90°$
4	θ_4	f	0	$90°$
5	θ_5	0	0	$-90°$
6	θ_6	d	0	0

根据 D-H 方法,通过表 12-1 得到任意一个连杆坐标系到下一个坐标系的齐次变换矩阵:

$$\boldsymbol{T}_1^0=\begin{pmatrix} c_1 & 0 & -s_1 & 0 \\ s_1 & 0 & c_1 & 0 \\ 0 & -1 & 0 & h \\ 0 & 0 & 0 & 1 \end{pmatrix},\quad \boldsymbol{T}_2^1=\begin{pmatrix} c_2 & -s_2 & 0 & ec_2 \\ s_2 & c_2 & 0 & es_2 \\ 0 & 0 & 1 & 0 \\ 0 & 0 & 0 & 1 \end{pmatrix},\quad \boldsymbol{T}_3^2=\begin{pmatrix} c_3 & 0 & -s_3 & 0 \\ s_3 & 0 & c_3 & 0 \\ 0 & -1 & 0 & 0 \\ 0 & 0 & 0 & 1 \end{pmatrix}$$

$$(12-2)$$

$$\boldsymbol{T}_4^3=\begin{pmatrix} c_4 & 0 & s_4 & 0 \\ s_4 & 0 & -c_4 & 0 \\ 0 & 1 & 0 & f \\ 0 & 0 & 0 & 1 \end{pmatrix},\quad \boldsymbol{T}_5^4=\begin{pmatrix} c_5 & 0 & -s_5 & 0 \\ s_5 & 0 & c_5 & 0 \\ 0 & -1 & 0 & 0 \\ 0 & 0 & 0 & 1 \end{pmatrix},\quad \boldsymbol{T}_6^5=\begin{pmatrix} c_6 & -s_6 & 0 & 0 \\ s_6 & c_6 & 0 & 0 \\ 0 & 0 & 1 & d \\ 0 & 0 & 0 & 1 \end{pmatrix}$$

$$(12-3)$$

式中,$c_i=\cos\theta_i$,$s_i=\sin\theta_i$,$\boldsymbol{T}_j^i$ 表示从第 i 坐标系到第 j 坐标系的齐次变换矩阵。

从世界坐标系 $O_0x_0y_0z_0$ 下到末端执行器的坐标系 $O_6x_6y_6z_6$ 的齐次变换矩阵为

$$\boldsymbol{T}_6^0(q)=\boldsymbol{T}_1^0\boldsymbol{T}_2^1\boldsymbol{T}_3^2\boldsymbol{T}_4^3\boldsymbol{T}_5^4\boldsymbol{T}_6^5 \tag{12-4}$$

其中 $q=(\theta_1,\theta_2,\theta_3,\theta_4,\theta_5,\theta_6)^T$ 为 6 个关节变量组成的向量,称为机器人构型。末端执行器的坐标系 $O_6x_6y_6z_6$ 在世界坐标系下的速度 v 和角速度 ω 为

$$v=\begin{pmatrix} v_x \\ v_y \\ v_z \end{pmatrix},\quad \omega=\begin{pmatrix} \omega_x \\ \omega_y \\ \omega_z \end{pmatrix} \tag{12-5}$$

雅可比矩阵 $\boldsymbol{J}$ 描述了不同构型 q 下的关节速度 $\dot{q}(t)$ 和末端执行器速度 $\dot{x}$ 之间的关系

$$\dot{x} = \begin{pmatrix} v \\ \omega \end{pmatrix} = \boldsymbol{J}(q)\dot{q}(t) \qquad (12-6)$$

即

$$v = \boldsymbol{J}_v(q)\dot{q}(t), \quad \omega = \boldsymbol{J}_\omega(q)\dot{q}(t), \quad \boldsymbol{J}(q) = \begin{pmatrix} \boldsymbol{J}_v(q) \\ \boldsymbol{J}_\omega(q) \end{pmatrix} \qquad (12-7)$$

$\dot{q}(t)$ 表示机器人构型 q 对时间 t 的导数。

6R 机器人的第 i 个关节为旋转关节。若只有第 i 个关节运动,第 i 个关节之后的所有关节和连杆整体做刚体旋转运动,旋转轴为第 i 个关节的轴线,即 D-H 规则下的坐标轴 z_{i-1}。末端执行器的位置用其坐标系原点 O_6 表示,则其旋转半径为 O_6 到坐标轴 z_{i-1} 的距离。 此时,末端执行器的速度为

$$J_{vi} = \boldsymbol{z}_{i-1} \times (O_6 - O_{i-1}), \quad i = 1, \cdots, 6 \qquad (12-8)$$

$\times$ 表示两个向量的叉积,J_{vi} 为 $\boldsymbol{J}_v$ 的第 i 列。末端执行器的角速度 $J_{\omega i}$ 与第 i 关节转动的角速度大小和方向都相同,即

$$J_{\omega i} = \boldsymbol{z}_{i-1}, \quad i = 1, \cdots, 6 \qquad (12-9)$$

$J_{\omega i}$ 为 J_ω 的第 i 列。式(12-8)、(12-9)都是以基座坐标系 $O_0 x_0 y_0 z_0$(即世界坐标系)为参照的。根据齐次变换矩阵性质,可确定基座坐标系下第 i 个坐标系的 z_i 轴向量就是 $\boldsymbol{T}_i^0$ 的第 3 列前 3 个元素构成的向量,O_i 的坐标就是 $\boldsymbol{T}_i^0$ 的第 4 列前 3 个元素构成的向量。利用正向运动学求得 $\{\boldsymbol{T}_i^0\}_{i=1}^6$,从而得到 z_i 轴向量和 O_i 坐标,结合上述公式(12-8)和式(12-9),可得串联机构的雅可比矩阵 $\boldsymbol{J}$。

正向运动学得到的末端执行器空间齐次变换矩阵可表示为

$$\boldsymbol{T}_6^0(q) = \begin{pmatrix} \boldsymbol{R}_6^0(q) & p_6^0(q) \\ 0 & 1 \end{pmatrix}$$

其中旋转矩阵 $\boldsymbol{R}_6^0(q)$ 为 3 阶正交矩阵,$p_6^0(q)$ 为末端坐标系原点的坐标。设 $\boldsymbol{T}_t$、p_t、$\boldsymbol{R}_t$ 和 q_t 分别为已知的目标位姿的齐次变换矩阵、末端坐标、旋转矩阵和目标构型,$\boldsymbol{T}_c$、p_c、$\boldsymbol{R}_c$ 和 q_c 分别为目前的位姿齐次变换矩阵、末端坐标、旋转矩阵和构型。首先计算当前末端位姿与目标位姿之间的位置误差 ε_P(欧氏范数)和方向误差 ε_R(角度)

$$\varepsilon_p = \| p_t - p_c \|, \quad \varepsilon_R = \arccos((\mathrm{tr}(\boldsymbol{R}) - 1)/2), \quad \boldsymbol{R} = \boldsymbol{R}_t \boldsymbol{R}_c^{\mathrm{T}} \qquad (12-10)$$

$\boldsymbol{R}$ 表示从当前末端指向到目标末端指向的正交旋转矩阵,$\mathrm{tr}(\boldsymbol{R})$ 为矩阵 $\boldsymbol{R}$ 的迹。当 $\boldsymbol{R}_c = \boldsymbol{R}_t$ 时,$\boldsymbol{R}$ 为 3 阶单位矩阵,$\varepsilon_R = 0$。定义

$$\text{rot}^{-1}(\boldsymbol{R}) = \frac{1}{2\sin(\varepsilon_R)} \begin{pmatrix} R_{32} - R_{23} \\ R_{13} - R_{31} \\ R_{21} - R_{12} \end{pmatrix} \qquad (12-11)$$

R_{ij} 为 $\boldsymbol{R}$ 的第 i 行、第 j 列元素。当正交选择矩阵 $\boldsymbol{R}$ 为对角矩阵时,$\text{rot}^{-1}(\boldsymbol{R}) = 0$。
确定末端速度和角速度

$$\dot{x} = \begin{pmatrix} v \\ \omega \end{pmatrix} = \begin{pmatrix} v_{\lim}(p_t - p_c)/\| p_t - p_c \| \\ \omega_{\lim}\text{rot}^{-1}(\boldsymbol{R}) \end{pmatrix} \qquad (12-12)$$

$v_{\lim}$ 和 $\omega_{\lim}$ 是预先设定的末端速度和角速度大小。通过雅可比矩阵 $\boldsymbol{J}(q)$ 得到关节
速度

$$\dot{q} = \boldsymbol{J}(q)^{-1}\dot{x} \qquad (12-13)$$

$\boldsymbol{J}(q)^{-1}$ 为雅可比矩阵 $\boldsymbol{J}$ 的逆矩阵。将关节速度 $\dot{q}$ 乘以时间步长代入当前构型上,
从而得到更接近目标的一组新构型。重复上述过程直至当前位姿与目标位姿的误
差达到精度要求。

当雅可比矩阵接近奇异时,加一个数值较小的矩阵使其变为非奇异矩阵,牺牲当
前循环内的运动精度来避免奇异状态。奇异状态往往意味着机器人运动到了其工作
空间的边界位置,此时末端自由度会减少,应用中要尽量避免机器人到达奇异状态。

取一组已知构型作为目标构型 $q_t = (-\pi/3, -\pi/6, -\pi/6, \pi/3, \pi/6, \pi/3)^T$,
用正向运动学求出末端目标位姿的齐次变换矩阵 $\boldsymbol{T}_t$,然后用 $\boldsymbol{T}_t$ 和另一组已知的初
始构型 $q_0 = (-2\pi/3, -\pi/3, 0, -\pi/6, 0, 0)$ 作为输入。机器人连杆长度均为
1(即表 12-1 中 $h = e = f = d = 1$),关节参数均限制在 0 到 2π 之间,$v_{\lim} = 0.5$,
$\omega_{\lim} = \pi/3$,$\varepsilon_P \leqslant 0.001$,$\varepsilon_R \leqslant \pi/180$,时间步长为 0.1。机器人运动过程仿真如图
12-4 所示:从初始构型收敛 q_0 到了目标构型 q_t。图 12-5 给出了位置误差 ε_p 和
方向误差 ε_R 随迭代次数的变化。

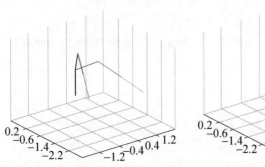
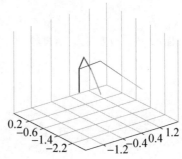

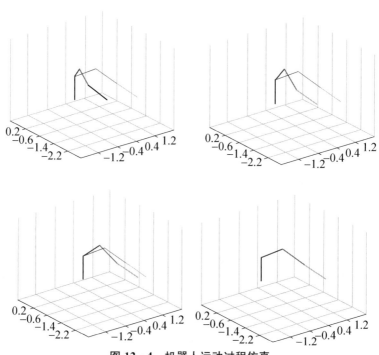

图 12－4　机器人运动过程仿真

（扫描二维码查阅彩图）

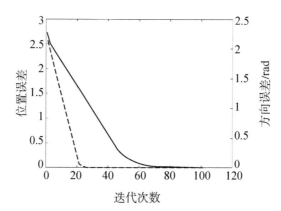

图 12－5　位置误差 ε_p（实线）和方向误差 ε_R（虚线）随迭代次数的变化

案例 *13*

燃气涡轮发电机

燃气涡轮发电机由压气机、燃烧室和涡轮组成。空气从进气道进入压气机被增压,然后送入回热器回热后经过燃烧室,和被喷入的燃料进行充分地燃烧,燃烧后的燃气经过涡轮,膨胀做功带动涡轮旋转,排放到回热器冷却后的废气被排入大气中。一方面涡轮带动压气机旋转压缩空气,另一方面通过齿轮(转子)带动发电机发电。该发电机整个体系的输入量是燃油流量,输出量是转子转速。

压气机:已知压气机进、出口的压力分别为 p_1、p_2,进口温度为 T_1,需要计算出口温度 T_2。对于理想气体,比熵、焓等热力学量仅依赖温度;反之,温度也可被比熵或焓等热力学量确定。如果压气机内的流动过程为等熵过程,则出口的空气理想比熵(压气机的体积没有改变)为

$$\psi_{2,\text{ei}} = \psi_1 + \frac{R}{M}\ln\frac{p_2}{p_1}$$

ψ_1 为进口的空气比熵,由 T_1 确定。R 为气体常数,M 为气体摩尔数。出口的理想比熵 $\psi_{2,\text{ei}}$ 决定了等熵时出口的温度 $T_{2,\text{ei}}$。进口温度 T_1 确定焓 h_1,等熵时出口温度 $T_{2,\text{ei}}$ 确定理想焓 $h_{2,\text{ei}}$,压气机进出口理想焓增量为

$$\Delta h_{2,\text{ei}} = h_{2,\text{ei}} - h_1 \tag{13-1}$$

然而,实际过程不是等熵过程,而是熵增加过程,压气机的等熵效率为

$$\eta_c = \frac{\Delta h_{2,\text{ei}}}{\Delta h} \tag{13-2}$$

压气机的实际焓增为

———————————

本案例部分参考文献[2]。

$$\Delta h = \frac{\Delta h_{2,\text{ei}}}{\eta_c} \tag{13-3}$$

压气机的出口焓为

$$h_2 = h_1 + \Delta h \tag{13-4}$$

由出口焓 h_2 确定出口温度 T_2。实验上可测定不同压比 p_2/p_1 和转子转速 n 下的提供给压气机的空气流量 G_c，也可测定不同 G_c 和转子转速 n 下的压气机的等熵效率 η_c。压气机的消耗功率为

$$N_c = G_c \Delta h \tag{13-5}$$

燃烧室：燃烧室的燃气质量 m 的变化率为

$$\frac{\mathrm{d}m}{\mathrm{d}t} = G_c + G_f - G_t \tag{13-6}$$

G_f 为进入燃烧室的燃料流量，G_t 为排出燃烧室的燃气流量（也是涡轮中气体的流量）。燃烧室内的理想气体方程为

$$pV = mR_g T \tag{13-7}$$

只需考虑燃烧室出口的压力和温度。这里 p 和 T 分别表示燃烧室出口的压力和温度。R_g 和 G_f/G_c 有关。燃烧室的体积 V 不变，出口的压力对时间的导数为

$$\frac{\mathrm{d}p}{\mathrm{d}t} = \frac{R_g T}{V}\frac{\mathrm{d}m}{\mathrm{d}t} + \frac{mR_g}{V}\frac{\mathrm{d}T}{\mathrm{d}t} \tag{13-8}$$

由式(13-6)，出口压力的变化率也可写为

$$\frac{\mathrm{d}p}{\mathrm{d}t} = \frac{R_g T(G_c + G_f - G_t)}{V} + \frac{mR_g}{V}\frac{\mathrm{d}T}{\mathrm{d}t} \tag{13-9}$$

根据能量守恒，进入燃烧室内的能量和排出的能量之差为燃烧室内气体能量的变化量

$$G_c h_2 + G_f h_f - G_t h_4 = \rho V \frac{\mathrm{d}u}{\mathrm{d}t} + Vu\frac{\mathrm{d}\rho}{\mathrm{d}t} \tag{13-10}$$

h_2、h_f 和 h_4 分别为加入的空气的焓[见式(13-4)]、加入燃料的焓和排出燃气的焓。由于体积不变，燃烧室中气体密度的变化率为

$$\frac{\mathrm{d}\rho}{\mathrm{d}t} = \frac{G_c + G_f - G_t}{V} \tag{13-11}$$

把内能 $u=c_v T$ 和内能改变量 $\mathrm{d}u=c_v\mathrm{d}T$ 代入式(13-10),得到出口温度的变化率

$$
\begin{aligned}
\frac{\mathrm{d}T}{\mathrm{d}t} &= \frac{(G_c h_2 + G_f h_f - G_t h_4) - c_v T(G_c + G_f - G_t)}{\rho V c_v} \\
&= \frac{R_g T(k(G_c h_2 + G_f h_f - G_t h_4) - h_4(G_c + G_f - G_t))}{pV c_p}
\end{aligned}
\tag{13-12}
$$

这里第二等式利用了 $h_4 = c_p T$, $k = c_p/c_v$, $\rho = p/(R_g T)$,c_v、c_p 分别为定容比热和定压比热。式(13-6)、式(13-9)、式(13-12)是燃烧室的控制方程。

　　涡轮的热力学计算和压气机的热力学计算相同。已知涡轮进出口的压力、进口温度,可计算它的出口温度、涡轮中燃气流量 G_t 和涡轮的等熵效率 η_t,以及涡轮产生的功率 N_t。涡轮的进口压力和进口温度分别是燃烧室的出口压力和出口温度。涡轮的出口压力作为可调整的控制变量。

　　转子转速 n 满足

$$
\frac{\mathrm{d}n}{\mathrm{d}t} = J\,\frac{900}{n\pi^2}(N_t - N_c)
$$

N_c 为压气机的消耗功率[见式(13-5)],J 为转动惯量。关键问题是如何计算上述的变量使得转子的转速为某个固定的值。图 13-1 给出了转子转速随时间变化的曲线:随时间的变化,转子的速度随之增长并趋向稳定。

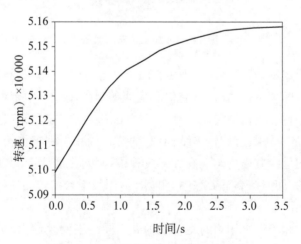

图 13-1　转子转速随时间变化的曲线

工件磨削加工

如何加工给定形状的旋转体工件？图 14-1 是一个加工车床的示意图。

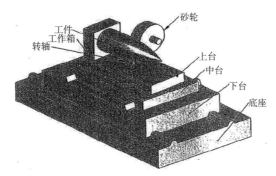

图 14-1　加工车床示意图

车床底座固定不动,底座的上表面有两个平行凸槽,下台可沿该凸槽滑动。下台的上表面也有两个平行的凸槽(它们和底座的滑槽垂直),中台可沿下台上表面的凸槽滑动。上台可绕转轴转动。有一工件工作箱固定在上台,它把被加工的工件固定,被加工的工件具有旋转体结构,它的旋转轴和工件工作箱垂直,旋转体工件的外形由它的母线方程决定。在加工过程中,固定在底座上的砂轮和被加工的工件相磨削,研究如何控制下台和中台的滑动,以及上台的转动使得工件能加工成给定母线的形状。

砂轮的转轴和工件工作箱的旋转主轴处于同一平面,所有分析都在该平面进行。图 14-2 是三个坐标系的示意图。Oxy 为固定坐标系,它被固定在底座上,其中 x 轴和底座的凸槽平行(下台沿 x 轴运动),y 轴和下台上表面的凸槽平行(中台沿 y 轴运动),原点 O 任意选取。由于砂轮固定在底座上,砂轮的接触点 Q 在 Oxy

本案例参考中国研究生数学建模竞赛－2010D。

坐标系下的坐标为 (x_Q, y_Q)，它在工件磨削过程中保持不变。M 为旋转中心，Mx' 为工件旋转主轴线方向。坐标系 $Mx'y'$ 平移 $|O_gM|(=b)$ 后得到坐标系 $O_gx_gy_g$。Mx' 是由 Ox 逆时针转 θ 角度得到。当 $\theta < 0$ 时，它由 Ox 顺时针转 $|\theta|$ 角度得到。从 A 到 B 方向进行加工的过程中，运动坐标系 $Mx'y'$（或坐标系 $O_gx_gy_g$）需要适当运动，该运动可以用 M 和 θ 的变化来描述。

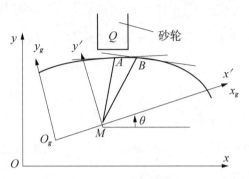

图 14-2　坐标系示意图

在运动坐标系 $O_gx_gy_g$ 中，被加工的母线函数为 $y_g = f(x_g)$，$0 \leqslant x_g \leqslant L$。在运动坐标系 $Mx'y'$ 中的方程为 $y' = f(x'+b)$，$-b \leqslant x' \leqslant L-b$。

当 A 处在 Q 时（A 处被砂轮磨削），M 在固定坐标系 Oxy 下的坐标记为 (x_M, y_M)，Mx' 由 Ox 逆时针旋转 θ_A 得到。当 B 处在 Q 时（B 处被砂轮磨削），M 在固定坐标系 Oxy 下的坐标为 $(x_M + \Delta x_M, y_M + \Delta y_M)$，$Mx'$ 由 Ox 逆时针旋转 $\theta_A + \Delta\theta$ 得到。由于 $\Delta\theta$ 表示工件从 A 到 B 加工过程中 Mx' 逆时针旋转的角度。它被 A 和 B 处的切线决定

$$\Delta\theta = -\left[\arctan(f(x'+b)) - \arctan(f(x'-\Delta L + b))\right] \quad (14-1)$$

式中，f' 是函数 f 的一阶导数。B 在运动坐标系 $Mx'y'$ 下的坐标为

$$(x', y') = (x', f(x'+b)) \quad (14-2)$$

它在磨削过程中保持不变，$x' - \Delta L$ 为 A 在运动坐标系 $Mx'y'$ 下的横坐标。式 (14-1) 中 arctan 的函数值在 $-\dfrac{\pi}{2}$ 和 $\dfrac{\pi}{2}$ 之间。$\Delta\theta$ 为正表示 Mx' 逆时针方向旋转 $\Delta\theta$，$\Delta\theta$ 为负表示 Mx' 顺时针方向旋转 $|\Delta\theta|$。

当加工到 B 处时，M 处于位置 $(x_M + \Delta x_M, y_M + \Delta y_M)$，$Mx'$ 由 Ox 逆时针转 $\theta_A + \Delta\theta$ 角度得到，故

$$\begin{cases} x_Q = (x_M + \Delta x_M) + x'\cos(\theta_A + \Delta\theta) - y'\sin(\theta_A + \Delta\theta) \\ y_Q = (y_M + \Delta y_M) + x'\sin(\theta_A + \Delta\theta) + y'\cos(\theta_A + \Delta\theta) \end{cases} \quad (14-3)$$

这里 (x', y') 为 B 在 $Mx'y'$ 下的坐标,由式(14-2)给出。根据式(14-1)确定 $\Delta\theta$,由式(14-3)求出 Δx_M 和 Δy_M,即 A 被磨削时(运动坐标系)的状态 (x_M, y_M, θ_A) 被更新为 B 被磨削时的状态 $(x_M + \Delta x_M, y_M + \Delta y_M, \theta_A + \Delta\theta)$。

设下台(中台)发一个脉冲导致工作台的移动量(脉冲当量)为 $\frac{1}{300}$ mm,从 A 到 B 的磨削过程中,控制下台(中台)运动需要脉冲数 δ_x 为不超过 $300\Delta x_M(300\Delta y_M)$ 的整数。设控制上台旋转的脉冲当量为 $\frac{1}{900}$ 弧度。上台转动需要脉冲数为不超过 $900\Delta\theta$ 的整数。从 A 到 B 的加工过程中,由于计算下台运动的脉冲数取整实现,所以实际上 M 在 x 方向的平移 $\widetilde{\Delta x_M} = \delta_x/300$ 接近 Δx_M。同理,M 在 y 方向的平移 $\widetilde{\Delta y_M}$,上台实际旋转了 $\widetilde{\Delta\theta}$。

在式(14-3)中用 $(\widetilde{\Delta x_M}, \widetilde{\Delta y_M}, \widetilde{\Delta\theta})$ 替换 $(\Delta x_M, \Delta y_M, \Delta\theta)$,相应的 (x', y') 被替换为 $(\tilde{x}, \tilde{y})$,即满足

$$\begin{cases} x_Q = (x_M + \widetilde{\Delta x_M}) + \tilde{x}\cos(\theta_A + \widetilde{\Delta\theta}) - \tilde{y}\sin(\theta_A + \widetilde{\Delta\theta}) \\ y_Q = (y_M + \widetilde{\Delta y_M}) + \tilde{x}\sin(\theta_A + \widetilde{\Delta\theta}) + \tilde{y}\cos(\theta_A + \widetilde{\Delta\theta}) \end{cases} \tag{14-4}$$

$(\tilde{x}, \tilde{y})$ 表示从 A 加工到 B 时,实际加工得到的 B 的位置。由于这个误差导致实际加工后的曲线和理论母线存在误差。

对整个母线磨削加工过程中,需要将坐标系 $Mx'y'$ 下母线函数的定义区间 $[-b, L-b]$ 分为很多等分的小区间,每个小区间的长度为 ΔL。在每个小区间的加工应用上述算法:①计算 $\Delta\theta$、Δx_M 和 Δy_M;②计算脉冲数和 $(\widetilde{\Delta x_M}, \widetilde{\Delta y_M}, \widetilde{\Delta\theta})$,其中 $\widetilde{\Delta x_M}$ 和 $\widetilde{\Delta y_M}$ 由式(14-4)计算得到;③计算 $(\tilde{x}, \tilde{y})$。如果已知发送两个相邻脉冲的时间间隔,则可以计算整个加工需要的时间。该计算程序需要知道 (x_Q, y_Q) 以及初始时刻(A 在坐标系 $Mx'y'$ 下的横坐标为 $-b$)运动坐标系 $Mx'y'$ 的状态:x_M、y_M 和 θ_A。这些量应满足

$$\begin{cases} x_Q = x_M + (-b)\cos\theta_A - f(0)\sin\theta_A \\ y_Q = y_M + (-b)\sin\theta_A + f(0)\cos\theta_A \end{cases} \tag{14-5}$$

给定理论曲线

$$y = 30e^{-x/400}\sin\left(\frac{1}{100}(x + 25\pi)\right) + 130, \quad x \in [0, 600]$$

图14-3给出了加工后的曲线和理论曲线,它们几乎完全重合在一起,全局误差

$\dfrac{1}{N}\sum_{i=1}^{N}\mid p(x_i)-f(x_i)\mid$ 为 8.87×10^{-4} mm，这里取 $\Delta L=0.1$ mm。

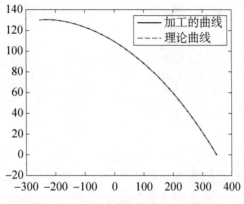

图 14-3　加工后的曲线和理论曲线

　　在加工过程中磨削点 Q 不应该固定，它从轮式砂轮的一侧 Q_1 一直加工到另一端 Q_2。设 $\overset{\frown}{Q_1CQ_2}=\alpha$。在弧线 Q_1Q_2 上取均匀 m 等分（不妨设整个加工曲线分为 m 段）。将第 k 等分的弧的中点取为第 k 次磨削点 Q，显然可以确定它在 Oxy 坐标系下的坐标 (x_Q,y_Q)，并且 $\Delta\theta$ 修正为 $\theta_B-\theta_A-\dfrac{\alpha}{m}$。

蒸汽发生器倒 U 形管内液体流动

PACTEL[①] 压水堆整体测试设备建造于 2009 年,用于带有垂直倒 U 形管蒸汽发生器的压水堆热液压相关的安全性研究,如图 15-1 所示。

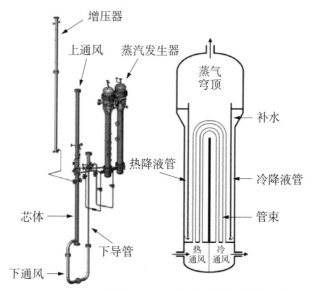

图 15-1 PACTEL 压水堆总体视图(右)和蒸汽发生器示意图(左)

PACTEL 压水堆设施包括一个反应堆压力容器模型、两个带有蒸汽发生器的回路、一个连接到回路的稳压器和应急堆芯冷却系统。压力容器为 U 形管结构,代表降液管、下增压室、芯体和上气室。PACTEL 压水堆设备内的蒸汽发生器 U 形管束包含 51 根倒 U 形管,排成 10 行。表 15-1 列出了每一行的 U 形管的管数 N、高度 H、管长 l 和弯管半径 r。U 形管的内径和外径分别为 $D = 16.57\,\mathrm{mm}$ 和 $D_i =$

---

① PACTEL,是 parallel channel test loop 的简称。

19.05 mm。

表 15 - 1　蒸汽发生器结构参数

行	同类的管数 N	管高 H/mm	管长 l/mm	弯管半径 r/mm	最小压差 Δp_c/Pa
1	6	3 076	6 186	29.78	−189.115 7
2	7	3 090	6 229	42.92	−187.188 6
3	6	3 226	6 518	57.81	−175.845 1
4	7	3 240	6 561	70.95	−173.503 5
5	6	3 377	6 850	84.09	−163.499 6
6	5	3 391	6 893	97.23	−161.395 8
7	4	3 526	7 180	112.12	−152.490 1
8	5	3 540	7 224	126.14	−150.539 3
9	4	3 676	7 511	139.28	−142.716 1
10	1	3 689	7 554	154.17	−140.949

　　通过自然循环,冷却剂从每根倒 U 形管道的一侧流动到另一侧,把核反应装置中的非能动余热排出,从而提升反应堆固有安全性能。蒸汽发生器倒 U 形管内可能存在负的进出口压降,从而诱发冷却剂倒流现象,导致系统内部的冷却剂流量低于设计值,严重影响一回路冷却剂系统的热量输运,给反应堆的运行安全带来极大挑战。对倒 U 形管倒流现象进行分析,研究蒸汽发生器并联倒 U 形管间的流量分配特性,评估自然循环条件下蒸汽发生器的流动不稳定性,对反应堆的运行安全性能具有重要意义。

　　把倒 U 形管流入一侧称为一次侧,流出一侧称为二次侧。当管道内流量非常小时,二次侧可能发生倒流现象。由于 U 形管道为细长形,相关物理量仅和管线 $s(0 \leqslant s \leqslant l)$ 方向有关。为了进一步简化,假设 U 形管内流体速度 v 恒定。倒 U 形管内流体能量守恒为

$$\rho_i v \frac{\partial T}{\partial s} = -\frac{\sigma h}{c_p A}(T - T_s) \tag{15 - 1}$$

下标 i 表示入口,ρ_i 为进口处流体的密度(kg/m³);T 为流体温度(K);T_s 为饱和温度;σ 为倒 U 形管外周长(m),A 为倒 U 形管流通面积(m²)。c_p 为定压比热容[J/(kg·K)]。h 为一、二次侧传热系数:

$$h = \left(\frac{1}{\alpha} \frac{D_i}{D} + \frac{D_i}{2\lambda} \ln \frac{D_i}{D} + \frac{1}{\alpha_i} \right)^{-1} \tag{15-2}$$

式中,$\alpha(\alpha_i)$ 为 U 形管内(外)侧的热交换系数[W/(m^2·K)];λ 为 U 形管壁面导热系数[W/(m·K)]。根据式(15-1),温度可表示为

$$T(s) = T_s + (T_i - T_s) \exp\left(-\frac{h\sigma}{\rho_i c_p A v} s \right), \quad 0 \leqslant s \leqslant l \tag{15-3}$$

T_i 为入口 $s=0$ 处的流体温度。

在稳态时,倒 U 形管内流体动量守恒简化为

$$\Delta p = \frac{\rho_i v^2}{2} \left(\frac{lf}{D} + K \right) - \Delta \rho g H \tag{15-4}$$

$\Delta p = p_i - p_o$ 为进出口压差,$\Delta \rho$ 为倒 U 形管内冷、热段流体平均密度差(kg/m^3):

$$\Delta \rho = \frac{1}{l/2} \left(\int_0^{l/2} \rho \, ds - \int_{l/2}^l \rho \, ds \right) \tag{15-5}$$

g 为重力加速度(m/s^2),f 为流动阻力系数,采用布拉休斯公式计算

$$f = \frac{0.3164}{Re^{1/4}} \tag{15-6}$$

其中,Re 为无量纲的雷诺数

$$Re = \frac{Dv\rho}{\mu} \tag{15-7}$$

式中,μ 为动力黏性系数。K 为形状阻碍因子

$$K = 0.262 + 0.326(D/r)^{3.5} \tag{15-8}$$

管内流体近似满足 Boussinesq 方程

$$\rho = \rho_s (1 - \beta(T - T_s)) \tag{15-9}$$

ρ_s 是温度为 T_s 时的流体密度。β 为冷却剂的热膨胀系数(K^{-1})。根据式(15-3)、式(15-5) 和式(15-9):

$$\Delta \rho = \frac{1}{l/2} \left(\int_0^{l/2} \rho \, ds - \int_{l/2}^l \rho \, ds \right) = -\frac{\rho_s \beta}{l/2} \left(\int_0^{l/2} T \, ds - \int_{l/2}^l T \, ds \right)$$

$$= -\frac{(T_i - T_s) \rho_s \beta}{l/2} \left(\int_0^{l/2} e^{-s/L} \, ds - \int_{l/2}^l e^{-s/L} \, ds \right)$$

$$= -\frac{(T_i - T_s)\rho_s \beta}{l/2}(-Le^{-s/L}\mid_{s=0}^{s=l/2} + Le^{-s/L}\mid_{s=l/2}^{s=l})$$

$$= \frac{-L(T_i - T_s)\rho_s \beta}{l/2}(-2e^{-\frac{l}{2L}} + 1 + e^{-\frac{l}{L}})$$

$$= \frac{-L(T_i - T_s)\rho_s \beta}{l/2}(1 - e^{-\frac{l}{2L}})^2 \qquad (15-10)$$

$$= \frac{L(\rho_i - \rho_s)}{l/2}(1 - e^{-\frac{l}{2L}})^2$$

$$= (\rho_i - \rho_s)\frac{l_c}{2l}(1 - e^{-\frac{2l}{l_c}})^2$$

式中，$L \equiv \rho_i c_p Av/(h\sigma) = \rho_i c_p Dv/(4h)$，$A = D\dfrac{\sigma}{4}$ 和

$$l_c = \rho_i c_p Dv/h \qquad (15-11)$$

从而得到进出口压差

$$\Delta p = \frac{\rho_i v^2}{2}\left(\frac{lf}{D} + K\right) - gH(\rho_i - \rho_s)\frac{l_c}{2l}(1 - e^{-\frac{2l}{l_c}})^2 \qquad (15-12)$$

式中，Δp 是流速 v 的函数，等号右边第一项表示摩擦导致的压力下降，第二项表示重位导致的压力下降，它们对速度 v 的依赖如图 15-2 所示，值得注意的是，式 (15-12)中等号右边的 f 和 l_c 都是流速 v 的函数。随着流速的增加，重位压降逐渐减小，摩擦压降呈非线性增长。由于这两项的竞争作用，在低流速时总压降随着流体流速的增加逐渐减小，并在拐点处达到最小值。速度超过临界值时，总压降从负值变大，直到变为正值，这可能会引起倒流现象。

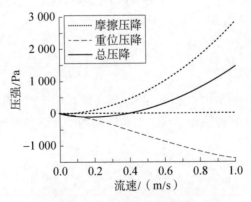

图 15-2　压降-流速曲线

对每个倒 U 形管，使得压差达到最小的速度满足

$$\left.\frac{\partial \Delta p}{\partial v}\right|_{v_c} = 0 \qquad (15-13)$$

相应的最小压差记为 Δp_c。表 15-1 的最后一列给出了最小压差。

发生倒流时，倒 U 形管内各点位置的流体温度均等于二次侧饱和温度，则 $\rho_i = \rho_s$ 时，式(15-12)变为

$$\Delta p = -\frac{\rho_i v^2}{2}\left(\frac{lf}{D} + K\right) \qquad (15-14)$$

以 PWR[①] PACTEL 模型下的蒸汽发生器为计算对象。10 组倒 U 形管的管长依次增加，第 i 组倒 U 形管数量为 N_i 根。在进行并联倒 U 形管流量分配计算时，假设并联倒 U 形管进出口压力相同，所有正流管进口温度相同。

蒸汽发生器内部的进出口压降和系统压力相比非常小，实际中难以测量，所以将进出口压降视为未知量。系统内自然循环的流量低，很难准确测出流量的准确值，因此将一次侧进口流量也视为未知量。蒸汽发生器是一、二次侧热量交换的场所，忽略一次侧通道中热量在沿程传递时的损失，单位时间内通过倒 U 形管传递到二次侧的热量约等于反应堆在单位时间内发出的热量，即反应堆功率 P。计算给定反应堆功率 P 下每个管道的流动情况。

第一步：判断管内发生正流还是倒流。假定管束进出口压降初始值 Δp。若 Δp 大于该管的最小压差，则认为该组倒 U 形管为正流管，反之，则是倒流管。

第二步：计算管内的传热量。对于正流管，单位时间倒 U 形管传递到蒸汽发生器二次侧的能量为

$$q_i = \rho_i v A c_p (T_i - T_o) \qquad (15-15)$$

出口温度由式(15-3)得到

$$T_o = T_s + (T_i - T_s)\exp\left(-\frac{h\sigma}{\rho_i c_p A v}l\right) \qquad (15-16)$$

式(15-15)和式(15-16)中的 v 满足式(15-12)。当倒 U 形管为倒流状态时，倒 U 形管内流体向二次侧传热 $q_i \approx 0$。单位时间内冷却剂通过管壁向二次侧传热量为

$$Q = \sum_j N_j q_j \qquad (15-17)$$

---

① PWR 是 pressurized water reactor 的缩写，即压水反应堆。

这里对第 j 组正流管求和。

第三步:将总传热量 Q 与反应堆功率 P 进行比较后修改进出口压降 Δp,重新迭代,直至它们相等。若 $Q \leqslant P$, Δp 增加 0.1;否则, Δp 减少 0.1。

大型蒸汽发生器的进出口压降极小值和管长呈指数关系,随着管长的增加,曲线拐点处压降增加,倒流首先出现在长管管组。由图 15-3 得到在该工况下倒流发生在管长较长的第 4~10 组。第 4~10 组倒 U 形管内倒流流量分别占总流量(即正流流量绝对值+倒流流量的绝对值)的 1.32%、1.29%、1.29%、1.26%、1.26%、1.23%、1.22%,总倒流流量占总流量的 8.87%;第 4~10 组倒流流量分别占净流量(即正流流量绝对值-倒流流量的绝对值)的 6.42%、6.27%、6.25%、6.11%、6.09%、5.96%、5.94%,总倒流流量占总净流量的 43.04%。蒸汽发生器内出现了倒流,造成的结果是正流流量小于预期。在某些工况下,倒流的存在使得实际自然循环流量比设计值下降 10% 左右。

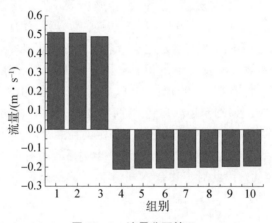

图 15-3　流量分配情况

蒸汽发生器的 51 根倒 U 形管中有 32 根发生倒流,发生倒流的管数占总管数的 62.75%,冷却剂流量减少。为了反应堆的安全,需要考虑少数倒 U 形管内发生的流动不稳定性,以及倒流现象可能产生的危害,并在此基础上设计系统的自然循环。

案例 16

潮 流 计 算

　　潮流计算是根据给定的电网结构、参数、发电机负荷等元件的运行条件,计算电力系统各部分稳态运行的状态。电力系统的每个节点有四个变量:有功功率 P,无功功率 Q,节点电压 V 的实部、虚部(直角坐标表示)或幅值、相角(极坐标表示)。每个节点有两个功率平衡方程:有功功率平衡方程、无功功率平衡方程。电力系统各节点需承担不同的任务:发电机节点承担着输出功率以满足电网负荷需求的任务,发电能力最大的发电机承担着电网平衡的作用,一般被定义为平衡节点,即平衡节点四个变量中的节点电压实部、虚部(或幅值、相角)参数给定,为"平衡节点";其余发电机控制母线电压,它的四个变量中仅有功功率 P 和电压幅值 $|V|$ 是给定的,称为"PV 节点";负荷节点固定消耗能量,它的四个变量中的有功功率 P 和无功功率 Q 给定,称为"PQ 节点"。电力系统中有且仅有一个平衡节点,其节点电压是固定的。因此对于共有 N 个节点的系统来说,有 $n=N-1$ 个非平衡节点,包括 r 个 PQ 节点 $\{i\}_{i=1}^{r}$, $N-r$ 个 PV 节点 $\{i\}_{i=r+1}^{n}$。

　　节点 i 的电压 V_i 表示为

$$V_i = e_i + \sqrt{-1}\, f_i$$

这里 e_i 和 f_i 分别为 V_i 的实部和虚部。节点功率平衡方程为

$$P_i - \sqrt{-1}\, Q_i = (e_i - \sqrt{-1}\, f_i) \sum_{j=1,\cdots,n} (G_{ij} + \sqrt{-1}\, B_{ij})(e_j + \sqrt{-1}\, f_j)$$

式中,求和表示对所有 n 个非平衡节点累加,G_{ij} 是节点电导矩阵元素,表示节点 i 到节点 j 的电导;B_{ij} 是节点电纳矩阵的元素,表示节点 i 到节点 j 的电纳。上述方程的实部和虚部分别为

$$P_i(e,f) = \sum_{j=1,\cdots,n} (e_i(G_{ij}e_j - B_{ij}f_j) + f_i(G_{ij}f_j + B_{ij}e_j)) \quad (16-1)$$

$$Q_i(e,f) = \sum_{j=1,\cdots,n} (f_i(G_{ij}e_j - B_{ij}f_j) - e_i(G_{ij}f_j + B_{ij}e_j)) \quad (16-2)$$

它们都是 $e=(e_i)_{i=1}^n$ 和 $f=(f_i)_{i=1}^n$ 的函数。

电力系统潮流计算需要计算所有节点电压的实部、虚部。由于平衡节点电压的实部和虚部已知,只要考虑 n 个非平衡节点。

对于非平衡节点 i,它的有功功率 P_i 给定

$$P_i(e,f)=P_i^g,\ i=1,\cdots,n \qquad (16-3)$$

对于 PQ 节点 i,它的无功功率 Q_i 给定

$$Q_i(e,f)=Q_i^g,\ i=1,\cdots,r \qquad (16-4)$$

对于 PV 节点 i,它的电压幅值 $|V_i|$ 给定,从而有

$$V_i^2=e_i^2+f_i^2,\quad i=r+1,\ r+2,\cdots,n \qquad (16-5)$$

上述共有 $2n$ 个方程,它是关于 $2n$ 个未知量 $(e_i,f_i)_{i=1}^n$ 的二次非线性方程组。

用 Newton 迭代法求解上述二次非线性方程组:①根据实际情况将电网中所有节点分成 PQ 节点、PV 节点、平衡节点。平衡节点电压幅值和相角都已知,因此不参与迭代过程,PQ、PV 节点需按迭代格式迭代。②给定各节点电压的初值 e^0、f^0。③按 Newton 格式迭代:

$$(e^{k+1},f^{k+1})=(e^k,f^k)-\begin{bmatrix} \dfrac{\partial P_i(e^k,f^k)}{\partial e^k} & \dfrac{\partial P_i(e^k,f^k)}{\partial f^k} \\ \dfrac{\partial Q_i(e^k,f^k)}{\partial e^k} & \dfrac{\partial Q_i(e^k,f^k)}{\partial f^k} \\ \dfrac{\partial(e_i^2+f_i^2)}{\partial e^k} & \dfrac{\partial(e_i^2+f_i^2)}{\partial f^k} \end{bmatrix}^{-1}$$

$$\times\begin{bmatrix} P_i(e^k,f^k)-P_i^g \\ Q_i(e^k,f^k)-Q_i^g \\ (e_i^2+f_i^2)-V_i^2 \end{bmatrix}$$

计算得 (e^{k+1},f^{k+1})。④若 $\|(e^{k+1},f^{k+1})-(e^k,f^k)\|_\infty<\varepsilon$,结束迭代,输出结果,若不符合检验条件,转③。

以 9 个节点的系统为例,1 个平衡节点,2 个 PV 节点和 6 个 PQ 节点。对于平衡节点,e 和 f 给定,对 PV 节点,有功功率 P 和 $(e^2+f^2)^{1/2}$ 给定,对 PQ 节点,有功功率 P 和 Q 都是给定的。表 16-1 中其他数据都通过上述算法求出。

表 16-1 给出了潮流计算结果。

表 16 - 1　潮流计算结果

节点编号	节点类型	有功功率	无功功率	e	f
1	PQ	1.0578	−0.0398	1.0585	−2.1556
2	PQ	1.0613	−0.0689	1.0636	−3.7142
3	PQ	1.0420	0.0378	1.0427	2.0759
4	PQ	1.0498	0.0132	1.0499	0.7179
5	PQ	1.0438	0.0662	1.0459	3.6312
6	PQ	1.0720	−0.0753	1.0747	−4.0188
7	PV	1.0121	0.1618	1.025	9.0843
8	PV	1.0215	0.0848	1.025	4.7472
9	平衡	1.04	0	1.04	0

案例 17

波浪水流对海洋平台桩腿的作用

近年来,随着人类利用海洋资源的能力不断增强,对海洋空间的探索也不断扩大,越来越多的大型海洋结构物在海洋中竣工。这些海洋结构物的桩腿长期受到波浪和水流载荷作用,准确计算桩腿受到的波浪、水流作用力和力矩从而准确评估结构物的安全性显得尤为重要。

假设波浪沿着平面 Oxz 运动,垂直于水平海床为 z 的正方向,坐标原点 O 固定在海平面上,海底的 z 方向坐标为 $-h$,其中 h 为平均海水深度。在 t 时刻,x 位置的浪高记为 $\eta(x, t)$。记 x 和 z 方向的流速大小为 u 和 w。假设流体不可压缩,

$$\frac{\partial u}{\partial x} + \frac{\partial v}{\partial y} + \frac{\partial w}{\partial z} = 0$$

由于海水沿着平面 Oxz 运动,和平面 Oxz 垂直的 y 方向的海水速度 $v=0$。假设流体是无旋的,即存在流动势函数 Φ 满足

$$u = \frac{\partial \Phi}{\partial x}, \quad v = \frac{\partial \Phi}{\partial y}, \quad w = \frac{\partial \Phi}{\partial z}$$

由于 $v=0$,依赖 (x, z, t) 的势函数 Φ 满足 Laplace 方程

$$\frac{\partial^2 \Phi}{\partial x^2} + \frac{\partial^2 \Phi}{\partial z^2} = 0 \tag{17-1}$$

在海底处满足边界条件

$$w(x, z=-h, t) = \frac{\partial \Phi}{\partial z}(x, z=-h, t) = 0 \tag{17-2}$$

本案例参考文献[27]。

在和空气接触的海面上满足光滑条件：海面的海水仍然在海面上，它没有出现破裂，没有产生浪花。在海面位置 $(x_1, \eta(x_1, t_1))$ 的海水以速度 $(u, 0, w)$ 在 $\Delta t = t_2 - t_1$ 时间内到达海面位置 $(x_2, \eta(x_2, t_2))$

$$x_2 = x_1 + (t_2 - t_1)u, \quad \eta(x_2, t_2) = \eta(x_1, t_1) + (t_2 - t_1)w \quad (17-3)$$

根据 Taylor 展开，

$$\eta(x_2, t_2) = \eta(x_1, t_2) + \frac{\partial \eta(x_1, t_2)}{\partial x}(x_2 - x_1) + \cdots$$

代入式(17-3)得到

$$\eta(x_1, t_2) - \eta(x_1, t_1) + \frac{\partial \eta(x_1, t_2)}{\partial x}(x_2 - x_1) = (t_2 - t_1)w + \cdots$$

$$(17-4)$$

两边除以 $t_2 - t_1$，并令 $t_2 \to t_1$ 得到

$$\frac{\partial \eta}{\partial t} + u \frac{\partial \eta}{\partial x} = w \quad (17-5)$$

上式称为运动学(kinematic)边界条件。在海面处的海水压力等于大气压，根据 Bernoulli 方程得到边界条件

$$\frac{\partial \Phi}{\partial t} + \frac{1}{2}(u^2 + w^2) + g\eta = 0 \quad (17-6)$$

g 为重力加速度，式(17-6)称为动力学(dynamic)边界条件。Laplace 方程(17-1)在边界条件式(17-2)、式(17-5)、式(17-6)下封闭。困难在于边界条件式(17-5)中的非线性项 $u \dfrac{\partial \eta}{\partial x}$ 和边界条件式(17-6)中的非线性项 $\dfrac{1}{2}(u^2 + w^2)$。以下将通过量纲分析表明：在波浪高度 A 和 x 方向的波长 L（~ 100 m）相比很小时，这两项都可忽略。

定义三个无量纲的量

$$\pi_1 = \frac{A}{L}, \quad \pi_2 = \frac{L}{h}, \quad \pi_3 = \frac{gT^2}{L}$$

式中，T 为波浪波动的一个时间周期。考虑小振幅重力波：$\pi_1 \ll 1$，$\pi_3 = O(1)$。首先，浪高 $\eta = O(A)$。海水的速度主要是由于海水垂直方向的运动产生，u、$w = O(A/T)$。对于边界条件式(17-5)，$\dfrac{\partial \eta}{\partial t}$、$w = O(A/T)$，非线性项 $u \dfrac{\partial \eta}{\partial x} =$

$O(A^2/(TL))$ 可以忽略。边界条件式(17-5)变为

$$\frac{\partial \eta}{\partial t} = w \tag{17-7}$$

对于边界条件式(17-6)，$\frac{\partial \Phi}{\partial x} = u = O(A/T)$，$\Phi = O(AL/T)$，$\frac{\partial \Phi}{\partial t} = O(AL/T^2)$，非线性项 $\frac{1}{2}(u^2 + w^2) = O(A^2/T^2)$ 和 $\frac{\partial \Phi}{\partial t}$ 相比可忽略。由于 $\pi_3 = \frac{gT^2}{L} = O(1)$，$g\eta = O(LA/T^2)$。边界条件式(17-6) 变为

$$\frac{\partial \Phi}{\partial t} + g\eta = 0 \tag{17-8}$$

式(17-7)和式(17-8)都在海面上成立，式(17-7)中的 $w = w(x, \eta(x, t), t)$ 依赖 $\eta = \eta(x, t)$。利用 Taylor 展开

$$w(x, \eta, t) = w(x, 0, t) + \frac{\partial w}{\partial z}(x, z=0, t) \cdot \eta + O(\eta^2)$$

由于

$$\left| \frac{\partial w}{\partial z}(x, z=0, t) \cdot \eta \right| = O\left(\frac{A/T}{L}A\right)$$

和 $w(x, 0, t) = O(A/T)$ 相比，它可忽略。类似地，$O(\eta^2)$ 也可忽略。所以，边界条件式(17-7)被线性化为

$$\frac{\partial \eta(x, t)}{\partial t} = w(x, 0, t) \tag{17-9}$$

同理，边界条件式(17-8)被线性化为

$$\frac{\partial \Phi(x, 0, t)}{\partial t} = -g\eta(x, t) \tag{17-10}$$

方程式(17-1)、式(17-2)、式(17-9)、式(17-10)称为线性化的海浪动力学方程(Airy 波)。下面计算这组方程的解。

假设 Φ 有如下形式

$$\Phi(x, z, t) = A(z)\sin(\omega t - kx + \phi_0) \tag{17-11}$$

其中 k、ω 和 ϕ_0 待定，振幅 A 只依赖 z。把式(17-11)代入方程式(17-1)得到

$$[-k^2 A(z) + A''(z)]\sin(\omega t - kx + \phi_0) = 0$$

它对任意(x, t)都成立，故括号内为 0，即

$$A(z) = C_1 \cosh(kz + C_2)$$

把式(17-11)代入方程(17-2)得到

$$\frac{\partial \Phi}{\partial z}(x, z = -h, t) = \frac{\mathrm{d}A}{\mathrm{d}z}(z = -h) \sin(\omega t - kx + \phi_0) = 0$$

即 $A'(z = -h) = 0$，从而 $C_2 = kh$。满足方程(17-1)、方程(17-2)的解为

$$\Phi(x, z, t) = C_1 \cosh(k(z + h)) \sin(\omega t - kx + \phi_0) \qquad (17-12)$$

由式(17-10)得到

$$\eta(x, t) = -\frac{1}{g} \frac{\partial}{\partial t} \Phi(x, z = 0, t) = -\frac{\omega}{g} C_1 \cosh(kh) \cos(\omega t - kx + \phi_0)$$

$$(17-13)$$

$$\frac{\partial \eta}{\partial t}(x, t) = \frac{\omega^2}{g} C_1 \cosh(kh) \sin(\omega t - kx + \phi_0)$$

另外，

$$w(x, z = 0, t) = \frac{\partial \Phi}{\partial z}(x, z = 0, t) = k C_1 \sinh(kh) \sin(\omega t - kx + \phi_0)$$

根据式(17-9)得到 w 和 k 的色散关系

$$\omega^2 = gk \tanh(hk) \qquad (17-14)$$

这表明解 Φ 在 x 方向的波数 k 和时间方向的圆频率 ω 必须满足色散关系。
取 $\phi_0 = \pi$，引入

$$\frac{\omega}{g} C_1 \cosh(kh) = H/2$$

代入式(17-12)和式(17-13)得到解

$$\Phi(x, z, t) = \frac{gH}{2\omega} \frac{\cosh(k(z + h))}{\cosh(kh)} \sin(kx - \omega t) \qquad (17-15)$$

$$\eta(x, t) = \frac{H}{2} \cos(kx - \omega t) \qquad (17-16)$$

$H/2$ 称为波高。特别地,x 方向的速度为

$$u(x,z,t)=\frac{\partial\Phi}{\partial x}=\frac{kgH}{2\omega}\frac{\cosh(k(z+h))}{\cosh(kh)}\cos(kx-\omega t) \tag{17-17}$$

$$=\frac{\omega H}{2}\frac{\cosh(k(z+h))}{\sinh(kh)}\cos(kx-\omega t)$$

$$\frac{\partial u}{\partial t}=\frac{\omega^2 H}{2}\frac{\cosh(k(z+h))}{\sinh(kh)}\sin(\omega t-kx) \tag{17-18}$$

在浅水区,$kh\ll1$,色散关系为

$$\omega=\pm(gh)^{1/2}k$$

在深水区,取 $kh=1$,色散关系为

$$\omega=\pm\sqrt{gk}$$

在波浪与水流联合作用下,小直径圆柱状单位高度上的正向力由 Morison 方程给出:

$$f(x,z,t)=\frac{1}{2}\rho C_D D(u+U)^2+\rho C_M\frac{\pi D^2}{4}\frac{\partial u}{\partial t} \tag{17-19}$$

式中,ρ 为海水密度。D 为圆柱状桩腿的截面的直径,U 为海水在 x 方向的平均流速,C_D 和 C_M 分别称为拖曳力系数和惯性力系数:C_D 取值为 $0.6\sim1.2$,C_M 取值为 $1.3\sim2.0$。整个桩腿在 x 方向的波浪力为

$$F(x,t)=\int_{-h}^{\eta}f(x,z,t)\mathrm{d}z \tag{17-20}$$

整个桩腿在 x 方向的力矩为

$$M(x,t)=\int_{-h}^{\eta}zf(x,z,t)\mathrm{d}z \tag{17-21}$$

取 $h=20\,\mathrm{m}$、$H=1.5\,\mathrm{m}$,周期 $T=5\,\mathrm{s}$,$\omega=2\pi/T$、$D=2\,\mathrm{m}$、$C_D=1.1$、$C_M=1.6$、$U=1\,\mathrm{m/s}$、$\rho=1025\,\mathrm{kg/m^3}$ 和 $g=9.80665\,\mathrm{m/s^2}$。求解色散方程 (17-14) 得到波数 $k=0.1615$,代入式(17-17)、式(17-18)得到 u 和 $\frac{\partial u}{\partial t}$。根据式(17-19)、式(17-20)、式(17-21)求得整个桩腿在 x 方向的水平波浪力 F 和力矩 M,它们随时间呈现周期变化,不同 x 位置的力 F 和力矩 M 在时间方向差了一个平移,如图 17-1 所示。

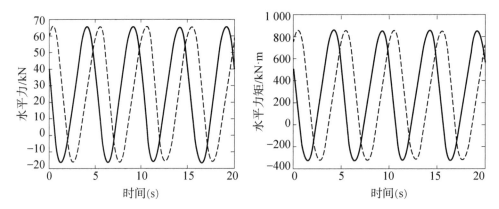

图 17 - 1 桩腿在 x 方向的力 F 和力矩 M 随时间的变化,$x=0$(实线),$x=10$(虚线)

洋 流 运 动

记 $\boldsymbol{u}=(u,v,w)^{\mathrm{T}}$ 为依赖时间和空间位置的海水速度。$\dfrac{DA}{Dt}=\dfrac{\partial A}{\partial t}+\boldsymbol{u}\cdot\nabla A$ 表示观察量 A 的物质导数（material derivative），即沿海水微元路径对时间的导数。根据 Newton 第二定律，在地球固定坐标系下的海水微元的加速度为

$$\frac{D\boldsymbol{u}}{Dt}=\boldsymbol{a}+\boldsymbol{a}_{\mathrm{I}} \tag{18-1}$$

$\boldsymbol{a}$ 是由于压力、摩擦力和重力引起的加速度，$\boldsymbol{a}_{\mathrm{I}}$ 表示地球相对地球固定坐标系下的自转导致的加速度（Coriolis 力和离心力）。设地球绕南北极方向旋转角速度为 $\boldsymbol{\Omega}$，则

$$\boldsymbol{a}_{\mathrm{I}}=-2\boldsymbol{\Omega}\times\boldsymbol{u}-\boldsymbol{\Omega}\times(\boldsymbol{\Omega}\times\boldsymbol{r}) \tag{18-2}$$

取直角坐标系 $Oxyz$，x 和 y 的正方向分别朝东和朝北方向，z 的正方向和 x、y 轴构成右手坐标系。Coriolis 加速度 $-2\boldsymbol{\Omega}\times\boldsymbol{u}$ 在该坐标系下为

$$\boldsymbol{a}_{\mathrm{C}}=-2\begin{pmatrix}0\\\Omega\cos\varphi\\\Omega\sin\varphi\end{pmatrix}\times\begin{pmatrix}u\\v\\0\end{pmatrix}=\begin{pmatrix}2\Omega\sin\varphi v\\-2\Omega\sin\varphi u\\2\Omega\cos\varphi u\end{pmatrix} \tag{18-3}$$

这里忽略了垂直 z 方向的速度 w。Coriolis 加速度在水平 xy 方向都有因子（Coriolis 参数）

$$f=2\Omega\sin\varphi \tag{18-4}$$

它依赖自转角速度大小 Ω 和纬度 φ。f 关于 φ 线性化近似为

本案例参考文献[38]。

$$f(\varphi) \approx f(\varphi_0) + \frac{\mathrm{d}f}{\mathrm{d}\varphi}\Big|_{\varphi_0} (\varphi - \varphi_0) \approx 2\Omega\sin\varphi_0 + 2\Omega\cos\varphi_0(\varphi - \varphi_0)$$

$$\approx f_0 + \frac{2\Omega\cos\varphi_0}{R}y \approx f_0 + \beta y \tag{18-5}$$

在 $Oxyz$ 坐标系下，f 的线性化近似依赖 y。式(18-1)中的压力 p、摩擦力和重力引起的加速度为

$$a_x = -\frac{1}{\rho}\frac{\partial p}{\partial x} + \frac{1}{\rho}\frac{\partial \tau_{xy}}{\partial y} + \frac{1}{\rho}\frac{\partial \tau_{xz}}{\partial z} + \tilde{g}_x$$

$$a_y = -\frac{1}{\rho}\frac{\partial p}{\partial y} + \frac{1}{\rho}\frac{\partial \tau_{yx}}{\partial x} + \frac{1}{\rho}\frac{\partial \tau_{yz}}{\partial z} + \tilde{g}_y \tag{18-6}$$

$$a_z = -\frac{1}{\rho}\frac{\partial p}{\partial z} + \frac{1}{\rho}\frac{\partial \tau_{zx}}{\partial x} + \frac{1}{\rho}\frac{\partial \tau_{zy}}{\partial y} + \tilde{g}_z$$

式中，p 为压强；τ_{xy}，τ_{yz}，τ_{zx} 等是由于作用于微元表面的摩擦导致的eddy剪切应力，$\tilde{g} = (\tilde{g}_x, \tilde{g}_y, \tilde{g}_z)^{\mathrm{T}}$ 为地心吸引力引起的加速度。把 $\tilde{g}$ 和式(18-2)中离心加速度 $-\boldsymbol{\Omega}\times(\boldsymbol{\Omega}\times\boldsymbol{r})$ 和 z 方向的Coriolis加速度 $2\Omega\cos\varphi u$ 合并，定义自由落体加速度

$$\boldsymbol{g} = (0, 0, g)^{\mathrm{T}} = \tilde{g} - \boldsymbol{\Omega}\times(\boldsymbol{\Omega}\times\boldsymbol{r}) - (0, 0, 2\boldsymbol{\Omega}\cos\varphi u)^{\mathrm{T}} \tag{18-7}$$

对于大尺度的洋流，可忽略剪切应力在水平方向的变化，式(18-6)变为

$$a_x = -\frac{1}{\rho}\frac{\partial p}{\partial x} + \frac{1}{\rho}\frac{\partial \tau_{xz}}{\partial z}$$

$$a_y = -\frac{1}{\rho}\frac{\partial p}{\partial y} + \frac{1}{\rho}\frac{\partial \tau_{yz}}{\partial z} \tag{18-8}$$

$$a_z = -\frac{1}{\rho}\frac{\partial p}{\partial z} - g$$

把式(18-8)代入式(18-1)得到洋流运动的动量方程

$$\frac{\partial u}{\partial t} + u\frac{\partial u}{\partial x} + v\frac{\partial u}{\partial y} + w\frac{\partial u}{\partial z} = -\frac{1}{\rho}\frac{\partial p}{\partial x} + \frac{1}{\rho}\frac{\partial \tau_{xz}}{\partial z} + fv$$

$$\frac{\partial v}{\partial t} + u\frac{\partial v}{\partial x} + v\frac{\partial v}{\partial y} + w\frac{\partial v}{\partial z} = -\frac{1}{\rho}\frac{\partial p}{\partial y} + \frac{1}{\rho}\frac{\partial \tau_{yz}}{\partial z} - fu \tag{18-9}$$

$$\frac{\partial w}{\partial t} + u\frac{\partial w}{\partial x} + v\frac{\partial w}{\partial y} + w\frac{\partial w}{\partial z} = -\frac{1}{\rho}\frac{\partial p}{\partial z} - g$$

假设流体不可压缩，则流体的连续性方程为

$$\frac{\partial u}{\partial x} + \frac{\partial v}{\partial y} + \frac{\partial w}{\partial z} = 0 \tag{18-10}$$

假设流体密度 ρ 为常数。式(18-9)、式(18-10)是洋流运动的基本方程。

18.1　浅水方程

设海面的平均位置为 $z=0$,相对平均海面,海浪高度为 η。海底的平均深度位置为 $z=-H$,相对平均深度位置,海底地形高度为 η_b。η 和 η_b 都依赖 (x,y)。海水的局部深度表示为

$$h=h(t,x,y)=H+\eta(t,x,y)-\eta_b(x,y)=H+\eta-\eta_b \quad (18-11)$$

设海水平均深度 H 远远小于水平方向的尺度。垂直方向的加速度 $Dw/Dt \approx 0$,海水处于静力学平衡,则式(18-9)中的第三个方程为

$$\frac{\partial p}{\partial z}=-\rho g \qquad (18-12)$$

从而

$$p(z)=p(\eta)+\rho g(\eta-z) \qquad (18-13)$$

这里忽略了压强 p 对 x 和 y 依赖的书写。$p(\eta)$ 为海面流体的压强,即大气对单位面积海面的压力(为常数的大气压)。p 对 x 对 y 的偏导数为

$$\frac{\partial p}{\partial x}=\rho g\,\frac{\partial \eta}{\partial x}, \qquad \frac{\partial p}{\partial y}=\rho g\,\frac{\partial \eta}{\partial y} \qquad (18-14)$$

它们都不依赖 z,可假设 x 和 y 方向的速度 u 和 v 也不依赖 z,$\dfrac{\partial \tau_{xz}}{\partial z}=\dfrac{\partial \tau_{yz}}{\partial z}=0$,把它代入式(18-9)中的第一和第二个方程

$$\begin{aligned}
\frac{\partial u}{\partial t}+u\,\frac{\partial u}{\partial x}+v\,\frac{\partial u}{\partial y}&=-g\,\frac{\partial \eta}{\partial x}+fv \\
\frac{\partial v}{\partial t}+u\,\frac{\partial v}{\partial x}+v\,\frac{\partial v}{\partial y}&=-g\,\frac{\partial \eta}{\partial y}-fu
\end{aligned} \qquad (18-15)$$

式(18-9)中第三个方程被静力学平衡方程(18-12)替换。对连续性方程(18-10)两边关于 z 积分

$$\int_{-H+\eta_b}^{\eta}\left(\frac{\partial u}{\partial x}+\frac{\partial v}{\partial y}+\frac{\partial w}{\partial z}\right)\mathrm{d}z=0 \qquad (18-16)$$

这里积分上下限都依赖 (x,y)。由于 u 不依赖 z,

$$\int_{-H+\eta_b}^{\eta} \frac{\partial u}{\partial x} \mathrm{d}z = \frac{\partial}{\partial x}\int_{-H+\eta_b}^{\eta} u \,\mathrm{d}z - u\frac{\partial \eta}{\partial x} + u\frac{\partial \eta_b}{\partial x}$$

$$= \frac{\partial(u(H+\eta-\eta_b))}{\partial x} - u\frac{\partial \eta}{\partial x} + u\frac{\partial \eta_b}{\partial x} \qquad (18-17)$$

$$= \frac{\partial(uh)}{\partial x} - u\frac{\partial \eta}{\partial x} + u\frac{\partial \eta_b}{\partial x}$$

同理，

$$\int_{-H+\eta_b}^{\eta} \frac{\partial v}{\partial y} \mathrm{d}z = \frac{\partial(vh)}{\partial y} - v\frac{\partial \eta}{\partial y} + v\frac{\partial \eta_b}{\partial y} \qquad (18-18)$$

海水深度 h 对时间的物质导数就是海水表面的垂直方向速度和海底处的垂直方向速度的差值

$$w(\eta) - w(-H+\eta_b) = \frac{Dh}{Dt} = \frac{\partial h}{\partial t} + u\frac{\partial h}{\partial x} + v\frac{\partial h}{\partial y} \qquad (18-19)$$

$$= \frac{\partial \eta}{\partial t} + u\frac{\partial \eta}{\partial x} + v\frac{\partial \eta}{\partial y} - u\frac{\partial \eta_b}{\partial x} - v\frac{\partial \eta_b}{\partial y}$$

把式(18-17)、式(18-18)、式(18-19)代入式(18-16)得到

$$\frac{\partial \eta}{\partial t} + \frac{\partial(uh)}{\partial x} + \frac{\partial(vh)}{\partial y} = 0 \qquad (18-20)$$

再利用式(18-11)，则式(18-20)变为

$$\frac{\partial h}{\partial t} + \frac{\partial(uh)}{\partial x} + \frac{\partial(vh)}{\partial y} = 0 \qquad (18-21)$$

式(18-11)、式(18-15)、式(18-21)就是浅水方程。

假设不考虑地球自转($f=0$)，且为平坦海底($\eta_b=0$)，小速度 u、v，以及波高远远小于平均水深 $\eta \ll H$，浅水方程变为

$$\frac{\partial u}{\partial t} = -g\frac{\partial \eta}{\partial x}$$

$$\frac{\partial v}{\partial t} = -g\frac{\partial \eta}{\partial y} \qquad (18-22)$$

$$\frac{\partial \eta}{\partial t} = -H\left(\frac{\partial u}{\partial x} + \frac{\partial v}{\partial y}\right)$$

消去 u 和 v 得到古典波方程

$$\frac{\partial^2 \eta}{\partial t^2} = gH\mathbf{V}^2 \eta \tag{18-23}$$

$\sqrt{gH}$ 称为波速度。

18.2　Stommel 方程

为了简单起见，$\eta_b = 0$。设动量方程(18-9)的第一和第二个方程的左边为 0，对这两个方程在 z 方向积分

$$-f\int_{-H}^{\eta} \rho v \mathrm{d}z = -\int_{-H}^{\eta} \frac{\partial p}{\partial x} \mathrm{d}z + \tau_{xz}(\eta) - \tau_{xz}(-H)$$
$$f\int_{-H}^{\eta} \rho u \mathrm{d}z = -\int_{-H}^{\eta} \frac{\partial p}{\partial y} \mathrm{d}z + \tau_{yz}(\eta) - \tau_{yz}(-H) \tag{18-24}$$

定义质量传送向量

$$\boldsymbol{M} = \int_{-H}^{\eta} \rho \boldsymbol{u} \mathrm{d}z \tag{18-25}$$

即 $(M_x, M_y) = \int_{-H}^{\eta} (\rho u, \rho v)\mathrm{d}z$。式(18-24)可写为

$$-fM_y = -\int_{-H}^{\eta} \frac{\partial p}{\partial x} \mathrm{d}z + \tau_{xz}(\eta) - RM_x$$
$$fM_x = -\int_{-H}^{\eta} \frac{\partial p}{\partial y} \mathrm{d}z + \tau_{yz}(\eta) - RM_y \tag{18-26}$$

假设作用于海底的剪切应力和质量传送成比例，R 为特征时间的倒数。消去压力得到

$$\beta M_y + f\left(\frac{\partial M_x}{\partial x} + \frac{\partial M_y}{\partial y}\right) = \frac{\partial \tau_{yz}}{\partial x} - \frac{\partial \tau_{xz}}{\partial y} - R\left(\frac{\partial M_y}{\partial x} - \frac{\partial M_x}{\partial y}\right) \tag{18-27}$$

这里用到了近似式(18-5)。由连续性方程(18-10)得到

$$\boldsymbol{\nabla} \cdot \boldsymbol{M} = \frac{\partial M_x}{\partial x} + \frac{\partial M_y}{\partial y} = 0 \tag{18-28}$$

引入流函数 Ψ，则

$$M_x = -\frac{\partial \Psi}{\partial y}, \quad M_y = \frac{\partial \Psi}{\partial x} \tag{18-29}$$

满足式(18-28)。把式(18-29)代入式(18-27)得到 Stommel 方程

$$\beta \frac{\partial \Psi}{\partial x} = \frac{\partial \tau_{yz}}{\partial x} - \frac{\partial \tau_{xz}}{\partial y} - R\left(\frac{\partial^2 \Psi}{\partial x^2} + \frac{\partial^2 \Psi}{\partial y^2}\right) \tag{18-30}$$

在和 y 平行方向的边界 $(x=0, L)$ 上满足 $M_x = -\dfrac{\partial \Psi}{\partial y} = 0$，在和 x 平行方向的边界 $(y=0, B)$ 上满足 $M_y = \dfrac{\partial \Psi}{\partial x} = 0$。这表明流函数在边界上为常数，不妨取 Dirichlet 边界条件：即在边界上，$\Psi = 0$。 Stommel 给出了剪切应力

$$\tau_{xz} = -T\cos\left(\frac{\pi}{B}y\right), \quad \tau_{yz} = 0 \tag{18-31}$$

来模拟洋流的运动。

对压强关于 z 方向积分

$$P = \int_{-H}^{\eta} p \, \mathrm{d}z \tag{18-32}$$

由式 (18-26) 得到

$$\mathbf{V}^2 P = f\mathbf{V}^2 \Psi + \beta \frac{\partial \Psi}{\partial y} + \frac{\partial \tau_{xz}}{\partial x} + \frac{\partial \tau_{yz}}{\partial y} \tag{18-33}$$

压力的边界条件可从式 (18-26) 得到

$$\begin{aligned}
\frac{\partial P}{\partial x} &= f\frac{\partial \Psi}{\partial x} + \tau_{xz}, \quad x=0, L \\
\frac{\partial P}{\partial y} &= f\frac{\partial \Psi}{\partial y} + \tau_{yz}, \quad y=0, B
\end{aligned} \tag{18-34}$$

当满足方程 (18-30) 的流函数 Ψ 计算求得后，压力 P 可根据方程 (18-33) 和方程 (18-34) 计算。

光纤中光线的传播

光纤是光导纤维的简称,它是一种介质圆柱的光波导。光纤作为新型的光波传送介质,由于具有优良的物理、化学、机械性能,在各个领域有广泛应用。以常用的石英光纤为例,它的主要成分是二氧化硅,由纤芯、包层和涂层组成。纤芯的折射率比包层折射率高,它的主要成分是掺杂二氧化锗的二氧化硅,纤芯的直径在 $5\sim50\,\mu m$ 之间。包层的主要成分是纯二氧化硅,它的直径为 $125\,\mu m$。为了使得光纤有较好的机械强度和柔韧性,包层外侧有一高分子做成的涂层,其外径约 $250\,\mu m$。

光纤是透明的介质,它无自由电荷、无传导电流,也没有磁性,光纤中光传播遵守的基本理论是 Maxwell 方程

$$\begin{cases} \nabla\times \boldsymbol{E}=-\dfrac{\partial \boldsymbol{B}}{\partial t} \\[2mm] \nabla\times \boldsymbol{H}=\dfrac{\partial \boldsymbol{D}}{\partial t} \\[2mm] \nabla\cdot \boldsymbol{D}=0 \\[2mm] \nabla\cdot \boldsymbol{B}=0 \end{cases} \qquad (19\text{-}1)$$

电场 $\boldsymbol{E}$ 和磁场 $\boldsymbol{B}$ 满足

$$\boldsymbol{D}=\varepsilon\boldsymbol{E} \qquad (19\text{-}2)$$

$$\boldsymbol{B}=\mu\boldsymbol{H} \qquad (19\text{-}3)$$

$\boldsymbol{D}$ 和 $\boldsymbol{H}$ 分别称为电位移向量和磁感应强度。ε 和 μ 分别称为光波导材料的介电常数和磁导率。由于光纤无磁性,光波导材料的磁导率就是真空的磁导率 $\mu=\mu_0$。真空中的介电常数记为 ε_0,$\varepsilon_r=\varepsilon/\varepsilon_0$ 为相对介电常数,$c=1/\sqrt{\mu_0\varepsilon_0}$ 为真空中的光

本案例参考文献[28]。

速。考虑 Maxwell 方程(19-1)、方程(19-2)的形式解：

$$\boldsymbol{E} = \boldsymbol{E}_0 \mathrm{e}^{-ik_0\phi+i\omega t}, \quad \boldsymbol{H} = \boldsymbol{H}_0 \mathrm{e}^{-ik_0\phi+i\omega t} \tag{19-4}$$

$k_0 = 2\pi/\lambda_0$ 为真空中光波的波数，$\phi = \phi(\boldsymbol{r})$ 是空间位置 $\boldsymbol{r}$ 的函数，称为光程。t 为时间，$\boldsymbol{E}_0$ 和 $\boldsymbol{H}_0$ 分别表示在 $(\boldsymbol{r}, t) = (0, 0)$ 的电场和磁场。

在几何光学近似下，真空中的光波波长 $\lambda_0 \to 0$，$k_0 = \dfrac{2\pi}{\lambda_0} \to \infty$，从而将光波近似看成由一根根光线构成。$\nabla\phi$、$\boldsymbol{E}$ 和 $\boldsymbol{B}$ 互相垂直，这种形式解的光程必定满足

$$|\nabla\phi| = n(\boldsymbol{r}) \equiv \sqrt{\varepsilon_r} \tag{19-5}$$

$n(\boldsymbol{r})$ 称为 $\boldsymbol{r}$ 处的折射率。根据光纤中的折射率分布，通过式(19-5)来确定光程 ϕ，光线方向和等相面 $[\phi(\boldsymbol{r}) = 常数]$ 垂直，从而也和 $\boldsymbol{E}$、$\boldsymbol{B}$ 垂直。设 s 为某一光线从某一点量起的弧长，$\boldsymbol{r}$ 为光线上任意一点的矢径，则光线上任意一点的单位切向量为 $\boldsymbol{\tau} = \mathrm{d}\boldsymbol{r}/\mathrm{d}s = \nabla\phi/n(\boldsymbol{r})$，这里用到了 $\boldsymbol{\tau}$ 和 $\nabla\phi$ 平行，以及式(19-5)。 由于

$$\frac{\mathrm{d}(\boldsymbol{\tau}n)}{\mathrm{d}s} = \frac{\mathrm{d}(\nabla\phi)}{\mathrm{d}s} = \nabla n$$

光线方程为

$$\frac{\mathrm{d}}{\mathrm{d}s}\left[n(\boldsymbol{r})\frac{\mathrm{d}\boldsymbol{r}}{\mathrm{d}s}\right] = \nabla n(\boldsymbol{r}) \tag{19-6}$$

它是关于光线轨迹 $\boldsymbol{r}$ 的二阶常微分方程。对于均匀材料，n 和 $\boldsymbol{r}$ 无关，$\nabla n(\boldsymbol{r}) = 0$，$\boldsymbol{r}$ 线性地依赖 s，光线沿直线传播。

在圆柱坐标系 (z, r, θ) 下，若圆柱型光纤的折射率具有轴对称性：$n = n(r)$，$r = \sqrt{x^2 + y^2}$，光线方程的三个分量具有如下形式

$$\begin{cases} r\ 分量 \quad \dfrac{\mathrm{d}}{\mathrm{d}s}\left[n\dfrac{\mathrm{d}r}{\mathrm{d}s}\right] - nr\left[\dfrac{\mathrm{d}\theta}{\mathrm{d}s}\right]^2 = \dfrac{\mathrm{d}n}{\mathrm{d}r} \\[3mm] \theta\ 分量 \quad n\dfrac{\mathrm{d}r}{\mathrm{d}s}\dfrac{\mathrm{d}\theta}{\mathrm{d}s} + \dfrac{\mathrm{d}}{\mathrm{d}s}\left[nr\dfrac{\mathrm{d}\theta}{\mathrm{d}s}\right] = 0 \\[3mm] z\ 分量 \quad \dfrac{\mathrm{d}}{\mathrm{d}s}\left[n\dfrac{\mathrm{d}z}{\mathrm{d}s}\right] = 0 \end{cases} \tag{19-7}$$

图 19-1 给出了光线在圆柱形光纤中的传输的截面图，水平方向是光纤轴方向，n_0 为光纤周围介质的折射率。记 n_1 和 n_2 分别为纤芯和包层的折射率，$n_2 < n_1$。考虑最简单的光线传送，称为子午光线，它在子午平面（通过中心轴的所有平面）内，它和纤芯的中心轴相交，在一个周期内和中心轴相交两次，参见图 19-1 中

的折线。根据 Snell 定律，在光纤端面处 $n_0 \sin\theta_i = n_1 \sin\theta$。为了使得在纤芯和包层界面处产生全反射，$\phi$ 必须满足 $\sin\phi \geqslant \sin\phi_c = n_2/n_1$，$\phi_c$ 为临界角。由于 $\phi + \theta = \pi/2$，产生全反射的条件变为

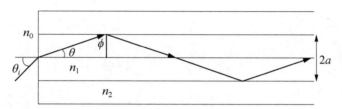

图 19-1　子午线光线传送示意图

$$n_0 \sin\theta_i = n_1\sqrt{1-\cos^2\theta} \leqslant \sqrt{n_1^2 - n_2^2} \approx n_1\sqrt{2\Delta} \qquad (19-8)$$

$\Delta = (n_1 - n_2)/n_1$ 为相对折射率。设有一段直光纤的长度为 L，总光路长度为

$$S = \frac{L}{\cos\theta} = \frac{n_1 L}{\sqrt{n_1^2 - n_0^2 \sin^2\theta_i}}$$

需要的反射次数为

$$R = \frac{L}{2a\cot\theta} = \frac{n_0 L \sin\theta_i}{2a\sqrt{n_1^2 - n_0^2 \sin^2\theta_i}}$$

子午光线沿光纤轴方向的速度为 $v_z = v\cos\theta$。当 $\theta = 0°$，子午光线传输最快；当 $\phi = \phi_c$ 时，$\cos\theta = n_2/n_1$，子午光线传输最慢；在传输距离 L 内，子午光线传输的最短时间和最长时间的时延差为

$$\tau = t_{\max} - t_{\min} = \frac{L}{v(n_2/n_1)} - \frac{L}{v} = \frac{L}{v}\frac{n_1 - n_2}{n_1} \approx t_{\min}\Delta$$

该公式表明时延差和相对折射率 $\Delta = (n_1 - n_2)/n_1$ 成正比。当入射光的频率固定，Δ 越小，光纤中可以传送的模式越少，因而时延差也越小。

假设光纤的折射率分布是轴对称的，$n = n(r)$，$\mathrm{d}n/\mathrm{d}\theta = 0$，$\mathrm{d}n/\mathrm{d}z = 0$。由式 (19-7) 的第三个方程得到 $n(\mathrm{d}z/\mathrm{d}s) = C$（常数），令 $C = n(r_0)N_0$，则

$$\mathrm{d}s = \left[\frac{n(r)}{n(r_0)N_0}\right]\mathrm{d}z \qquad (19-9)$$

式中，N_0 为入射光的方向余弦，$n(r_0)$ 是入射位置 r_0 处的折射率。利用式 (19-9) 和 $\dfrac{\mathrm{d}n}{\mathrm{d}z} = 0$ 得到 $\dfrac{\mathrm{d}n}{\mathrm{d}s} = 0$，再从式 (19-7) 的第二个方程得到

$$\frac{\mathrm{d}r}{\mathrm{d}s} \cdot \frac{\mathrm{d}\theta}{\mathrm{d}z} + \frac{\mathrm{d}}{\mathrm{d}s}\left(r\frac{\mathrm{d}\theta}{\mathrm{d}z}\right) = 0 \qquad (19-10)$$

即 $\dfrac{\mathrm{d}}{\mathrm{d}s}\left(r^2\dfrac{\mathrm{d}\theta}{\mathrm{d}z}\right) = 0$。入射点 $(s=0)$ 的直角坐标为 $(x_0, y_0, 0)$，$r_0 = \sqrt{x_0^2 + y_0^2}$，入射方向为 (L_0, M_0, N_0)。

$$r^2\frac{\mathrm{d}\theta}{\mathrm{d}z} = \frac{1}{N_0}(x_0 M_0 - y_0 L_0) \qquad (19-11)$$

根据式（19-9），把式（19-7）的第一个方程写为关于 z 的微分，再利用式（19-11），由式（19-7）的第一个方程得到

$$z = \int_{r_0}^{r} \frac{N_0\,\mathrm{d}r}{\sqrt{\left[\dfrac{n(r)}{n(r_0)}\right]^2 + \left[1-\left(\dfrac{r_0}{r}\right)^2\right](x_0 M_0 - y_0 L_0) - N_0^2}} \qquad (19-12)$$

它就是折射率分布为轴对称的渐变光纤的光方程。对于子午线光线，为不失一般性，不妨取 $y_0 = M_0 = 0$、$x_0 = r_0$，则式（19-12）可简化为

$$z = \int_{r_0}^{r} \frac{N_0\,\mathrm{d}r}{\sqrt{\left(\dfrac{n(r)}{n(r_0)}\right)^2 - N_0^2}} \qquad (19-13)$$

设折射率分布满足

$$n^2(r) = n_1^2\left[1-(\zeta r)^2\right] \qquad (19-14)$$

式中，n_1、ζ 均为常数。将式（19-14）代入式（19-13）得到

$$r = A\sin\left(\frac{\zeta n_1 z}{n(r_0)N_0} + B\right) \qquad (19-15)$$

其中

$$A = \frac{1}{\zeta}\sqrt{1 - N_0^2\left[1-(\zeta r_0)^2\right]}, \quad B \text{ 为常数}$$

式（19-15）是沿 z 轴弯曲前进的准正弦曲线，它的周期为 $2\pi n(r_0)N_0/(\xi n_1)$。

非线性效应[①]

为了考虑非线性效应，把式（19-2）写为

───────────────

① 本部分内容参考文献[29]。

$$D = \varepsilon E = \varepsilon_0 E + P \qquad (19-16)$$

P 称为电极化向量，它非线性地依赖 E。根据式(19-1)、式(19-3)和式(19-16)，

$$\nabla \times \nabla \times E = -\frac{1}{c^2} \frac{\partial^2 E}{\partial t^2} - \mu_0 \frac{\partial^2 P}{\partial t^2} \qquad (19-17)$$

将 P 分解为

$$P(r, t) = P_L(r, t) + P_{NL}(r, t) \qquad (19-18)$$

其中，P_L 为线性部分

$$P_L(r, t) = \varepsilon_0 \int_{-\infty}^{\infty} \chi^{(1)}(t-t') E(r, t') dt' \qquad (19-19)$$

P_{NL} 为非线性部分

$$P_{NL}(r, t) = \varepsilon_0 \chi^{(3)}(t) E(r, t) E(r, t) E(r, t) \qquad (19-20)$$

这里 $\chi^{(1)}$、$\chi^{(3)}$ 分别是依赖时间的二阶张量和四阶张量。假设非线性部分 P_{NL} 相比线性部分 P_L 很小，并且假设光场是准单色的，即频谱只在 ω_0 附近。可将电场分解为

$$E(r, t) = \frac{1}{2} \hat{x} \left[E(r, t) \exp(-i\omega_0 t) + c.c. \right] \qquad (19-21)$$

$\hat{x}$ 为 x 方向的单位向量，c.c. 表示前面项的复共轭。P_L 和 P_{NL} 也做类似分解

$$P_L(r, t) = \frac{1}{2} \hat{x} \left[P_L(r, t) \exp(-i\omega_0 t) + c.c. \right] \qquad (19-22)$$

$$P_{NL}(r, t) = \frac{1}{2} \hat{x} \left[P_{NL}(r, t) \exp(-i\omega_0 t) + c.c. \right] \qquad (19-23)$$

把式(19-21)、式(19-22)代入式(19-19)得到

$$\begin{aligned}
P_L(r, t) &= \varepsilon_0 \int_{-\infty}^{\infty} \chi_{xx}^{(1)}(t-t') E(r, t') \exp[i\omega_0(t-t')] dt' \\
&= \frac{\varepsilon_0}{2\pi} \int_{-\infty}^{\infty} \tilde{\chi}_{xx}^{(1)}(\omega) E(r, \omega-\omega_0) \exp[-i(\omega-\omega_0)t] d\omega
\end{aligned}$$

$$(19-24)$$

$\tilde{\chi}_{xx}^{(1)}(\omega)$ 和 $E(r, \omega)$ 分别为 $\chi_{xx}^{(1)}(t)$ 和 $E(r, t)$ 的 Fourier 变换，$\chi_{xx}^{(1)}$ 为二阶张量 $\chi^{(1)}$ 的 xx 分量。把式(19-21)、式(19-23)代入式(19-20)，$P_{NL}(r, t)$ 有一项在 ω_0 处震荡，另一项在 $3\omega_0$ 处震荡，忽略后一项，

$$P_{NL}(\boldsymbol{r}, t) \approx \varepsilon_0 \varepsilon_{NL} \boldsymbol{E}(\boldsymbol{r}, t) \tag{19-25}$$

其中

$$\varepsilon_{NL} = \frac{3}{4} \chi_{xxxx}^{(3)} \mid \boldsymbol{E}(\boldsymbol{r}, t) \mid^2 \tag{19-26}$$

$\chi_{xxxx}^{(3)}$ 为四阶张量 $\chi^{(3)}$ 的 $xxxx$ 分量。把式(19-21)、式(19-22)、式(19-23)代入式(19-17),

$$\widetilde{\boldsymbol{E}}(\boldsymbol{r}, \omega - \omega_0) = \int_{-\infty}^{\infty} \boldsymbol{E}(\boldsymbol{r}, t) \exp[\mathrm{i}(\omega - \omega_0)t] \mathrm{d}t \tag{19-27}$$

满足

$$\nabla^2 \widetilde{\boldsymbol{E}} + \varepsilon(\omega) k_0^2 \widetilde{\boldsymbol{E}} = 0 \tag{19-28}$$

其中 $k_0 = \omega/c$,

$$\varepsilon(\omega) = 1 + \widetilde{\chi}_{xx}^{(1)}(\omega) + \varepsilon_{NL} \tag{19-29}$$

它也可以写为

$$\varepsilon = (\bar{n} + \mathrm{i}\tilde{\alpha}/2k_0)^2 = (n + \Delta n)^2 \approx n^2 + 2n\Delta n \tag{19-30}$$

其中

$$\Delta n = n_2 \mid \boldsymbol{E} \mid^2 + \frac{\mathrm{i}\tilde{\alpha}}{2k_0}, \quad \tilde{n} = n + n_2 \mid \boldsymbol{E} \mid^2, \quad \tilde{\alpha} = \alpha + \alpha_2 \mid \boldsymbol{E} \mid^2,$$

$$n_2 = \frac{3}{8n} \mathrm{Re}(\chi_{xxxx}^{(3)}), \quad \alpha_2 = \frac{3\omega_0}{4nc} \mathrm{Im}(\chi_{xxxx}^{(3)}) \tag{19-31}$$

$$n = 1 + \frac{1}{2} \mathrm{Re}[\widetilde{\chi}^{(1)}(\omega)], \quad \alpha = \frac{\omega}{nc} \mathrm{Im}[\widetilde{\chi}^{(1)}(\omega)] \tag{19-32}$$

式(19-28)可以用变量分量法求解。

$$\widetilde{\boldsymbol{E}}(\boldsymbol{r}, \omega - \omega_0) = F(x, y)\widetilde{A}(z, \omega - \omega_0) \exp(\mathrm{i}\beta_0 z) \tag{19-33}$$

其中 $\widetilde{A}(z, \omega - \omega_0)$ 关于 z 缓慢变化,波数 β_0 待定。把式(19-33)代入式(19-28),

$$\frac{\partial^2 F}{\partial x^2} + \frac{\partial^2 F}{\partial y^2} + [\varepsilon(\omega) k_0^2 - \tilde{\beta}^2]F = 0$$

$$2\mathrm{i}\beta_0 \frac{\partial \widetilde{A}}{\partial z} + (\tilde{\beta}^2 - \beta_0^2)\widetilde{A} = 0 \tag{19-34}$$

由于 $\widetilde{A}(z, \omega - \omega_0)$ 关于 z 缓慢变化，上式的第二个方程中忽略了 $\partial^2 \widetilde{A}/\partial z^2$。第一式为特征值问题，可确定波数 $\widetilde{\beta}$。当式 $(19-34)$ 中 $\varepsilon(\omega)$ 取为 n 时，第一式的特征值问题的波数记为 $\beta(\omega)$。

$$\widetilde{\beta}(\omega) = \beta(\omega) + \Delta\beta \tag{19-35}$$

其中

$$\Delta\beta = \frac{k_0 \iint_{-\infty}^{\infty} \Delta n \mid F(x, y) \mid^2 \mathrm{d}x\mathrm{d}y}{\iint_{-\infty}^{\infty} \mid F(x, y) \mid^2 \mathrm{d}x\mathrm{d}y} \tag{19-36}$$

根据式 $(19-33)$，电场可写为

$$\boldsymbol{E}(\boldsymbol{r}, t) = \frac{1}{2}\hat{\boldsymbol{x}}\big[F(x, y)A(z, t)\exp[\mathrm{i}(\beta_0 z - \omega_0 t)] + \text{c. c.}\big] \tag{19-37}$$

A 是 $\widetilde{A}$ 的 Fourier 逆变换。根据式 $(19-34)$ 的第二个方程，$\widetilde{A}$ 满足

$$\frac{\partial \widetilde{A}}{\partial z} = \mathrm{i}[\beta(\omega) + \Delta\beta - \beta_0]\widetilde{A} \tag{19-38}$$

β 在 ω_0 的 Taylor 展开

$$\beta(\omega) = \beta_0 + (\omega - \omega_0)\beta_1 + \frac{1}{2}(\omega - \omega_0)^2\beta_2 + \frac{1}{6}(\omega - \omega_0)^3\beta_3 + \cdots \tag{19-39}$$

其中

$$\beta_m = \left(\frac{\mathrm{d}^m\beta}{\mathrm{d}\omega^m}\right)_{\omega = \omega_0}, \quad m = 1, 2, \cdots \tag{19-40}$$

把

$$A(z, t) = \frac{1}{2\pi}\int_{-\infty}^{\infty} \widetilde{A}(z, \omega - \omega_0)\exp[-\mathrm{i}(\omega - \omega_0)t]\mathrm{d}\omega \tag{19-41}$$

代入式 $(19-38)$ 得到

$$\frac{\partial A}{\partial z} = -\beta_1 \frac{\partial A}{\partial t} - \frac{\mathrm{i}\beta_2}{2}\frac{\partial^2 A}{\partial t^2} + \mathrm{i}\Delta\beta A \tag{19-42}$$

根据式 $(19-36)$

$$\frac{\partial A}{\partial z} + \beta_1 \frac{\partial A}{\partial t} + \frac{i\beta_2}{2} \frac{\partial^2 A}{\partial t^2} + \frac{\alpha}{2} A = i\gamma \mid A \mid^2 A \qquad (19\text{-}43)$$

其中

$$\gamma = \frac{n_2 \omega_0}{c A_{\text{eff}}}, \quad A_{\text{eff}} = \frac{\left(\iint_{-\infty}^{\infty} \mid F(x,y) \mid^2 \mathrm{d}x\mathrm{d}y \right)^2}{\iint_{-\infty}^{\infty} \mid F(x,y) \mid^4 \mathrm{d}x\mathrm{d}y} \qquad (19\text{-}44)$$

式(19-43)是非线性薛定谔方程。

案例 20

飞 行 器 姿 态

在惯性导航系统中,飞行器位置、速度和姿态是非常关键的导航参数,也是飞行器控制的关键。

20.1 四元数

四元数定义为

$$Q = q_0 + q_1 \boldsymbol{i} + q_2 \boldsymbol{j} + q_3 \boldsymbol{k} \tag{20-1}$$

q_0、q_1、q_2 和 q_3 都是实数,$\boldsymbol{i}$、$\boldsymbol{j}$ 和 $\boldsymbol{k}$ 是互相正交的单位向量:

$$\begin{cases} \boldsymbol{i} \otimes \boldsymbol{i} = -1, & \boldsymbol{j} \otimes \boldsymbol{j} = -1, & \boldsymbol{k} \otimes \boldsymbol{k} = -1 \\ \boldsymbol{i} \otimes \boldsymbol{j} = \boldsymbol{k}, & \boldsymbol{j} \otimes \boldsymbol{k} = \boldsymbol{i}, & \boldsymbol{k} \otimes \boldsymbol{i} = \boldsymbol{j} \\ \boldsymbol{j} \otimes \boldsymbol{i} = -\boldsymbol{k}, & \boldsymbol{k} \otimes \boldsymbol{j} = -\boldsymbol{i}, & \boldsymbol{i} \otimes \boldsymbol{k} = -\boldsymbol{j} \end{cases}$$

四元数可写为

$$Q = q_0 + \boldsymbol{q} \tag{20-2}$$

称 q_0 为四元数的标量部分,$\boldsymbol{q}$ 为四元数的矢量部分,四元数也可写为矩阵形式 $Q = (q_0, q_1, q_2, q_3)^\mathrm{T}$,其大小规定为 $\|Q\| = \sqrt{q_0^2 + q_1^2 + q_2^2 + q_3^2}$。 两个四元数的加减法定义为

$$Q \pm P = (q_0 \pm p_0) + (q_1 \pm p_1)\boldsymbol{i} + (q_2 \pm p_2)\boldsymbol{j} + (q_3 \pm p_3)\boldsymbol{k} \tag{20-3}$$

其中 $Q = q_0 + q_1\boldsymbol{i} + q_2\boldsymbol{j} + q_3\boldsymbol{k}$,$P = p_0 + p_1\boldsymbol{i} + p_2\boldsymbol{j} + p_3\boldsymbol{k}$。 一个实数 a 乘以四元数 Q 为

$$aQ = aq_0 + aq_1\boldsymbol{i} + aq_2\boldsymbol{j} + aq_3\boldsymbol{k} \tag{20-4}$$

本案例参考文献[31]。

两个四元数的乘积定义为

$$\boldsymbol{P}\otimes\boldsymbol{Q}=(p_0+p_1\boldsymbol{i}+p_2\boldsymbol{j}+p_3\boldsymbol{k})\otimes(q_0+q_1\boldsymbol{i}+q_2\boldsymbol{j}+q_3\boldsymbol{k})=r_0+r_1\boldsymbol{i}+r_2\boldsymbol{j}+r_3\boldsymbol{k} \tag{20-5}$$

其矩阵表示为

$$\begin{pmatrix} r_0 \\ r_1 \\ r_2 \\ r_3 \end{pmatrix}=\begin{pmatrix} p_0 & -p_1 & -p_2 & -p_3 \\ p_1 & p_0 & -p_3 & p_2 \\ p_2 & p_3 & p_0 & -p_1 \\ p_3 & -p_2 & p_1 & p_0 \end{pmatrix}\begin{pmatrix} q_0 \\ q_1 \\ q_2 \\ q_3 \end{pmatrix}=\boldsymbol{M}(\boldsymbol{P})\boldsymbol{Q} \tag{20-6}$$

或

$$\begin{pmatrix} r_0 \\ r_1 \\ r_2 \\ r_3 \end{pmatrix}=\begin{pmatrix} q_0 & -q_1 & -q_2 & -q_3 \\ q_1 & q_0 & q_3 & -q_2 \\ q_2 & -q_3 & q_0 & q_1 \\ q_3 & q_2 & -q_1 & q_0 \end{pmatrix}\begin{pmatrix} p_0 \\ p_1 \\ p_2 \\ p_3 \end{pmatrix}=\boldsymbol{M}'(\boldsymbol{Q})\boldsymbol{P} \tag{20-7}$$

四元数不满足乘法交换律:$\boldsymbol{P}\otimes\boldsymbol{Q}\neq\boldsymbol{Q}\otimes\boldsymbol{P}$,但满足分配律和结合律

$$\boldsymbol{P}\otimes(\boldsymbol{Q}+\boldsymbol{R})=\boldsymbol{P}\otimes\boldsymbol{Q}+\boldsymbol{P}\otimes\boldsymbol{R}$$
$$\boldsymbol{P}\otimes\boldsymbol{Q}\otimes\boldsymbol{R}=(\boldsymbol{P}\otimes\boldsymbol{Q})\otimes\boldsymbol{R}=\boldsymbol{P}\otimes(\boldsymbol{Q}\otimes\boldsymbol{R})$$

若 $\boldsymbol{Q}\otimes\boldsymbol{R}=1$,称 $\boldsymbol{R}$ 为 $\boldsymbol{Q}$ 的逆 $\boldsymbol{Q}^{-1}$,简单计算表明 $\boldsymbol{Q}^{-1}=\boldsymbol{Q}^*/\parallel\boldsymbol{Q}\parallel^2$,其中 $\boldsymbol{Q}^*=q_0-q_1\boldsymbol{i}-q_2\boldsymbol{j}-q_3\boldsymbol{k}$ 为 $\boldsymbol{Q}$ 的共轭。

20.2 四元数和旋转矩阵的关系

设有一个(直角笛卡尔)参考系 R,原点为 O,坐标轴为 x_R、y_R 和 z_R,坐标轴方向的单位向量为 $\boldsymbol{i}_R$、$\boldsymbol{j}_R$ 和 $\boldsymbol{k}_R$。给定单位向量 $\boldsymbol{u}^R$,$(l,m,n)^T$ 为 $\boldsymbol{u}^R$ 在参考系 R 下的坐标。取一个坐标系 b 与运载体(刚体)固连,坐标系 b 的坐标轴为 x_b、y_b 和 z_b,坐标轴方向的单位向量为 $\boldsymbol{i}_b$、$\boldsymbol{j}_b$ 和 $\boldsymbol{k}_b$。坐标系 b 是参考系 R 绕 $\boldsymbol{u}^R$ 转动 θ 得到,坐标系 b 的原点为 O。记 $\boldsymbol{r}^R$ 和 $\boldsymbol{r}^b$ 分别是空间某点在系 R 和系 b 下的坐标向量,则

$$\boldsymbol{r}^R=\boldsymbol{C}_b^R\boldsymbol{r}^b \tag{20-8}$$

其中

$$\boldsymbol{C}_b^R=\boldsymbol{I}+2\boldsymbol{U}\sin\frac{\theta}{2}\cos\frac{\theta}{2}+2\boldsymbol{U}^2\sin^2\frac{\theta}{2} \tag{20-9}$$

为坐标系 b 到坐标系 R 的坐标变换矩阵,$\boldsymbol{I}$ 为三阶单位矩阵,

$$U = \begin{pmatrix} 0 & -n & m \\ n & 0 & -l \\ -m & l & 0 \end{pmatrix} \tag{20-10}$$

$\boldsymbol{C}_b^R$ 是 3 阶正交矩阵；反之，任意 3 阶正交矩阵都可以写为式(20-9)的形式。

规定四元数：

$$\boldsymbol{Q} = \cos\frac{\theta}{2} + (l\boldsymbol{i}_R + m\boldsymbol{j}_R + n\boldsymbol{k}_R)\sin\frac{\theta}{2} \tag{20-11}$$

$$= \cos\frac{\theta}{2} + \boldsymbol{u}^R\sin\frac{\theta}{2} \equiv q_0 + q_1\boldsymbol{i}_R + q_2\boldsymbol{j}_R + q_3\boldsymbol{k}_R$$

它描述了刚体的定点转动，并且 $\|\boldsymbol{Q}\| = 1$。式(20-9)中 $\boldsymbol{C}_b^R$ 也可写为

$$\boldsymbol{C}_b^R = \begin{pmatrix} q_0^2 + q_1^2 - q_2^2 - q_3^2 & 2(q_1q_2 - q_0q_3) & 2(q_1q_3 + q_0q_2) \\ 2(q_1q_2 + q_0q_3) & q_0^2 - q_1^2 + q_2^2 - q_3^2 & 2(q_2q_3 - q_0q_1) \\ 2(q_1q_3 - q_0q_2) & 2(q_2q_3 + q_0q_1) & q_0^2 - q_1^2 - q_2^2 + q_3^2 \end{pmatrix} \tag{20-12}$$

若把 $\boldsymbol{r}^R$ 和 $\boldsymbol{r}^b$ 看成零标量的四元数，则式(20-8)可写为

$$\boldsymbol{r}^R = \boldsymbol{Q} \otimes \boldsymbol{r}^b \otimes \boldsymbol{Q}^* \tag{20-13}$$

规定地理坐标系 g：原点在运载体的质心，三个坐标轴 x_g、y_g 和 z_g 分别指向东、北和天空方向。运载体的航向角为 ψ(以北偏东为正)，俯仰角为 θ，横滚角为 γ。

地理坐标轴经过如下变换后得到固体坐标系 b：$Ox_gy_gz_g$ 绕 z_g 旋转 ψ 得到坐标系 $Ox_1y_1z_1$，$Ox_1y_1z_1$ 绕 x_1 旋转 θ 得到坐标系 $Ox_2y_2z_2$，$Ox_2y_2z_2$ 绕 y_2 旋转 γ 得到固体坐标系 $Ox_by_bz_b$。坐标系 g 到坐标系 1、坐标系 1 到坐标系 2、坐标系 2 到坐标系 b 对应的旋转矩阵分别为

$$\boldsymbol{C}_g^1 = \begin{pmatrix} \cos\psi & -\sin\psi & 0 \\ \sin\psi & \cos\psi & 0 \\ 0 & 0 & 1 \end{pmatrix}, \quad \boldsymbol{C}_1^2 = \begin{pmatrix} 1 & 0 & 0 \\ 0 & \cos\theta & \sin\theta \\ 0 & -\sin\theta & \cos\theta \end{pmatrix}, \quad \boldsymbol{C}_2^b = \begin{pmatrix} \cos\gamma & 0 & -\sin\gamma \\ 0 & 1 & 0 \\ \sin\gamma & 0 & \cos\gamma \end{pmatrix} \tag{20-14}$$

坐标系 b 到坐标系 g 的坐标变换矩阵为

$$\boldsymbol{C}_g^b = \boldsymbol{C}_2^b\boldsymbol{C}_1^2\boldsymbol{C}_g^1 = \begin{pmatrix} \cos\gamma\cos\psi + \sin\gamma\sin\psi\sin\theta & -\cos\gamma\sin\psi + \sin\gamma\cos\psi\sin\theta & -\sin\gamma\cos\theta \\ \sin\psi\cos\theta & \cos\psi\cos\theta & \sin\theta \\ \sin\gamma\cos\psi - \cos\gamma\sin\psi\sin\theta & -\sin\gamma\sin\psi - \cos\gamma\cos\psi\sin\theta & \cos\gamma\cos\theta \end{pmatrix} \tag{20-15}$$

一个向量在 b 系下的坐标就是 $\boldsymbol{C}_g^b$ 乘以该向量在 g 系下的坐标。当参考坐标系 R 为地理坐标系 g 时，$\boldsymbol{C}_b^R = \boldsymbol{C}_b^g$，即式（20-9）和式（20-15）定义的正交矩阵相同。这表明正交矩阵可以用 θ 和单位向量 $\boldsymbol{u}^R$ 描述，也可以用运载体的航向角 ψ、俯仰角 θ 和横滚角 γ 描述。下面取参考坐标系 R 为地理坐标系 g。

20.3 四元数微分方程

坐标系 R 到坐标系 b 的四元数 $\boldsymbol{Q}$ 由式（20-11）给出，它关于时间的导数为

$$\frac{\mathrm{d}\boldsymbol{Q}}{\mathrm{d}t} = -\frac{\dot{\theta}}{2}\sin\frac{\theta}{2} + \boldsymbol{u}^R\frac{\dot{\theta}}{2}\cos\frac{\theta}{2} + \sin\frac{\theta}{2}\frac{\mathrm{d}\boldsymbol{u}^R}{\mathrm{d}t} \tag{20-16}$$

$\dfrac{\mathrm{d}\boldsymbol{u}^R}{\mathrm{d}t}$ 表示在参考坐标系 R 下的单位向量 $\boldsymbol{u}$ 的变化率，它可写为

$$\frac{\mathrm{d}\boldsymbol{u}^R}{\mathrm{d}t} = \boldsymbol{C}_b^R\frac{\mathrm{d}\boldsymbol{u}}{\mathrm{d}t}\bigg|_b + \boldsymbol{\omega}_{Rb}^R \times \boldsymbol{u}^R \tag{20-17}$$

$\dfrac{\mathrm{d}\boldsymbol{u}}{\mathrm{d}t}\bigg|_b$ 表示参考坐标系 b 下的单位向量 $\boldsymbol{u}$ 的变化率，$\boldsymbol{\omega}_{Rb}^R = \dot{\theta}\boldsymbol{u}^R$ 表示在参考坐标系 R 下，坐标系 b 相对参考坐标系 R 的旋转角速度。由于坐标系 b 固定在刚体上，它绕单位向量 $\boldsymbol{u}$ 旋转，故对坐标系 b 来说，$\boldsymbol{u}$ 保持不变；$\dfrac{\mathrm{d}\boldsymbol{u}}{\mathrm{d}t}\bigg|_b = 0$。由于 $\boldsymbol{\omega}_{Rb}^R \times \boldsymbol{u}^R = \dot{\theta}\boldsymbol{u}^R \times \boldsymbol{u}^R = 0$，故

$$\frac{\mathrm{d}\boldsymbol{u}^R}{\mathrm{d}t} = 0 \tag{20-18}$$

另外，

$$\frac{\dot{\theta}}{2}\boldsymbol{u}^R \otimes \boldsymbol{Q} = \frac{\dot{\theta}}{2}\cos\frac{\theta}{2}\boldsymbol{u}^R + \boldsymbol{u}^R \otimes \boldsymbol{u}^R\frac{\dot{\theta}}{2}\sin\frac{\theta}{2} = \frac{\dot{\theta}}{2}\cos\frac{\theta}{2}\boldsymbol{u}^R - \frac{\dot{\theta}}{2}\sin\frac{\theta}{2} \tag{20-19}$$

最后的等式用到了 $\boldsymbol{u}^R \otimes \boldsymbol{u}^R = -1$。把式（20-18）、式（20-19）代入式（20-16）得到

$$\frac{\mathrm{d}\boldsymbol{Q}}{\mathrm{d}t} = \frac{\dot{\theta}}{2}\boldsymbol{u}^R \otimes \boldsymbol{Q} = \frac{1}{2}\boldsymbol{\omega}_{Rb}^R \otimes \boldsymbol{Q} \tag{20-20}$$

根据式（20-13），

$$\boldsymbol{\omega}_{Rb}^R = \boldsymbol{Q} \otimes \boldsymbol{\omega}_{Rb}^b \otimes \boldsymbol{Q}^* \tag{20-21}$$

$\boldsymbol{\omega}_{Rb}^{b}$ 是系 b 下系 b 相对系 R 的旋转角速度。把式(20-21)代入式(20-20)得到

$$\frac{\mathrm{d}\boldsymbol{Q}}{\mathrm{d}t} = \frac{1}{2}\boldsymbol{Q}\otimes\boldsymbol{\omega}_{Rb}^{b} \qquad (20-22)$$

记 $\boldsymbol{\omega}_{Rb}^{b} = (\omega_x, \omega_y, \omega_z)^T$，则式(20-22)的矩阵形式为

$$\frac{\mathrm{d}\boldsymbol{Q}}{\mathrm{d}t} = \frac{1}{2}\boldsymbol{M}'(\boldsymbol{\omega}_{Rb}^{b})\boldsymbol{Q} \qquad (20-23)$$

其四元数微分方程为

$$\begin{pmatrix} \dot{q}_0 \\ \dot{q}_1 \\ \dot{q}_2 \\ \dot{q}_3 \end{pmatrix} = \frac{1}{2}\begin{pmatrix} 0 & -\omega_x & -\omega_y & -\omega_z \\ \omega_x & 0 & \omega_z & -\omega_y \\ \omega_y & -\omega_z & 0 & \omega_x \\ \omega_z & \omega_y & -\omega_x & 0 \end{pmatrix}\begin{pmatrix} q_0 \\ q_1 \\ q_2 \\ q_3 \end{pmatrix} \qquad (20-24)$$

为了描述 $\boldsymbol{\omega}_{Rb}^{b}$，引入惯性坐标系 $i(Ox_iy_iz_i)$：以地心为原点 O，x_i 轴指向春分点，z_i 轴指向自转轴，y_i 轴和 x_i、z_i 轴构成右手系。由于春分点是天赤道和黄道面的交点，地心和春分点的连线 x_i 轴相对基本保持不变，对于地球上的导航来说，地球旋转轴也相对保持不变，故假设惯性系 i 的三个坐标轴方向是不变的。为了更容易描述地球的转动，引入地球坐标系 $e(Ox_ey_ez_e)$：以地心为原点 O，x_e 轴指向本初子午线与赤道的交点，z_e 轴指向地球北极，y_e 轴指向东经 90 度子午线和赤道的交点。

对于用陀螺控制的运载体(如飞机)，固定在运载体上的系 b 相对系 R (地理坐标系 g) 的旋转角速度 $\boldsymbol{\omega}_{Rb}^{b}$ 可表示为

$$\boldsymbol{\omega}_{Rb}^{b} = \boldsymbol{\omega}_{Ri}^{b} + \boldsymbol{\omega}_{ib}^{b} = -\boldsymbol{\omega}_{iR}^{b} + \boldsymbol{\omega}_{ib}^{b} = -\boldsymbol{C}_R^b\boldsymbol{\omega}_{iR}^{R} + \boldsymbol{\omega}_{ib}^{b} = -\boldsymbol{C}_R^b(\boldsymbol{\omega}_{ie}^{R} + \boldsymbol{\omega}_{eR}^{R}) + \boldsymbol{\omega}_{ib}^{b}$$
$$(20-25)$$

其中 $\boldsymbol{C}_R^b = (\boldsymbol{C}_b^R)^{-1} = (\boldsymbol{C}_b^R)^T$，第一等式是由于系 b 相对系 R 的旋转角速度等于系 b 相对系 i 的旋转角速度和系 i 相对系 R 的旋转角速度之和，第三个等式用到了式(20-8)。$\boldsymbol{\omega}_{ie}^{R}$ 表示在系 e 相对系 i 的旋转角速度，即地球的自转角速度

$$\boldsymbol{\omega}_{ie}^{R} = \begin{pmatrix} 0 \\ \omega_e\cos\phi \\ \omega_e\sin\phi \end{pmatrix} \qquad (20-26)$$

其中 $\omega_e = 0.000\,007\,292\,1$(弧度/秒)，$\phi$ 为航行体的纬度。$\boldsymbol{\omega}_{eR}^{R}$ 表示系 R 相对系 e 的旋转角速度

$$\boldsymbol{\omega}_{eR}^{R} = \begin{pmatrix} -\dfrac{V_N}{R_M} \\[2mm] \dfrac{V_E}{R_N} \\[2mm] \dfrac{V_E}{R_N}\tan\phi \end{pmatrix} \tag{20-27}$$

V_N 和 V_E 分别是航行体在北向和东向的速度，$R_N = R_e/(1+e\sin^2\phi)$，$R_M = R_e/(1-e(2-3\sin^2\phi))$，$e = 1/298.3$ 为地球的椭球度。$\boldsymbol{\omega}_{ib}^{b}$ 是捷联陀螺的输出。如果 $\boldsymbol{\omega}_{ie}^{R}$、$\boldsymbol{\omega}_{eR}^{R}$ 和 $\boldsymbol{\omega}_{ib}^{b}$ 给定，常微分方程(20-24)可求解，从而得到每一时刻四元数 $\boldsymbol{Q}$，即每一时刻的航向角 ψ、俯仰角 θ 和横滚角 γ，即运载体的姿态。

为了确定航行体的速度，下面推导它的控制方程。一个向量在惯性系 i 下的时间导数为

$$\left.\frac{\mathrm{d}\boldsymbol{R}}{\mathrm{d}t}\right|_i = \left.\frac{\mathrm{d}\boldsymbol{R}}{\mathrm{d}t}\right|_e + \boldsymbol{\omega}_{ie}\times\boldsymbol{R} \tag{20-28}$$

其中 $\boldsymbol{V} \equiv \left.\dfrac{\mathrm{d}\boldsymbol{R}}{\mathrm{d}t}\right|_e$ 表示向量 $\boldsymbol{R}$ 在地球坐标系 e 下的时间导数，反映了地球上观察到的位置矢量的变化率，$\boldsymbol{\omega}_{ie}$ 为系 e 相对系 i 的旋转角速度。 式(20-28)两边对时间求导

$$\left.\frac{\mathrm{d}^2\boldsymbol{R}}{\mathrm{d}t^2}\right|_i = \left.\frac{\mathrm{d}\boldsymbol{V}}{\mathrm{d}t}\right|_g + \boldsymbol{\omega}_{ig}\times\boldsymbol{V} + \boldsymbol{\omega}_{ie}\times(\boldsymbol{V}+\boldsymbol{\omega}_{ie}\times\boldsymbol{R}) + \frac{\mathrm{d}\boldsymbol{\omega}_{ie}}{\mathrm{d}t}\times\boldsymbol{R} \tag{20-29}$$

由于 $\boldsymbol{\omega}_{ig} = \boldsymbol{\omega}_{ie} + \boldsymbol{\omega}_{eg}$，$\dfrac{\mathrm{d}\boldsymbol{\omega}_{ie}}{\mathrm{d}t} = 0$，

$$\left.\frac{\mathrm{d}^2\boldsymbol{R}}{\mathrm{d}t^2}\right|_i = \left.\frac{\mathrm{d}\boldsymbol{V}}{\mathrm{d}t}\right|_g + (2\boldsymbol{\omega}_{ie}+\boldsymbol{\omega}_{eg})\times\boldsymbol{V} + \boldsymbol{\omega}_{ie}\times(\boldsymbol{\omega}_{ie}\times\boldsymbol{R}) \tag{20-30}$$

记 $\boldsymbol{F}$ 为受到的非引力外力，$\boldsymbol{f} = \boldsymbol{F}/m$ 是单位质量受到的非引力外力，称为比冲，$\boldsymbol{G}$ 为单位质量受到的地球引力，则

$$\boldsymbol{F} + m\boldsymbol{G} = m\left.\frac{\mathrm{d}\boldsymbol{R}}{\mathrm{d}t^2}\right|_i \tag{20-31}$$

把式(20-31)代入式(20-30)得到

$$\left.\frac{\mathrm{d}\boldsymbol{V}}{\mathrm{d}t}\right|_g = \boldsymbol{f} + \boldsymbol{G} - (2\boldsymbol{\omega}_{ie}+\boldsymbol{\omega}_{eg})\times\boldsymbol{V} - \boldsymbol{a}_c \tag{20-32}$$

其中

$$a_c = \boldsymbol{\omega}_{ie} \times (\boldsymbol{\omega}_{ie} \times \boldsymbol{R}) \tag{20-33}$$

为向心加速度,

$$\boldsymbol{g} = \boldsymbol{G} - \boldsymbol{a}_c$$

为重力加速度。式(20-32)可写为

$$\left. \frac{\mathrm{d}\boldsymbol{V}}{\mathrm{d}t} \right|_g = \boldsymbol{f} - (2\boldsymbol{\omega}_{ie} + \boldsymbol{\omega}) \times \boldsymbol{V} + \boldsymbol{g} \tag{20-34}$$

$\boldsymbol{V}$ 的东、北方向的分量就是 V_N 和 V_E。由于考虑的参考系 R 就是地理坐标系 g,$\boldsymbol{\omega}_{ie}$ 就是式(20-26)定义的 $\boldsymbol{\omega}_{ie}^R$,$\boldsymbol{\omega}_{eg}$ 就是式(20-27)定义的 $\boldsymbol{\omega}_{eR}^R$。

20.4　陀螺寻北

在地理坐标系 $Ox_g y_g z_g$ 中,轴 y_g 指向北。考虑固定在运载体上的陀螺如何确定的运载体的航向角 ψ,即陀螺寻北问题。地球自转角速度矢量 $\boldsymbol{\omega}_e$(20.3 节中记为 $\boldsymbol{\omega}_{ie}^R$)的指向是地球的自转轴(北极方向),大小记为 ω_e。$\boldsymbol{\omega}_e$ 在地理坐标系下的三个分量为[参见式(20-26)]

$$\boldsymbol{\omega}_e^g = \begin{pmatrix} 0 \\ \omega_e \cos\phi \\ \omega_e \sin\phi \end{pmatrix} \tag{20-35}$$

ϕ 为地理坐标系原点的纬度。自转轴速度矢量在坐标系 1 下的分量为

$$\boldsymbol{\omega}_e^1 = \begin{pmatrix} \omega_{ex}^1 \\ \omega_{ey}^1 \\ \omega_{ez}^1 \end{pmatrix} \tag{20-36}$$

航行角为

$$\psi = \arctan \frac{\omega_{ex}^1}{\omega_{ey}^1} \tag{20-37}$$

下面计算 ω_{ex}^1 和 ω_{ey}^1。地球自转角速度矢量在固定在运载体的坐标系 b 下的分量为

$$\boldsymbol{\omega}_e^b = \boldsymbol{C}_g^b \boldsymbol{\omega}_e^g \tag{20-38}$$

这里 $\boldsymbol{C}_g^b$ 由式(20-15)定义。$\boldsymbol{\omega}_e^b$ 的 x、y 两个分量为

$$\omega_{ex}^{b} = (-\cos\gamma\sin\psi + \sin\gamma\cos\psi\sin\theta)\cos\phi\,\omega_{e} - \sin\gamma\cos\theta\sin\phi\,\omega_{e}$$

$$\omega_{ey}^{b} = \cos\psi\cos\theta\cos\phi\,\omega_{e} + \sin\theta\sin\phi\,\omega_{e} \qquad (20-39)$$

$\boldsymbol{\omega}_{e}^{b}$ 在坐标系 1 下表示为

$$\boldsymbol{\omega}_{e}^{1} = \boldsymbol{C}_{2}^{1}\boldsymbol{C}_{b}^{2}\boldsymbol{\omega}_{e}^{b} = \begin{pmatrix} 1 & 0 & 0 \\ 0 & \cos\theta & -\sin\theta \\ 0 & \sin\theta & \cos\theta \end{pmatrix} \begin{pmatrix} \cos\gamma & 0 & \sin\gamma \\ 0 & 1 & 0 \\ -\sin\gamma & 0 & \cos\gamma \end{pmatrix} \boldsymbol{\omega}_{e}^{b}$$

$$= \begin{pmatrix} \cos\gamma & 0 & \sin\gamma \\ \sin\theta\sin\gamma & \cos\theta & -\sin\theta\cos\gamma \\ -\sin\theta\sin\gamma & \sin\theta & \cos\theta\cos\gamma \end{pmatrix} \boldsymbol{\omega}_{e}^{b} \qquad (20-40)$$

$$= \begin{pmatrix} \cos\gamma\,\omega_{ex}^{b} + \sin\gamma\,\omega_{ez}^{b} \\ \sin\theta\sin\gamma\,\omega_{ex}^{b} + \cos\theta\,\omega_{ey}^{b} - \sin\theta\cos\gamma\,\omega_{ez}^{b} \\ -\sin\theta\sin\gamma\,\omega_{ex}^{b} + \sin\theta\,\omega_{ey}^{b}\cos\theta\cos\gamma\,\omega_{ez}^{b} \end{pmatrix} = \begin{pmatrix} \omega_{ex}^{1} \\ \omega_{ey}^{1} \\ \omega_{ez}^{1} \end{pmatrix}$$

陀螺固定在运载体的固定坐标系上，它可测量 x_{b}、y_{b} 方向的旋转速度 ω_{ex}^{b}、ω_{ey}^{b}。ω_{ez}^{b} 可通过下式计算

$$\omega_{ez}^{b} = \sqrt{\omega^{2} - (\omega_{ex}^{b})^{2} - (\omega_{ey}^{b})^{2}} \qquad (20-41)$$

为了计算 ω_{ex}^{1} 和 ω_{ey}^{1}，还需要知道俯仰角 θ 和横滚角 γ，这可通过加速度计测量得到。将加速度计也固定在运载体的固定坐标系上，它可测量 x_{b}、y_{b} 方向的加速度 a_{x}、a_{y}。

$$\boldsymbol{a}^{b} = \begin{pmatrix} a_{x} \\ a_{y} \\ a_{z} \end{pmatrix} = \boldsymbol{C}_{g}^{b} \begin{pmatrix} 0 \\ 0 \\ -g \end{pmatrix} = \begin{pmatrix} g\sin\gamma\cos\theta \\ -g\sin\theta \\ -g\cos\gamma\cos\theta \end{pmatrix} \qquad (20-42)$$

对 a_{x} 和 a_{y} 的测量确定 θ 和 γ

$$\theta = \arcsin\frac{-a_{y}^{b}}{g}, \quad \gamma = \arcsin\frac{a_{x}^{b}}{g\cos\theta} \qquad (20-43)$$

陀螺寻北的计算格式：根据式(20-43)计算 θ 和 γ；根据式(20-41)计算 ω_{ez}^{b}；根据式(20-40)计算 ω_{ex}^{1} 和 ω_{ey}^{1}；根据式(20-37)计算航行角 ψ。

临 界 反 应 堆

核反应堆是一种能以可控方式实现的自持裂变反应的装置。在反应堆内,中子与核燃料原子核作用,不断地发生裂变反应,释放出能量和中子。反应堆中还有冷却剂、慢化剂、结构材料和中子吸附体等材料控制裂变过程。如何控制核反应的临界状态至关重要。

反应堆内的裂变反应过程实际上是中子在介质内的不断产生、运动和消亡的过程。中子在介质内做一种杂乱无章的具有统计性质的运动。记中子角密度 $n(r, E, \Omega)$ 为 r 处单位体积和能量为 E 的单位能量间隔内、运动方向为 Ω 的单位立方角内的中子数。Ω 是极角为 θ 和方位角为 φ 的单位向量,$d\Omega = \sin\theta d\theta d\varphi$。中子角通量为

$$\phi(r, E, \Omega) = n(r, E, \Omega)v(E)$$

其中 v 为中子的速度大小,它依赖能量 $E = \frac{1}{2}mv^2$,m 为中子质量。对 Ω 积分得到和运动方向无关的中子密度

$$n(r, E) = \frac{1}{4\pi}\int n(r, E, \Omega)d\Omega \qquad (21-1)$$

和中子通量密度

$$\phi(r, E) = \frac{1}{4\pi}\int \phi(r, E, \Omega)d\Omega \qquad (21-2)$$

可用精确的中子 Boltzmann 输运方程描述中子角通量 $n(r, E, \Omega)$,但是由于中子角密度依赖方向 Ω 导致该方程的求解非常复杂。假设中子的分布是各向同性的,

本案例参考文献[32]。

即中子角密度 $n(\boldsymbol{r}, E, \boldsymbol{\Omega})$ 不依赖 $\boldsymbol{\Omega}$。为了进一步简化,假设裂变时能量 E 固定不变,把中子密度 $n(\boldsymbol{r}, E)$ 和中子通量密度 $\phi(\boldsymbol{r}, E)$ 分别写为 $n(\boldsymbol{r})$ 和 $\phi(\boldsymbol{r})$。当它们依赖时间 t 时,它们写为 $n(\boldsymbol{r}, t)$ 和 $\phi(\boldsymbol{r}, t)$。中子通量密度满足扩散方程

$$\frac{1}{v}\frac{\partial \phi(\boldsymbol{r}, t)}{\partial t} = D\,\nabla^2\phi(\boldsymbol{r}, t) + S(\boldsymbol{r}, t) - \Sigma_a\phi(\boldsymbol{r}, t) \qquad (21-3)$$

方程左边表示单位时间、单位体积内中子数增加量等于右边三项之和:中子扩散导致中子数的减少(第一项)、裂变导致的中子产生(第二项)和慢化剂作用导致中子被吸收(第三项)。中子通量密度满足边界条件:①在介质和真空交界的外表面,中子流密度 $-\nabla\phi=0$;②在两种不同介质的交界面处上,垂直于分界面的中子流密度相等,中子通量密度相等。

考虑燃料和慢化剂构成的均匀裸堆系统。假设所有裂变中子都是瞬间发生,单位时间、单位体积内产生的中子数为

$$S(\boldsymbol{r}, t) = \nu\Sigma_f\phi(\boldsymbol{r}, t)$$

ν 为中子产额,Σ_f 为宏观裂变截面。记无量纲的量 $k_\infty = \nu\Sigma_f/\Sigma_a$,$L^2 = D/\Sigma_a$,$L$ 为扩散长度。则中子通量密度方程(21-3)变为

$$\frac{1}{Dv}\frac{\partial \phi(\boldsymbol{r}, t)}{\partial t} = \nabla^2\phi(\boldsymbol{r}, t) + \frac{k_\infty - 1}{L^2}\phi(\boldsymbol{r}, t) \qquad (21-4)$$

它的解可表示为

$$\phi(\boldsymbol{r}, t) = \sum_{n=1}^{\infty} A_n\phi_n(\boldsymbol{r})T_n(t) \qquad (21-5)$$

特征函数 ϕ_n 满足

$$\nabla^2\phi_n(\boldsymbol{r}) = -B_n^2\phi_n(\boldsymbol{r}) \qquad (21-6)$$

B_n^2 为相应的特征值。记 B_1^2 为最小特征值,相应的特征函数 ϕ_1 称为基波特征函数。式(21-5)中 T_n 满足

$$\frac{\mathrm{d}T_n(t)}{\mathrm{d}t} = \frac{k_n - 1}{l_n}T_n(t) \qquad (21-7)$$

其中

$$l_n = \frac{l_\infty}{1 + L^2B_n^2}, \quad k_n = \frac{k_\infty}{1 + L^2B_n^2}$$

其中 $l_\infty = L^2/(Dv)$ 为无限介质的热中子寿命。式(21-7)的解为 $T_n(t) =$

$C_n e^{(k_n-1)t/l_n}$，代入式(21-5)得到

$$\phi(\boldsymbol{r},\ t)=\sum_{n=1}^{\infty}A_n\phi_n(\boldsymbol{r})e^{(k_n-1)t/l_n} \qquad (21-8)$$

式中，A_n 为待定系数，可用初始条件确定。特征值和特征函数往往依赖边界条件，以长、宽都为无限大，厚度为 a 的平板堆为例，方程(21-6)变为

$$\frac{\mathrm{d}^2\phi_n(x)}{\mathrm{d}x^2}=-B_n^2\phi_n(x),\quad -a/2<x<a/2 \qquad (21-9)$$

边界条件为 $\phi_n(-a/2)=\phi_n(a/2)=0$，它的解为

$$\phi_n(x)=A_n\cos(B_nx),\quad B_n=\frac{(2n-1)\pi}{a},\quad n=1,\ 2,\cdots \qquad (21-10)$$

当最小特征值 B_1^2 对应的 k_1 小于 1 时，则所有的 $k_n(n\geqslant1)$ 都小于 1，式(21-8)表明了中子通量密度 n 随时间衰减，称系统处于次临界状态。当 $k_1>1$ 时，中子通量密度 n 随时间增长，反应堆处于超临界状态；反应堆处于临界状态的条件为

$$k_1=1 \qquad (21-11)$$

对于无限平板反应堆，临界条件为

$$k_1=\frac{k_\infty}{1+L^2(\pi/a)^2}=1 \qquad (21-12)$$

若系统的材料组分给定(即 k_∞、L^2 给定)，则存在唯一的尺寸 a_0 满足式(21-12)，a_0 称为反应堆的临界大小。当反应堆的尺寸 a 大于临界尺寸 a_0 时，和 a 相对应的 k_1 必定大于和 a_0 相对应的 $k_1=1$，反应堆处于超临界状态；反之，反应堆处于次临界状态。若反应堆的尺寸 a 给定，则必定可找到材料组分，使得式(21-12)成立，即反应堆处于临界状态。

考虑一个半径为 R 的球形反应堆。在极坐标下，通量密度关于极角和方位角都是对称的，特征值问题[式(21-6)]变为

$$\frac{\mathrm{d}^2\phi_n(r)}{\mathrm{d}r^2}+\frac{2}{r}\frac{\mathrm{d}\phi_n(r)}{\mathrm{d}r}+B_n^2\phi_n(r)=0 \qquad (21-13)$$

它的解为

$$\phi_n(r)=C\frac{\sin B_nr}{r},\quad B_n=\frac{n\pi}{R},\quad n=1,\cdots \qquad (21-14)$$

满足边界条件 $\phi_n(R)=0$，常数 C_n 由特征函数 ϕ_n 的归一化条件确定。它的临界条

件为

$$k_1 = \frac{k_\infty}{1 + L^2(\pi/R)^2} = 1 \qquad (21-15)$$

以上考虑了裸堆的临界计算，在实际情况下，几乎所有反应堆均有不同厚度的反射层，下文将考虑反射层对临界状态的影响。反射层可以减少芯部的中子泄漏，从而使得芯部的临界尺寸比无反射层时小，从而可节省燃料。以球形堆为例：芯部是半径为 R 的球形，反射层是球形芯部外厚度为 T 的球壳。在半径为 R 的球形芯部，反应堆在稳定临界时，中子通量密度满足

$$D_c \nabla^2 \phi_c(\boldsymbol{r}) - \Sigma_a \phi_c(\boldsymbol{r}) + \frac{k_\infty}{k} \Sigma_a \phi_c(\boldsymbol{r}) = 0 \qquad (21-16)$$

这里引入有效增殖系数 k 使得在芯部达到临界状态，D_c 为芯部的中子扩散系数。对于球对称的求解区域，$\phi_c(\boldsymbol{r})$ 只依赖于径向 $r = |\boldsymbol{r}|$，故

$$\frac{d^2 \phi_c(r)}{dr^2} + B_c^2 \phi_c(r) = 0 \qquad (21-17)$$

其中

$$B_c^2 = \frac{k_\infty/k - 1}{L_c^2} \qquad (21-18)$$

L_c 为芯部的扩散长度，满足 $L_c^2 = D_c/\Sigma_a$。方程（21-17）的解为：

$$\phi_c(r) = A \frac{\sin(B_c r)}{r}, \ 0 \leqslant r \leqslant R$$

由于反射层中不会产生中子，反射层中处于稳定临界时，

$$\frac{d^2 \phi_r(r)}{dr^2} - k_r^2 \phi_r(r) = 0 \qquad (21-19)$$

其中

$$k_r = \frac{1}{L_r^2} \qquad (21-20)$$

L_r 为反射层的扩散长度，满足 $L_r^2 = D_r/\Sigma_a$。在芯部和反射层交界处 $r = R$ 满足连接条件：

$$\phi_c = \phi_r, \quad D_c \phi_c' = D_r \phi_r' \qquad (21-21)$$

D_c 和 D_r 分别为芯部和反射层的扩散系数，ϕ_c' 和 ϕ_r' 分别是 ϕ_c 和 ϕ_r 在交界面处的法向导数。方程(21-19)在球壳中成立，它的解为

$$\phi_r(r) = C\frac{\sinh[k_r(R+T-r)]}{r}, \quad R \leqslant r \leqslant R+T \quad (21-22)$$

并且满足边界条件 $\phi_r(R+T)=0$。根据连接条件式(21-21)

$$A\frac{\sin(B_cR)}{R} = C\frac{\sinh(k_rT)}{R} \quad (21-23)$$

$$D_cA\left[\frac{B_c\cos(B_cR)}{R} - \frac{\sin(B_cR)}{R^2}\right] = D_rC\left[-\frac{k_r\cosh(k_rT)}{R} - \frac{\sinh(k_rT)}{R^2}\right]$$
$$(21-24)$$

两式相除得到

$$D_c[1 - B_cR\cot(B_cR)] = D_r\left[1 + \frac{R}{L_r}\coth(T/L_r)\right] \quad (21-25)$$

这就是反射层为球形的反应堆临界方程，它给出了反应堆尺寸(R，T)和材料特性(D_c，B_c，D_r，L_r)在临界时需要满足的关系。给定材料特征参数，当外壳厚度 T 给定时，临界反应堆的球形芯部的半径 R 可从式(21-25)求出。

案例 **22**

激 光 切 割

利用激光做切割在实际中有非常重要的应用,切割后的切割面形貌依赖激光切割过程。激光切割的原理:把高能激光束打在物体表面上,物体表面被融化腐蚀,形成切割面。切割面随时间变化,在数学上可用自由边界模型描述。

设 t 时刻物体占了区域 $\Omega(t) \subseteq R^2 \times (0, d)$, d 为被切割物体在 z 方向的高度。$\Omega(t)$ 的边界 $\partial\Omega(t)$ 包括底面 $\Gamma_-(t) = \partial\Omega(t) \bigcap \{z = d\}$ 和其他表面 $\Gamma_+(t) = \partial\Omega(t) \bigcap \{z < d\}$(称为吸收边缘,absorption front)。激光束打到 $\Gamma_+(t)$ 上,导致 $\Gamma_+(t)$ 的某部分 $\Gamma_m \subset \Gamma_+(t)$ 达到了熔点温度而融化,表面 Γ_m 会随时间移动(激光束以某方式移动)。

激光束会产生一个 Poynting 向量 $S = Is$, $s = s(x, t)(|s| = 1)$ 为激光束的单位方向,其依赖空间位置 x 和时间 t。$I = I_0(t)f([x - v_0 t]/w_0)$ 为激光束强度。w_0 为激光束圆形截面的半径,$v_0 = v_0 e_x$ 为激光束沿 x 正方向的速度。v_0 为激光束移动速度大小,$f(0 \leqslant f \leqslant 1)$ 为激光强度在空间上的分布,$I_0(t)$ 为 t 时刻最大的激光强度。单位时间单位面积被吸收的热量为 $q_a = -A_p n \cdot S$, $n = n(x, t)$ 为 $\Gamma_+(t)$ 的单位外法向向量。A_p 为吸收度,它依赖极化 p、激光束的波长和入射角。Γ_m 的移动速度为 $-v_p n$, v_p 为移动速度大小。由于固体被融化,融化后液体没有重新凝固,$v_p > 0$。

物体中的温度 T 可用一相自由边界模型描述

$$\frac{\partial T}{\partial t} = \kappa \Delta T, \quad x \in \Omega(t) \tag{22-1}$$

边界条件为

$$q_a - \lambda \nabla T \cdot n = \rho H_m v_p, \quad x \in \Gamma_m(t)$$

本案例参考文献[35]。

$$T = T_m, \quad \boldsymbol{x} \in \Gamma_m(t)$$

$$q_a - \lambda \boldsymbol{\nabla} T \cdot \boldsymbol{n} = 0, \quad \boldsymbol{x} \in \Gamma_+(t) \backslash \Gamma_m(t)$$

$$\boldsymbol{\nabla} T \cdot \boldsymbol{n} = 0, \quad \boldsymbol{x} \in \Gamma_-(t)$$

$$T|_{\boldsymbol{x} \to \infty} = T_a, \quad \boldsymbol{x} \in \Omega(t)$$

T_a 和 T_m 分别为环境温度和熔点，H_m 为融化焓，λ 为比热，ρ 为密度。$\kappa = \lambda/(\rho c)$ 为热扩散系数，c 为比热。第一个边界条件表明了能量增加 $q_a - \lambda \boldsymbol{\nabla} T \cdot \boldsymbol{n}$ 导致了界面 $\Gamma_m(t)$ 的移动。第二个边界条件表明了被激光束打中的吸收边缘 $\Gamma_m(t)$ 的温度就是被切割材料的熔点。和第一个边界条件相比，第三个边界条件的右边为 0，这是由于没有给激光束打中的边界 $\Gamma_+(t) \backslash \Gamma_m(t)$ 保持不动，虽然该边界随着 $\Gamma_+(t)$ 的运动而缩小。第四个边界条件表明在被切割材料的底部 $\Gamma_-(t)$ 是绝热的。假设被切割材料无限长，在无穷远地方，材料的温度就是环境温度，这就是第五个边界条件。与传统的 Stefan 问题相比，一相自由边界模型有如下特点：热传送在 $\Gamma_+(t)$ 处发生，通过 q_a 吸收激光束的能量。

　　该问题有三个不同的空间尺度

$$\delta \ll w_0 \ll d \tag{22-2}$$

式中，$\delta = \kappa/v_0$ 为在熔点区域 Γ_m 的热扩散层厚度。它远远小于激光束的截面半径 w_0。定义

$$t = \frac{\delta^2}{\kappa} \tau, \quad x = \delta \xi_\delta, \quad y = w_0 \eta, \quad z = d\zeta, \quad \theta = \frac{T - T_a}{T_m - T_a} \tag{22-3}$$

令 $\delta_M = \delta/\sqrt{\kappa}$。根据式(22-1)，无量纲的热扩散方程为(固定在速度为 v_0 的激光束坐标系下)

$$\frac{\partial \theta}{\partial \tau} = \left[\frac{\partial \theta}{\partial \xi_\delta} + \frac{\partial^2 \theta}{\partial \xi_\delta^2} \right] + \left(\frac{\delta_M}{w_0} \right)^2 \frac{\partial^2 \theta}{\partial \eta^2} + \left(\frac{\delta_M}{d} \right)^2 \frac{\partial^2 \theta}{\partial \zeta^2} \tag{22-4}$$

根据式(22-2)，忽略上式右边的第二项和第三项得到一维的一相模型

$$\frac{\partial \theta}{\partial \tau} = \frac{\partial \theta}{\partial \xi_\delta} + \frac{\partial^2 \theta}{\partial \xi_\delta^2} \tag{22-5}$$

满足边界条件

$$\theta|_{\xi_\delta = 0} = 1, \quad \theta|_{\xi_\delta \to \infty} = 0 \tag{22-6}$$

式(22-4)和式(22-6)的拟稳态解 $\left(\dfrac{\partial \theta}{\partial \tau} = 0 \right)$ 为

$$\theta(\xi_\delta) = e^{-\xi_\delta} \tag{22-7}$$

定义 $\xi = x/w_0$，则 $\xi_\delta = Pe\xi$，其中 $Pe = w_0/\delta$ 为 Péclet 数。文献[36]考虑一维一相模型式(22-5)的近似解

$$\theta_{app}(\xi, \tau) = \theta_s(\tau) \exp\left[-\frac{\xi - A(\tau)}{Q(\tau)}\right], \quad \xi \geqslant A(\tau) \tag{22-8}$$

$\theta_s(\tau) = \theta_{app}(A(\tau), \tau)$ 为熔点前沿位置 $\xi = A(\tau)$ 处的表面温度。$Q(\tau)$ 为热渗透厚度。式(22-8)等号两边关于 ξ 进行积分

$$E(\tau) = \int_{A(\tau)}^{\infty} \theta_{app}(\xi, \tau) d\xi = \theta_s(\tau) Q(\tau) \tag{22-9}$$

在融化时，$\theta_s(\tau) = 1$，$A(\tau)$ 随时间变化。上式表明 $Q(\tau) = E(\tau)$。

一维一相模型应该包括两个过程：预热过程和融化过程。在预热过程，$\theta_s(\tau) < 1$，$A(\tau)$ 不随 τ 而改变。文献[36]通过变分给出了这两个过程，(θ_s, A, Q) 应满足如下常微分方程组

预热过程 $(\theta_s < 1)$，

$$\begin{cases} \dot{\theta}_s = \dfrac{1}{(1-b_1)Q}\left(\gamma f - b_1 \dfrac{\theta_s}{Q}\right) \\[2mm] \dot{A} = 0 \\[2mm] \dot{Q} = \dfrac{1}{\theta_s}(\gamma f - \dot{\theta}_s Q) \end{cases} \tag{22-10}$$

融化过程 $(\theta_s = 1)$，

$$\begin{cases} \dot{\theta}_s = 0 \\[2mm] \dot{A} = \dfrac{1}{1 + h_m - b_1}\left(\gamma f - b_1 \dfrac{1}{Q}\right) \\[2mm] \dot{Q} = \gamma f - (1 + h_m)\dot{A} \end{cases} \tag{22-11}$$

$b_1 = 3/5$，$\gamma f = \gamma(\tau) f(A(\tau) - Pe\tau)$ 为吸收强度，

$$\gamma = \frac{A_p I_0}{\lambda(T_m - T_a)/w_0}, \quad h_m = \frac{H_m}{c(T_m - T_a)} \tag{22-12}$$

光学层析成像

紫外线、可见光和红外线辐射在诊断和治疗疾病中的应用引发人们对辐射在人体组织影响的研究。例如,局部组织温度在激光手术治疗中至关重要,这取决于空间上入射辐射的分布。利用荧光、散射光或透射光测量药物浓度和血液等参数的诊断方法需要详细了解光在组织中的传播。

Boulnois 把光和组织的相互作用过程分为四类[46]:光化学作用、热作用、光烧蚀作用和机电作用。光化学相互作用涉及光被组织分子吸收,它是光动力疗法的基础。热相互作用引起组织吸收热量的生物效应,大多数激光手术都属于这个类别。光烧蚀相互作用是由于能量足够高的紫外线引起生物聚合物分子的离解,以及随后碎片的吸收。其作用往往需要在 10 ns 内使注量率达到 10^8 W·cm^{-2}。第四类是机电相互作用发生在 1 ns 内,注量率达到 10^{10} W·cm^{-2};或在 1 ps 时间内,注量率达到 10^{12} W·cm^{-2}。强电场脉冲引起组织的电介质被击穿从而形成小范围的等离子体,等离子体的膨胀产生了一种可以机械地破坏组织的波。下文考虑吸收散射作用的建模。

23.1 传送模型

进入人体组织的光可被散射或吸收,散射、吸收的相对概率取决于波长。可用辐射传送理论描述光和组织之间的作用。设 $u(x, \boldsymbol{\theta}, t)$ 为在 $x \in \Omega \subseteq \mathbb{R}^3$、$t$ 时刻的能量辐射,它依赖单位向量 $\boldsymbol{\theta} \in \mathbb{R}^3$,

$$\frac{1}{c}\frac{\partial u}{\partial t}(x, \boldsymbol{\theta}, t) + \boldsymbol{\theta} \cdot \nabla u(x, \boldsymbol{\theta}, t) + \mu(x)u(x, \boldsymbol{\theta}, t)$$
$$= \mu_s(x)\int_{S^2} \eta(\boldsymbol{\theta} \cdot \boldsymbol{\theta}')u(x, \boldsymbol{\theta}', t)\mathrm{d}\boldsymbol{\theta}' \tag{23-1}$$

本案例参考文献[47]。

c 为光在组织中的传播速度。$\mu = \mu_a + \mu_s$，μ_a 和 μ_s 分别表示吸收和散射系数,散射核满足归一化

$$\int_{S^2} \eta(\boldsymbol{\theta} \cdot \boldsymbol{\theta}') \mathrm{d}\boldsymbol{\theta}' = 1 \tag{23-2}$$

式中,$\boldsymbol{\theta} \cdot \boldsymbol{\theta}'$ 表示两个向量 $\boldsymbol{\theta}$、$\boldsymbol{\theta}'$ 的内积。Henyey-Greenstein 散射核为

$$\eta(s) = \frac{1}{4\pi} \frac{1 - g^2}{(1 + g^2 - 2gs)^{3/2}} \tag{23-3}$$

参数 $g \in (-1, 1)$ 描述了各向异性的强度。当 $g = 0$ 时,η 为常数,表示各向同性散射;否则,为各向异性散射。散射核可从下面角度了解。记 $\mathrm{d}\tilde{\mu}_s(x, \boldsymbol{\theta}' \to \boldsymbol{\theta})$ 是微分散射截面系数:即一个光子入射方向为 $\boldsymbol{\theta}'$、散射方向为 $\boldsymbol{\theta}$ 的概率。对于随机的软组织,它不依赖入射方向,只依赖入射和散射的夹角,

$$\tilde{\mu}_s(x, \boldsymbol{\theta}' \to \boldsymbol{\theta}) = \tilde{\mu}_s(\boldsymbol{\theta} \cdot \boldsymbol{\theta}') \tag{23-4}$$

这里假设微分散射截面系数不依赖位置 x,散射核定义为

$$\eta(\boldsymbol{\theta} \cdot \boldsymbol{\theta}') = \frac{\tilde{\mu}_s(\boldsymbol{\theta} \cdot \boldsymbol{\theta}')}{\int_{S^2} \tilde{\mu}_s(\boldsymbol{\theta} \cdot \boldsymbol{\theta}') \mathrm{d}\boldsymbol{\theta}'} \tag{23-5}$$

故 η 可表示为 $s = \boldsymbol{\theta} \cdot \boldsymbol{\theta}'$ 的函数。

式(23-1)左边第一项表示辐射能随时间的增长,第二项表示 $\boldsymbol{\theta}$ 方向的辐射能变化率,第三项表示吸收和散射导致辐射能的减少;式(23-1)右边表示其他方向的散射导致辐射能的增长。初始条件为

$$u(x, \boldsymbol{\theta}, 0) = 0, \quad x \in \Omega, \quad \boldsymbol{\theta} \in S^2 \tag{23-6}$$

光子入射边界条件

$$u(x, \boldsymbol{\theta}, t) = g^-(x, \boldsymbol{\theta}, t), \quad x \in \partial\Omega, \quad \boldsymbol{v}(x) \cdot \boldsymbol{\theta} \leqslant 0, \quad t \geqslant 0 \tag{23-7}$$

$\boldsymbol{v}(x)$ 为边界 $\partial\Omega$ 的单位外法向,$\boldsymbol{v}(x) \cdot \boldsymbol{\theta}$ 表示单位外法向 $\boldsymbol{v}(x)$ 和入射方向 $\boldsymbol{\theta}$ 的夹角余弦,假设 Ω 为三维凸体。当 μ_s、μ 和 η 已知,问题式(23-1)、式(23-6)、式(23-7)有唯一解 $u(x, \boldsymbol{\theta}, t)$,称该问题为传送模型。

在边界 $\partial\Omega$ 处测量能量辐射

$$g(x, t) = \frac{1}{4\pi} \int_{S^2} \boldsymbol{v}(x) \cdot \boldsymbol{\theta} u(x, \boldsymbol{\theta}, t) \mathrm{d}\boldsymbol{\theta}, \quad x \in \partial\Omega, \quad t \geqslant 0 \tag{23-8}$$

光学层析成像的问题就是给定测量 $g(x, t)$，如何确定 μ_s 和 μ？它可看成和正问题[式(23-1)、式(23-6)、式(23-7)]的反问题，下面先对正问题进行简化。

23.2　扩散模型

在很多散射介质中，散射辐射在远离光源一段距离后都会体现各向同性，它线性地依赖方向 $\boldsymbol{\theta}$，因此它可用散射辐射的几个低阶矩描述

$$u_0(x, t) = \frac{1}{4\pi} \int_{S^2} u(x, \boldsymbol{\theta}, t) \mathrm{d}\boldsymbol{\theta}$$

$$u_1(x, t) = \frac{1}{4\pi} \int_{S^2} \boldsymbol{\theta} u(x, \boldsymbol{\theta}, t) \mathrm{d}\boldsymbol{\theta} \tag{23-9}$$

$$u_2(x, t) = \frac{1}{4\pi} \int_{S^2} \boldsymbol{\theta}\boldsymbol{\theta}^{\mathrm{T}} u(x, \theta, t) \mathrm{d}\boldsymbol{\theta}$$

式(23-1)两边关于 $\boldsymbol{\theta}$ 积分得到

$$\frac{1}{c} \frac{\partial u_0}{\partial t}(x, t) + \nabla \cdot u_1(x, t) + \mu_a(x) u_0(x, t) = 0 \tag{23-10}$$

式(23-1)乘以 $\boldsymbol{\theta}$，再对 θ 积分

$$\frac{1}{c} \frac{\partial u_1}{\partial t}(x, t) + \nabla \cdot u_2(x, t) + \mu(x) u_1(x, t) = \overline{\eta}\mu_s(x) u_1(x, t) \tag{23-11}$$

其中

$$\overline{\eta} = \frac{1}{4\pi} \int_{S^2} \boldsymbol{\theta}' \cdot \boldsymbol{\theta}\eta(\boldsymbol{\theta} \cdot \boldsymbol{\theta}') \mathrm{d}\boldsymbol{\theta}' \tag{23-12}$$

式(23-11)用到了 $\int_{S^2} \boldsymbol{\theta}\eta(\boldsymbol{\theta} \cdot \boldsymbol{\theta}') \mathrm{d}\boldsymbol{\theta} = \overline{\eta}\boldsymbol{\theta}'$。由于 u 线性依赖 $\boldsymbol{\theta}$，

$$u(x, \boldsymbol{\theta}, t) = \alpha u_0(x, t) + \beta\boldsymbol{\theta} \cdot u_1(x, t) \tag{23-13}$$

根据定义式(23-9)，$\alpha = 1$，$\beta = 3$。从而有

$$\nabla \cdot u_2 = \frac{1}{3} \nabla u_0 \tag{23-14}$$

把式(23-14)代入式(23-11)

$$\frac{1}{c} \frac{\partial u_0}{\partial t} + \nabla \cdot u_1 + \mu_a u_0 = 0$$

$$\frac{1}{c} \frac{\partial u_1}{\partial t} + \frac{1}{3} \nabla u_0 + (\mu_a + \mu_s') u_1 = 0 \tag{23-15}$$

其中 $\mu'_s = (1-\overline{\eta})\mu_s$。假设 u 几乎静态:$\dfrac{\partial u_1}{\partial t}$ 可忽略,从式(23-15)的第二个方程得到

$$u_1 = -D \nabla u_0, \quad D = \frac{1}{3(\mu_a + \mu'_s)} \tag{23-16}$$

并把它代入式(23-15)的第一个方程,得到扩散方程

$$\frac{1}{c} \frac{\partial u_0}{\partial t} - \nabla \cdot (D \nabla u_0) + \mu_a u_0 = 0 \tag{23-17}$$

根据式(23-6),u_0 的初始条件为

$$u_0(x, 0) = 0 \tag{23-18}$$

根据式(23-7),

$$\boldsymbol{v}(x) \cdot \int_{\boldsymbol{v}(x)\cdot\boldsymbol{\theta}\leqslant 0} \boldsymbol{\theta} u(x, \boldsymbol{\theta}, t)\mathrm{d}\boldsymbol{\theta} = \boldsymbol{v}(x) \cdot \int_{\boldsymbol{v}(x)\cdot\boldsymbol{\theta}\leqslant 0} \boldsymbol{\theta} g^-(x, \boldsymbol{\theta}, t)\mathrm{d}\boldsymbol{\theta}, \quad x \in \partial\Omega, \quad t \geqslant 0 \tag{23-19}$$

根据式(23-13)、式(23-14),

$$u(x, \boldsymbol{\theta}, t) = \frac{1}{4\pi} u_0(x, t) - \frac{3}{4\pi} \boldsymbol{\theta} \cdot D(x) \nabla u_0(x, t) \tag{23-20}$$

由于

$$\boldsymbol{v} \cdot \int_{\boldsymbol{v}\cdot\boldsymbol{\theta}\leqslant 0} \boldsymbol{\theta}\, \mathrm{d}\boldsymbol{\theta} = -\pi, \quad \nu_i \int_{\boldsymbol{v}\cdot\boldsymbol{\theta}\leqslant 0} \boldsymbol{\theta}_i \boldsymbol{\theta}_j \mathrm{d}\boldsymbol{\theta} = \begin{cases} 0, & i \neq j, \\ \dfrac{2\pi}{3}\nu_i, & i = j, \end{cases} \tag{23-21}$$

并假设光子入射分布是各向同性:$g^-(x, \boldsymbol{\theta}, t) = g^-(x, t)$,式(23-19)变为

$$-\pi u_0(x, t) - 3\frac{2\pi}{3} D\boldsymbol{v}(x) \cdot \nabla u_0(x, t) = -\pi g^-(x, t) \tag{23-22}$$

即

$$u_0 + 2D \frac{\partial u_0}{\partial \boldsymbol{v}} = g^- \tag{23-23}$$

所以,在适当近似下,传送模型式(23-1)、式(23-6)、式(23-7)变为式(23-17)、式(23-18)、式(23-23)。

测量方程式(23-8)变为

$$g(x, t) = v(x) \cdot u_1(x, t) = -Dv(x) \cdot \nabla u_0(x, t) \qquad (23-24)$$

即

$$g = -D \frac{\partial u_0}{\partial \boldsymbol{v}} \qquad (23-25)$$

假设光子分布 $g^-(x, t)$ 和 $u_0(x, t)$ 在时间方向上都是频率为 ω 的谐振子

$$g^-(x, t) = g^-(x) \mathrm{e}^{\mathrm{i}\omega t} \qquad (23-26)$$

当 t 充分大时,解可表示为

$$u_0(x, t) = v(x) \mathrm{e}^{\mathrm{i}\omega t} \qquad (23-27)$$

把它代入式(23-17)、式(23-23)、式(23-25)得到

$$-\nabla \cdot (D\nabla v) + \left(\mu_\mathrm{a} + \mathrm{i}\frac{\omega}{c}\right) v = 0, \quad x \in \Omega \qquad (23-28)$$

$$v + 2D \frac{\partial v}{\partial \boldsymbol{v}} = g^-, \quad x \in \partial\Omega \qquad (23-29)$$

$$g = -D \frac{\partial v}{\partial \boldsymbol{v}}, \quad x \in \partial\Omega \qquad (23-30)$$

23.3　线性化

对问题式(23-28)、式(23-29)、式(23-30)线性化后,Calderon 给出了这个逆问题的求解[48]。假设 $D = D_0 + H$,$\mu_\mathrm{a} = \mu_0 + h$,其中 H 和 h 非常小。为了简单起见,设在 $\partial\Omega$ 上,$D = D_0$。当 $D = D_0$ 和 $\mu_\mathrm{a} = \mu_0$ 时,式(23-28)、式(23-29) 的解记为 v_0。在 H 和 h 非常小时,可证明[47,48]

$$\left(\frac{1}{2}\Delta - \frac{\mu_0}{D_0} - \frac{\mathrm{i}\omega}{cD_0}\right) H + h = (2\pi)^{-3/2} \tilde{t}(x) \qquad (23-31)$$

$\tilde{t}$ 为 t 的逆 Fourier 变换,

$$t(\boldsymbol{\xi}) = \int_\Omega (H\nabla v_0 \cdot \nabla z + hv_0 z)\mathrm{d}x, \quad v_0 = \mathrm{e}^{\zeta^- \cdot x}, \quad z = \mathrm{e}^{\zeta^+ \cdot x} \qquad (23-32)$$

都是 $\boldsymbol{\xi}$ 的函数,

$$\zeta^\pm = \pm(\alpha + \mathrm{i}\beta)\boldsymbol{\eta} - \frac{\mathrm{i}}{2}\boldsymbol{\xi} \qquad (23-33)$$

$$\alpha = \sqrt{\frac{\omega}{2cD_0}}\,(\delta + \sqrt{1+\delta^2}\,)^{1/2}, \quad \beta = \sqrt{\frac{\omega}{2cD_0}}\,(\delta + \sqrt{1+\delta^2}\,)^{-1/2},$$

$$\delta = \frac{cD_0}{\omega}\left(\frac{\mu_0}{D_0} + \frac{1}{4}\mid \boldsymbol{\xi} \mid^2\right) \tag{23-34}$$

这里 $\boldsymbol{\xi}$ 是任意选取的复向量，$\boldsymbol{\eta}$ 是任意和 $\boldsymbol{\xi}$ 正交的单位向量。

案例 **24**

信号通带调制

一些数字信号通过调制后更适合在信道中传送,消息(又称被调制的数据信号)乘以正弦波(载波)得到调制信号,载波的频率往往由信号决定。不同方式的信号通带调制后有不同性能,信号接收被误判概率往往依赖信噪比。

消息源需要 T 秒发送一个消息,每个消息都来自消息集 $\{m_i\}_{i=1}^M$。设发送消息 m_i 的概率为 $p_i, 1 \leqslant i \leqslant M$。为了计算方便,下面采用均匀分布:$p_i = 1/M$, $i = 1, \cdots, M$。每个消息 m_i 和一个(实值)信号 $s_i(t)$ 对应,信号 $s_i(t)$ 对应的能量为

$$E_i = \int_0^T s_i^2(t) \mathrm{d}t \tag{24-1}$$

当 $M = 2$ 时,用 1 表示 $m_1(s_1(t))$,用 0 表示 $m_2(s_2(t))$,发送时间记为 T_b(发送一个比特需要的时间)。一般地,需要 $\log_2 M$ 比特位表示消息 $m_i(1 \leqslant i \leqslant M)$,发送时间为

$$T = (\log_2 M) T_b \tag{24-2}$$

定义载荷

$$\psi_1(t) = \sqrt{2/T} \cos(w_c t), \quad 0 \leqslant t \leqslant T \tag{24-3}$$

其中 $w_c = 2\pi f_c$ 满足 $f_c T$ 为整数,故 $\int_0^T \psi_1^2(t) \mathrm{d}t = 1$。信号 $s_i(t)$ 通过 $\psi_1(t)$ 调制得到

$$s_i(t) = (2i - M - 1)\sqrt{E_0}\, \psi_1(t), \quad 0 \leqslant t \leqslant T \tag{24-4}$$

$s_i(t)$ 通过修改 $\psi_1(t)$ 的振幅得到,称为振幅频移键控(amplitude shift keying, ASK)。$s_i(t)$ 的幅度为

本案例参考文献[5]和文献[6],以及中国研究生数学建模竞赛 2020A、2018B。

$$s_{i1} = \int_0^T s_i(t)\psi_1(t)\mathrm{d}t = (2i - M - 1)\sqrt{E_0} \qquad (24-5)$$

$\{s_{i1}\}_{i=1}^M$ 可以在一维坐标下表示，称为 ASK 星座图。星座图决定了调制信号。信号经过可加白高斯噪声（AWGN）通道得到接收信号

$$x_i(t) = s_i(t) + w(t), \quad 0 \leqslant t \leqslant T \qquad (24-6)$$

其中 $w(t)$ 是均值为 0、方差为 $N_0/2$ 的高斯过程

$$f_{w(t)}(x) = \frac{1}{2\pi\sigma^2}\mathrm{e}^{-x^2/(2\sigma^2)} \qquad (24-7)$$

$$
\begin{aligned}
E[w(t)] = 0, \quad \sigma^2 &= E[\,|w(t)|^2\,] \\
&= E\left[\frac{1}{T}\int_0^T\int_0^T w(t)w^*(t')\mathrm{d}t\mathrm{d}t'\right] \qquad (24-8) \\
&= \frac{1}{T}\int_0^T\int_0^T R_w(t-t')\mathrm{d}t\mathrm{d}t' = \frac{N_0}{2}
\end{aligned}
$$

其中 $R_w(\tau) = E[w(t)w^*(t+\tau)] = \dfrac{N_0}{2}\delta(\tau)$ 为白噪声过程的关联函数，$N_0/2$ 也称为白噪声的功率谱密度。

为了判断接收到的信号属于哪个消息，计算

$$x_{i1} = \int_0^T x_i(t)\psi_1(t)\mathrm{d}t = s_{i1} + w_1 \qquad (24-9)$$

其中

$$w_1 = \int_0^T w(t)\psi_1(t)\mathrm{d}t \qquad (24-10)$$

是均值为 0、方差为 $N_0/2$ 的高斯分布的随机变量。

发送信号为 $s_i(t)$（包含消息 m_i），若 x_{i1} 和 s_{i1} 的距离大于 s_{i1} 和相邻星座点距离的一半，x_{i1} 不会被认为是 s_{i1}，故消息 m_i 被误判，它被误判的概率为

$$P_e(s_{i1}) = \begin{cases} P(w_1 > \sqrt{E_0}) = p, & i = 1 \\ P(|w_1| > \sqrt{E_0}) = 2p, & 2 \leqslant i \leqslant M-1 \\ P(w_1 < -\sqrt{E_0}) = p, & i = M \end{cases} \qquad (24-11)$$

其中

$$p = \int_{\sqrt{E_0}}^\infty \frac{1}{\sqrt{\pi N_0}}\mathrm{e}^{-n^2/N_0}\mathrm{d}n = \int_{\sqrt{2E_0/N_0}}^\infty \frac{1}{\sqrt{2\pi}}\mathrm{e}^{-x^2/2}\mathrm{d}x \equiv Q(\sqrt{2E_0/N_0})$$

平均误判概率为

$$P_{M} = \frac{1}{M}\sum_{i=1}^{M} P_{e}(s_{i1}) = \frac{2(M-1)}{M}Q\left(\sqrt{\frac{2E_{0}}{N_{0}}}\right) = \frac{2(M-1)}{M}Q\left(\sqrt{\frac{6\log_{2}M}{M^{2}-1}\frac{E_{b,av}}{N_{0}}}\right)$$

$$(24-12)$$

$E_{s,av}$ 为平均信号能量，$E_{b,av}$ 为每比特的平均信号能量，两者关系如下：

$$E_{s,av} = (\log_{2}M)E_{b,av} = \frac{1}{M}\sum_{i=1}^{M}\int_{0}^{T}s_{i}^{2}(t)\mathrm{d}t = \frac{E_{0}}{M}\sum_{i=1}^{M}(2i-M-1)^{2} = \frac{(M^{2}-1)E_{0}}{3}$$

$$(24-13)$$

式(24-12)中最后等式应用了式(24-13)。

式(24-12)表明：当信噪比 $E_{b,av}/N_{0}$ 变大，平均误判概率降低。平均误判概率给定后，如0.02，它对应一个信噪比，称为容忍信噪比，相应的噪声称为容忍噪声。当噪声比容忍噪声大时(信噪比比容忍信噪比小)，平均误判概率必定比容忍的平均误判概率0.02要大。当 M 变大时，平均误判概率 P_{M} 也变大，这是由于相邻星座点的距离 $2\sqrt{E_{0}} = 2\sqrt{\dfrac{3\log_{2}M}{M^{2}-1}E_{b,av}}$ 变小引起，这里 $E_{b,av}$ 给定。依赖 M 的带宽 B_{M} 只需要 $M=2$ 的带宽 B_{2} 的 $1/\log_{2}M$ 倍，但是传递的能量 $E_{s,av}$ 是 $M=2$ 时传递的能量 $E_{b,av}$ 的 $\log_{2}M$ 倍。

理论结果[方程(24-12)]可以用 Monte Carlo 模拟得到证实。Monte Carlo 模拟过程：从分布 $\{p_i\}_{i=1}^{M}$ 取样得到消息，比如 m_i；计算 x_{i1}，判断它是否被误判：若被误判，误判次数加1；不断重复上述过程，直到误判的频率稳定在某个数值，该数值应非常接近理论结果方程(24-12)。

与式(24-4)中的 ASK 相比，此处 $s_i(t)$ 通过修改 $\psi_1(t)$ 的相得到($1 \leqslant i \leqslant M$)

$$s_i(t) = \sqrt{E}\,\psi_1\left(t + (i-1)\frac{2\pi}{M}\right), \quad 0 \leqslant t \leqslant T \qquad (24-14)$$

称为相频移键控(phase shift keying, PSK)。取 $E = (\log_2 M)E_b$，其中 E_b 为 $M = 2$ 时对应的 E，注意 T 和 T_b 的关系式(24-2)。式(24-14)中的 $s_i(t)$ 可展开为

$$s_i(t) = s_{i1}\psi_1(t) - s_{i2}\psi_2(t) \qquad (24-15)$$

其中 ψ_1 由式(24-3)给出，

$$\psi_2(t) = \sqrt{2/T}\sin(w_c t), \quad 0 \leqslant t \leqslant T \qquad (24-16)$$

两组正交基函数($\psi_1(t)$，$\psi_2(t)$)对应的幅度确定了二维星座图

$$s_i = (s_{i1}, s_{i2}) = \sqrt{E}\left(\cos\left((2i-2)\pi/M\right), \sin\left((2i-2)\pi/M\right)\right), \quad i = 1, \cdots, M \tag{24-17}$$

它们均匀地分布在半径为$\sqrt{E}$的圆周上，相邻的复角差为$2\pi/M$。

信号经过可加白高斯噪声通道得到信号式(24-6)，计算

$$x_{ij} = \int_0^T x_i(t)\psi_j(t)\mathrm{d}t = s_{ij} + w_j, \quad j = 1, 2 \tag{24-18}$$

$$w_j = \int_0^T w(t)\psi_j(t)\mathrm{d}t \tag{24-19}$$

若 (x_{i1}, x_{i2}) 对应的复角 $\arctan(x_{i2}/x_{i1})$ 不在以 s_i 的复角$(2i-2)\pi/M$ 为中心、半径为 π/M 的范围内，则信号 $s_i(t)$ 被误判。平均被误判的概率为

$$P_M = 1 - \int_{-\pi/M}^{\pi/M} f(\varphi)\mathrm{d}\varphi \tag{24-20}$$

其中

$$f(\varphi) = \frac{1}{2\pi}\mathrm{e}^{-\gamma_s}\left[1 + \sqrt{4\pi\gamma_s}\,\mathrm{e}^{-\gamma_s\cos^2\varphi}\left(1 - Q(\sqrt{2\gamma_s}\cos\varphi)\right)\right] \tag{24-21}$$

$\gamma_s = E/N_0 = (\log_2 M)E_b/N_0$。

如果把式(24-15)中的幅度修改为

$$s_k(t) = \sqrt{E_0}\,a_k\psi_1(t) - \sqrt{E_0}\,b_k\psi_2(t) \tag{24-22}$$

$a_k, b_k = \pm 1, \pm 3, \cdots$，称之为正交调幅(quadrature amplitude modulation, QAM)，对应的星座图为$(a_k\sqrt{E_0}, b_k\sqrt{E_0})_{k=1}^M$。取 $M = 2^k$。若 k 为偶数，M 个星座点为

$$\sqrt{E_0}(\pm(2i-1), \pm(2j-1)), \quad i, j = 1, \cdots, 2^{k/2-1} \equiv L/2 \equiv T/2$$

若 k 为奇数，M 个星座点为

$$\sqrt{E_0}(\pm(2i-1), \pm(2j-1)), \quad i = 1, \cdots, 2^{(k+1)/2-1} \equiv L/2, \quad j = 1, \cdots, 2^{(k-1)/2-1} \equiv T/2$$

同理可以分析 QAM 的平均被误判的概率为

$$P_M = 1 - (1 - P_L^{\mathrm{ASK}})(1 - P_T^{\mathrm{ASK}}) \tag{24-23}$$

其中 $P_L^{\mathrm{ASK}} = 2(1 - 1/L)Q\left(\sqrt{\dfrac{2E_0}{N_0}}\right)$ 由式(24-12)给出。

ASIC 芯片上的载波恢复 DSP 算法①

载波恢复 DSP 算法的一个主要步骤是根据信道损伤的物理模型设计补偿算法,图 24-1 是数字通信系统性能评估模型的示意图。映射调制为星座点上的符号通过发送端向外发送,信号在信道中受到色散、相位噪声和加性高斯白噪声的影响。接收端先补偿色散,再由载波恢复算法补偿相位噪声,最后信号进行判决后逆映射为二进制比特序列。受信道中噪声影响,可能导致信号判错,使接收到的二进制序列与发送端不一致,从而带来误码。错误二进制比特占总二进制比特的比率称为误码率(bit error rate, BER)。

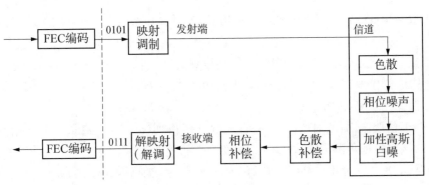

图 24-1　数字通信系统性能评估模型

随机产生 $4(N-M)K$ 个 0 或 1 的比特流,每 4 个比特构成 1 个符号,共 $(N-M)K$ 个符号。$(N-M)K$ 个符号分为 K 组,每组有 $(N-M)$ 个有效符号,把每个有效符号变为十进制数,它为 0 到 15 之间的整数,将其进行 16 QAM 调频后得到复数 $a+b\sqrt{-1}$,a,$b=\pm 1,\pm 3$。在每个调频后的有效符号组的前后都插入 $M/2$ 个导频符号(M 为偶数),比如,它们都是 $3+3\sqrt{-1}$。把 $N-M$ 个有效数据和它的前后 $M/2$ 个导频符号构成 N 个符号的扩展组。为了提高执行效率,令 K 个扩展组互相独立,它们经受信道的色散和相位噪声作用。

对每个扩展组在信道中施加色散作用(可并行执行)。记该扩展组为 $(x_i)_{i=1}^N$,它的 Fourier 变换为 $(\hat{x}_i)_{i=1}^N$。色散作用导致 $(\hat{x}_i)_{i=1}^N$ 乘以如下色散因子

$$H(f_i)=\exp\left[\frac{\sqrt{-1}\lambda^2\pi D_z}{c}f_i^2\right] \tag{24-24}$$

其中 c 为光速,$\lambda=1550\,\text{nm}$ 为波长,$D_z=2\times 10^4\,\text{ps/nm}$ 为色散值,$f_i=f_b i/N$ 为

---

① 本部分参考中国研究生数学建模竞赛- 2020A; DSP,为 digital signal processing 的简称,即数字信号处理。

频点，$f_b = 1.5 \times 10^{11}$ 为波特率（每秒传送符号的个数）。对 $(\hat{x}_i \cdot H(f_i))_{i=1}^N$ 进行 Fourier 逆变换得到 $(y_i)_{i=1}^N$。

相噪声对色散后的信号 $(y_i)_{i=1}^N$ 乘以如下时变的相位 $e^{\sqrt{-1}\theta_k}$

$$z_k = y_k e^{\sqrt{-1}\theta_k}, \quad k = 1, \cdots, N \tag{24-25}$$

两个相邻的 k 和 $k+1$ 时刻的相位差为

$$\theta_{k+1} - \theta_k = X_k \sqrt{\frac{2\pi L_W}{f_b}} \tag{24-26}$$

其中 $L_W = 100\,\mathrm{kHz}$ 是一个激光器线宽指标，X_k 是均值为 0、方差为 1 的高斯随机变量。

$(y_i)_{i=1}^N$ 经过加性 Gauss 白噪声作用得到 $(z_i)_{i=1}^N$：$z_i = y_i + n_i$，n_i 的均值为 0、方差为 $P_s/10^{SNR/10}$，其中 P_s 为 y_i 对应的功率，$SNR(dB) = 10\lg(P_s/P_n)$ 是单位为 dB 的信噪比（signal to noise ratio）。

由于色散作用，故对 $(z_i)_{i=1}^N$ 进行色散补偿得到 $(u_i)_{i=1}^N$。它和色散作用类似，唯一的区别是把色散因子式（24-24）变为它的复共轭。

对 $(u_i)_{i=1}^N$ 进行相位补偿。在每个有效符号组的前后都插入 $M/2$ 个导频符号，这些导频符号是已知的，它们的作用在于相位补偿。$(u_i)_{i=1}^N$ 的最前面和最后面的 $M/2$ 个分量都是导频符号，经过色散、相噪声和白噪声等作用后，这些导频符号不再和发送端插入的导频符号 $(3+3\sqrt{-1})$ 相同，它们除以 $(3+3\sqrt{-1})$ 后得到接收导频和发送导频的相偏差

$$\hat{u}_i = u_i/(3+3\sqrt{-1}), \quad i = 1, \cdots, M/2, N-M/2+1, \cdots, N \tag{24-27}$$

应用上述数据对中间的 $N-M$ 有效符号 $i = M/2+1, \cdots, N-M/2$ 进行线性插值得到连续的 $N-M$ 有效符号的相偏差，再把 $\{u_i\}_{i=M/2+1}^{N-M/2}$ 除以相应的相偏差得到相位补偿后的信号 $(v_i)_{i=M/2+1}^{N-M/2}$。

对每组的 $(v_i)_{i=M/2+1}^{N-M/2}$ 进行解调：即对每个 v_i 找离它最近的 $a+b\sqrt{-1}$，其中 a，$b = \pm 1, \pm 3$。解调后得到相应的 4 位二进制数。$4(N-M)$ 个 0 或 1 的数据和发送的 $4(N-M)$ 个二进制数比较，确定传送错误的二进制数的个数。

由于每组数据信号都是独立的，上述操作可对每组并行执行。总之，给定信噪比 SNR，可以确定 $4(N-M)K$ 个比特流中被传送错误的比特个数，从而也确定了误码率 BER。由于上述算法的随机性，需要对该算法进行多次迭代，再根据平均确定误码率 BER 对信噪比 SNR 的依赖。

取 $M=2$、$N=16$，K 为不少于 $1024/(N-M)$ 的最小整数，表 24-1 给出了不同信噪比下的误码率。在无色散和无相噪声时（只有 Gauss 白噪声），表中第二列表明了误码率随信噪比的增大而变小。在有色散和无相噪声时，它们的依赖关系和第二列相差不大。在有色散和有相噪声时，在相同的信噪比下，和前面两种情况相比，有色散／有相噪声情况的误码率增加明显。

表 24-1 误码率对信噪比的依赖

SNR/BER	BER（无色散/无相噪声）	BER（有色散/无相噪声）	BER（有色散/有相噪声）
12	0.028 1	0.028 7	0.046 34
12.5	0.022 5	0.021 9	0.039 79
13	0.017 0	0.016 4	0.031 494
13.5	0.013 3	0.012 4	0.025 805
14	0.009 5	0.009 32	0.020 935 0
14.5	0.006 7	0.006 53	0.015 050
15	0.004 8	0.004 62	0.011 81
15.5	0.003 0	0.002 92	0.008 63
16	0.001 8	0.001 758	0.006 951
16.5	0.001 1	0.001 037	0.004 521
17	0.000 560 5	0.000 597 8	0.003 067

案例 25

硬 球 模 型

一个三维体系包含 ν 组分的颗粒,第 i 组分是半径为 R_i 的球体, $i=1,\cdots,\nu$, 研究该体系的平衡态结构,体系的巨正则系综势能为

$$\Omega[\{\rho_i\}] \equiv \mathscr{F}[\{\rho_i\}] + \sum_{i=1}^{\nu} \int \mathrm{d}\boldsymbol{r} \rho_i(\boldsymbol{r})(V_i(\boldsymbol{r}) - \mu_i) \qquad (25-1)$$

它是密度 $\{\rho_i(\boldsymbol{r})\}$ 的泛函, μ_i 为组分 i 的化学势, $V_i(\boldsymbol{r})$ 为组分 i 受到的外部作用势, $\mathscr{F}[\{\rho_i\}]$ 为依赖密度的作用能。平衡态密度由 Euler-Lagrange 方程得到

$$\frac{\delta \Omega[\{\rho_i\}]}{\delta \rho_i(\boldsymbol{r})} \equiv \frac{\delta \mathscr{F}[\{\rho_i\}]}{\delta \rho_i(\boldsymbol{r})} + V_i(\boldsymbol{r}) - \mu_i = 0 \qquad (25-2)$$

巨正则系综下的配分函数为

$$\Xi = \mathrm{e}^{-\beta\Omega} = \sum_{N_1,\cdots,N_\nu=0}^{\infty} \left[\prod_{i=1}^{\nu} \frac{\mathrm{e}^{\beta\mu_i N_i}}{N_i! \Lambda^{3N_i}}\right] \int \prod_{i=1}^{\nu} \prod_{k=1}^{N_i} \mathrm{d}\boldsymbol{r}_{i,k} \mathrm{e}^{-\beta U} \qquad (25-3)$$

$\boldsymbol{r}_{i,k}$ 表示第 i 组分的第 k 个颗粒的位置。这里

$$U = \sum_{ij} \sum_{kl} u(|\boldsymbol{r}_{i,k} - \boldsymbol{r}_{j,l}|) + \sum_{i=1}^{\nu} \sum_{k=1}^{N_i} V_i(\boldsymbol{r}_{i,k}) \qquad (25-4)$$

为外界作用势 $\{V_i\}_{i=1}^{\nu}$ 下的 $N = \sum_{i=1}^{\nu} N_i$ 个粒子的总势能, $u(r)$ 为两个粒子之间的作用势能, Λ_i^{3N} 来自第 i 组分中 N_i 个粒子的动量积分,为了书写方便,下面取 $\Lambda_i = 1$, $k=1,\cdots,\nu$。 平衡态下的组分 i 的密度为

$$\rho_i(\boldsymbol{r}) = \langle \sum_k \delta(\boldsymbol{r} - \boldsymbol{r}_{i,k}) \rangle \qquad (25-5)$$

式中,求和项的平均是在巨正则系综的配分函数[式(25-3)]意义下定义的。

25.1 理想气体

对于理想气体,粒子之间没有作用能,$u(\boldsymbol{r})=0$。式(25-3)定义的巨正则配分函数为

$$\varXi_{\mathrm{id}}=\sum_{N_1,\cdots,N_\nu=0}^{\infty}\prod_{i=1}^{\nu}\frac{(\mathrm{e}^{\beta\mu_i}Z_k)^{N_i}}{N_i!}=\prod_{i=1}^{\nu}\exp(Z_i\mathrm{e}^{\beta\mu_i}) \tag{25-6}$$

其中 $\beta=1/(k_{\mathrm{B}}T)$, Z_i 为第 i 组分单个粒子的配分函数

$$Z_i=\int\mathrm{d}\boldsymbol{r}\,\mathrm{e}^{-\beta V_i(\boldsymbol{r})} \tag{25-7}$$

根据式(25-3),巨正则势能为

$$\varOmega_{\mathrm{id}}[V]\equiv-\frac{1}{\beta}\ln(\varXi_{\mathrm{id}})=-\sum_{i=1}^{\nu}\frac{\mathrm{e}^{\beta\mu_i}}{\beta}\int\mathrm{d}\boldsymbol{r}\,\mathrm{e}^{-\beta V_i(\boldsymbol{r})} \tag{25-8}$$

根据式(25-5),平衡态下密度分布为

$$\rho_{\mathrm{id},i}(\boldsymbol{r})=\mathrm{e}^{\beta(\mu_i-V_i(\boldsymbol{r}))} \tag{25-9}$$

根据式(25-1)得到自由能

$$\beta\mathscr{F}_{\mathrm{id}}[\{\rho_i\}]=\sum_{i=1}^{\nu}\int\mathrm{d}\boldsymbol{r}\rho_i(\boldsymbol{r})[\ln\rho_i(\boldsymbol{r})-1] \tag{25-10}$$

它的一阶变分为

$$\frac{\delta\mathscr{F}_{\mathrm{id}}[\{\rho_i\}]}{\delta\rho_i(\boldsymbol{r})}=\frac{1}{\beta}\ln\rho_i(\boldsymbol{r}) \tag{25-11}$$

由 Euler-Lagrange 方程(25-2)可得到平衡密度式(25-9),再将式(25-9)代入式(25-8)得到

$$\beta\varOmega_{\mathrm{id}}=-\sum_{i=1}^{\nu}\int\mathrm{d}\boldsymbol{r}\rho_i(\boldsymbol{r})=-\sum_{i=1}^{\nu}\langle N_i\rangle$$

25.2 附加作用能

硬球模型中每个粒子都是相同的球体,当两个球体不接触时,它们之间没有作用能;在互相重叠时,它们的互相排斥的作用势能无穷大。硬球模型的自由能可表示为

$$\beta \mathscr{F}[\{\rho_i\}] = \beta \mathscr{F}_{id}[\{\rho_i\}] + \beta \mathscr{F}_{ex}[\{\rho_i\}] \equiv \int d\boldsymbol{r}\{\Phi_{id}(\rho_i(\boldsymbol{r})) + \Phi([\{\rho_i\}];\boldsymbol{r})\}$$

$$(25-12)$$

$\mathscr{F}_{id}[\{\rho_i\}]$ 表示理想气体的自由能方程$(25-10)$，$\Phi_{id}(\rho_i) = \sum\limits_{k=1}^{\nu} \rho_i(\ln\rho_i - 1)$。

$\mathscr{F}_{ex}[\{\rho_i\}]$ 表示互相作用导致的附加自由能，$\Phi([\{\rho_i\}];\boldsymbol{r})$ 为附加自由能密度，下面考虑 $\Phi([\{\rho_i\}];\boldsymbol{r})$ 的选取。

对附加自由能进行展开

$$\beta \mathscr{F}_{ex}[\{\rho_i\}] = -\frac{1}{2}\sum_{i,j=1}^{\nu}\int d\boldsymbol{r}_1 d\boldsymbol{r}_2 \rho_i(\boldsymbol{r}_1)\rho_j(\boldsymbol{r}_2)f_{ij}(\boldsymbol{r}_{12}) + O(\rho^3) \quad (25-13)$$

$r_{ij} = |\boldsymbol{r}_i - \boldsymbol{r}_j|$，$f_{ij}$ 为 Mayer 函数：$f_{ij}(r) = \exp[-\beta u_{ij}(r)] - 1$。由于 $u_{ij}(r) = \begin{cases} \infty, & r < R_i + R_j \\ 0, & 否则 \end{cases}$，所以

$$f_{ij}(r) = \begin{cases} -1, & r < R_i + R_j \\ 0, & 否则 \end{cases} \quad (25-14)$$

文献[33]给出了 Mayer 函数的积分表示

$$-f_{ij}(|\boldsymbol{r}_i - \boldsymbol{r}_j|) = \omega_i^{(0)} \otimes \omega_j^{(3)} + \omega_i^{(1)} \otimes \omega_j^{(2)} - \boldsymbol{\omega}_i^{(1)} \otimes \boldsymbol{\omega}_j^{(2)} + (i \leftrightarrow j)$$

$$(25-15)$$

其中

$$\omega_i^{(3)}(\boldsymbol{r}) = \Theta(R_i - |\boldsymbol{r}|), \quad \omega_i^{(2)}(\boldsymbol{r}) = \delta(R_i - |\boldsymbol{r}|) \quad (25-16)$$

Θ 为 Hevside 函数，

$$\boldsymbol{\omega}_i^{(2)}(\boldsymbol{r}) = \frac{\boldsymbol{r}}{|\boldsymbol{r}|}\delta(R_i - |\boldsymbol{r}|) \quad (25-17)$$

$$\omega_i^{(1)}(\boldsymbol{r}) = \omega_i^{(2)}(\boldsymbol{r})/(4\pi R_i), \quad \omega_i^{(0)}(\boldsymbol{r}) = \omega_i^{(2)}(\boldsymbol{r})/(4\pi R_i^2) \quad (25-18)$$

$$\boldsymbol{\omega}_i^{(1)}(\boldsymbol{r}) = \boldsymbol{\omega}_i^{(2)}(\boldsymbol{r})/(4\pi R_i) \quad (25-19)$$

式$(25-15)$的卷积定义为

$$\omega_i^{(\alpha)} \otimes \omega_j^{(\gamma)}(\boldsymbol{r} = \boldsymbol{r}_i - \boldsymbol{r}_j) = \int d\boldsymbol{r}'\omega_i^{(\alpha)}(\boldsymbol{r}' - \boldsymbol{r}_i)\omega_j^{(\gamma)}(\boldsymbol{r}' - \boldsymbol{r}_j) \quad (25-20)$$

令

$$n_\alpha(\boldsymbol{r}) = \sum_{i=1}^{v} \int \mathrm{d}\boldsymbol{r}' \rho_i(\boldsymbol{r}') \omega_i^{(\alpha)}(\boldsymbol{r} - \boldsymbol{r}'), \quad \alpha = 0, \cdots, 3 \qquad (25-21)$$

$$\boldsymbol{n}_\alpha(\boldsymbol{r}) = \sum_{i=1}^{v} \int \mathrm{d}\boldsymbol{r}' \rho_i(\boldsymbol{r}') \boldsymbol{\omega}_i^{(\alpha)}(\boldsymbol{r} - \boldsymbol{r}'), \quad \alpha = 1, 2 \qquad (25-22)$$

把式(25-15)代入式(25-13)得到

$$\lim_{\rho_i \to 0} \beta \mathscr{F}_{\mathrm{ex}}[\{\rho_i\}] = \int \mathrm{d}\boldsymbol{r}(n_0(\boldsymbol{r})n_3(\boldsymbol{r}) + n_1(\boldsymbol{r})n_2(\boldsymbol{r}) - \boldsymbol{n}_1(\boldsymbol{r}) \cdot \boldsymbol{n}_2(\boldsymbol{r}))$$

$$(25-23)$$

该式给出了稀疏极限下的附加作用能。

对于均匀体系，$\rho_i(r) \equiv \rho_i = N_i/V$ 为常数，V 为体系的体积。附加作用能导致了附加压强

$$\beta p^{\mathrm{ex}} = -\frac{\partial(V\Phi)}{\partial V} = -\Phi + \sum_{i=1}^{v} \frac{\partial \Phi}{\partial \rho_i} \rho_i = -\Phi + \sum_{\alpha=0}^{3} \frac{\partial \Phi}{\partial n_\alpha} n_\alpha \qquad (25-24)$$

对于均匀体系，$\boldsymbol{n}_\alpha(\boldsymbol{r}) = 0$，附加自由能密度 Φ 只依赖$\{n_\alpha\}_{\alpha=0}^3$。对于无作用的理想体系，$\beta p^{\mathrm{id}} = \sum_i \rho_i = n_0$，总压力为

$$\beta p_{\mathrm{T}} = \beta p^{\mathrm{id}} + \beta p^{\mathrm{ex}} = n_0 - \Phi + \sum_{\alpha=0}^{3} \frac{\partial \Phi}{\partial n_\alpha} n_\alpha \qquad (25-25)$$

Scaled-particle 理论表明：体系中插入一个很大硬球需要做的功 $\mu_i/V_i \to p_{\mathrm{SP}}$，$R_i \to \infty$，$V_i = (4/3)\pi R_i^3$。由于

$$\beta p_{\mathrm{SP}} = \frac{\partial \Phi}{\partial n_3} \qquad (25-26)$$

利用 p_{T} 和 p_{SP} 相等得到关于 Φ 的微分方程。根据量纲分析，依赖$\{n_\alpha\}_{\alpha=0}^3$ 的 Φ 有如下形式

$$\Phi = f_1(n_3)n_0 + f_2(n_3)n_1n_2 + f_3(n_3)\boldsymbol{n}_1 \cdot \boldsymbol{n}_2 + f_4(n_3)n_2^3 + f_5(n_3)n_2\boldsymbol{n}_2 \cdot \boldsymbol{n}_2$$

$$(25-27)$$

$f_1, \cdots, f_5$ 是关于 n_3 的无量纲函数，Φ 的单位为$(\mathrm{length})^{-3}$。找满足如下条件的解：① 满足式(25-23)；② 一个组分时($\nu=1$)，三阶 virial 系数能得到实现；③ 当 $r \to 0$，关联函数 $c^{(2)}(r)$ 和 $n_2\boldsymbol{n}_2 \cdot \boldsymbol{n}_2$ 成比例。满足上述条件的解[33]

$$\Phi = -n_0 \ln(1-n_3) + \frac{n_1n_2 - \boldsymbol{n}_1 \cdot \boldsymbol{n}_2}{1-n_3} + \frac{n_2^3 - 3n_2\boldsymbol{n}_1 \cdot \boldsymbol{n}_2}{24\pi(1-n_3)^2} \qquad (25-28)$$

把附加自由能代入式(25-12)得到硬球模型的作用能,称为古典密度泛函理论。上述解的推导过程也可参见文献[34]。

25.3 壁面附近的平衡态结构

平衡态密度通过 Euler-Lagrange 方程(25-2)得到

$$\frac{\delta\Omega[\{\rho_i\}]}{\delta\rho_i(\boldsymbol{r})} = -\beta^{-1}c_i^{(1)}(\boldsymbol{r}) + \beta^{-1}\ln\rho_i(\boldsymbol{r}) + V_i(\boldsymbol{r}) - \mu_i = 0 \qquad (25-29)$$

其中

$$c_i^{(1)}(\boldsymbol{r}) = -\beta\frac{\delta\mathscr{F}_{\text{ex}}[\{\rho_i\}]}{\delta\rho_i(\boldsymbol{r})} = -\int \text{d}\boldsymbol{r}'\left[\sum_{\alpha=0}^{3}\frac{\partial\Phi}{\partial n_\alpha}\frac{\delta n_\alpha(\boldsymbol{r}')}{\delta\rho_i(\boldsymbol{r})} + \sum_{\alpha=1}^{2}\frac{\partial\Phi}{\partial\boldsymbol{n}_\alpha}\frac{\delta\boldsymbol{n}_\alpha(\boldsymbol{r}')}{\delta\rho_i(\boldsymbol{r})}\right]$$

$$(25-30)$$

利用 Piccard 迭代求解方程(25-29)

$$\rho_i^{(j+1)}(\boldsymbol{r}) = (1-\alpha)\rho_i^{(j)}(\boldsymbol{r}) + \alpha\tilde{\rho}_i^{(j)}(\boldsymbol{r}), \quad j=0,1,\cdots \qquad (25-31)$$

$$\tilde{\rho}_i^{(j)}(\boldsymbol{r}) = \rho_{\text{bulk},i}\exp(-\beta V_i(\boldsymbol{r}) + c_i^{(1)}(\boldsymbol{r}) + \beta\mu_i) \qquad (25-32)$$

$\alpha\in[0,1]$, $\tilde{\rho}_i^{(0)}(\boldsymbol{r}) = \rho_{\text{bulk},i}$。

考虑一个平面体系 $z>0$,z 轴和壁面垂直。研究在壁面 $z=0$ 附近的密度分布,所有量仅和 z 有关:

$$n_\alpha(\boldsymbol{r}) = n_\alpha(z) = \sum_i\int\text{d}z'\rho_i(z')\omega_i^{(\alpha)}(z-z') \qquad (25-33)$$

$$\boldsymbol{n}_\alpha(\boldsymbol{r}) = \boldsymbol{n}_\alpha(z) = \sum_i\int\text{d}z'\rho_i(z')\boldsymbol{\omega}_i^{(\alpha)}(z-z') \qquad (25-34)$$

权函数为

$$\omega_i^{(3)}(z) = \pi(R_i^2-z^2)\Theta(R_i-|z|), \quad \omega_i^{(2)}(z) = 2\pi R_i\Theta(R_i-|z|)$$

$$\omega_i^{(1)}(z) = \omega_i^{(2)}(z)/(4\pi R_i), \quad \omega_i^{(0)}(z) = \omega_i^{(2)}(z)/(4\pi R_i^2)$$

$$\boldsymbol{\omega}_i^{(2)}(z) = 2\pi z\boldsymbol{e}_z\Theta(R_i-|z|), \quad \boldsymbol{\omega}_i^{(1)}(z) = \boldsymbol{\omega}_i^{(2)}(z)/(4\pi R_i)$$

$\boldsymbol{e}_z$ 是 z 方向的单位向量,这里用到了

$$\int\text{d}x'\text{d}y'\omega_i^{(3)}(\boldsymbol{r}-\boldsymbol{r}') = \pi(R_i^2-|z-z'|^2)\Theta(R_i^2-|z-z'|^2)$$

$$c_i^{(1)}(z) = -\beta\frac{\delta\mathscr{F}_{\text{ex}}[\{\rho_i\}]}{\delta\rho_i(z)} = -\int\text{d}z'\left[\sum_{\alpha=0}^{3}\frac{\partial\Phi}{\partial n_\alpha}\frac{\delta n_\alpha(z')}{\delta\rho_i(z)} + \sum_{\alpha=1}^{2}\frac{\partial\Phi}{\partial\boldsymbol{n}_\alpha}\frac{\delta\boldsymbol{n}_\alpha(z')}{\delta\rho_i(z)}\right]$$

$$(25-35)$$

$$\frac{\delta n_\alpha(z')}{\delta \rho_i(z)} = \omega_i^{(\alpha)}(z'-z), \quad \frac{\delta \boldsymbol{n}_\alpha(z')}{\delta \rho_i(z)} = \boldsymbol{\omega}_i^{(\alpha)}(z'-z) \tag{25-36}$$

式(25-35)中的每一项积分都可写为两个函数的卷积,可用快速 FFT 计算。Φ 的一阶偏导数为

$$\frac{\partial \Phi}{\partial n_0(z)} = -\ln(1-n_3)$$

$$\frac{\partial \Phi}{\partial n_1(z)} = -\frac{\boldsymbol{n}_2}{1-n_3}$$

$$\frac{\partial \Phi}{\partial n_1(z)} = \frac{n_2}{1-n_3}$$

$$\frac{\partial \Phi}{\partial n_2(z)} = \frac{n_1}{1-n_3} + \frac{1}{24} \frac{(3n_2^2 - 3\boldsymbol{n}_2 \cdot \boldsymbol{n}_2)}{\pi(1-n_3)^2}$$

$$\frac{\partial \Phi}{\partial \boldsymbol{n}_2(z)} = -\frac{\boldsymbol{n}_1}{1-n_3} - \frac{1}{4} \frac{n_2 \boldsymbol{n}_2}{\pi(1-n_3)^2}$$

$$\frac{\partial \Phi}{\partial n_3(z)} = \frac{n_0}{1-n_3} + \frac{n_1 n_2 - \boldsymbol{n}_1 \cdot \boldsymbol{n}_2}{(1-n_3)^2} + \frac{1}{12} \frac{n_2^3 - 3n_2 \boldsymbol{n}_2 \cdot \boldsymbol{n}_2}{\pi(1-n_3)^3}$$

下面对单组分($\nu=1$)的颗粒进行模拟:颗粒半径为 0.5,体系大小为 $\Delta z \times 20\,000\Delta z = 100$、$\Delta z = 0.005$ 为网格大小。图 25-1 给出了平衡态时的系统密度分布,其中的参数:$\beta T = 1.0$、$\rho_{\text{bulk}} = 0.304\,66$、$\mu = 0.604\,529$、$\alpha = 0.1$。对壁面 $z=0$ 处的压力为 $k_B T \rho(0+) = 0.608\,06$。

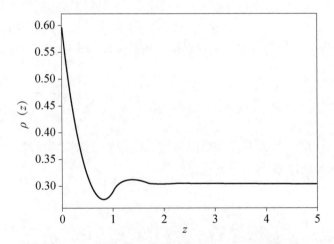

图 25-1 平衡态时密度在和壁面垂直方向的分布($\beta T = 1.0$, $\rho_{\text{bulk}} = 0.304\,66$, $\mu = 0.604\,529$, $\alpha = 0.1$,网格大小为 0.005)

案例 **26**

大分子聚合物的平衡态结构

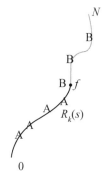

图 26 - 1　一条二嵌段
共聚物的大
分子链

已知大分子聚合物单体之间的互相作用,如何计算该体系的平衡态结构? 下面用场论的语言进行建模[8]。假设整个体系有 n 条完全相同的大分子链,每个大分子链是由 A、B 单体构成的二嵌段共聚物,假设 A、B 单体除了化学性质不同外,其他性质相同。

假设空间中所有链都紧密排列。该二嵌段共聚物分子构型示意图如图 26 - 1 所示。N 表示该二嵌段共聚物链的长度,f 表示物质 A 和物质 B 的连接点的位置;[0,f]区间上是物质 A(图中黑色),[f,N]区间上是物质 B(图中灰色);$V=nN/\rho_0$ 表示二嵌段共聚物的总体积,其中 $1/\rho_0$ 表示单体体积,这里假设每个单体(包括 A 和 B 单体)的体积相同。用 $R_k(s)$ 表示空间中第 k 条二嵌段共聚物分子到和起始点(0 点)距离为 s 的位置。假设任何一条二嵌段共聚物都是高斯链,它服从高斯分布

$$\mathscr{P}(R_k(s)) = \mathscr{N}\exp\left(-\frac{d}{2b^2}\int_0^N ds\left|\frac{dR_k(s)}{ds}\right|^2\right) \qquad (26-1)$$

其中 b 表示统计意义上单体 A 和单体 B 的长度,$d=2$ 为空间维度,$\mathscr{N}$ 为归一化因子。定义微观上单体 A 和 B 的密度分别为

$$\hat{\rho}_A(x) = \int_0^f ds\delta(R_k(s)-x), \quad \hat{\rho}_B(x) = \int_f^N ds\delta(R_k(s)-x) \qquad (26-2)$$

该体系在正则系综下的配分函数为

$$Z = \frac{1}{n!}\int \hat{D}\{R(s)\}\exp\left(-\frac{1}{\rho_0}\int\chi\hat{\rho}_A\hat{\rho}_B\right)\delta(\hat{\rho}_A+\hat{\rho}_B-\rho_0) \qquad (26-3)$$

其中

$$\int \hat{\mathscr{D}}\{R(s)\} = \prod_{k=1}^{n} \int \mathscr{D}\{R_k(s)\} P(R_k(s)) \qquad (26-4)$$

表示对所有 n 条链的路径积分，$\int \mathscr{D}\{R_k(s)\} P(R_k(s))$ 表示第 k 条链的带有权重

$P(R_k(s))$ 的路径积分（path integral）。微观 Hamilton 量 $\int \chi \hat{\rho}_A \hat{\rho}_B$ 表示单体 A 与单

体 B 之间的相互作用。χ 是 Flory-Huggins 参数，表示 A 和 B 之间的相互作用，它

与温度成反比。当温度下降，χ 增大；反之，χ 则减小。因为

$$\int \hat{\rho}_A \hat{\rho}_B = \int \hat{\rho}_A (1 - \hat{\rho}_A) = \mathrm{const} - \int \hat{\rho}_A \hat{\rho}_B \qquad (26-5)$$

这表明 A-A 和 B-B 之间的作用可用 A-B 之间的作用来表示，故在微观 Hamilton

量中只包含 $\int \chi \hat{\rho}_A \hat{\rho}_B$。单体 A 与单体 B 之间还有短程排斥作用，这导致在一个区域

内总单体密度几乎不变。这种排斥作用可用 Dirac 函数 $\delta(\hat{\rho}_A + \hat{\rho}_B - \rho_0)$ 表示。

利用泛函积分性质

$$\int \mathscr{D}\rho_A \delta(\rho_A - \hat{\rho}_A) = 1, \quad \int \mathscr{D}\rho_B \delta(\rho_B - \hat{\rho}_B) = 1 \qquad (26-6)$$

配分函数可写为

$$Z = \frac{1}{n!} \int \hat{\mathscr{D}}\{R(s)\} \int \mathscr{D}\rho_A \int \mathscr{D}\rho_B \exp\left(-\frac{1}{\rho_0}\int \chi \rho_A \rho_B\right) \delta(\rho_A - \hat{\rho}_A) \delta(\rho_B - \hat{\rho}_B) \delta(\rho_A + \rho_B - \rho_0)$$
$$(26-7)$$

利用 Dirac 函数的积分表示

$$\delta(\rho_A - \hat{\rho}_A) = \int \mathscr{D} \, w_A \exp\left[i \int w_A (\rho_A - \hat{\rho}_A)\right]$$
$$\delta(\rho_B - \hat{\rho}_B) = \int \mathscr{D} \, w_B \exp\left[i \int w_B (\rho_B - \hat{\rho}_B)\right] \qquad (26-8)$$

$$\delta(\rho_A + \rho_B - \rho_0) = \int \mathscr{D}p \exp\left[i \int p (\rho_A + \rho_B - \rho_0)\right] \qquad (26-9)$$

i 为虚数单位，w_A、w_B 表示和密度共轭的外势场，一条链段受到其他所有链段对

其产生作用力的等效场，Lagrange 乘子 p 表示压力，它保证体系的不可压缩性。

将上面三个式子代入配分函数得到

$$Z = \int \mathscr{D}\rho_A \mathscr{D}\rho_B \mathscr{D}w_A \mathscr{D}w_B \mathscr{D}p$$

$$\exp\left[-\frac{1}{\rho_0}\int \chi \rho_A \rho_B + \int i(w_A \rho_A + w_B \rho_B + p(\rho_A + \rho_B - \rho_0))\right]$$

$$\frac{1}{n!}\int \hat{\mathscr{D}}\{R(s)\}\exp\left[-i\sum_{k=1}^{n}\int_0^f ds w_A(R_k(s)) - i\sum_{k=1}^{n}\int_f^N ds w_B(R_k(s))\right]$$

$$(26-10)$$

定义一条链在 w_A 和 w_B 外场下的配分函数 Q:

$$Q = Q(w_A, w_B) = \int \mathscr{D}\{R_k(s)\}\mathscr{P}(R_k(s))\exp\left[-\int_0^f ds w_A(R_k(s)) - \int_f^N ds w_B(R_k(s))\right]$$

$$(26-11)$$

式(26-10)中配分函数为

$$Z = \int \mathscr{D}\rho_A \mathscr{D}\rho_B \mathscr{D}w_A \mathscr{D}w_B \mathscr{D}p \exp(-\beta F) \qquad (26-12)$$

βF 表示自由能

$$\beta F = \int dx \left(\frac{\chi}{\rho_0}\rho_A \rho_B - i(w_A \rho_A + w_B \rho_B) - ip(\rho_A + \rho_s - \rho_0)\right) - n\ln Q$$

$$(26-13)$$

这里 $\beta = 1/(k_B T)$ 和温度 T 成反比,k_B 为 Boltzman 常数。

引入特征长度

$$R_g = \sqrt{\frac{Nb^2}{2d}}$$

其他物理量的无量纲表示如下

$$\tilde{s} = \frac{s}{N}, \quad \tilde{f} = \frac{f}{N}, \quad \tilde{x} = \frac{x}{R_g}$$

$$x \in \Omega \equiv [0, L]^d, \quad V = L^d, \quad \tilde{x} \in \tilde{\Omega} \equiv [0, \tilde{L}]^d, \quad \tilde{L} = \frac{L}{R_g}, \quad \tilde{V} = \frac{V}{R_g^d}$$

$$\tilde{R}_k(\tilde{s}) = \frac{1}{R_g}R_k(s), \quad \tilde{\mathscr{N}} = \frac{\mathscr{N}}{R_g^d}, \quad \tilde{\mathscr{P}}(\tilde{R}_k(\tilde{s})) = \frac{\mathscr{P}(R_k(s))}{R_g^d}$$

$$\tilde{\rho}_A(\tilde{x}) = \frac{\rho_A(x)}{\rho_0}, \quad \tilde{\rho}_B(\tilde{x}) = \frac{\rho_B(x)}{\rho_0}$$

$$\tilde{w}_A(\tilde{x}) = Nw_A(x), \quad \tilde{w}_B(\tilde{x}) = Nw_B(x), \quad \tilde{p}(\tilde{x}) = Np(x)$$

$$\widetilde{Q} = \frac{Q}{R_g^d} = \int \mathscr{D}\{\widetilde{R}_k(\tilde{s})\} \exp\left[-\mathrm{i}\int_0^{\mathcal{T}} \mathrm{d}\tilde{s}\,\widetilde{w}_\mathrm{A}(\widetilde{R}_k(\tilde{s})) - \mathrm{i}\int_{\mathcal{T}}^1 \mathrm{d}\tilde{s}\,\widetilde{w}_\mathrm{B}(\widetilde{R}_k(\tilde{s}))\right]$$

单位体积的无量纲的自由能

$$\frac{\beta\widetilde{F}}{\widetilde{V}} = \frac{1}{\widetilde{V}}\int \mathrm{d}\tilde{x}\,(\chi N\tilde{\rho}_\mathrm{A}\tilde{\rho}_\mathrm{B} - \mathrm{i}(\widetilde{w}_\mathrm{A}\tilde{\rho}_\mathrm{A} + \widetilde{w}_\mathrm{B}\tilde{\rho}_\mathrm{B}) - \mathrm{i}\tilde{p}(\tilde{\rho}_\mathrm{A} + \tilde{\rho}_s - 1)) - n\ln(R_g^d\widetilde{Q}) = \frac{\beta\widetilde{F}}{C\widetilde{V}}$$

$$(26-14)$$

其中 $C = \dfrac{\rho_0}{N}R_g^d$。因为虚数单位 i 总是伴随着 $\widetilde{w}_\mathrm{A}$、$\widetilde{w}_\mathrm{B}$ 和 $\tilde{p}$ 出现,不妨设

$$\widetilde{w}_\mathrm{A} = \mathrm{i}\widetilde{w}_\mathrm{A}, \quad \widetilde{w}_\mathrm{B} = \mathrm{i}\widetilde{w}_\mathrm{B}, \quad \tilde{p} = \mathrm{i}\tilde{p}$$

得到无量纲的自由能泛函

$$\beta\widetilde{F} = \int \mathrm{d}\tilde{x}\,(\chi N\tilde{\rho}_\mathrm{A}\tilde{\rho}_\mathrm{B} - (\widetilde{w}_\mathrm{A}\tilde{\rho}_\mathrm{A} + \widetilde{w}_\mathrm{B}\tilde{\rho}_\mathrm{B}) - \tilde{p}(\tilde{\rho}_\mathrm{A} + \tilde{\rho}_s - 1)) - \widetilde{V}\ln(R_g^d\widetilde{Q})$$

$$(26-15)$$

自洽场理论的核心就是把其他所有高分子链段对研究对象链的相互作用简化为该链受到的一个平均场,即平均场近似:自由能泛函的一阶变分为零,从而得到一组自洽场方程组:

$$\frac{\delta(\beta\widetilde{F})}{\delta\tilde{\rho}_\mathrm{A}} = \chi N\tilde{\rho}_\mathrm{B} - \widetilde{w}_\mathrm{A} - \tilde{p} = 0 \qquad (26-16)$$

$$\frac{\delta(\beta\widetilde{F})}{\delta\tilde{\rho}_\mathrm{B}} = \chi N\tilde{\rho}_\mathrm{A} - \widetilde{w}_\mathrm{B} - \tilde{p} = 0 \qquad (26-17)$$

$$\frac{\delta(\beta\widetilde{F})}{\delta\widetilde{w}_\mathrm{A}} = -\tilde{\rho}_\mathrm{A} - \widetilde{V}\frac{1}{\widetilde{Q}}\frac{\partial\widetilde{Q}}{\partial\widetilde{w}_\mathrm{A}} = 0 \qquad (26-18)$$

$$\frac{\delta(\beta\widetilde{F})}{\delta\widetilde{w}_\mathrm{B}} = -\tilde{\rho}_\mathrm{B} - \widetilde{V}\frac{1}{\widetilde{Q}}\frac{\partial\widetilde{Q}}{\partial\widetilde{w}_\mathrm{B}} = 0 \qquad (26-19)$$

$$\frac{\delta(\beta\widetilde{F})}{\delta\tilde{p}} = -\tilde{\rho}_\mathrm{A} - \tilde{\rho}_\mathrm{B} + 1 = 0 \qquad (26-20)$$

它可应用如下的迭代格式计算

$$\widetilde{w}_\mathrm{A}^{n+1} = \widetilde{w}_\mathrm{A}^n + \gamma(\chi N\tilde{\rho}_\mathrm{B}^n - \widetilde{w}_\mathrm{A}^n - \tilde{p}^n)$$

$$\tilde{w}_{B}^{n+1} = \tilde{w}_{B}^{n} + \gamma(\chi N \tilde{\rho}_{A}^{n} - \tilde{w}_{B}^{n} - \tilde{p}^{n})$$

$$\tilde{p}^{n+1} = \frac{\chi N}{2} - \frac{\tilde{w}_{A}^{n+1} + \tilde{w}_{B}^{n+1}}{2}$$

$$\tilde{\rho}_{A}^{n+1} = -\tilde{V} \frac{1}{\tilde{Q}} \frac{\delta \tilde{Q}}{\delta \tilde{w}_{A}^{n+1}}$$

$$\tilde{\rho}_{B}^{n+1} = -\tilde{V} \frac{1}{\tilde{Q}} \frac{\delta \tilde{Q}}{\delta \tilde{w}_{B}^{n+1}}$$

其中 $\gamma = 0.1$。下面给出 $\dfrac{1}{\tilde{Q}} \dfrac{\delta \tilde{Q}}{\delta \tilde{w}_{A}^{n+1}}$ 的计算格式。为了记号简单起见，对式(26-11)中定义的 Q 进行计算。

定义传递函数(propagator)

$$G(x', s'; x, s) = \int \mathcal{D}\{R\} \mathcal{P}(R(s)) \exp[-\int_{s'}^{s} \mathrm{d}s w(R(s), s)] \delta(R(s') - x') \delta(R(s) - x)$$

$$(26-21)$$

它表示两点固定的链的位置可能性累加，s' 位置固定在 x'，s 位置固定在 x。式(26-21)中 $w(x, s)$ 定义为

$$w(x, s) = w_{A}(x), \quad 0 \leqslant s \leqslant f, \quad w(x, s) = w_{B}(x), \quad f \leqslant s \leqslant N$$

$$(26-22)$$

可以证明传递函数满足

$$\left[\frac{\partial}{\partial s} - \frac{b^2}{2d}\Delta_x + w(x, s)\right] G(x', s'; x, s) = 0, \quad s' < s \quad (26-23)$$

$$\left[-\frac{\partial}{\partial s'} - \frac{b^2}{2d}\Delta_{x'} + w(x, s)\right] G(x', s'; x, s) = 0, \quad s' < s \quad (26-24)$$

定义

$$q(x, s) = \int \mathrm{d}x' G(x', 0; x, s) \quad (26-25)$$

则它满足

$$\left[\frac{\partial}{\partial s} - \frac{b^2}{2d}\Delta_x + w(x, s)\right] q(x, s) = 0, \quad 0 < s \quad (26-26)$$

其中 $q(x, 0) = \int \mathrm{d}x' G(x', 0; x, 0) = 1$。定义

$$q^{\uparrow}(x, s) = \int dx' G(x, s; x', N) \quad (26-27)$$

它满足

$$\left[-\frac{\partial}{\partial s} - \frac{b^2}{2d}\Delta_x + w(x, s) \right] q^{\uparrow}(x, s) = 0, \quad s < N \quad (26-28)$$

其中 $q^{\uparrow}(x, N) = \int dx' G(x, N; x', N) = 1$。配分函数 Q 以及关于 w_A 和 w_B 的一阶变分可表示为

$$Q = \int dx q(x, N) = \int dx q^{\uparrow}(x, 0) = \int dx q(x, s) q^{\uparrow}(x, s) \quad (26-29)$$

$$\frac{\delta Q}{\delta w_A(x)} = -\int_0^f ds q(x, s) q^{\uparrow}(x, s), \quad \frac{\delta Q}{\delta w_B(x)} = -\int_f^N ds q(x, s) q^{\uparrow}(x, s)$$

$$(26-30)$$

模型的三个参数：$f = 0.5$，$\chi N = 11.3$，$L = 20$。对一个正方形区域离散为 128×128 的均匀网格。初始数据的赋值：$p = 0$，$\tilde{\rho}_A$ 在区间 $(0, 1)$ 内随机给出，$\tilde{\rho}_B = 1 - \tilde{\rho}_A$，$\tilde{w}_A = \chi N \tilde{\rho}_B$，$\tilde{w}_B = \chi N \tilde{\rho}_A$。

图 26-2 给出了单体 A 的浓度 $\tilde{\rho}_A$ 和单体 B 的浓度 $\tilde{\rho}_B$，浓度数值在 0.2 和 0.8 之间，颜色越深表示单体 A 或单体 B 在此位置的浓度越小。单体 A 的浓度和单体 B 的浓度呈带状分布，周期相同（$L = 20$ 长度上有 6 个周期），但是走势完全相反，这是由于 $\tilde{\rho}_A + \tilde{\rho}_B = 1$。图 26-3 分别给出了单体 A 对应的等效场 $\tilde{w}_A$ 和单体 B 对应的等效场 $\tilde{w}_B$，它们在 2 和 8 之间。$\tilde{w}_A$ 与 $\tilde{\rho}_A$ 共轭，$\tilde{w}_B$ 与 $\tilde{\rho}_B$ 共轭，因此 $\tilde{w}_A$ 的分布和

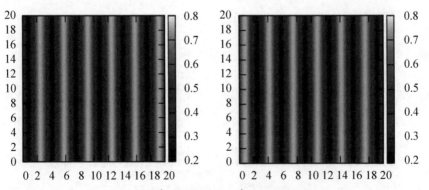

图 26-2 $\tilde{\rho}_A$ 的分布（左），$\tilde{\rho}_B$ 的分布（右）
（扫描二维码查阅彩图）

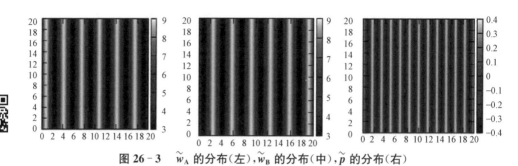

图 26 - 3 $\widetilde{w}_A$ 的分布(左),$\widetilde{w}_B$ 的分布(中),$\widetilde{p}$ 的分布(右)
(扫描二维码查阅彩图)

$\widetilde{\rho}_B$ 的分布相同,$\widetilde{w}_B$ 的分布与 $\widetilde{\rho}_A$ 的分布相同。不难看出,$\widetilde{w}_A$ 越大的地方 $\widetilde{\rho}_A$ 越小,
$\widetilde{w}_B$ 越大的地方 $\widetilde{\rho}_B$ 越小。

胶体吸水膨胀

用热力学模型研究浸没在水中胶体的平衡态。定义自由能 $F(v)$,它依赖胶体的体积 v。F 有如下性质

$$F'(v_0) = F'(v_1) = 0, \quad F''(v_0) > 0, \quad F''(v_1) > 0 \tag{27-1}$$

v_0 和 v_1 分别表示胶体收缩和膨胀时的体积,$0 < v_0 < v_1 < 1$,自由能可差一个常数,不妨设 $F(v_0) = 0$。满足式(27-1)的函数 F 定义为

$$F(v) = ax^2(1-x)^2 + mx^2(3-2x), \quad x \equiv \frac{v - v_0}{v_1 - v_0}, \tag{27-2}$$

其中 $a > 0$ 确保 $\lim\limits_{|v| \to \infty} F(v) = +\infty$。参数 a 和 m 满足 $-a/3 < m < 0$ 确保 v_0 为 F 的局部极小点,v_1 为全局极小点。$F(v_1) = m < 0 = F(v_0)$。比如 $v_0 = \pi/25$,$v_1 = \pi/9$,$a = 10$,$m = -a/20$,$F(v)$ 的图像如图 27-1 所示。

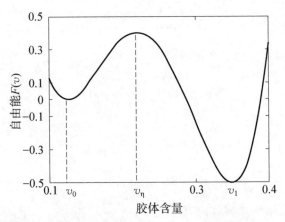

图 27-1　作用能 $F(v)$（$v_0 = \pi/25 = 0.125\,66$, $v_1 = \pi/9 = 0.349\,06$, $v_\eta = 0.220\,61$, $a = 10$, $m = -a/20$）

临界点 $v_\eta = 0.22061$ 满足 $F'(v_\eta) = 0$。v 的动力学可用梯度流描述

$$\frac{\mathrm{d}v}{\mathrm{d}t} = -F'(v) \tag{27-3}$$

$F'(v)$ 为驱动力。

引入相场变量 ξ，t 时刻胶体的边界为 $\xi(x, t) = 1/2$。相场变量在胶体内部为 1，在胶体外部为 0。取一个包含了胶体和外部水溶剂的二维体系 $\Omega = [0, 1]^2$。胶体的体积为

$$v = \int_\Omega h(\xi(x, t))\mathrm{d}x \tag{27-4}$$

其中 $h(\xi) = \xi^2(3 - 2\xi)$ 为单调递增函数，满足 $h(0) = 0$，$h(1) = 1$。

取依赖相场变量的自由能

$$\mathscr{F}[\xi] = F(v) + \int_\Omega Wg(\xi) + \varepsilon \mid \nabla\xi \mid^2 \mathrm{d}x \tag{27-5}$$

其中 $g(\xi) = \xi^2(1 - \xi)^2$，$v$ 由式(27-4)给出，它不依赖空间位置。选取常数 W 和 ε 确保 $\int_\Omega Wg(\xi)\mathrm{d}x$ 和 $\int_\Omega \varepsilon \mid \nabla\xi \mid^2 \mathrm{d}x$ 之间达到平衡，即 $\int_\Omega Wg(\xi) + \varepsilon \mid \nabla\xi \mid^2 \mathrm{d}x$ 达到最小。一维时，达到平衡的 ξ 满足：

$$-2\varepsilon\xi'' + Wg'(\xi) = 0$$

其解为

$$\xi(x) = \frac{1}{2}\left[1 - \tanh\left(\frac{x}{\delta}\right)\right], \quad \delta \equiv 2\sqrt{\frac{\varepsilon}{W}} \Leftrightarrow W = \frac{4\varepsilon}{\delta^2}$$

δ 为相场变量 ξ 的厚度。由这个解得到

$$\sigma \equiv \int Wg(\xi)\mathrm{d}x = \int \varepsilon\left(\frac{\partial\xi}{\partial x}\right)^2 \mathrm{d}x = \frac{\varepsilon}{6}$$

故

$$W = \frac{24\sigma}{\delta^2}, \quad \varepsilon = 6\sigma \tag{27-6}$$

类似地，相场变量满足梯度流方程

$$\frac{\partial\xi}{\partial t} = -\frac{\delta\mathscr{F}}{\delta\xi}, \tag{27-7}$$

驱动力为

$$\frac{\delta \mathscr{F}}{\delta \xi} = F'(v)h'(\xi) + Wg'(\xi) - \varepsilon \Delta \xi. \tag{27-8}$$

由于胶体边界远离区域 Ω 的边界,在边界上 $\xi = 0$。 初始条件为

$$\xi(x,0) = \begin{cases} 1, & (x_1 - 0.5)^2 + (x_2 - 0.5)^2 < r^2 \\ 0, & \text{否则} \end{cases} \tag{27-9}$$

根据 $\pi r_\eta^2 = v_\eta = 0.22061$ 得到临界半径 $r_\eta = 0.264995$。当 $r > r_\eta$ 时,胶体会膨胀,图 27-2 表明了胶体已经膨胀到稳态,它对应的体积为 v_1。当 $r < r_\eta$ 时,胶体会收缩并趋向稳定态,对应的体积为 v_0。图 27-3 给出了两种情况($r > r_\eta$ 和 $r < r_\eta$)下胶体体积的变化曲线。

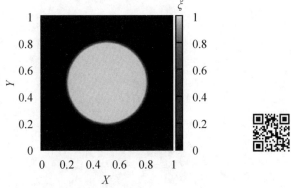

图 27-2　胶体边界 $t = 5000\Delta t$、$\Delta t = 0.001$、$r = 0.265$
(扫描二维码查阅彩图)

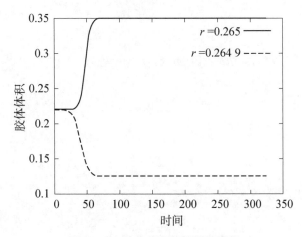

图 27-3　胶体体积随时间的变化

界面厚度为0时的极限

考虑三维相场方程

$$\frac{\partial \xi}{\partial t} = -M\left[\frac{1}{\delta}F'(v)h'(\xi) + \frac{3\sigma}{\delta^2}g'(\xi) - 6\sigma\Delta\xi\right] \qquad (27-10)$$

研究厚度 δ 趋向 0 的极限。相场变量 ξ 依赖厚度 $\delta > 0$。定义曲面(界面)Γ_δ 为

$$\xi(x, y, z, t, \delta) = \frac{1}{2}$$

曲面 Γ_δ 可表示为 $\boldsymbol{R}(s, q)$,其中坐标 s 和 q 为弧长参数,使得 $\boldsymbol{t}_1 = \dfrac{\partial \boldsymbol{R}}{\partial s}$ 和 $\boldsymbol{t}_2 = \dfrac{\partial \boldsymbol{R}}{\partial q}$ 为互相正交的单位向量。$\boldsymbol{n}$ 为曲面 Γ_δ 的单位外法向。定义曲线坐标 (r, s, q),r 为 (x, y, z) 到曲面 Γ_δ 的符号距离。

对充分小的 $|r|$ 和光滑曲面 Γ_δ,存在笛卡尔坐标 (x, y, z) 到曲线坐标 (r, s, q) 之间的一一映射

$$\boldsymbol{r} \equiv (x, y, z) = \boldsymbol{R}(s, q) + r\boldsymbol{n} \qquad (27-11)$$

引入坐标基

$$\boldsymbol{g}_r = \boldsymbol{n}, \quad \boldsymbol{g}_s = (1 + r\kappa_1)\boldsymbol{t}_1 + r\tau\boldsymbol{t}_2, \quad \boldsymbol{g}_q = (1 + r\kappa_2)\boldsymbol{t}_2 + r\tau\boldsymbol{t}_1$$

κ_1 和 κ_2 分别是曲线(q = 常数)和曲线(s = 常数)的法向曲率(normal curvature),τ 为曲线的饶率(torsion)。度量张量为

$$\boldsymbol{g} = (g_{\alpha\beta}) = \begin{pmatrix} 1 & 0 & 0 \\ 0 & (1+r\kappa_1)^2 + r^2\tau^2 & 2r\tau + r^2(\kappa_1+\kappa_2)\tau \\ 0 & 2r\tau + r^2(\kappa_1+\kappa_2)\tau & (1+r\kappa_2)^2 + r^2\tau^2 \end{pmatrix}$$

它的行列式为

$$g = \det\boldsymbol{g} = \left[(1+r\kappa_1)(1+r\kappa_2) - r^2\tau^2\right]^2$$

$\boldsymbol{g}$ 的逆变张量为

$$\boldsymbol{g}^{-1} = (g^{\alpha\beta}) = \frac{1}{g}\begin{pmatrix} 1 & 0 & 0 \\ 0 & (1+r\kappa_2)^2 + r^2\tau^2 & -2r\tau - r^2(\kappa_1+\kappa_2)\tau \\ 0 & -2r\tau - r^2(\kappa_1+\kappa_2)\tau & (1+r\kappa_1)^2 + r^2\tau^2 \end{pmatrix}$$

对偶基(reciprocal basis)向量为

$$\boldsymbol{g}^r = \boldsymbol{n}, \quad \boldsymbol{g}^s = \frac{1}{\sqrt{g}}((1+r\kappa_2)\boldsymbol{t}_1 - r\tau\boldsymbol{t}_2), \quad \boldsymbol{g}^q = \frac{1}{\sqrt{g}}((1+r\kappa_1)\boldsymbol{t}_2 - r\tau\boldsymbol{t}_1)$$

梯度和散度分别为

$$\nabla = \boldsymbol{g}^{\alpha} \partial_{\alpha}, \quad \nabla \cdot \boldsymbol{A} = \frac{1}{\sqrt{g}} \partial_{\alpha} (\sqrt{g}\, g^{\alpha\beta} A_{\beta})$$

关于时间 t 的导数的变换为

$$\partial_t \Rightarrow \partial_t - J^{-1} (v_n \partial_r + v_s \partial_s + v_q \partial_q)$$

其中 v_n、v_s 和 v_q 分别为法向速度和沿正交曲线的速度。J 是从 (r, s, q) 到 (x, y, z) 的 Jacobi 行列式

$$J = \sqrt{g} = (1 + r\kappa_1)(1 + r\kappa_2) - r^2 \tau^2$$

在 Γ_δ 附近，$|r|$ 很小，引入

$$\rho = r/\delta$$

定义 $\Xi(\rho, s, q, t, \delta) = \xi(x, y, z, t, \delta)$。下面忽略 (t, δ) 的书写，则梯度和散度可表示为

$$\nabla = \delta^{-1} \boldsymbol{n} \partial_\rho + \boldsymbol{g}^{\tilde{\alpha}} \partial_{\tilde{\alpha}}, \quad \nabla \cdot \boldsymbol{A} = \frac{1}{\sqrt{g}} (\delta^{-1} \partial_\rho (\sqrt{g} A_\rho) + \partial_{\tilde{\alpha}} (\sqrt{g}\, g^{\tilde{\alpha}\tilde{\beta}} A_{\tilde{\beta}}))$$

关于时间 t 的导数的变换为

$$\partial_t \Rightarrow \partial_t - \delta^{-1} v_n \partial_\rho + O(1)$$

在曲线坐标下，相场方程为

$$\partial_t \Xi - \frac{v_n}{\delta} \partial_\rho \Xi + O(1)$$

$$= -M \left[\delta^{-1} F'(v) h'(\Xi) + \frac{3\sigma}{\delta^2} g'(\Xi) - 6\sigma \frac{1}{J} \left(\frac{1}{\delta^2} \partial_\rho (J \partial_\rho \Xi) + \partial_{\tilde{\alpha}} (J g^{\tilde{\alpha}\tilde{\beta}} \partial_{\tilde{\beta}} \Xi) \right) \right]$$

$$(27 - 12)$$

$$v = \int_\Omega h(\boldsymbol{\xi}(\boldsymbol{r})) \mathrm{d}\boldsymbol{r} = \int_{\Omega_\delta} h(\boldsymbol{\xi}(\boldsymbol{r}(r, s, q))) J^{-1} \mathrm{d}r \mathrm{d}s \mathrm{d}q \qquad (27 - 13)$$

$$= \delta \int_{\tilde{\Omega}_\delta} h(\Xi(\rho, s, q)) J^{-1} \mathrm{d}\rho \mathrm{d}s \mathrm{d}q$$

其中

$$\Omega_\delta = \{(r, s, q) \mid f_1(s, q) \leqslant r \leqslant f_2(s, q), (s, q)\ 参数化\ \Gamma_\delta\}$$

$$\tilde{\Omega}_\delta = \{(\rho, s, q) \mid \delta^{-1} f_1(s, q) \leqslant \rho \leqslant \delta^{-1} f_2(s, q), (s, q)\ 参数化\ \Gamma_\delta\}$$

由于 δ 充分小,从 Ω 到 Ω_δ 是一一对应。当 δ 趋向 0 时,曲面 Γ_δ 趋向 Γ_0。

关于 δ 做展开

$$\xi = \xi^0 + \delta\xi^1 + \delta^2\xi^2 + \cdots$$

代入式(27 – 10),并比较 $O(\delta^{-2})$ 项得到

$$g'(\xi^0) = 0$$

它有唯一解

$$\xi^0(\boldsymbol{r}, t) = \begin{cases} 1, & \boldsymbol{r}\ \text{在}\ \Omega_0\ \text{内} \\ 0, & \text{否则} \end{cases}$$

在坐标 (ρ, s, q) 下,关于 δ 做展开

$$\Xi = \Xi^0 + \delta\Xi^1 + \delta^2\Xi^2 + \cdots$$

曲率 κ_1、κ_2 和挠率 τ 和法向速度 v_n 可展开为

$$\kappa_1 = \kappa_1^0 + O(\delta), \quad \kappa_2 = \kappa_2^0 + O(\delta), \quad \tau = \tau^0 + O(\delta)$$
$$v_n = v_n^0 + O(\delta)$$

其中 κ_1^0、κ_2^0、τ^0 和 v_n^0 分别为 Γ_0 的曲率、挠率和法向速度。

比较式(27 – 12)中的 $O(\delta^{-2})$ 项,

$$-M\big[3\sigma g'(\Xi^0) - 6\sigma \partial_{\rho\rho}\Xi^0\big] = 0$$

即

$$\partial_{\rho\rho}\Xi^0 - \frac{1}{2}g'(\Xi^0) = 0$$

两边乘以 $\partial_\rho\Xi^0$,

$$\partial_\rho\big((\partial_\rho\Xi^0)^2\big) = \partial_\rho g(\Xi^0)$$

对 ρ 积分得到

$$(\partial_\rho\Xi^0)^2 = g(\Xi^0) + a$$

常数 a 不依赖 ρ。根据 Ξ^0 和 ξ^0 的匹配条件,并取极限 $\rho \to \pm\infty$,$a = 0$。上述方程变为

$$\partial_\rho\Xi^0 = -\Xi^0(1 - \Xi^0)$$

关于 ρ 积分,

$$\Xi^0(\rho, s, t) = \frac{1}{2}\left[1 - \tanh\left(\frac{\rho}{2}\right)\right]$$

比较式(27-12)中的 $O(\delta^{-1})$ 项,

$$-v_n^0 \partial_\rho \Xi^0 = -M[F'(v)h'(\Xi^0) + 3\sigma g''(\Xi^0)\Xi^1 - 6\sigma((\kappa_1^0 + \kappa_2^0)\partial_\rho \Xi^0 + \partial_{\rho\rho}\Xi^1)]$$

这里 v 为

$$\delta\int_{\hat{\Omega}_\delta} h(\Xi(\rho, s, q))J^{-1}\mathrm{d}\rho\,\mathrm{d}s\,\mathrm{d}q \to \int_{\Gamma_0}\mathrm{d}s\,\mathrm{d}q\int_{f_1(s,q)}^{f_2(s,q)} \text{Heaviside 函数 }\mathrm{d}r = \Gamma_0\text{ 包含的体积}\equiv v$$

$$\mathscr{L}\Xi^1 \equiv \partial_{\rho\rho}\Xi^1 - \frac{1}{2}g''(\Xi^0)\Xi^1 = \frac{1}{6\sigma}F'(v)h'(\Xi^0) - \frac{1}{6M\sigma}v_n^0\partial_\rho\Xi^0 - (\kappa_1^0 + \kappa_2^0)\partial_\rho\Xi^0$$

注意:

$$\mathscr{L}(\partial_\rho\Xi^0) = \partial_\rho\left(\partial_{\rho\rho}\Xi^0 - \frac{1}{2}g'(\Xi^0)\right) = 0$$

$$\int_{-\infty}^{+\infty}\mathscr{L}\Xi^1(\partial_\rho\Xi^0) = \int_{-\infty}^{+\infty}\Xi^1\mathscr{L}(\partial_\rho\Xi^0) = 0$$

这里用到了 $\lim_{\rho\to\pm\infty}\partial_\rho\Xi^0 = \lim_{\rho\to\pm\infty}\partial_{\rho\rho}\Xi^0 = 0$。所以,

$$\int_{-\infty}^{+\infty}\mathrm{d}\rho\left\{\frac{1}{6\sigma}F'(v)h'(\Xi^0) - \frac{1}{6M\sigma}v_n^0\partial_\rho\Xi^0 - (\kappa_1^0 + \kappa_2^0)\partial_\rho\Xi^0\right\}\partial_\rho\Xi^0 = 0$$

由于

$$\int_{-\infty}^{\infty}(\partial_\rho\Xi^0)^2\,\mathrm{d}\rho = -\frac{1}{6}\int_{-\infty}^{\infty}(\partial_\rho\Xi^0)h'(\Xi^0)\,\mathrm{d}\rho = -\frac{1}{6}\int_1^0 h'(\Xi^0)\,\mathrm{d}\Xi^0 = \frac{1}{6}$$

故

$$-F'(v) = \sigma(\kappa_1^0 + \kappa_2^0) + \frac{1}{M}v_n^0 \tag{27-14}$$

该方程称为 Sharp interface 模型:它给出了在界面厚度趋向 0 时,界面的法向速度依赖曲率和界面包含的体积。

案例 *28*

水凝胶动力学

　　水凝胶(hydrogel)是由带电大分子聚合物链构成的三维网络。它在外界刺激下通过吸收溶剂(水)而膨胀或收缩,随比如温度、pH、离子强度、电场、酶、光和化学物质等改变而变化。水凝胶对外界刺激的反应导致它有广泛应用,比如,药物传递、生物传感器、组织工程、人制肌肉、微观阀门等。本案例只考虑二维体系,对三维体系,控制方程不会改变。

　　现把二维水凝胶浸没在有自由离子的溶剂(水)中,自由离子可自由地进入水凝胶内部。溶剂中自由离子浓度的改变会导致水凝胶的膨胀或收缩[37]。整个体系 $\Omega = [0, L]^2$ 包括水凝胶和它外部的溶剂。在 Ω 中自由离子浓度满足 Nernst-Planck 方程

$$\frac{\partial c_k}{\partial t} = \nabla \cdot \left[D_k \left(\nabla c_k + \frac{z_k F_r}{RT} c_k \nabla \psi \right) \right], \quad k = 1, \cdots, N \qquad (28-1)$$

式中,c_k 表示第 k 种自由离子的浓度,D_k 和 z_k 为它的扩散系数和电荷阶。F_r、R 和 T 分别为 Faraday 常数、气体常数和绝对温度。括号中第二项表示在电势 ψ 下的离子迁移。电势 ψ 满足 Poisson 方程

$$\nabla \cdot (\varepsilon \nabla \psi) + F_r \left(\sum_{k=1}^{N} z_k c_k + z_f c_f \right) = 0 \qquad (28-2)$$

ε 为介质的绝对介电常数。水凝胶中由大分子链构成的网络结构中包含了固定带电离子,设它的浓度为 c_f,电荷阶为 z_f。由于电势的传播速度比对流扩散时快得多,故假设 ψ 不依赖时间。

　　在 t 时刻的渗透压力(osmotic pressure)为

$$p(t) = RT \left[\frac{\int_{\Omega} \xi(x, t) \left(\sum_{k=1}^{N} c_k(x, t) \right) dx}{\int_{\Omega} \xi(x, t) dx} - \frac{\int_{\Omega} (1 - \xi(x, t)) \left(\sum_{k=1}^{N} c_k(x, t) \right) dx}{\int_{\Omega} (1 - \xi(x, t)) dx} \right]$$

(28-3)

上式括号中的第一项和第二项都不依赖空间位置，它们分别表示自由离子在水凝胶内部和外部（bath solution）的平均浓度。ξ 为无量纲的相场变量，它的值在 0 和 1 之间。$\xi = 1$ 和 $\xi = 0$ 分别表示水凝胶内部和外部，厚度为 δ 的水凝胶的边界 ξ 快速衰减（由水凝胶内部到外部）。用 u 表示水凝胶的位移（形变），它处于力学平衡

$$\frac{\partial}{\partial x_j}\left[h\left(2\mu\varepsilon_{ij}+\lambda\varepsilon_{kk}\delta_{ij}\right)+(1-h)\tilde{\lambda}\varepsilon_{kk}\delta_{ij}-h(\xi)(p-p^{eq})\delta_{ij}\right]=0 \quad (28-4)$$

式中，$h = h(\xi) = \xi^2(3-2\xi)$ 满足 $h(0)=0$，$h(1)=1$，它是相场变量 ξ 的函数。μ 和 λ 分别表示水凝胶的剪切模量和 Lame 常数。$\tilde{\lambda}$ 为水凝胶外部的 Lame 常数，这里假设水凝胶外部的溶液的剪切常数为 0。括号中第一和第二项求和表示在水凝胶内部的应力 $2\mu\varepsilon_{ij}+\lambda\varepsilon_{kk}\delta_{ij}$ 和外部的应力 $\tilde{\lambda}\varepsilon_{kk}\delta_{ij}$ 的插值。这里应变定义为 $\varepsilon_{ij}=\frac{1}{2}(u_{i,j}+u_{j,i})$，$u_{i,j}=\frac{\partial u_i}{\partial x_j}$ 为位移 u 的第 i 个分量 u_i 对空间坐标 x_j 的偏导数。上式括号中最后一项表示压力 p 和平衡压力 p^{eq} 的差。由于位移 u 是相对初始平衡构形来度量的，所以 p 需要减去初始平衡时的压力 p^{eq}。$(p-p^{eq})$ 的因子 $h(\xi)$ 确保了压力在水凝胶外部的溶解中为 0。

$\xi = 1/2$ 描述了水凝胶边界的位置，水凝胶的边界改变用 ξ 的动力学方程描述。有三个因素导致相场变量的改变：第一个因素为驱动力，它依赖温度、离子浓度和应力；第二个因素是水凝胶的边界厚度保持不变（sharp interface），这可通过引入双势阱（double-well）函数实现；第三个因素是相场变量的扩散。第二和第三因素之间的平衡通过调整界面能和界面厚度来实现。相场变量 ξ 满足

$$\frac{\partial\xi}{\partial t}=-M_\xi\left[h'(\xi)\left(\mu\varepsilon_{ij}^2+\frac{\lambda-\tilde{\lambda}}{2}(\varepsilon_{kk})^2-(p-p^{eq})\right)+\frac{W_{N+1}}{V_m}g'(\xi)-K_\xi\nabla^2\xi\right]$$

$$(28-5)$$

式中，M_ξ 为流动系数，$h'(\xi)=6\xi(1-\xi)$，$g'(\xi)=2\xi(1-\xi)(1-2\xi)$ 是 $h(\xi)$ 的导数，$g(\xi)=\xi^2(1-\xi)^2$ 为双势阱（double-well）函数。等号右端第一项表示相场变量的驱动力，它只有在界面附近才不为 0。等号右端第二项确保界面厚度保持不变，右端第三项保证界面是扩散的。W_{N+1} 为势高，V_m 为摩尔（molar）体积，K_ξ 控制了相场变量的扩散。在二元合金的相场模型中，上述参数和界面厚度 δ、界面能 σ 相关联：

$$K_\xi = 6\delta\sigma, \quad W_{N+1} = \frac{3\sigma V_m}{\delta}$$

固定在大分子链上的离子浓度 c_f 为

$$c_f(\boldsymbol{x}, t) = \frac{\xi(\boldsymbol{x}, t) c_f^{eq} \int_\Omega \xi^{eq}(\boldsymbol{x}) \mathrm{d}\boldsymbol{x}}{\int_\Omega \xi(\boldsymbol{x}, t) \mathrm{d}\boldsymbol{x}} \tag{28-6}$$

当水凝胶处于平衡状态时，相场变量为 $\xi^{eq}(\boldsymbol{x})$，固定离子浓度为 c_f^{eq}。$c_f^{eq} \int_\Omega \xi^{eq}(\boldsymbol{x}) \mathrm{d}\boldsymbol{x}$ 表示 Ω 内总的固定离子数，$\int_\Omega \xi(\boldsymbol{x}, t) \mathrm{d}\boldsymbol{x}$ 表示 t 时刻水凝胶的体积。$c_f(\boldsymbol{x}, t)$ 和 $\xi(\boldsymbol{x}, t)$ 成比例，确保了在外部的溶解中没有固定离子，在水凝胶内部 $c_f(\boldsymbol{x}, t)$ 为常数。当水凝胶膨胀时，在水凝胶内部的固定离子浓度变小。

力学方程(28-4)和相场方程(28-5)之间的耦合通过压力方程(28-3)实现，压力依赖离子浓度 c_k 和相场变量 ξ。自由离子的浓度方程(28-1)和电势方程(28-2)通过固定离子浓度 c_f 实现耦合，c_f 由式(28-6)定义。所以，变量 c_k、c_f、ψ、u 和 ξ 都互相耦合，可实现求解。

取特征变量：$L_{ref} = L$，$t_{ref} = 1$，$\psi_{ref} = RT/F_r$，$c_{ref} = c^*$，$p_{ref} = c^* RT$。c^* 为水凝胶外部溶剂中的离子浓度。定义无量纲的量(⁻)：

$$\overline{c}_k(\overline{\boldsymbol{x}}, \overline{t}) = \frac{c_k(\boldsymbol{x}, t)}{c_{ref}}, \quad \overline{c}_f(\overline{\boldsymbol{x}}, \overline{t}) = \frac{c_f(\boldsymbol{x}, t)}{c_{ref}}$$

$$\overline{u}(\overline{\boldsymbol{x}}, \overline{t}) = \frac{u(\boldsymbol{x}, t)}{L_{ref}}, \quad \overline{p}(\overline{t}) = \frac{p(t)}{p_{ref}}, \quad \overline{\psi}(\overline{\boldsymbol{x}}, \overline{t}) = \frac{\psi(\boldsymbol{x}, t)}{\psi_{ref}}, \quad \overline{\xi}(\overline{\boldsymbol{x}}, \overline{t}) = \xi(\boldsymbol{x}, t)$$

其中

$$\overline{\boldsymbol{x}} = \frac{\boldsymbol{x}}{L_{ref}}, \quad \overline{t} = \frac{t}{t_{ref}}, \quad \Omega = [0, L]^2, \quad \overline{\Omega} = [0, 1]^2$$

控制方程也可无量纲化。下文都是对无量纲的量进行讨论。用差分方法离散控制方程。两个空间方向取 40 个离散点(除了相场变量)。对相场变量，每个方向取 118 个离散格点。时间步长为 0.05。

模拟水凝胶在化学刺激下的膨胀或收缩。水凝胶浸没在 NaCl 溶剂中，在水凝胶外部溶剂中的 Na⁺ 和 Cl⁻ 离子浓度为 $c^* = 2 \, mol \cdot m^{-3}$。Na⁺ 和 Cl⁻ 对应电荷阶分别为 $z_1 = 1$，$z_2 = -1$。固定在大分子链的离子为负离子，它的电荷阶为 $z_f = -1$，假设固定离子在水凝胶内部均匀分布，在初始(平衡)时刻 c_f 为 $4 \, mol \cdot m^{-3}$。Faraday 常数和气体常数分别为 $F_r = 96487 (C \cdot mol^{-1})$，$R = 8.314 (J \cdot K^{-1} \cdot mol^{-1})$。其他参数为 $T = 298 \, K$，$\varepsilon = 7.083344 \times 10^{-10} (A^2 \cdot s^4 \cdot kg^{-1} \cdot m^{-3})$，$D_1 = D_2 = 10^{-7} \, m^2 \cdot s^{-1}$。人为选取其他参数：$V_m = 1.8 \times 10^{-5} \, m^{-3}$，$\lambda = \widetilde{\lambda} = \mu = 1.2 \times 10^{-4} \, Pa$，$\delta = 2 \times 10^{-6} \, m$，

$\sigma = 5 \times 10^{-5}\ \text{J} \cdot \text{m}^{-2}$，$M_\xi = 0.016\ \text{Pa}^{-1} \cdot \text{s}^{-1}$，$L = 10^{-3}\ \text{m}$。

相应的特征变量为 $\psi_{\text{ref}} = 2.568 \times 10^{-2}\ \text{V}$，$c_{\text{ref}} = 2\ \text{mol} \cdot \text{m}^{-3}$，$p_{\text{ref}} = 4.955 \times 10^3\ \text{Pa}$，水分子只通过绝对介电常数 ε 产生影响。

c_k 和 ψ 的初始条件通过 Donnan 平衡和电中性条件得到

$$c_k = c_b \exp(-z_k \Delta\psi), \quad k = 1,\, 2, \quad \sum_{k=1}^{2} z_k c_k + z_f c_f = 0 \qquad (28-7)$$

c_b 表示水凝胶外部溶剂中的自由离子浓度，固定离子浓度 $c_f = 2$。方程（28-7）的解为

$$c_1 = \frac{c_f + \sqrt{c_f^2 + 4c_b^2}}{2}, \quad c_2 = \frac{-c_f + \sqrt{c_f^2 + 4c_b^2}}{2} \qquad (28-8)$$

$$\Delta\psi = -\ln\frac{c_1}{c_b} = -\ln\frac{c_f/c_b + \sqrt{(c_f/c_b)^2 + 4}}{2} \qquad (28-9)$$

在初始时刻，$c_b = 1$，所以，

$$c_1 = 2.414, \quad c_2 = 0.414, \quad \Delta\psi = -0.88137 \qquad (28-10)$$

电势和位移在模拟区域的边界上都为 0。水凝胶外部的自由离子浓度随时间的变化如图 28-1 所示。图 28-2 给出了水凝胶所占的体积随时间的变化：水凝胶先膨胀，再收缩，最后再膨胀到原来的大小。图 28-3 给出了模拟结果和实验结果的比较。模拟结果表明了：当外界溶剂中离子浓度增大时，水凝胶收缩；否则，水凝胶膨胀，这和实验结果基本吻合。

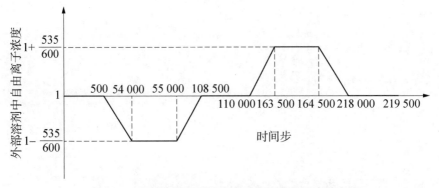

图 28-1　水凝胶外部的自由离子浓度随时间步的变化

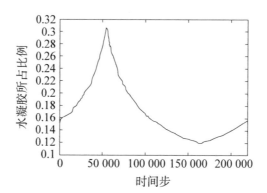

图 28‑2   水凝胶的体积所占比例随时间步的变化

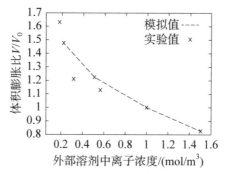

图 28‑3   模拟计算结果和实验结果的比较
（V_0 是在外界离子浓度为 1 mol/m³
时平衡态的水凝胶所占的体积比
例）

案例 29

电 解 质 溶 液

电解质溶液有 n_+ 个阳离子(cation)和 n_- 个阴离子(anion)，它们各自对应的粒子浓度算符为

$$\hat{c}_+ = \sum_{i=1}^{n_+} \delta(\boldsymbol{r} - \boldsymbol{r}_i), \quad \hat{c}_- = \sum_{j=1}^{n_-} \delta(\boldsymbol{r} - \boldsymbol{r}_j') \qquad (29-1)$$

$\{\boldsymbol{r}_i\}_{i=1}^{n_+}(\{\boldsymbol{r}_j'\}_{j=1}^{n_-})$ 为 n_+ (n_-) 个阳(阴)离子的位置。总电荷密度为

$$\hat{\rho} = \rho_{\mathrm{ex}} + ez_+ h_+ * \hat{c}_+ - ez_- h_- * \hat{c}_- \qquad (29-2)$$

ρ_{ex} 为外部电荷密度，e 为基本电荷量，z_+ (z_-) 为阳(阴)离子的离子阶。

$$(h_\pm * \hat{c}_\pm)(\boldsymbol{r}) \equiv \int \mathrm{d}\boldsymbol{r}' h_\pm(\boldsymbol{r} - \boldsymbol{r}') \hat{c}_\pm(\boldsymbol{r}')$$

为 $h_\pm$ 和 $\hat{c}_\pm$ 的卷积。$h_\pm$ 为 Gaussian 函数

$$h_\pm(\boldsymbol{r}' - \boldsymbol{r}) = \left(\frac{1}{2a_\pm^2}\right)^{3/2} \exp\left[-\frac{\pi |\boldsymbol{r}' - \boldsymbol{r}|^2}{2a_\pm^2}\right] \qquad (29-3)$$

$a_\pm$ 为阳／阴离子的玻尔半径。对于任意函数 ϕ，

$$\int \mathrm{d}\boldsymbol{r}\phi(\boldsymbol{r})(h_+ * \hat{c}_+)(\boldsymbol{r}) = \int \mathrm{d}\boldsymbol{r} \int \mathrm{d}\boldsymbol{r}' \phi(\boldsymbol{r}) h_+(\boldsymbol{r} - \boldsymbol{r}') \hat{c}_+(\boldsymbol{r}')$$

$$= \sum_{i=1}^{n_+} \int \mathrm{d}\boldsymbol{r}\phi(\boldsymbol{r}) h_+(\boldsymbol{r} - \boldsymbol{r}_i) = \sum_{i=1}^{n_+} (h_+ * \phi)(\boldsymbol{r}_i)$$

$$(29-4)$$

当 $a_+ = a_- \to 0$ 时，离子可看成点电荷，$h_\pm(\boldsymbol{r}) = \delta(\boldsymbol{r})$。

本案例参考文献[39]。

体系的库仑势能为

$$H = \frac{1}{2}\int \mathrm{d}\boldsymbol{r}\,\mathrm{d}\boldsymbol{r}' \hat{\rho}(\boldsymbol{r})C(\boldsymbol{r},\,\boldsymbol{r}')\hat{\rho}(\boldsymbol{r}') - \frac{1}{\beta}\int \mathrm{d}\boldsymbol{r}(J_+\,\hat{c}_+ + J_-\,\hat{c}_-) \qquad (29-5)$$

$\beta = 1/(k_\mathrm{B}T)$ 为逆玻尔兹曼(Boltzmann)温度，$C(\boldsymbol{r},\,\boldsymbol{r}')$ 为 Coulomb 算符

$$-\nabla \cdot [\varepsilon \nabla C(\boldsymbol{r},\,\boldsymbol{r}')] = \delta(\boldsymbol{r}-\boldsymbol{r}') \qquad (29-6)$$

依赖空间位置的 ε 是电介质溶液的介电系数。J_+ 和 J_- 为作用在阳离子和阴离子的外部作用势。C 的逆算子 C^{-1} 满足

$$C^{-1}(\boldsymbol{r},\,\boldsymbol{r}') = \nabla_r \cdot [\varepsilon(\boldsymbol{r}) \nabla_{r'}\delta(\boldsymbol{r}-\boldsymbol{r}')] \qquad (29-7)$$

这是由于

$$\int \mathrm{d}\boldsymbol{r}''C^{-1}(\boldsymbol{r},\,\boldsymbol{r}'')C(\boldsymbol{r}'',\,\boldsymbol{r}') = \nabla_r \cdot \left[\varepsilon(\boldsymbol{r})\int \mathrm{d}\boldsymbol{r}'' \nabla_{r''}\delta(\boldsymbol{r}-\boldsymbol{r}'')C(\boldsymbol{r}'',\,\boldsymbol{r}')\right]$$

$$= -\nabla_r \cdot \left[\varepsilon(\boldsymbol{r})\int \mathrm{d}\boldsymbol{r}''\delta(\boldsymbol{r}-\boldsymbol{r}'') \nabla_{r''}C(\boldsymbol{r}'',\,\boldsymbol{r}')\right]$$

$$= -\nabla_r \cdot [\varepsilon(\boldsymbol{r}) \nabla_r C(\boldsymbol{r},\,\boldsymbol{r}')] = \delta(\boldsymbol{r}-\boldsymbol{r}')$$

$C(\boldsymbol{r},\,\boldsymbol{r}')$ 和 $C^{-1}(\boldsymbol{r},\,\boldsymbol{r}')$ 关于 $\boldsymbol{r}$、$\boldsymbol{r}'$ 交换后不变。

正则系综下的配分函数为

$$Q = \frac{1}{n_+!n_-!v_+^{n_+}v_-^{n_-}}\int \prod_{i=1}^{n_+}\mathrm{d}\boldsymbol{r}_i \int \prod_{j=1}^{n_-}\mathrm{d}\boldsymbol{r}'_j \exp(-\beta H) \qquad (29-8)$$

$v_\pm$ 为体积尺度[如取为德布罗义(de Broglie)波长的 3 次方]，它们可任意选取，这相当于对化学势做一个平移。

考虑 Gauss 函数积分(Hubbard-Stratonovich 变换)

$$\exp\left(-\beta \frac{1}{2}\int \mathrm{d}\boldsymbol{r}\,\mathrm{d}\boldsymbol{r}' \hat{\rho}(\boldsymbol{r})C(\boldsymbol{r},\,\boldsymbol{r}')\hat{\rho}(\boldsymbol{r}')\right)$$

$$= \frac{1}{Z_\mathrm{C}}\int \mathrm{D}\phi \exp\left(-\frac{\beta}{2}\int \mathrm{d}\boldsymbol{r}\,\mathrm{d}\boldsymbol{r}'\phi(\boldsymbol{r})C^{-1}(\boldsymbol{r},\,\boldsymbol{r}')\phi(\boldsymbol{r}')\right)\exp\left(-\int \mathrm{d}\boldsymbol{r}\mathrm{i}\beta\phi(\boldsymbol{r})\hat{\rho}(\boldsymbol{r})\right)$$

$$= \frac{1}{Z_\mathrm{C}}\int \mathrm{D}\phi \exp\left(-\frac{\beta}{2}\int \mathrm{d}\boldsymbol{r}\varepsilon(\boldsymbol{r})(\nabla_r\phi)^2\right)\exp\left(-\int \mathrm{d}\boldsymbol{r}\mathrm{i}\beta\phi(\boldsymbol{r})\hat{\rho}(\boldsymbol{r})\right) \qquad (29-9)$$

Z_C 为归一化常数。这里 $\int \mathrm{D}\phi$ 表示对所有函数 ϕ 进行泛函积分。

$$Z_\mathrm{C} = \int \mathrm{D}\phi \exp\left(-\frac{\beta}{2}\int \mathrm{d}\boldsymbol{r}\,\mathrm{d}\boldsymbol{r}'\phi(\boldsymbol{r})C^{-1}(\boldsymbol{r},\,\boldsymbol{r}')\phi(\boldsymbol{r}')\right)$$

$$= \int \mathrm{D}\phi \exp\left(-\frac{\beta}{2}\int \mathrm{d}\boldsymbol{r}\varepsilon(\boldsymbol{r})(\nabla_r\phi)^2\right) \qquad (29-10)$$

利用式(29-9),配分函数式(29-8)变为

$$Q = \frac{1}{n_+!\,n_-!\,v_+^{n_+}\,v_-^{n_-}\,Z_C} \int \prod_{i=1}^{n_+} \mathrm{d}\boldsymbol{r}_i \int \prod_{j=1}^{n_-} \mathrm{d}\boldsymbol{r}_j' \int \mathrm{D}\phi \exp\left(-\frac{\beta}{2}\int \mathrm{d}\boldsymbol{r}\varepsilon(\boldsymbol{r})(\nabla_r\phi)^2\right)$$

$$\exp\left(-\int \mathrm{d}\boldsymbol{r}\,\mathrm{i}\beta\phi(\boldsymbol{r})\hat{\rho}(\boldsymbol{r})\right)\exp\left(\int \mathrm{d}\boldsymbol{r}(J_+\,\hat{c}_+ + J_-\,\hat{c}_-)\right)$$

$$= \frac{1}{n_+!\,n_-!\,v_+^{n_+}\,v_-^{n_-}\,Z_C} \int \prod_{i=1}^{n_+} \mathrm{d}\boldsymbol{r}_i \int \prod_{j=1}^{n_-} \mathrm{d}\boldsymbol{r}_j' \int \mathrm{D}\phi \exp\left(-\frac{\beta}{2}\int \mathrm{d}\boldsymbol{r}\varepsilon(\boldsymbol{r})(\nabla_r\phi)^2\right)\exp\left(-\mathrm{i}\beta\int \phi\rho_{\mathrm{ex}}\right)$$

$$\exp\left(\sum_{i=1}^{n_+}[-\mathrm{i}\beta ez_+ h_+*\phi(\boldsymbol{r}_i)+J_+(\boldsymbol{r}_i)] + \sum_{j=1}^{n_-}[\mathrm{i}\beta ez_- h_-*\phi(\boldsymbol{r}_j')+J_-(\boldsymbol{r}_j')]\right)$$

$$= \frac{1}{Z_C}\int \mathrm{D}\phi \exp\left(-\frac{\beta}{2}\int \mathrm{d}\boldsymbol{r}\varepsilon(\boldsymbol{r})(\nabla_r\phi)^2\right)\exp\left(-\mathrm{i}\beta\int \phi\rho_{\mathrm{ex}}\right)$$

$$\frac{1}{n_+!\,v_+^{n_+}}\left(\int \mathrm{d}\boldsymbol{r}\exp[-\mathrm{i}\beta ez_+ h_+*\phi(\boldsymbol{r})+J_+(\boldsymbol{r})]\right)^{n_+}$$

$$\frac{1}{n_-!\,v_-^{n_-}}\left(\int \mathrm{d}\boldsymbol{r}\exp[\mathrm{i}\beta ez_- h_-*\phi(\boldsymbol{r})+J_-(\boldsymbol{r})]\right)^{n_-} \tag{29-11}$$

它是 $(n_+,\ n_-)$ 的函数。巨正则系综下的配分函数为

$$\Xi = \sum_{n_+=0}^{\infty}\sum_{n_-=0}^{\infty} Q(n_+,\ n_-)\mathrm{e}^{n_+\mu_+}\,\mathrm{e}^{n_-\mu_-} = \frac{1}{Z_C}\int \mathrm{D}\phi \exp\{-L[\phi]\} \tag{29-12}$$

$\mu_+\,(\mu_-)$ 为阳(阴)离子的化学势,无量纲的作用能 L 为

$$L[\phi] = \int \mathrm{d}\boldsymbol{r}\left[\frac{\beta}{2}\varepsilon(\nabla\phi)^2 + \mathrm{i}\beta\rho_{\mathrm{ex}}\phi - \lambda_+\,\mathrm{e}^{-\mathrm{i}\beta ez_+ h_+*\phi+J_+} - \lambda_-\,\mathrm{e}^{\mathrm{i}\beta ez_- h_-*\phi+J_-}\right] \tag{29-13}$$

$\lambda_\pm = \mathrm{e}^{\mu_\pm}/v_\pm$ 为阳/阴离子的逸度。L 的一阶变分为

$$\frac{\delta L}{\delta\phi(\boldsymbol{r})} = -\beta\nabla\cdot(\varepsilon\nabla\phi) + \mathrm{i}\beta\rho_{\mathrm{ex}} -$$

$$\lambda_+(-\mathrm{i}\beta ez_+)\int \mathrm{d}\boldsymbol{r}'\mathrm{e}^{(-\mathrm{i}\beta ez_+ h_+*\phi+J_+)(r')}h_+(\boldsymbol{r}'-\boldsymbol{r}) - \tag{29-14}$$

$$\lambda_-(\mathrm{i}\beta ez_-)\int \mathrm{d}\boldsymbol{r}'\mathrm{e}^{(\mathrm{i}\beta ez_- h_-*\phi+J_-)(r')}h_-(\boldsymbol{r}'-\boldsymbol{r})$$

$$\frac{\delta L}{\delta J_+(\boldsymbol{r})} = -\lambda_+\,\mathrm{e}^{(-\mathrm{i}\beta ez_+ h_+*\phi+J_+)(r)}, \qquad \frac{\delta L}{\delta J_-(\boldsymbol{r})} = -\lambda_-\,\mathrm{e}^{(\mathrm{i}\beta ez_- h_-*\phi+J_-)(r)}$$

$$\tag{29-15}$$

在巨正则系综下，阳离子的平衡态浓度为

$$c_+ \left(\boldsymbol{r} \right) \equiv \langle \hat{c}_+ \rangle = \frac{\delta \ln \Xi}{\delta J_+ \left(\boldsymbol{r} \right)} \bigg|_{J_\pm = 0}$$

$$= \frac{\int \mathrm{D}\phi \exp\{-L[\phi]\} \lambda_+ \, \mathrm{e}^{(-\mathrm{i}\beta ez_+ + h_+^* \cdot \phi + J_+)(\boldsymbol{r})}}{\int \mathrm{D}\phi \exp\{-L[\phi]\}} \bigg|_{J_\pm = 0} \equiv \lambda_+ \, \langle \mathrm{e}^{-\mathrm{i}\beta ez_+ + h_+^* \cdot \phi(\boldsymbol{r})} \rangle$$

$$(29-16)$$

同理，可定义阴离子的平衡态浓度 $c_- \left(\boldsymbol{r} \right) \equiv \langle \hat{c}_- \rangle$。阳/阴离子的平均离子数为

$$\langle n_\pm \rangle = \frac{\partial \ln \Xi}{\partial \mu_\pm} \bigg|_{J_\pm = 0} = \lambda_\pm \int \mathrm{d}\boldsymbol{r} \, \langle \mathrm{e}^{\mp \mathrm{i}\beta ez_\pm + h_\pm^* \cdot \phi(\boldsymbol{r})} \rangle = \int \mathrm{d}\boldsymbol{r} c_\pm \left(\boldsymbol{r} \right) \qquad (29-17)$$

29.1 变分

定义参考作用能

$$L_{\mathrm{ref}}[\phi] = \frac{\beta}{2} \int \mathrm{d}\boldsymbol{r} \, \mathrm{d}\boldsymbol{r}' [\phi(\boldsymbol{r}) + \mathrm{i}\psi(\boldsymbol{r})] G^{-1}(\boldsymbol{r}, \boldsymbol{r}') [\phi(\boldsymbol{r}') + \mathrm{i}\psi(\boldsymbol{r}')]$$

$$(29-18)$$

G^{-1} 是 Green 函数 G 的逆

$$\int \mathrm{d}\boldsymbol{r}'' G^{-1}(\boldsymbol{r}, \boldsymbol{r}'') G(\boldsymbol{r}'', \boldsymbol{r}') = \delta(\boldsymbol{r} - \boldsymbol{r}') \qquad (29-19)$$

式(29-18)中 ψ 和 G 称为变分参数。

运用 Gibbs-Feynman-Bogoliubov 不等式，得到

$$\Xi = \Xi_{\mathrm{ref}} \langle \exp\{-L[\phi] + L_{\mathrm{ref}}[\phi]\} \rangle_{\mathrm{ref}} \geqslant \Xi_{\mathrm{ref}} \exp\{-\langle L[\phi] - L_{\mathrm{ref}}[\phi] \rangle_{\mathrm{ref}}\} \equiv \mathrm{e}^{-W}$$

$$(29-20)$$

其中

$$\Xi_{\mathrm{ref}} = \frac{1}{Z_C} \int \mathrm{D}\phi \exp\{-L_{\mathrm{ref}}[\phi]\} = \frac{(\det(\beta^{-1} G))^{1/2}}{(\det(\beta^{-1} C))^{1/2}} = \frac{(\det(G))^{1/2}}{(\det(C))^{1/2}} \quad (29-21)$$

$\langle \cdots \rangle_{\mathrm{ref}}$ 是和作用能 L_{ref} 相对应的正则系综平均。为了记号简单，下面用 $\langle \cdots \rangle$ 表示 $\langle \cdots \rangle_{\mathrm{ref}}$。

式(29-20)中的(巨正则系综)变分作用能 W 为

$$W = W_{\mathrm{ref}} + \langle L[\phi] - L_{\mathrm{ref}}[\phi] \rangle$$

$$
\begin{aligned}
&= -\frac{1}{2}\ln\left(\frac{\det G}{\det C}\right) - \frac{\beta}{2}\int \mathrm{d}\boldsymbol{r}\,\mathrm{d}\boldsymbol{r}'\{\delta(\boldsymbol{r}'-\boldsymbol{r})[\varepsilon\,(\nabla\psi)^2 - \varepsilon\langle(\nabla\chi)^2\rangle] + \\
&\quad G^{-1}(\boldsymbol{r},\boldsymbol{r}')\langle\chi(\boldsymbol{r})\chi(\boldsymbol{r}')\rangle\} + \int \mathrm{d}\boldsymbol{r}\{\beta\rho_{\mathrm{ex}}\psi - \lambda_+\,\mathrm{e}^{-\beta e z_+\psi}\langle\mathrm{e}^{-\mathrm{i}\beta e z_+ h_+ * \chi}\rangle - \\
&\quad \lambda_-\,\mathrm{e}^{\beta e z_-\psi}\langle\mathrm{e}^{\mathrm{i}\beta e z_- h_- * \chi}\rangle\}
\end{aligned}
\tag{29-22}
$$

其中 $\chi \equiv \phi + \mathrm{i}\psi$。在最后等式中，运用了

$$
\langle\chi(\boldsymbol{r})\rangle = 0, \quad \langle\nabla\chi(\boldsymbol{r})\rangle = 0 \tag{29-23}
$$

$$
\begin{aligned}
&\left\langle\int \mathrm{d}\boldsymbol{r}\left[\frac{1}{2}\varepsilon\,(\nabla\phi)^2\right]\right\rangle \\
&= \frac{1}{2}\int \mathrm{d}\boldsymbol{r}\langle\varepsilon\,(\nabla\chi - \mathrm{i}\,\nabla\psi)^2\rangle \\
&= \frac{1}{2}\int \mathrm{d}\boldsymbol{r}\langle\varepsilon\,(\nabla\chi)^2\rangle - \frac{1}{2}\int \mathrm{d}\boldsymbol{r}\varepsilon\,(\nabla\psi)^2 - \mathrm{i}\int \mathrm{d}\boldsymbol{r}\varepsilon\,\nabla\psi\cdot\langle\nabla\chi\rangle \\
&= \frac{1}{2}\int \mathrm{d}\boldsymbol{r}\langle\varepsilon\,(\nabla\chi)^2\rangle - \frac{1}{2}\int \mathrm{d}\boldsymbol{r}\varepsilon\,(\nabla\psi)^2
\end{aligned}
\tag{29-24}
$$

根据式(29-18)，

$$
\langle\chi(\boldsymbol{r})\chi(\boldsymbol{r}')\rangle = \beta^{-1}G(\boldsymbol{r},\boldsymbol{r}')
$$

$$
\begin{aligned}
\int \mathrm{d}\boldsymbol{r}\,\mathrm{d}\boldsymbol{r}'\delta(\boldsymbol{r}'-\boldsymbol{r})\varepsilon\langle(\nabla\chi)^2\rangle &= \int \mathrm{d}\boldsymbol{r}\,\mathrm{d}\boldsymbol{r}'\,\nabla_r\cdot[\varepsilon(\boldsymbol{r})\,\nabla_{r'}\delta(\boldsymbol{r}-\boldsymbol{r}')]\beta^{-1}G(\boldsymbol{r},\boldsymbol{r}') \\
&= \int \mathrm{d}\boldsymbol{r}\,\mathrm{d}\boldsymbol{r}'C^{-1}(\boldsymbol{r},\boldsymbol{r}')\beta^{-1}G(\boldsymbol{r},\boldsymbol{r}')
\end{aligned}
$$

$$
\langle\mathrm{e}^{\mp\mathrm{i}\beta e z_\pm h_\pm * \chi(\boldsymbol{r})}\rangle = \mathrm{e}^{-u_\pm(\boldsymbol{r})}
$$

$u_\pm$ 为自能(self energy)

$$
u_\pm(\boldsymbol{r}) = \frac{1}{2}(\beta e z_\pm)^2\int \mathrm{d}\boldsymbol{r}'\,\mathrm{d}\boldsymbol{r}''h_\pm(\boldsymbol{r}'-\boldsymbol{r})\beta^{-1}G(\boldsymbol{r}',\boldsymbol{r}'')h_\pm(\boldsymbol{r}''-\boldsymbol{r})
\tag{29-25}
$$

离子浓度为

$$
c_\pm(\boldsymbol{r}) = \lambda_\pm\exp[\mp\beta e z_\pm\,\psi(\boldsymbol{r}) - u_\pm(\boldsymbol{r})] \tag{29-26}
$$

由式(29-22)给出的变分作用能 W 可写为

$$
\begin{aligned}
W &= -\frac{1}{2}\ln\left(\frac{\det G}{\det C}\right) - \frac{1}{2}\int \mathrm{d}\boldsymbol{r}\beta\varepsilon\,(\nabla\psi)^2 - \frac{1}{2}\int \mathrm{d}\boldsymbol{r}\,\mathrm{d}\boldsymbol{r}'[G^{-1}(\boldsymbol{r},\boldsymbol{r}') - \\
&\quad C^{-1}(\boldsymbol{r},\boldsymbol{r}')]G(\boldsymbol{r},\boldsymbol{r}') - \int \mathrm{d}\boldsymbol{r}[\lambda_+\,\mathrm{e}^{-\beta e z_+\psi - u_+} + \lambda_-\,\mathrm{e}^{\beta e z_-\psi - u_-} - \beta\rho_{\mathrm{ex}}\psi]
\end{aligned}
\tag{29-27}
$$

W 对 ψ 的一阶变分为

$$\frac{\delta W}{\delta \psi} = \beta \nabla \cdot (\varepsilon \nabla \psi) + \lambda_+ \beta e z_+ \, e^{-\beta e z_+ \psi - u_+} - \lambda_- \beta e z_- \, e^{\beta e z_- \psi - u_-} + \beta \varrho_{ex} \quad (29-28)$$

首先,

$$\frac{\delta \ln \det G}{\delta G^{-1}(\boldsymbol{r}, \boldsymbol{r}')} = -G(\boldsymbol{r}, \boldsymbol{r}') \quad\quad\quad (29-29)$$

根据链规则,

$$\frac{\delta}{\delta G(\boldsymbol{r}, \boldsymbol{r}')} = \int \mathrm{d}\boldsymbol{r}_1 \mathrm{d}\boldsymbol{r}_2 \frac{\delta}{\delta G^{-1}(\boldsymbol{r}_1, \boldsymbol{r}_2)} \frac{\delta G^{-1}(\boldsymbol{r}_1, \boldsymbol{r}_2)}{\delta G(\boldsymbol{r}, \boldsymbol{r}')}$$

$$= -\int \mathrm{d}\boldsymbol{r}_1 \mathrm{d}\boldsymbol{r}_2 G^{-1}(\boldsymbol{r}, \boldsymbol{r}_1) \frac{\delta}{\delta G^{-1}(\boldsymbol{r}_1, \boldsymbol{r}_2)} G^{-1}(\boldsymbol{r}_2, \boldsymbol{r}')$$

取 $F = \ln \det G$, 上式变为

$$\frac{\delta \ln \det G}{\delta G(\boldsymbol{r}, \boldsymbol{r}')} = -\int \mathrm{d}\boldsymbol{r}_1 \mathrm{d}\boldsymbol{r}_2 G^{-1}(\boldsymbol{r}, \boldsymbol{r}_1) \frac{\delta \ln \det G}{\delta G^{-1}(\boldsymbol{r}_1, \boldsymbol{r}_2)} G^{-1}(\boldsymbol{r}_2, \boldsymbol{r}')$$

$$= \int \mathrm{d}\boldsymbol{r}_1 \mathrm{d}\boldsymbol{r}_2 G^{-1}(\boldsymbol{r}, \boldsymbol{r}_1) G(\boldsymbol{r}_1, \boldsymbol{r}_2) G^{-1}(\boldsymbol{r}_2, \boldsymbol{r}') = G^{-1}(\boldsymbol{r}, \boldsymbol{r}')$$

该结论也可从式(29-19)得到,其中 G 用 G^{-1} 替换,$\det G \det G^{-1} = 1$。 另外,

$$\frac{\delta}{\delta G(\boldsymbol{r}, \boldsymbol{r}')} \int \mathrm{d}\boldsymbol{r}_1 \mathrm{d}\boldsymbol{r}_2 G^{-1}(\boldsymbol{r}_1, \boldsymbol{r}_2) G(\boldsymbol{r}_1, \boldsymbol{r}_2)$$

$$= G^{-1}(\boldsymbol{r}, \boldsymbol{r}') + \int \mathrm{d}\boldsymbol{r}_1 \mathrm{d}\boldsymbol{r}_2 \frac{\delta}{\delta G(\boldsymbol{r}, \boldsymbol{r}')} G^{-1}(\boldsymbol{r}_1, \boldsymbol{r}_2) G(\boldsymbol{r}_1, \boldsymbol{r}_2)$$

$$= G^{-1}(\boldsymbol{r}, \boldsymbol{r}') - \int \mathrm{d}\boldsymbol{r}_1 \mathrm{d}\boldsymbol{r}_2 G^{-1}(\boldsymbol{r}, \boldsymbol{r}_1) G^{-1}(\boldsymbol{r}_2, \boldsymbol{r}') G(\boldsymbol{r}_1, \boldsymbol{r}_2) = 0$$

W 对 G 的一阶变分为

$$\frac{\delta W}{\delta G(\boldsymbol{r}, \boldsymbol{r}')} = -\frac{1}{2} G^{-1}(\boldsymbol{r}, \boldsymbol{r}') + \frac{1}{2} C^{-1}(\boldsymbol{r}, \boldsymbol{r}') +$$

$$\frac{\beta e^2}{2} \lambda_+ z_+^2 \int \mathrm{d}\boldsymbol{r}_1 h_+(\boldsymbol{r} - \boldsymbol{r}_1) h_+(\boldsymbol{r}_1 - \boldsymbol{r}') e^{-\beta e z_+ \psi(\boldsymbol{r}_1) - u_+(\boldsymbol{r}_1)} +$$

$$\frac{\beta e^2}{2} \lambda_- z_-^2 \int \mathrm{d}\boldsymbol{r}_1 h_-(\boldsymbol{r} - \boldsymbol{r}_1) h_-(\boldsymbol{r}_1 - \boldsymbol{r}') e^{\beta e z_- \psi(\boldsymbol{r}_1) - u_-(\boldsymbol{r}_1)}$$

考虑到

$$\int dr' G(r', r'') C^{-1}(r, r') = \int dr' G(r', r'') \nabla_r \cdot [\varepsilon(r) \nabla_{r'} \delta(r - r')]$$

$$= \nabla_r \cdot \left[\varepsilon(r) \int dr' G(r', r'') \nabla_{r'} \delta(r - r') \right]$$

$$= -\nabla_r \cdot [\varepsilon(r) \nabla_r G(r, r'')]$$

$$2 \int dr' G(r', r'') \frac{\delta W}{\delta G(r, r')} = -\delta(r - r'') - \nabla_r \cdot [\varepsilon(r) \nabla_r G(r, r'')] +$$

$$\beta e^2 \lambda_+ z_+^2 \int dr' G(r', r'') \int dr_1 h_+ (r - r_1) h_+$$

$$(r_1 - r') e^{-\beta e z_+ \psi(r_1) - u_+(r_1)} + \beta e^2 \lambda_- z_-^2$$

$$\int dr' G(r', r'') \int dr_1 h_- (r - r_1) h_-$$

$$(r_1 - r') e^{\beta e z_- \psi(r_1) - u_-(r_1)}$$

$$= -\delta(r - r'') - \nabla_r \cdot [\varepsilon(r) \nabla_r G(r, r'')] +$$

$$\beta e^2 \lambda_+ z_+^2 G(r, r'') e^{-\beta e z_+ \psi(r) - u_+(r)} +$$

$$\beta e^2 \lambda_- z_-^2 G(r, r'') e^{\beta e z_- \psi(r) - u_-(r)}$$

在最后等式中,取 h 为 δ 函数。

对 W 的一阶变分为 0 得到变分参数 ψ 和 G 分别满足

$$-\nabla \cdot (\varepsilon \nabla \psi) = \rho_{ex} + \lambda_+ e z_+ e^{-\beta e z_+ \psi - u_+} - \lambda_- e z_- e^{\beta e z_- \psi - u_-} \qquad (29 - 30)$$

$$-\nabla_r \cdot [\varepsilon(r) \nabla_r G(r, r')] + 2I(r) G(r, r') = \delta(r - r') \qquad (29 - 31)$$

$I(r)$ 为局部离子强度

$$I(r) = \frac{\beta e^2}{2} (\lambda_+ z_+^2 e^{-\beta e z_+ \psi(r) - u_+(r)} + \lambda_- z_-^2 e^{\beta e z_- \psi(r) - u_-(r)}) \qquad (29 - 32)$$

自能 $u_\pm$ 在式(29-25)中定义。取 $h_\pm (r' - r) = \delta(r' - r)$,自能变为

$$u_\pm (r) = \frac{\beta e^2}{2} z_\pm^2 G(r, r) \qquad (29 - 33)$$

自能[式(29-33)]是发散的,用如下方式进行正规化

$$u_\pm (r) = \frac{\beta e^2}{2} z_\pm^2 \lim_{r \to r'} [G(r, r') - G(r, r') |_{I=0}]$$

$$= \frac{\beta e^2}{2} z_\pm^2 \lim_{r \to r'} \left[G(r, r') - \frac{1}{4\pi\varepsilon |r - r'|} \right] \qquad (29 - 34)$$

计算格式为式(29-30)、式(29-31)、式(29-32)和式(29-34)，离子浓度由式(29-26)得到。

29.2 单组分离子体

考虑单组分离子体。ψ 满足 Poisson-Boltzmann 方程

$$-\nabla \cdot (\varepsilon \nabla \psi) = ez\lambda e^{-\beta ze\psi - \beta u} + \rho_{ex} \qquad (29-35)$$

自能 u 满足

$$u(\mathbf{r}) = \frac{z^2 e^2}{2} \lim_{\mathbf{r}' \to \mathbf{r}} \left[G(\mathbf{r}, \mathbf{r}') - \frac{1}{4\pi\varepsilon \mid \mathbf{r} - \mathbf{r}' \mid} \right] \qquad (29-36)$$

Green 函数 G 满足

$$-\nabla_r \cdot \left[\varepsilon(\mathbf{r}) \nabla_r G(\mathbf{r}, \mathbf{r}') \right] + 2I(\mathbf{r})G(\mathbf{r}, \mathbf{r}') = \delta(\mathbf{r} - \mathbf{r}') \qquad (29-37)$$

$I(\mathbf{r})$ 为局部离子强度

$$I(\mathbf{r}) = \frac{1}{2}\beta e^2 z^2 \lambda e^{-\beta ze\psi(\mathbf{r}) - \beta u(\mathbf{r})} \qquad (29-38)$$

令 $a = \left(\dfrac{3}{4\pi c_\infty} \right)^{1/3}$ 为 Wigner-Seitz 半径，c_∞ 为体密度，$\Gamma = \beta z^2 e^2/a$。引入无量纲量

$$\frac{\mathbf{r}}{a} \to \mathbf{r}, \quad \frac{\mathbf{r}'}{a} \to \mathbf{r}', \quad \beta ze\psi \to \psi, \quad \beta u \to u, \quad \frac{\rho_{ex}}{ez\lambda} \to \rho_{ex}, \quad \beta z^2 e^2 G \to G, \quad \frac{\varepsilon}{\lambda a^3 \Gamma} \to \varepsilon \qquad (29-39)$$

式(29-35)、式(29-36)、式(29-37)、式(29-39)的无量纲方程分别为

$$-\nabla \cdot (\varepsilon \nabla \psi) = e^{-\psi - u} + \rho_{ex} \qquad (29-40)$$

$$u(\mathbf{r}) = \frac{1}{2} \lim_{\mathbf{r}' \to \mathbf{r}} \left[G(\mathbf{r}, \mathbf{r}') - \frac{1}{4\pi\varepsilon\lambda a^3 \mid \mathbf{r} - \mathbf{r}' \mid} \right] \qquad (29-41)$$

$$-\nabla_r \cdot \left[\varepsilon \nabla_r G(\mathbf{r}, \mathbf{r}') \right] + 2I(\mathbf{r})G(\mathbf{r}, \mathbf{r}') = \frac{1}{\lambda a^3}\delta(\mathbf{r} - \mathbf{r}') \qquad (29-42)$$

$$I(\mathbf{r}) = \frac{1}{2}e^{-\psi(\mathbf{r}) - u(\mathbf{r})} \qquad (29-43)$$

无量纲化方程只依赖无量纲参数 ε 和 ρ_{ex}。

假设 ψ、u 和 I 只依赖 z。Green 函数 G 可表示为

$$G(z, z', \boldsymbol{r}_\parallel - \boldsymbol{r}_\parallel') = \int \frac{\mathrm{d}\boldsymbol{k}}{(2\pi)^2} \mathrm{e}^{\mathrm{i}\boldsymbol{k}\cdot(\boldsymbol{r}_\parallel - \boldsymbol{r}_\parallel')} \hat{G}(z, z', \boldsymbol{k}) \qquad (29-44)$$

Fourier 系数为

$$\hat{G}(z, z', \boldsymbol{k}) = \int \mathrm{d}(\boldsymbol{r}_\parallel - \boldsymbol{r}_\parallel') \mathrm{e}^{-\mathrm{i}\boldsymbol{k}\cdot(\boldsymbol{r}_\parallel - \boldsymbol{r}_\parallel')} G(z, z', \boldsymbol{r}_\parallel - \boldsymbol{r}_\parallel') \quad (29-45)$$

在式(29-42)两边乘以 $\mathrm{e}^{-\mathrm{i}\boldsymbol{k}\cdot(\boldsymbol{r}_\parallel - \boldsymbol{r}_\parallel')}$,再关于 $\boldsymbol{k}$ 积分

$$(-\partial_z^2 + p^2(z, \boldsymbol{k})) \hat{G}(z, z', \boldsymbol{k}) = \frac{1}{\lambda a^3 \varepsilon} \delta(z - z') \qquad (29-46)$$

其中

$$p(z, \boldsymbol{k}) = \left(\boldsymbol{k}^2 + \frac{2I(z)}{\varepsilon}\right)^{1/2} = \left(\boldsymbol{k}^2 + \frac{2I(z)}{\varepsilon}\right)^{1/2} \equiv p(z, k), \quad k \equiv |\boldsymbol{k}|$$

$\hat{G}(z, z', \boldsymbol{k})$ 可写为 $\hat{G}(z, z', k)$,

$$(-\partial_z^2 + p^2(z, k)) \hat{G}(z, z', k) = \frac{1}{\lambda a^3 \varepsilon} \delta(z - z') \qquad (29-47)$$

式(29-47)的解可表示为

$$\hat{G}(z, z', k) = c_- H_-(z, k)\theta(z' - z) + c_+ H_+(z, k)\theta(z - z') \tag*{(29-48)}$$

θ 为 Heviside 函数,$H_\pm$ 为式(29-47)的奇次方程的解,c_i 由以下条件确定

$$\begin{aligned} \hat{G}(z, z', k)\Big|_{z=z'-} &= \hat{G}(z, z', k)\Big|_{z=z'+}, \\ \partial_z \hat{G}(z, z', k)\Big|_{z=z'-} &- \partial_z \hat{G}(z, z', k)\Big|_{z=z'+} = \frac{1}{\lambda a^3 \varepsilon} \end{aligned} \qquad (29-49)$$

把式(29-48)代入上述条件得到

$$c_- H_-(z'-, k) = c_+ H_+(z'+, k), \quad c_- \partial_z H_-(z'-, k) - c_+ \partial_z H_+(z'+, k) = \frac{1}{\lambda a^3 \varepsilon} \tag*{(29-50)}$$

即

$$c_- = \frac{H_+}{\lambda a^3 \varepsilon [H_+ \partial_z H_- - H_- \partial_z H_+]}, \quad c_+ = \frac{H_-}{\lambda a^3 \varepsilon [H_+ \partial_z H_- - H_- \partial_z H_+]} \tag*{(29-51)}$$

假设 p 缓慢地依赖 z，式(29-46)的奇次方程的 WKB[①] 近似解为

$$h_{\pm}(z,k)=[p(z,k)]^{-1/2}\exp\left[\mp\int_0^z \mathrm{d}z' p(z',k)\right] \qquad (29-52)$$

满足

$$H_+(+\infty,k)=H_-(-\infty,k)=0 \qquad (29-53)$$

通过简单计算

$$\begin{aligned}
\partial_z H_+ &=-\frac{1}{2}p^{-3/2}\partial_z p\exp\left[-\int_0^z \mathrm{d}z' p(z',k)\right]-p^{1/2}\exp\left[-\int_0^z \mathrm{d}z' p(z',k)\right]\\
&=\left(-\frac{1}{2}p^{-3/2}\partial_z p-p^{1/2}\right)\exp\left[-\int_0^z \mathrm{d}z' p(z',k)\right]\\
&\approx -p^{1/2}\exp\left[-\int_0^z \mathrm{d}z' p(z',k)\right]
\end{aligned} \qquad (29-54)$$

$$\partial_z H_- =\left(-\frac{1}{2}p^{-3/2}\partial_z p+p^{1/2}\right)\exp\left[\int_0^z \mathrm{d}z' p(z',k)\right]\approx p^{1/2}\exp\left[\int_0^z \mathrm{d}z' p(z',k)\right] \qquad (29-55)$$

$$\begin{aligned}
\partial_z^2 H_+ &=\left(\frac{3}{4}p^{-5/2}(\partial_z p)^2-\frac{1}{2}p^{-3/2}\partial_z^2 p-\frac{1}{2}p^{-1/2}\partial_z p\right)\exp\left[-\int_0^z \mathrm{d}z' p(z',k)\right]-\\
&\quad p\left(-\frac{1}{2}p^{-3/2}\partial_z p-p^{1/2}\right)\exp\left[-\int_0^z \mathrm{d}z' p(z',k)\right]\approx p^{3/2}\exp\left[\int_0^z \mathrm{d}z' p(z',k)\right]
\end{aligned} \qquad (29-56)$$

故式(29-52)给出了式(29-46)的奇次方程的 WKB 近似解。

根据式(29-44)，Green 函数为

$$G(z,z',\boldsymbol{r}_\parallel-\boldsymbol{r}_\parallel')=\int_0^\infty \frac{k\,\mathrm{d}k}{2\pi}J_0(k|\boldsymbol{r}_\parallel-\boldsymbol{r}_\parallel'|)\hat{G}(z,z',k) \qquad (29-57)$$

其中

$$J_0(x)=\frac{1}{2\pi}\int_{-\pi}^{\pi}\mathrm{e}^{\mathrm{i}x\sin(\tau)}\,\mathrm{d}\tau \qquad (29-58)$$

为 0 阶 Bessel 函数。

$$\lim_{r'\to r}G(z,z',\boldsymbol{r}_\parallel-\boldsymbol{r}_\parallel')=\int_0^\infty \frac{k\,\mathrm{d}k}{2\pi}\hat{G}(z,z,k)=\int_0^\infty \frac{k\,\mathrm{d}k}{2\pi}\frac{H_+H_-}{\lambda a^3\varepsilon[H_+\partial_z H_--H_-\partial_z H_+]}$$

---

① WKB，即 Wenzel-Kramers-Brillouin 的缩写，是一种半经典计算方法。

$$= \frac{1}{2\pi\lambda a^3 \varepsilon} \int_0^\infty k\,\mathrm{d}k \; \frac{1}{[\partial_z H_- / H_- - \partial_z H_+ / H_+]}$$

$$= \frac{1}{2\pi\lambda a^3 \varepsilon} \int_0^\infty k\,\mathrm{d}k \; \frac{1}{2p(z,k)} \tag{29-59}$$

$$\lim_{r' \to r} G(z, z', \boldsymbol{r}_\parallel - \boldsymbol{r}'_\parallel) - G(z, z', \boldsymbol{r}_\parallel - \boldsymbol{r}'_\parallel)\,|_{I \equiv 0}$$

$$= \frac{1}{2\pi\lambda a^3 \varepsilon} \int_0^\infty k\,\mathrm{d}k \left(\frac{1}{2p} - \frac{1}{2p}\,|_{I \equiv 0} \right)$$

$$= \frac{1}{4\pi\lambda a^3 \varepsilon} \int_0^\infty k\,\mathrm{d}k \left(\frac{1}{\sqrt{k^2 + \dfrac{I(z)}{\varepsilon}}} - \frac{1}{k} \right) \tag{29-60}$$

$$= \frac{1}{4\pi\lambda a^3 \varepsilon} \sqrt{\frac{I(z)}{\varepsilon}}$$

式(29-41)定义的自能 u 可表示为

$$u(z) = \frac{1}{8\pi\lambda a^3 \varepsilon} \sqrt{\frac{I(z)}{\varepsilon}} \tag{29-61}$$

所以,在 WBM 近似下,单组分离子体的控制方程为式(29-40)、式(29-43)、式(29-61),这是耦合了 ϕ、u 和 I 的方程组。

29.3　复 Langevin 动力学

考虑一维系统,巨正则系综下的配分函数为式(29-12)

$$\Xi = \frac{1}{Z_C} \int \mathrm{d}\phi \exp\{-L(\phi)\} \tag{29-62}$$

其中

$$L[\phi] = \int \mathrm{d}x \left[\frac{1}{2}\varepsilon(x)(\phi'(x))^2 + \mathrm{i}\rho_{\mathrm{ex}}(x)\phi(x) - \lambda_+ \, \mathrm{e}^{-\mathrm{i}z_+ \phi(x)} - \lambda_- \, \mathrm{e}^{\mathrm{i}z_- \phi(x)} \right]$$

复 Langevin 动力学为

$$\frac{\partial\phi}{\partial t} = -\frac{\delta L}{\delta\phi(x)} + \eta(x, t) \tag{29-63}$$

ϕ 为复值函数。实值高斯白噪声 $\eta(x, t)$ 满足

$$\langle\eta(x, t)\rangle = 0, \quad \langle\eta(x, t)\eta(x', t')\rangle = 2\delta(t - t')\delta(x - x')$$

简单计算表明

$$\frac{\delta L}{\delta \phi} = -(\varepsilon \phi')' + \mathrm{i}\rho_{\mathrm{ex}} + \mathrm{i}z_+ \lambda_+ \, \mathrm{e}^{-\mathrm{i}z_+ \phi} - \mathrm{i}z_- \lambda_- \, \mathrm{e}^{\mathrm{i}z_- \phi}$$

式(29-63)的 Euler-Maruyama 格式为

$$\phi_i^{n+1} = \phi_i^n - \Delta t \frac{\delta L}{\delta \phi}\bigg|_{t=t_n} (x_i) + \sqrt{\frac{2\Delta t}{\Delta x}} G_i^n \qquad (29-64)$$

$G_i^n \sim N(0, 1)$ 满足标准正态分布。

设 $\varepsilon(x)=1$, $z_+ = z_- = 1$, $\lambda_+ = \lambda_- = 1$, $\rho_{\mathrm{ex}} = 0$。作用能为

$$L[\phi] = \int_{-D/2}^{D/2} \mathrm{d}x \left[\frac{1}{2}(\phi'(x))^2 - 2\cos \phi \right]$$

若 ϕ 为实函数，L 也为实数。复 Langevin 动力学为

$$\frac{\partial \phi}{\partial t} = -\frac{\delta L}{\delta \phi} + \eta(x, t) = \phi''(x) - 2\sin \phi(x) + \eta(x, t)$$

上式在没有白噪声下的静态解满足

$$\phi''(x) - 2\sin \phi(x) = 0, \quad -\infty < x < \infty \qquad (29-65)$$

取边界条件

$$\phi'(x) = 0, \quad x \to \pm \infty, \quad \phi(x) = 2\pi n, \quad x \to \pm \infty$$

式(29-65)等号两边乘以 ϕ' 得到

$$\left(\frac{1}{2}(\phi'(x))^2 + 2\cos \phi(x) \right)' = 0$$

根据边界条件得到

$$\frac{1}{2}(\phi'(x))^2 + 2\cos \phi(x) = 2$$

所以，

$$\phi'(x) = \pm \sqrt{1 - \cos \phi(x)} = \pm 2\sqrt{2} \sin \frac{\phi}{2}$$

$$\int \frac{\mathrm{d}\phi}{2\sqrt{2} \sin \frac{\phi}{2}} = \pm (x - x_c)$$

即

$$\phi(x) = 4\arctan(\exp(\pm\sqrt{2}(x - x_c))) + 2\pi n$$

图 29 - 1 给出了稳态解和格式方程(29 - 64)(模拟计算)的计算结果的比较。

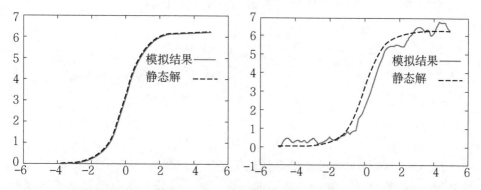

图 29 - 1　静态解和模拟结果[式(29 - 64)]的比较(时间步长 $\Delta t = 0.1$,没有噪声(左),有噪声(右);格点个数 $N = 60, D = 10$)

案例 **30**

二组分合金的晶体生长

两组分（A 和 B）合金系统的晶体生长是从液态变为固态的过程，该系统的动力学依赖温度 T、浓度 c 和固液界面的演化。假设组分 B 被认为是杂质，它的浓度 c 接近 0，则整个体系的熵为

$$S = \int \left(s(\phi, e, c) - \frac{\varepsilon^2}{2} \mid \nabla \phi \mid^2 \right) \mathrm{d}x \qquad (30-1)$$

熵密度 $s(\phi, e, c)$ 依赖相场变量 ϕ、内能密度 e 和浓度 c。固液界面用相场变量 ϕ 描述，如图 30-1 所示。

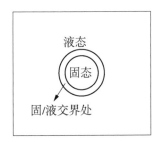

液态

固态

固/液交界处

图 30-1　固液界面示意图

ϕ 在固相为 1、在液相为 0，并从固相处的值光滑地过渡到液相处的值。固液界面的厚度为 $\sim 10^{-10}$ m。为了描述晶体的各向异性生长，式（30-1）中 ε 取为

$$\varepsilon = \bar{\varepsilon} \eta, \quad \eta = \eta(\theta) = 1 + \varepsilon_4 \cos(4\theta), \quad \tan \theta = \frac{\partial_y \phi}{\partial_x \phi} \qquad (30-2)$$

这里仅考虑二维系统。由于 θ 被 $\nabla \phi$ 决定，故 η 是 $\nabla \phi$ 的函数

本案例参考文献[9]。

$$\eta = \eta(\nabla\phi) = (1 - 3\varepsilon_4) + 4\varepsilon_4 \left[\frac{(\partial_x\phi)^4 + (\partial_y\phi)^4}{|\nabla\phi|^4} \right] \tag{30-3}$$

为了确保整个体系的熵随时间增加,晶体生长的动力学为

$$\frac{\mathrm{d}\phi}{\mathrm{d}t} = M_\phi \frac{\delta S}{\delta \phi} \tag{30-4}$$

$$\frac{\mathrm{d}e}{\mathrm{d}t} = -\nabla \cdot \left(M_e \nabla \frac{\delta S}{\delta e} \right) \tag{30-5}$$

$$\frac{\mathrm{d}c}{\mathrm{d}t} = -\nabla \cdot \left(M_c \nabla \frac{\delta S}{\delta c} \right) \tag{30-6}$$

式中,M_ϕ、M_e 和 M_c 为正常数。

假设二组分体系为理想溶液,则 Helmholtz 自由能密度可表示为

$$f = (1-c)\mu^A + c\mu^B \tag{30-7}$$

其中 μ^A 和 μ^B 为理想溶液的化学势

$$\mu^A = f^A(\phi, T) + \frac{RT}{v_m}\ln(1-c) \tag{30-8}$$

$$\mu^B = f^B(\phi, T) + \frac{RT}{v_m}\ln c \tag{30-9}$$

$f^A(\phi, T)$ 和 $f^B(\phi, T)$ 分别为纯物质 A 和 B 的 Helmholtz 自由能密度,它依赖相场变量 ϕ 和温度 T。R 为气体常数,v_m 为摩尔体积。式(30-7)中的 Helmholtz 自由能密度 $f = f(c, \phi, T)$ 依赖 c、ϕ 和 T。显然,$\mu^A = f(0, \phi, T)$,$\mu^B = f(1, \phi, T)$。

为了计算 $f^A(\phi, T)$,假设纯物质 A 的内能为

$$e^A = e_S^A + p(\phi)(e_L^A - e_S^A) \tag{30-10}$$

式中,e_S^A 和 e_L^A 分别为纯物质 A 在固态和液态时的内能密度,固相份数为 ϕ 时对应的内能 e^A 是 e_S^A 和 e_L^A 的插值,

$$p(\phi) = \frac{\int_0^\phi g(\phi)\mathrm{d}\phi}{\int_0^1 g(\phi)\mathrm{d}\phi} = \phi^3(10 - 15\phi + 6\phi^2)$$

$g(\phi) = \phi^2(1-\phi)^2$ 为双势阱函数。纯物质 A 在固态和液态时的内能可表示为

$$e_S^A(T) = e_S^A(T_m^A) + C_S^A(T - T_m^A), \quad e_L^A(T) = e_L^A(T_m^A) + C_L^A(T - T_m^A)$$

$$(30-11)$$

T_m^A 为物质 A 的熔点,C_S^A 和 C_L^A 为物质 A 在固态和液态时的比热。为了简单起见,假设 $C_S^A = C_L^A = C^A$。定义物质 A 在熔点时的潜热

$$L^A = e_L^A(T_m^A) - e_S^A(T_m^A)$$

它表示在熔点时液态变为固态所需要释放的热量。式(30-10)中的内能可表示为

$$e^A = e_S^A(T_m^A) + C^A(T - T_m^A) + p(\phi)L^A \qquad (30-12)$$

根据热力学关系

$$f^A = e^A + T\,\frac{\partial f^A}{\partial T} \qquad (30-13)$$

得出纯物质 A 的 Helmholtz 自由能密度为

$$f^A = G^A(\phi) + (e_S^A(T_m^A) - C^A T_m^A + p(\phi)L^A)\Big(1 - \frac{T}{T_m^A}\Big) - C^A T \ln\frac{T}{T_m^A}$$

$$(30-14)$$

其中 $G^A(\phi) = W^A g(\phi)$,W^A 为势高。同理,可得纯物质 B 的 Helmholtz 自由能密度

$$f^B = G^B(\phi) + (e_S^B(T_m^B) - C^B T_m^B + p(\phi)L^B)\Big(1 - \frac{T}{T_m^B}\Big) - C^B T \ln\frac{T}{T_m^B}$$

$$(30-15)$$

假设体系的温度 T 保持不变,忽略能量方程(30-5)。根据式(30-7)得到

$$\frac{\delta s}{\delta \phi} = -\frac{1}{T}\,\frac{\partial f}{\partial \phi} = -(1-c)S^A - cS^B \qquad (30-16)$$

其中

$$S^A = \frac{1}{T}\,\frac{\partial f^A}{\partial \phi} = W^A g' + 30 g L^A \Big(\frac{1}{T} - \frac{1}{T_m^A}\Big) \qquad (30-17)$$

$$S^B = \frac{1}{T}\,\frac{\partial f^B}{\partial \phi} = W^B g' + 30 g L^B \Big(\frac{1}{T} - \frac{1}{T_m^B}\Big) \qquad (30-18)$$

把式(30-16)代入相场变量的动力学方程(30-4)

$$\frac{1}{\bar{\varepsilon}^2 M_\phi}\frac{\partial \phi}{\partial t}=-\frac{(1-c)S^A+cS^B}{\bar{\varepsilon}^2}+\nabla\cdot(\eta^2\nabla\phi)+\nabla\cdot(\eta\mid\nabla\phi\mid^2\nabla_{\nabla\phi}\eta)$$

$$(30-19)$$

这里假设 $M_\phi=(1-c)M^A+cM^B$，M^A 和 M^B 可通过解析模型与其他热力学参数建立联系。由于

$$\frac{\delta S}{\delta c}=\frac{\partial s}{\partial c}=\frac{\mu^A-\mu^B}{T} \qquad (30-20)$$

它的梯度为

$$\frac{1}{T}\nabla(\mu^A-\mu^B)=(S^A-S^B)\nabla\phi-\frac{R}{v_{\mathrm{m}}}\frac{\nabla c}{c(1-c)} \qquad (30-21)$$

代入浓度的动力学方程(30-6)得到

$$\frac{\partial c}{\partial t}=\nabla\cdot M_c\left[\frac{R}{v_{\mathrm{m}}}\frac{\nabla c}{c(1-c)}+(S^B-S^A)\nabla\phi\right] \qquad (30-22)$$

为了利用固(液)相的扩散系数 $D_\mathrm{S}(D_\mathrm{L})$ 进行描述，取

$$M_c=\frac{v_{\mathrm{m}}}{R}c(1-c)[D_\mathrm{S}-p(\phi)(D_\mathrm{L}-D_\mathrm{S})] \qquad (30-23)$$

浓度的动力学方程变为

$$\frac{\partial c}{\partial t}=\nabla\cdot\left(D\left[\nabla c+\frac{v_{\mathrm{m}}}{R}c(1-c)(S^B-S^A)\nabla\phi\right]\right) \qquad (30-24)$$

恒温 T 下的二组分合金的晶体生长动力学方程为(30-19)和方程(30-24)，它们是在区域 Ω 内部成立的偏微分方程。假设满足边界条件

$$\frac{\partial \phi}{\partial \boldsymbol{n}}=\frac{\partial c}{\partial \boldsymbol{n}}=0 \qquad (30-25)$$

$\boldsymbol{n}$ 为 Ω 的边界的单位外法向。

　　利用有限元离散求解方程，图 30-2 的左图为某时刻的固液界面，由于对称性，这里只给出 1/4 部分。图 30-2 的右图为相应的浓度在空间上的分布。图 30-3 是在不同的初始固液界面下不同时刻的固液界面的形状，其计算结果表明固液界面是不稳定的，甚至固液界面会产生破裂现象。

图 30‐2　某一时刻的固液界面（左）和相应的浓度 c 分布（右）

图 30‐3　初始时刻的固液界面形状对晶体生长的影响

相场晶格模型

各向异性相场晶格模型的自由能可表示为

$$\mathscr{F}=\int_\Omega \mathrm{d}x \left[\frac{1}{2}\phi(x)(-\tau + a_{pq}\partial_{pq} + b_{pqkl}\partial_{pqkl})\phi(x) + \frac{1}{4}c\phi^4(x) \right] \quad (31-1)$$

依赖空间位置的函数 ϕ 描述了晶体结构，∂_{pq} 和 ∂_{pqkl} 表示空间方向的二阶偏导数和四阶偏导数，a_{pq} 和 b_{pqkl} 分别是和空间位置 x 无关的二阶和四阶张量，τ 和 $c>0$ 为常数。上式被积分函数中，需要对重复指标求和，求和符号往往忽略书写。模型中的序参量 ϕ 描述了晶格结构，它有如下几种形式

bcc 相：
$$\begin{aligned}\phi(x,y,z)=f_0+f_1(&\cos(k_1 x)\cos(k_2 y)+\cos(k_1 x)\cos(k_3 z)\\ &+\cos(k_2 x)\cos(k_3 z))\end{aligned} \quad (31-2)$$

fcc 相：$\phi(x,y,z)=f_0+f_1(\cos(k_1 x)\cos(k_2 y)\cos(k_3 z))$ （31-3）

cube 相：$\phi(x,y,z)=f_0+f_1(\cos(k_1 x)+\cos(k_2 y)+\cos(k_3 z))$ （31-4）

stripe 相：$\phi(x,y,z)=f_0+f_1\cos(k_1 x)$ （31-5）

rod 相：$\phi(x,y)=f_0+f_1\left(\cos(k_1 x)\cos(k_2 y)+\frac{1}{2}\cos(2k_2 y)\right)$ （31-6）

参数 $f_0>0$ 表示 ϕ 在体系 Ω 中的均值，它预先确定。把上述的 ϕ 代入作用能 $\mathscr{F}$，再极小化 $\mathscr{F}$ 得到 f_1、k_1、k_2 和 k_3。由于 rod 相的晶格不依赖 z 方向，三维体系可简化为二维体系，相应的晶格称为六边形晶格。下面以六边形晶格为例说明稳态相的确定。

二维六边形晶格

二维六边形晶格可用周期函数式(31-6)描述。取 $\Omega=\left[0,\dfrac{2\pi}{k_1}\right]\times\left[0,\dfrac{2\pi}{k_2}\right]$，把 ϕ 代入式(31-1)，

$$E = \frac{\mathscr{F}}{|\Omega|} = \frac{1}{512}\big[(128f_0^4 + 288f_0^2f_1^2 + 96f_0f_1^3 + 45f_1^4)c \tag{31-7}$$
$$+ 64Af_1^2 - 32\tau(8f_0^2 + 3f_1^2)\big]$$

其中

$$A = b_{1111}k_1^4 + 9b_{2222}k_2^4 + 6b_{1122}k_1^2k_2^2 - a_{11}k_1^2 - 3a_{22}k_2^2 \tag{31-8}$$

E 关于 k_1 和 k_2 极小化

$$\frac{\partial E}{\partial k_1} = \frac{\partial E}{\partial k_2} = 0$$

即

$$2b_{1111}k_1^2 + 6b_{1122}k_2^2 = a_{11}, \quad 2b_{1122}k_1^2 + 6b_{2222}k_2^2 = a_{22} \tag{31-9}$$

E 关于 f_1 的极小化

$$\frac{\partial E}{\partial f_1} = \frac{f_1}{128}\big[9(16f_0^2 + 8f_0f_1 + 5f_1^2)c + 32A - 48\tau\big]$$
$$= \frac{9cf_1}{128}\big[5f_1^2 + 8f_0f_1 + 16f_0^2 - B\big] = 0, \quad B = \frac{-32A + 48\tau}{9c}$$
$$\tag{31-10}$$

它有三个解

$$f_1^{(0)} = 0, \quad f_1^{(1)} = \frac{-4f_0 - \sqrt{\Delta}}{5} < 0, \quad f_1^{(2)} = \frac{-4f_0 + \sqrt{\Delta}}{5}, \quad \Delta = 5B - 64f_0^2$$
$$\tag{31-11}$$

假设

$$B > 0, \quad 0 < f_0 \leqslant \frac{\sqrt{5B}}{8}$$

E 对 f_1 的二阶偏导数为

$$\frac{\partial^2 E}{\partial f_1^2} = \frac{9c}{128}\big[(5f_1^2 + 8f_0f_1 + 16f_0^2 - B) + f_1(10f_1 + 8f_0)\big]$$
$$= \begin{cases} \dfrac{9c}{128}(2f_1)(5f_1 + 4f_0), & f_1 = f_1^{(1)}, f_1^{(2)} \\[2mm] \dfrac{9c}{128}(16f_0^2 + B), & f_1 = f_1^{(0)} \end{cases} \tag{31-12}$$

$$\frac{\partial^2 E}{\partial f_1^2}\Big|_{f_1^{(1)}} = \frac{9c}{128}(-2f_1^{(1)}\sqrt{\Delta}) > 0 \qquad (31-13)$$

另外，

$$f_1^{(2)} > 0, \quad \frac{\partial^2 E}{\partial^2 f_1}\Big|_{f_1^{(2)}} = \frac{9c}{128}(2f_1^{(2)}\sqrt{\Delta}) > 0, \quad 0 < f_0 < \frac{\sqrt{B}}{4} < \frac{\sqrt{5B}}{8}$$

$$\frac{\partial^2 E}{\partial f_1^2}\Big|_{f_1^{(0)}} = \frac{9c}{128}(16f_0^2 - B) > 0, \quad f_0 > \frac{\sqrt{B}}{4}$$

联合上述结果，

$$f_1^{(1)}、f_1^{(2)} \text{ 稳定}, 0 < f_0 < \frac{\sqrt{B}}{4};$$

$$f_1^{(1)}、f_1^{(0)} \text{ 稳定}, \frac{\sqrt{B}}{4} < f_0 < \frac{\sqrt{5B}}{8}$$

由于

$$E(f_1) - E(f_1 = 0) = \frac{cf_1^2}{512}\big[(288f_0^2 + 96f_0 f_1 + 45f_1^2) - 18B\big]$$

相对 $f_1^{(0)} = 0$，其他两个相对应的能量为

$$E(f_1^{(1)}) - E(f_1 = 0) = \frac{3c(f_1^{(1)})^2}{512}\big[48f_0^2 + 8f_0 f_1^{(1)} - 3B\big] < 0, \quad 若 0 < f_0 < \frac{\sqrt{B}}{4}$$

$$E(f_1^{(2)}) - E(f_1 = 0) = \frac{3c(f_1^{(2)})^2}{512}\big[48f_0^2 + 8f_0 f_1^{(2)} - 3B\big]$$

取

$$c = 1, \quad r + 1 = -\tau, \quad a_{11} = a_{22} = 2, \quad a_{12} = b_{1112} = b_{1222} = 0, \qquad (31-14)$$
$$b_{1111} = b_{2222} = 1, \quad b_{1122} = \frac{1}{3}$$

则

$$a_{ij}\partial_{ij}\rho = 2\Delta\rho, \quad b_{ijkl}\partial_{ijkl}\rho = \Delta^2\rho$$

自由能为

$$\mathscr{F}(\phi) = \int_\Omega \Big[\frac{\phi}{2}(r + (1 + \Delta)^2)\phi + \frac{1}{4}\phi^4\Big]\mathrm{d}x,$$

根据式(31-9)，

$$k_1 = \frac{\sqrt{3}}{2}, \quad k_2 = \frac{1}{2}$$

它对应为六角形（hexagonal）相。由式（31 - 8）得到 $A = -\frac{3}{2}$。取 $\tau = -\frac{3}{4}$，由

$r = -\frac{1}{4}$ 得到 $B = \frac{4}{3}$。

$$\frac{\sqrt{B}}{4} = \frac{\sqrt{12}}{12} \approx 0.288\,675 < \frac{\sqrt{5B}}{8} = \frac{\sqrt{15}}{12} \approx 0.322\,749$$

若取 $f_0 = 0.258$，

$$f_1^{(1)} = \frac{-4f_0 - \sqrt{\Delta}}{5} = -\frac{4}{5}\left(f_0 + \frac{1}{3}\sqrt{\frac{15}{4} - 36f_0^2}\right) = -0.516\,66 < 0,$$

$$E(f_1^{(1)}) - E(f_1^{(0)}) = -8.414\,653 \times 10^{-4}$$

$$f_1^{(2)} = \frac{-4f_0 + \sqrt{\Delta}}{5} = -\frac{4}{5}\left(f_0 - \frac{1}{3}\sqrt{\frac{15}{4} - 36f_0^2}\right) = 0.103\,86 > 0,$$

$$E(f_1^{(2)}) - E(f_1^{(0)}) = 4.694\,9 \times 10^{-5}$$

$$\Delta = 4\left(\frac{5}{3} - 16f_0^2\right) = \left(\frac{4}{3}\right)^2\left(\frac{15}{4} - 36f_0^2\right) = 2.406\,57$$

$f_1^{(1)} = 0$ 稳定，$f_1^{(0)} = 0$ 不稳定。所以，在上述参数下，可描述六边形晶格的生长。

案例 **32**

Black-Scholes 模型

Black-Scholes 模型简称 BS 模型,是一种为期权或权证等金融衍生工具定价的数学模型,由美国经济学家 Myron Scholes 和 Fischer Black 首先提出。

考虑一个依赖资产价格路径的期权,它在到期 T 时的回报为

$$\mathscr{O}_F(T) = F[S(t')] \tag{32-1}$$

它是价格路径 $S(t')_{t \leqslant t' \leqslant T}$ 的泛函。假设风险中性的价格 S 满足

$$\frac{\mathrm{d}S}{S} = r\mathrm{d}t + \sigma\mathrm{d}z, \quad x = \ln S \tag{32-2}$$

即

$$\mathrm{d}x = \mu\mathrm{d}t + \sigma\mathrm{d}z, \quad \mu = r - \frac{\sigma^2}{2} \tag{32-3}$$

r 为无风险利率,σ 为波动率,z 为一维 Brownian 运动。合同期间 t 时刻的期权价格 $\mathscr{O}_F(S, t)$ 由 Feynman-Kac 公式给出

$$\begin{aligned}
\mathscr{O}_F(S, t) &= \mathrm{e}^{-r\tau}E_{(t,S)}[F[S(t')]] \\
&= \mathrm{e}^{-r\tau}\int_{-\infty}^{\infty}\left(\int_{x(t)=x}^{x(T)=x_T}F[\mathrm{e}^{x(t')}]\mathrm{e}^{-A_{BS}[x(t')]}\mathscr{D}\,x(t')\right)\mathrm{d}x_T
\end{aligned} \tag{32-4}$$

式中,$\tau = T - t$,$E_{(t,S)}$ 表示对所有 $S(t')_{t \leqslant t' \leqslant T}$ 做平均,其中 t 时刻的价格固定为 $S = \mathrm{e}^x$。第二个等式表示对所有的 $x(t')_{t \leqslant t' \leqslant T}$ 做平均。A_{BS} 为 Black-Scholes Lagrange 函数

$$A_{BS}[x(t')] = \int_t^T \mathscr{L}_{BS}\mathrm{d}t', \quad \mathscr{L}_{BS} = \frac{1}{2\sigma^2}(\dot{x}(t') - \mu)^2 \tag{32-5}$$

本案例参考文献[26]。

假设回报函数有如下形式

$$F = f(S_T) \mathrm{e}^{-I[S(t')]} \tag{32-6}$$

$f(S_T)$ 只依赖到期日 T 时的资产价格 S_T，I 依赖价格路径 $S(t')_{t \leqslant t' \leqslant T}$

$$I[S(t')] = \int_t^T V(x(t'), t') \mathrm{d}t' \tag{32-7}$$

式中，$V(x, t')$ 为某个势函数，这里 $x(t') = \ln S(t')$。 式(32-4)中的 Feynman-Kac 公式变为

$$\mathscr{O}_F(S, t) = \mathrm{e}^{-r\tau} \int_{-\infty}^{\infty} f(\mathrm{e}^{x_T}) \mathrm{e}^{(\mu/\sigma^2)(x_T - x) - (\mu^2 \tau/2\sigma^2)} \mathscr{K}_V(x_T, T \mid x, t) \mathrm{d}x_T$$

$$\tag{32-8}$$

$\mathscr{K}_V$ 为 Green 函数(转移概率密度)

$$\mathscr{K}_V(x_T, T \mid x, t) = \int_{x(t)=x}^{x(T)=x_T} \exp\left(-\int_t^T (\mathscr{L}_0 + V) \mathrm{d}t'\right) \mathscr{D} x(t') \tag{32-9}$$

$\mathscr{L}_0 = \dfrac{1}{2\sigma^2} \dot{x}^2$，$\mathscr{K}_V$ 满足

$$\frac{\sigma^2}{2} \frac{\partial^2 \mathscr{K}_V}{\partial x^2} - V(x, t) \mathscr{K}_V = -\frac{\partial \mathscr{K}_V}{\partial t} \tag{32-10}$$

和终端条件 $\mathscr{K}_V(x_T, T \mid x, T) = \delta(x_T - x)$。

根据式(32-8)、式(32-9)、式(32-10)，期权价格满足 Black-Scholes 方程

$$\frac{\sigma^2}{2} \frac{\partial^2 \mathscr{O}_F}{\partial x^2} + \mu \frac{\partial \mathscr{O}_F}{\partial x} - (r + V(x, t)) \mathscr{O}_F = -\frac{\partial \mathscr{O}_F}{\partial t} \tag{32-11}$$

和终端条件 $\mathscr{O}_F(S_T, T) = f(S_T)$。式(32-11)中 $r + V(x, t)$ 可看成有效无风险利率。

当 $V = 0$，$\mathscr{K}_V$ 可表示为

$$\mathscr{K}_V(x_T, T \mid x, t) = \exp\left(\tau \frac{\sigma^2}{2} \frac{\partial^2}{\partial x^2}\right) \delta(x_T - x) = \exp\left(\tau \frac{\sigma^2}{2} \frac{\partial^2}{\partial x^2}\right) \int_{-\infty}^{\infty} \mathrm{e}^{\mathrm{i}p(x_T - x)} \frac{\mathrm{d}p}{2\pi}$$

$$= \int_{-\infty}^{\infty} \exp\left(-\frac{1}{2} \tau \sigma^2 p^2 + \mathrm{i}p(x_T - x)\right) \frac{\mathrm{d}p}{2\pi}$$

$$= \frac{1}{\sqrt{2\pi\sigma^2\tau}} \exp\left(-\frac{(x_T - x)^2}{2\sigma^2\tau}\right) \tag{32-12}$$

把它代入式(32-8)得到

$$\mathscr{O}_F(S,\ t)=\mathrm{e}^{-r\tau}\int_{-\infty}^{\infty}f(\mathrm{e}^{x_T})\ \frac{1}{\sqrt{2\pi\sigma^2\tau}}\exp\Big(-\frac{(x_T-x-\mu\tau)^2}{2\sigma^2\tau}\Big)\mathrm{d}x_T$$

$$(32-13)$$

32.1　回报函数

现在考虑更一般的回报函数

$$F[\mathrm{e}^{x(t')}]=F(\mathrm{e}^{x_T},\ I^i),\quad I^i=I^i[\mathrm{e}^{x(t')}]\qquad(32-14)$$

这里假设有 n 个依赖路径的泛函 $(I^i)_{1\leqslant i\leqslant n}$。根据

$$\delta^n(\lambda^i-I^i)\equiv\delta(\lambda^1-I^1)\cdots\delta(\lambda^n-I^n)\qquad(32-15)$$

和 Dirac δ 函数的积分表示

$$F(\mathrm{e}^{x_T},\ I^i)=\int_{R^n}\delta^n(\lambda^i-I^i)F(\mathrm{e}^{x_T},\ \lambda^i)\mathrm{d}^n\lambda$$

$$=\frac{1}{(2\pi)^n}\int_{R^n}\int_{R^n}\exp\Big(\mathrm{i}\sum_{i=1}^{n}p_i(\lambda^i-I^i)\Big)F(\mathrm{e}^{x_T},\ \lambda^i)\mathrm{d}^n p\,\mathrm{d}^n\lambda$$

$$(32-16)$$

(32-4)中的期权价格变为

$$\mathscr{O}_F(S,\ t)=\mathrm{e}^{-r\tau}\int_{-\infty}^{\infty}\int_{R^n}F(\mathrm{e}^{x_T},\ \lambda^i)\mathrm{e}^{(\mu/\sigma^2)(x_T-x)-(\mu^2\tau/2\sigma^2)}\mathscr{P}(x_T,\ \lambda^i,\ T\mid x,\ t)\mathrm{d}^n\lambda\,\mathrm{d}x_T$$

$$(32-17)$$

式中，$\mathscr{P}$ 为 t 时刻状态为 x、T 时刻为 $(x_T,\ \lambda^i)$ 的转移概率密度

$$\mathscr{P}(x_T,\ \lambda^i,\ T\mid x,\ t)=\frac{1}{(2\pi)^n}\int_{R^n}\exp\Big(\mathrm{i}\sum_{i=1}^{n}p_i\lambda^i\Big)\mathscr{K}_{I,p}(x_T,\ T\mid x,\ t)\mathrm{d}^n p$$

$$(32-18)$$

是 Green 函数

$$\mathscr{K}_{I,p}(x_T,\ T\mid x,\ t)=\int_{x(t)=x}^{x(T)=x_T}\exp\Big(-A_0-\mathrm{i}\sum_{i=1}^{n}p_iI^i\Big)\mathscr{D}\,x(t')\qquad(32-19)$$

的逆 Fourier 变换。若

$$I^i=\int_{t}^{T}v^i(x(t'),\ t')\mathrm{d}t'\qquad(32-20)$$

式(32-19)中的 Green 函数满足式(32-10)，其中

$$V(x,\ t) = \mathrm{i}\sum_{i=1}^{n} p_i v^i(x,\ t) \tag{32-21}$$

32.2 亚式期权

带权重的亚式期权

$$\mathscr{O}_F(T) = F(S_T,\ I) \tag{32-22}$$

其中

$$I = \int_{t_0}^{T} w(t')x(t')\mathrm{d}t' \tag{32-23}$$

$w(t')$ 为给定时间段 $t_0 \leqslant t' \leqslant T$ 内的权函数

$$\int_{t_0}^{T} w(t')\mathrm{d}t' = 1 \tag{32-24}$$

常用的权函数：只依赖到期资产价格的标准期权，

$$w(t') = \delta(T - t') \tag{32-25}$$

等权重连续期权，

$$w(t') = \frac{1}{T - t_0} \tag{32-26}$$

等权重离散期权，

$$w(t') = \frac{1}{N+1}\sum_{i=0}^{N}\delta(t' - t_i) \tag{32-27}$$

权重离散期权，

$$w(t') = \sum_{i=0}^{N} w_i\delta(t' - t_i),\quad \sum_{i=0}^{N} w_i = 1 \tag{32-28}$$

其中，$t_i = t + ih$，$h = (T - t_0)/N$，$i = 0,\ \cdots,\ N$。

回报函数有如下形式：加权平均买入价（price call）

$$F(I) = \max(\mathrm{e}^I - K,\ 0) \tag{32-29}$$

加权平均履约价格（strike price）

$$F(S_T,\ I) = \max(S_T - \mathrm{e}^I,\ 0) \tag{32-30}$$

数字加权平均价格看涨

$$F(I) = D\theta(e^I - K) \tag{32-31}$$

θ 为 Heaviside 函数, D 为固定的回报核度。令当前时间 $t \in [t_0, T]$,

$$I = I_f + I_u \tag{32-32}$$

其中

$$I_f = \int_{t_0}^t w(t') x_f(t') dt' \tag{32-33}$$

为已知的价格平均, $x_f = \ln S_f$。

$$I_u = \int_t^T w(t') x(t') dt' \tag{32-34}$$

为未知的价格平均。

合同期间 t 时刻的期权价格为

$$
\begin{aligned}
\mathscr{O}_F(S, t) &= e^{-r\tau} E_{(t,S)}[F(S_T, I_f + I_u)] \\
&= e^{-r\tau} \int_{-\infty}^{\infty} \int_{-\infty}^{\infty} F(e^{x_T}, \lambda + I_f) \mathscr{P}^\mu(x_T, \lambda, T \mid x, t) d\lambda \, dx_T
\end{aligned}
\tag{32-35}
$$

其中

$$\mathscr{P}^\mu(x_T, \lambda, T \mid x, t) = e^{(\mu/\sigma^2)(x_T - x) - (\mu^2 \tau/2\sigma^2)} \int_{-\infty}^{\infty} e^{ip\lambda} \mathscr{K}_V(x_T, T \mid x, t) \frac{dp}{2\pi} \tag{32-36}$$

$\mathscr{K}_V$ 满足式 (32-10), 其中

$$V(x, t') = ipw(t')x \tag{32-37}$$

经计算,

$$\mathscr{K}_V(x_T, T \mid x, t) = \frac{1}{\sqrt{2\pi\sigma^2\tau}} \exp\left\{ -\frac{(x_T - x)^2}{2\sigma^2\tau} - ip(\tau_1 x_T + \tau_2 x) - \tau\chi\sigma^2 p^2 \right\} \tag{32-38}$$

其中

$$\tau_1 = \frac{\bar{\tau}}{\tau}, \quad \tau_2 = 1 - \tau_1, \quad \bar{\tau} = \int_t^T w(t')(t' - t) dt' \tag{32-39}$$

$$\chi = \frac{1}{\tau^2} \int_t^T \int_t^{t'} w(t')w(t'')(T - t')(t'' - t) dt'' dt' \tag{32-40}$$

代入式(32 - 36)得到

$$\mathscr{P}^{\mu}(x_T, \lambda, T \mid x, t)$$

$$= \frac{1}{2\pi\sigma^2\tau\sqrt{2\chi}}\exp\left\{-\frac{(x_T-x-\mu\tau)^2}{2\sigma^2\tau}-\frac{(\lambda-\tau_1 x_T-\tau_2 x)^2}{4\chi\sigma^2\tau}\right\}$$

$$= \frac{1}{2\pi\sigma_{x_T}\sigma_{\lambda}\sqrt{1-\rho^2}}\exp\left\{-\frac{1}{2(1-\rho^2)}\left(\frac{(x_T-\mu_{x_T})^2}{\sigma_{x_T}^2}+\frac{(\lambda-\mu_{\lambda})^2}{\sigma_{\lambda}^2}\right.\right. \qquad (32-41)$$

$$\left.\left.-\frac{2\rho(x_T-\mu_{x_T})(\lambda-\mu_{\lambda})}{\sigma_{x_T}\sigma_{\lambda}}\right)\right\}$$

均值

$$\mu_{x_T}=x+\mu\tau, \quad \mu_{\lambda}=x+\mu\bar{\tau} \qquad (32-42)$$

标准差

$$\sigma_{x_T}=\sigma\sqrt{\tau}, \quad \sigma_{\lambda}=\sigma\sqrt{\psi\tau} \qquad (32-43)$$

关联系数

$$\rho=\frac{\tau_1}{\sqrt{\psi}}, \qquad (32-44)$$

$$\psi=2\chi+\tau_1^2 \qquad (32-45)$$

式(32 - 35)、式(32 - 41)给出了任意权重下的亚式期权的计算公式。

当回报函数 F 不依赖 x_T 时,根据式(32 - 35)、式(32 - 41)得到

$$\mathscr{O}_F(S, t)=\mathrm{e}^{-r\tau}\int_{-\infty}^{\infty}F(\lambda+I_{\mathrm{f}})\frac{1}{\sqrt{2\pi\psi\sigma^2\tau}}\exp\left\{-\frac{(\lambda-x-\mu\bar{\tau})^2}{2\psi\sigma^2\tau}\right\}\mathrm{d}\lambda$$

$$(32-46)$$

在 Black-Scholes 解式(32 - 13)中做替换 $\sigma\rightarrow\sigma\sqrt{\psi}$、$\mu\rightarrow\mu\tau_1$,得到式(32 - 46)。

当 F 由式(32 - 31)给出,式(32 - 46)变为

$$\mathscr{O}_F(S, t)=D\mathrm{e}^{-r\tau}\int_{\ln K-I_{\mathrm{f}}}^{\infty}\frac{1}{\sqrt{2\pi\psi\sigma^2\tau}}\exp\left\{-\frac{(\lambda-x-\mu\bar{\tau})^2}{2\psi\sigma^2\tau}\right\}\mathrm{d}\lambda=D\mathrm{e}^{-r\tau}N(d_1)$$

$$(32-47)$$

其中

$$d_1 = \frac{\ln\left(\frac{S}{K}\right) + I_f + \mu\bar{\tau}}{\sigma\sqrt{\psi\tau}} \tag{32-48}$$

当 F 由式(32-29)给出,式(32-46)变为

$$\mathscr{O}_F(S,\,t) = e^{-r\tau}\int_{\ln K - I_f}^{\infty} (e^{\lambda+I_f} - K)\,\frac{1}{\sqrt{2\pi\psi\sigma^2\tau}}\exp\left\{-\frac{(\lambda - x - \mu\bar{\tau})^2}{2\psi\sigma^2\tau}\right\}\mathrm{d}\lambda$$

$$= e^{-q\tau+I_f}SN(d_2) - e^{-r\tau}KN(d_1) \tag{32-49}$$

其中

$$d_2 = d_1 + \sigma\sqrt{\psi\tau},\quad q = r\tau_2 + \frac{\sigma^2}{2}(\tau_1 - \psi) = r - \mu\tau_1 - \frac{\psi\sigma^2}{2} \tag{32-50}$$

现在考虑不同的权重。对于标准期权式(32-25),

$$\bar{\tau} = \tau,\quad \chi = 0,\quad \psi = 1 \tag{32-51}$$

式(32-25)变为标准的 Black-Scholes 公式。对于权重式(32-26),设 $t = t_0$,则

$$\bar{\tau} = \frac{\tau}{2},\quad \chi = \frac{1}{24},\quad \psi = \frac{1}{3} \tag{32-52}$$

对于权重式(32-28),设 $t = t_0$,

$$\tau_1 = \frac{1}{N}\sum_{k=1}^{N} k w_k \tag{32-53}$$

$$\chi = \frac{1}{2N^2}\sum_{k=1}^{N} k(N-k)w_k^2 + \frac{1}{N^2}\sum_{k=2}^{N}\sum_{l=1}^{k-1} l(N-k)w_k w_l \tag{32-54}$$

$$\psi = \frac{1}{N}\sum_{k=1}^{N} k w_k^2 + \frac{2}{N}\sum_{k=2}^{N}\sum_{l=1}^{k-1} l w_k w_l \tag{32-55}$$

即时远期利率的线性场论模型

33.1 利率、零息债券

在 t 时刻存入银行一个单位货币,在 T 时刻的收益为 $e^{(T-t)r}$,其中 r 称为连续复利。T 时刻为一个单位货币的合约(又称零息债券)在 t 时刻的价格为

$$B(t, T) = e^{-(T-t)r} \tag{33-1}$$

当连续复利 $r(t, T)$ 依赖当前时刻 t 和将来时刻 T 时,在 t 时刻存入银行一个单位货币,在 T 时刻的收益为 $e^{(T-t)r(t, T)}$,式(33-1)中的零息债券在 t 时刻的价格为

$$B(t, T) = e^{-(T-t)r(t, T)} \Leftrightarrow r(t, T) = -\frac{1}{T-t}\ln B(t, T) \tag{33-2}$$

为了描述不同将来时刻零息债券的关系,引入远期利率(forward interest rates)$f(t; T_1, T_2)$,它表示存款从 T_1 到 T_2 时间段时 t 时刻的利率。

$$B(t, T_2) = B(t, T_1)e^{-(T_2-T_1)f(t; T_1, T_2)} \Leftrightarrow f(t; T_1, T_2) = -\frac{1}{T_2-T_1}\ln\frac{B(t, T_2)}{B(t, T_1)} \tag{33-3}$$

根据式(33-2),远期利率和连续复利的关系为

$$e^{(T_2-t)r(t, T_2)} = e^{(T_1-t)r(t, T_1)}e^{(T_2-T_1)f(t; T_1, T_2)} \Leftrightarrow f(t; T_1, T_2)$$
$$= \frac{1}{T_2-T_1}\left[(T_2-t)r(t, T_2) - (T_1-t)r(t, T_1)\right] \tag{33-4}$$

本案例参考文献[17]。

取 $T_1 = t$，$T_2 = T$，上式表明 $r(t, T) = f(t; t, T)$。令 $f(t, T) = \lim\limits_{\varepsilon \to 0+} f(t; T, T + \varepsilon)$，称为即时远期利率，满足

$$\text{对所有 } t < T, \quad f(t, T) > 0 \tag{33-5}$$

即期利率（spot interest rate）定义为 $r(t) = f(t, t)$。

对式（33-3）求解得到

$$
\begin{aligned}
B(t, T) &= \exp(-\varepsilon f(t; T-\varepsilon, T)) B(t, T-\varepsilon) \\
&= \exp(-\varepsilon [f(t; T-\varepsilon, T) + f(t; T-2\varepsilon, T-\varepsilon)]) B(t, T-2\varepsilon) \\
&= \exp\left(-\varepsilon \sum_{k=0}^{n-1} f(t; T-(k+1)\varepsilon, T-k\varepsilon)\right) B(t, T-n\varepsilon) \\
&= \exp\left(-\int_0^{T-t} \mathrm{d}y f(t, T-y)\right) B(t, t) \\
&= \exp\left(-\int_0^{T-t} \mathrm{d}y f(t, T-y)\right) \\
&= \exp\left(-\int_t^T \mathrm{d}x f(t, x)\right)
\end{aligned}
\tag{33-6}
$$

其中，第四等式用到了 $n\varepsilon = T - t$，$\varepsilon \to 0$，第五等式用到了 $B(t, t) = 1$。下面考虑即时远期利率

$$f(t, x), \quad (t, x) \in \Omega \equiv \{t \leqslant x \leqslant t + T_{\mathrm{FR}}, T_i \leqslant t \leqslant T_f\} \tag{33-7}$$

T_{FR} 为某固定的时间跨度。

33.2　即时远期利率的线性场论模型

即时远期利率 $f(t, x)$ 满足

$$\frac{\partial f}{\partial t}(t, x) = \alpha(t, x) + \sigma(t, x) \mathscr{A}(t, x) \tag{33-8}$$

或者

$$f(t_*, x) = f(t_0, x) + \int_{t_0}^{t_*} \mathrm{d}t \alpha(t, x) + \int_{t_0}^{t_*} \mathrm{d}t \sigma(t, x) \mathscr{A}(t, x) \tag{33-9}$$

对于任意的 (t, x)，$\mathscr{A}(t, x)$ 都是独立的随机变量（高斯随机场），被以后会提到的式（33-20）确定。f 在初始和结束时刻满足 Dirichlet 边界条件

$$
\begin{cases}
f(T_i, x) \text{ 给定}, & T_i < x < T_i + T_{\mathrm{FR}} \\
f(T_f, x) \text{ 给定}, & T_f < x < T_f + T_{\mathrm{FR}}
\end{cases}
\tag{33-10}
$$

f 在到期 x 方向满足自由边界条件

$$T_i < t < T_f, \quad \frac{\partial}{\partial x}\left(\frac{\frac{\partial f}{\partial t}(t, x) - \alpha(t, x)}{\sigma(t, x)}\right)\bigg|_{x=t,\, t+T_{FR}} = 0 \quad (33-11)$$

根据方程(33-8),f 的自由边界条件等价于 $\mathscr{A}$ 满足自由边界条件

$$\frac{\partial \mathscr{A}(t, x)}{\partial x}\bigg|_{x=t,\, t+T_{FR}} = 0 \quad (33-12)$$

某一利率工具的市场价 $F[\mathscr{A}]$ 为期望值

$$E[F[\mathscr{A}]] = \frac{1}{Z}\int D\mathscr{A}\, F[\mathscr{A}]\, e^{S[\mathscr{A}]} \quad (33-13)$$

其中 $Z = \int D\mathscr{A}\, e^{S[\mathscr{A}]}$ 为配分函数,$\int D\mathscr{A}$ 表示对 $\mathscr{A}(t, x)$ 所有可能值的积分。式 (33-13) 也可以对 f 积分做平均实现 $F[\mathscr{A}]$ 的期望值。根据式(33-8),做变量替换得到

$$E[F[\mathscr{A}]] = E[\tilde{F}[f]] = \frac{1}{Z}\int Df\, \tilde{F}[f]\, e^{\tilde{S}[f]} \quad (33-14)$$

式中应用了 $\int D\mathscr{A} = \int Df$, $Z = \int Df\, e^{\tilde{S}[f]}$,$\tilde{F}[f] = F[\mathscr{A}]$,$\tilde{S}[f] = S[\mathscr{A}]$,$f$ 和 $\mathscr{A}$ 的关系由式(33-8)确定。

为了确定模型,需要给定依赖高斯随机场 $\mathscr{A}$ 的作用能 $S[\mathscr{A}]$

$$
\begin{aligned}
S[\mathscr{A}] &= \int_\Omega \mathrm{d}t\,\mathrm{d}x\, \mathscr{L}[\mathscr{A}] \\
&= -\frac{1}{2}\int_\Omega \mathrm{d}t\,\mathrm{d}x\left\{\mathscr{A}^2(t, x) + \frac{1}{\mu^2}\left(\frac{\partial \mathscr{A}(t, x)}{\partial x}\right)^2 + \frac{1}{\lambda^4}\left(\frac{\partial^2 \mathscr{A}(t, x)}{\partial^2 x}\right)^2\right\} \\
&= -\frac{1}{2}\int_\Omega \mathrm{d}t\,\mathrm{d}x\, \mathscr{A}(t, x)\left(1 - \frac{1}{\mu^2}\frac{\partial^2}{\partial x^2} + \frac{1}{\lambda^4}\frac{\partial^4}{\partial x^4}\right)\mathscr{A}(t, x) \quad (33-15)
\end{aligned}
$$

最后等式利用自由边界条件式(33-12),μ 和 λ 分别为 rigidity 参数和 stiffness 参数。

定义传播子(propagator)$\mathscr{D}$,它满足

$$\left(1 - \frac{1}{\mu^2}\frac{\partial^2}{\partial x^2} + \frac{1}{\lambda^4}\frac{\partial^4}{\partial x^4}\right)\mathscr{D}(x, x', t) = \delta(x - x') \quad (33-16)$$

其中 $\mathscr{D}$ 关于 x 满足自由边界条件式(33-12)。$\mathscr{D}(x, x', t)$ 的逆算子 $\mathscr{D}^{-1}(x, x', t)$ 满足

$$\int \mathrm{d}x' \mathscr{D}(x, x', t) \mathscr{D}^{-1}(x', x'', t) = \delta(x - x'') \qquad (33-17)$$

式 $(33-15)$ 的作用能 $S[\mathscr{A}]$ 表示为

$$
\begin{aligned}
S[\mathscr{A}] = & -\frac{1}{2} \int \mathrm{d}t \mathrm{d}x \mathscr{A}(t, x) \left(1 - \frac{1}{\mu^2} \frac{\partial^2}{\partial x^2} + \frac{1}{\lambda^4} \frac{\partial^4}{\partial x^4}\right) \int \mathrm{d}x'' \delta(x - x'') \mathscr{A}(t, x'') \\
= & -\frac{1}{2} \int \mathrm{d}t \mathrm{d}x \mathscr{A}(t, x) \left(1 - \frac{1}{\mu^2} \frac{\partial^2}{\partial x^2} + \frac{1}{\lambda^4} \frac{\partial^4}{\partial x^4}\right) \int \mathrm{d}x'' \int \mathrm{d}x' \mathscr{D}(x, x', t) \\
& \mathscr{D}^{-1}(x', x'', t) \mathscr{A}(t, x'') \\
= & -\frac{1}{2} \int \mathrm{d}t \mathrm{d}x \mathscr{A}(t, x) \int \mathrm{d}x'' \int \mathrm{d}x' \delta(x - x') \mathscr{D}^{-1}(x', x'', t) \mathscr{A}(t, x'') \\
= & -\frac{1}{2} \int \mathrm{d}t \mathrm{d}x \mathrm{d}x' \mathscr{A}(t, x) \mathscr{D}^{-1}(x, x', t) \mathscr{A}(t, x') \qquad (33-18)
\end{aligned}
$$

给定 $h(t, x)$，定义生成泛函

$$
\begin{aligned}
Z[h] = & E\left[\exp\left\{\int \mathrm{d}t \mathrm{d}x h(t, x) \mathscr{A}(t, x)\right\}\right] \\
= & \frac{1}{Z} \int D\mathscr{A} \exp\left\{S[\mathscr{A}] + \int \mathrm{d}t \mathrm{d}x h(t, x) \mathscr{A}(t, x)\right\} \\
= & \exp\left(\frac{1}{2} \int \mathrm{d}t \mathrm{d}x \mathrm{d}x' h(t, x) \mathscr{D}(x, x', t) h(t, x')\right) \quad (33-19)
\end{aligned}
$$

特别地，有

$$
\begin{aligned}
E[\mathscr{A}(t, x) \mathscr{A}(t', x')] = & \frac{1}{Z} \int D\mathscr{A} \mathrm{e}^{S[\mathscr{A}]} \mathscr{A}(t, x) \mathscr{A}(t', x') \\
& = \frac{\delta^2}{\delta h(t, x) \delta h(t', x')} Z[h]\bigg|_{h=0} \\
& = \delta(t - t') \mathscr{D}(x, x', t)
\end{aligned} \qquad (33-20)
$$

33.3　鞍条件

零息债券的价格满足鞍条件：

$$
B(t_0, T) = E\left[\mathrm{e}^{-\int_{t_0}^{t_*} r(t)\mathrm{d}t} B(t_*, T)\right] = \frac{1}{Z} \int Df \mathrm{e}^{S[f]} \mathrm{e}^{-\int_{t_0}^{t_*} r(t)\mathrm{d}t} B(t_*, T)
$$

$$(33-21)$$

它等价于

$$\alpha(t, x) = \sigma(t, x) \int_t^x dx' \mathscr{D}(x, x', t) \sigma(t, x') \qquad (33-22)$$

即式(33-8)中的漂移速率 α 需要满足这个条件，确保鞅条件式(33-21)满足。下面推导它们的等价性。

定义

$$\mathscr{T} = \{t_0 \leqslant t \leqslant t_*, t \leqslant x \leqslant T\} \qquad (33-23)$$

$$\begin{aligned}
\int_{\mathscr{T}} dx\, dt\, \partial_t f(t, x) &= \int_{t_*}^T dx \int_{t_0}^{t_*} dt\, \partial_t f(t, x) + \int_{t_0}^{t_*} dx \int_{t_0}^x dt\, \partial_t f(t, x) \\
&= \int_{t_*}^T dx [f(t_*, x) - f(t_0, x)] + \int_{t_0}^{t_*} dx [f(x, x) - f(t_0, x)] \\
&= \int_{t_*}^T dx\, f(t_*, x) - \int_{t_0}^T dx\, f(t_0, x) + \int_{t_0}^{t_*} dx\, r(x) \qquad (33-24)
\end{aligned}$$

把式(33-8)代入式(33-24)得到

$$e^{-\int_{t_0}^{t_*} r(t)dt} B(t_*, T) = \exp\left\{ -\int_{\mathscr{T}} \alpha(t, x) - \int_{\mathscr{T}} \sigma(t, x) \mathscr{A}(t, x) \right\} B(t_0, T) \qquad (33-25)$$

两边取期望

$$E\left[e^{-\int_{t_0}^{t_*} r(t)dt} B(t_*, T) \right] = e^{-\int_{\mathscr{T}} \alpha(t, x)} B(t_0, T) E\left[e^{-\int_{\mathscr{T}} \sigma(t, x) \mathscr{A}(t, x)} \right] \qquad (33-26)$$

鞅条件式(33-21)等价于

$$\begin{aligned}
e^{\int_{\mathscr{T}} \alpha(t, x)} &= E\left[e^{-\int_{\mathscr{T}} \sigma(t, x) \mathscr{A}(t, x)} \right] \\
&= \exp\left(\frac{1}{2} \int_{t_0}^{t_*} dt \int_t^T dx\, dx' \sigma(t, x) \mathscr{D}(x, x', t) \sigma(t, x') \right) \qquad (33-27)
\end{aligned}$$

其中，最后等式用到了式(33-19)。考虑到积分区域 $\mathscr{T}$ 的任意性，由式(33-27)得到式(33-22)。

33.4 定价核

计算定价核

$$\mathscr{K}[f(t_0, :), f(t_*, :)] = \frac{1}{Z} \int D\mathscr{A} \prod_{t_* \leqslant x} \delta\left[F(x) - \int_{t_0}^{t_*} dt\, \sigma(t, x) \mathscr{A}(t, x) \right] e^{S[A]} \qquad (33-28)$$

这里在 t_0 和 t_* 时刻的即时远期利率给定，$F(x)$ 定义为

$$F(x) = f(t_*, x) - f(t_0, x) + \int_{t_0}^{t_*} \mathrm{d}t\alpha(t, x) \qquad (33-29)$$

利用 Dirac-delta 函数的积分表示

$$\prod_{t_* \leqslant x} \delta\left[F(x) - \int_{t_0}^{t_*} \mathrm{d}t\sigma(t, x)\mathscr{A}(t, x)\right] = \int DK\, \mathrm{e}^{\mathrm{i}\int_x K(x)\left[F(x) - \int_{t_0}^{t_*} \mathrm{d}t\sigma(t, x)\mathscr{A}(t, x)\right]}$$

$$(33-30)$$

其中 $\int DK = \prod_{t_* \leqslant x} \int_{-\infty}^{\infty} \mathrm{d}K(x)$。把式(33-30)代入式(33-28)得到

$$
\begin{aligned}
\mathscr{K}[f(t_0, :), f(t_*, :)] &= \frac{1}{Z}\int DK \int D\mathscr{A}\, \mathrm{e}^{\mathrm{i}\int_x K(x)\left[F(x) - \int_{t_0}^{t_*} \mathrm{d}t\sigma(t, x)\mathscr{A}(t, x)\right]} \\
&\quad \exp\left\{-\frac{1}{2}\int_{\Omega} \mathrm{d}t\,\mathrm{d}x\,\mathscr{A}(t, x)\mathscr{D}^{-1}(x, x', t)\mathscr{A}(t, x)\right\} \\
&= \int DK\, \mathrm{e}^{\mathrm{i}\int_x K(x)F(x)}\, \mathrm{e}^{-\frac{1}{2}\int_{x, x'} K(x)M(x, x')K(x')} \\
&= \mathscr{N}\exp\left\{-\frac{1}{2}\int_{x, x'} F(x)M(x, x')F(x')\right\}
\end{aligned}
$$

$$(33-31)$$

其中 $\mathscr{N}$ 为归一化常数，

$$M(x, x') = \int_{t_0}^{t_*} \mathrm{d}t\sigma(t, x)\mathscr{D}(x, x', t)\sigma(t, x') \qquad (33-32)$$

对于欧式期权在 t_* 到期时的清算函数 $\mathscr{P}[f(t_*, :)]$，它只依赖在 t_* 时刻的即时远期利率 $f(t_*, :)$，在 t_0 时刻的期权价格为

$$C(t_0, t_*; f(t_0, :)) = B(t_0, t_*)\int Df_* \,\mathscr{K}[f(t_0, :), f(t_*, :)]\mathscr{P}[f(t_*, :)]$$

$$(33-33)$$

其中 $\int Df_* = \prod_{t_* < x} \int \mathrm{d}f(t_*, x)$。

33.5　期望值

下面计算 $(B(t_*, T) - K)_+ \equiv \max(B(t_*, T) - K, 0)$ 的均值，$K > 0$ 为固定的常数，这里 $B(t_*, T)$ 由式(33-6)确定

$$B(t_*, T) = \exp\left(-\int_{t_*}^T \mathrm{d}x f(t_*, x)\right) \qquad (33-34)$$

首先利用

$$(B(t_*, T) - K)_+ = \frac{1}{2\pi}\int_{-\infty}^{\infty} \mathrm{d}G\mathrm{d}p\, \mathrm{e}^{\mathrm{i}p(G + \int_{t_*}^T \mathrm{d}x f(t_*, x))} (\mathrm{e}^G - K)_+ \qquad (33-35)$$
$$= \int_{-\infty}^{\infty} \mathrm{d}G \Psi(G) (\mathrm{e}^G - K)_+$$

其中

$$\Psi(G) \equiv \frac{1}{2\pi}\int_{-\infty}^{\infty} \mathrm{d}p\, \mathrm{e}^{\mathrm{i}p\left(G + \int_{t_*}^T \mathrm{d}x f(t_*, x)\right)}$$

根据方程(33-9)，

$$\int_{t_*}^T \mathrm{d}x f(t_*, x) = \int_{t_*}^T \mathrm{d}x f(t_0, x) + \int_{\mathscr{R}} \mathrm{d}t\mathrm{d}x \alpha(t, x) + \int_{\mathscr{R}} \mathrm{d}t\mathrm{d}x \sigma(t, x)\mathscr{A}(t, x) \qquad (33-36)$$

其中 $\mathscr{R} = \{t_0 \leqslant t \leqslant t_*, t_* \leqslant x \leqslant T\}$。

$$E\left[\mathrm{e}^{\mathrm{i}p\int_{\mathscr{R}} \sigma(t, x)\mathscr{A}(t, x)}\right] = \frac{1}{Z}\int D\mathscr{A}\, \mathrm{e}^{S[\mathscr{A}]} \mathrm{e}^{\mathrm{i}p\int_{\mathscr{R}} \sigma(t, x)\mathscr{A}(t, x)} = \mathrm{e}^{-\frac{q^2}{2}p^2} \qquad (33-37)$$

其中

$$q^2 = \int_{t_0}^{t_*} \mathrm{d}t \int_{t_*}^T \mathrm{d}x\mathrm{d}x'\sigma(t, x)\mathscr{D}(x, x', t)\sigma(t, x') = \int_{t_*}^T \mathrm{d}x\mathrm{d}x' M(x, x')$$

式中，M 在式(33-32)中定义。和式(33-22)类似，取

$$\alpha(t, x) = \sigma(t, x)\int_{t_*}^x \mathrm{d}x'\mathscr{D}(x, x', t)\sigma(t, x') \qquad (33-38)$$

它在 $\mathscr{R}$ 上积分

$$\int_{\mathscr{R}} \alpha(t, x) = \int_{t_*}^T \mathrm{d}x \int_{t_0}^{t_*} \mathrm{d}t\sigma(t, x)\int_{t_*}^x \mathrm{d}x'\mathscr{D}(x, x', t)\sigma(t, x') = \frac{q^2}{2} \qquad (33-39)$$

由式(33-37)、式(33-39)得到

$$E[\Psi(G)] = \frac{1}{2\pi}\int_{-\infty}^{\infty} \mathrm{d}p\, \mathrm{e}^{\mathrm{i}pG} \mathrm{e}^{\mathrm{i}p\int_{t_*}^T \mathrm{d}x f(t_0, x)} \mathrm{e}^{\mathrm{i}pq^2/2} \mathrm{e}^{-\frac{q^2}{2}p^2} = \frac{1}{\sqrt{2\pi q^2}} \mathrm{e}^{-\frac{1}{2q^2}\left(G + \int_{t_*}^T \mathrm{d}x f(t_0, x) + \frac{q^2}{2}\right)^2} \qquad (33-40)$$

根据式(33-35)得到

$$E\big[B(t_*,T)-K)_+\big] = \int_{-\infty}^{\infty} \mathrm{d}G\, E[\Psi(G)](\mathrm{e}^G-K)_+$$

$$= \int_{-\infty}^{\infty} \mathrm{d}G\, \frac{1}{\sqrt{2\pi q^2}} \mathrm{e}^{-\frac{1}{2q^2}\left(G+\int_{t_*}^{T}\mathrm{d}x f(t_0,x)+\frac{q^2}{2}\right)^2}(\mathrm{e}^G-K)_+$$

$$= FN(d_+)-KN(d_-) \tag{33-41}$$

其中

$$N(x)=\frac{1}{\sqrt{2\pi}}\int_{-\infty}^{x}\mathrm{e}^{-\frac{z^2}{2}}\mathrm{d}z, \quad F=\mathrm{e}^{-\int_{t_*}^{T}\mathrm{d}x f(t_0,x)}, \quad d_{\pm}=\frac{1}{q}\left[\ln\frac{F}{K}\pm\frac{q^2}{2}\right]$$

33.6　离散格式

在区域

$$\mathscr{T}=\{0\leqslant t\leqslant t_*,\ t\leqslant x\leqslant T\} \tag{33-42}$$

考虑即时远期利率的线性场论模型。令 $\tau=t_*-t$，$\tilde{x}=T-x$。取 $\varepsilon>0, a>0$，整数 M 和 N 使得

$$t_*=M\varepsilon, \quad T-t_*=Na \tag{33-43}$$

$$\tau_m=(M-m)\varepsilon, \quad m=0,\cdots,M \tag{33-44}$$

$$\text{对}\ \tau_m:\ \tilde{x}_n=t_*+(N-n)a, \quad n=0,\cdots,N+m-1 \tag{33-45}$$

记

$$f_{mn}=af(\tau_m,\tilde{x}_n), \quad \tilde{\alpha}_{mn}=a\alpha(\tau_m,\tilde{x}_n), \quad s_{mn}=\sqrt{\varepsilon a}\,\sigma(\tau_m,\tilde{x}_n), \quad \tilde{\mu}=a\mu, \quad \tilde{\lambda}=a\lambda$$

$$\frac{\partial f(t,x)}{\partial t}\approx\frac{f_{mn}-f_{m+1,n}}{a\varepsilon}\equiv\frac{1}{a\varepsilon}\delta_t f_{mn}$$

$$\frac{\partial f(t,x)}{\partial x}\approx\frac{f_{mn}-f_{m,n+1}}{a^2}\equiv\frac{1}{a^2}\delta_x f_{mn}$$

$\tilde{S}[f]$ 可以离散为

$$\tilde{S}=-\frac{1}{2}\sum_{m,n}\left[\left(\frac{\delta_t f-\tilde{\alpha}}{s_{mn}}\right)^2+\frac{1}{\tilde{\mu}^2}\left(\delta_x\frac{\delta_t f-\tilde{\alpha}}{s_{mn}}\right)^2+\frac{1}{\tilde{\lambda}^2}\left(\delta_x\frac{\delta_t f-\tilde{\alpha}}{s_{mn}}\right)^2\right]$$

$$\tag{33-46}$$

进行分部积分,它变为

$$\widetilde{S} = -\frac{1}{2} \sum_{m=0}^{M} \sum_{n=0}^{N+m-1} \left(\frac{\delta_t f - \widetilde{\alpha}}{s}\right)_{mn} \widetilde{D}^{-1}_{m,nn'} \left(\frac{\delta_t f - \widetilde{\alpha}}{s}\right)_{mn'} \tag{33-47}$$

其中 $\widetilde{D}^{-1}$ 为依赖无量纲量 $\widetilde{\mu}$ 和 $\widetilde{\lambda}$ 的传播子的逆矩阵。配分函数可写为

$$Z = \prod_{m=0}^{M} \prod_{n=0}^{N+m-1} \int_{-\infty}^{\infty} \mathrm{d}f_{mn} \, \mathrm{e}^{\widetilde{S}} \tag{33-48}$$

其中 $\widetilde{S}$ 由式(33-47)给出。

案例 **34**

平均场博弈模型

1964 年诺贝尔奖获得者 Aumann 提出了在经济活动中由于无限多的个体导致个体对整体经济是可忽略的,20 世纪 70 年代另一个诺贝尔奖获得者 Lucas 提出了每个个体的期望是理性的。平均场博弈(mean field game, MFG)模型描述了有无限多、不可区分的理性个体参与经济活动。平均场博弈模型也用于人群和人口动力学[19]、非线性估计[21]、机器学习[22]。

34.1　确定性控制问题

在经济活动中某个体的状态为 $x_t \in \mathbf{R}^d$,时间 $t \in [t_0, T]$。x_t 满足

$$\dot{x}_t = f(v_t, x_t) \tag{34-1}$$

$f: \mathbf{R}^m \times \mathbf{R}^d \to \mathbf{R}^d$ 为给定的函数,$v_t \in \mathbf{R}^m$ 是依赖时间的控制。在 t 时刻,个体选取 v_t,通过 f 控制状态 x_t。个体有不同的偏好,但都要极大化自己利益。常见的利益

$$J(v, x, t) = \int_t^T u(v_s, x_s) \mathrm{d}s + \Psi(x_T) \tag{34-2}$$

其中 $u: \mathbf{R}^m \times \mathbf{R}^d \to \mathbf{R}$ 为效用函数,$\Psi: \mathbf{R}^d \to \mathbf{R}$ 为终端函数。v 表示控制 $v_s (t \leqslant s \leqslant T)$,$(x, t)$ 表示 t 时刻个体的状态为 $x \in \mathbf{R}^d$,式(34-2)中 $x_s (t \leqslant s \leqslant T)$ 由方程(34-1)确定,初始条件为 $x_t = x$。下标 t、s 表示时间,也用下标表示函数的偏导数。

当 $T = \infty$ 时,利益 J 的一个常用选取为

本案例参考文献[20]。

$$J(v, x, t) = \int_t^\infty e^{-\alpha(s-t)} u(v_s, x_s) \mathrm{d}s \tag{34-3}$$

$\alpha > 0$ 称为折扣率。当 T 有限时，J 的另一选取为

$$J(v, x, t) = \int_t^T e^{-\alpha(s-t)} u(v_s, x_s) \mathrm{d}s + e^{-\alpha(T-t)} \Psi(x_T) \tag{34-4}$$

下面只对式(34-4)讨论。

通过极大化效用函数得到

$$V(x, t) = \sup_v J(v, x, t) \tag{34-5}$$

上式称为优化问题式(34-1)、式(34-4)的值函数(value function)。显然，$V(x, t)$ 满足终端条件

$$V(x, T) = \Psi(x) \tag{34-6}$$

假设 f、u 和 Ψ 等都满足一些条件，如光滑性等，可以证明值函数满足 Hamilton-Jacobi 方程

$$V_t(x, t) - \alpha V(x, t) + H(x, V_x(x, t)) = 0 \tag{34-7}$$

V_t 和 V_x 分别表示 V 对 t 和 x 的偏导数，$H(x, p)$ 为 Hamilton 函数

$$H(x, p) = \sup_v (p \cdot f(v, x) + u(v, x)) \tag{34-8}$$

它是 $u(v, x)$ 的 Legendre 变换。Legendre 变换中的 p 和 v 互相确定(假设极大点是唯一的)。令 v 为使右端达到极大，

$$(p \cdot f(v, x) + u(v, x))_v = p \cdot f_v + u_v = 0 \tag{34-9}$$

$H(x, p)$ 为极值点 v 处的值

$$H(x, p) = p \cdot f(v, x) + u(v, x) \tag{34-10}$$

根据式(34-9)、式(34-10)得到 $H(x, p)$ 关于 p 的偏导数

$$H_p = f + p \cdot f_v v_p + u_v v_p = f \tag{34-11}$$

记 v^* 为最优控制，它使得式(34-5)中的利益泛函 $J(v, x, t)$ 达到最大，记 x^* 为相应的状态，则最优控制 v^* 满足[20]

$$H_p(x^*, V_x(x^*, t)) = f(v^*, x^*) \tag{34-12}$$

从而确定 v^*。上述计算给出了最优控制的计算过程：通过式(34-7)求解值函数 V，由式(34-12)求 v^*，其中 x^* 由式(34-1)确定。

为了描述很多个体的行为，只要考虑任意一个个体的行为对应的利益函数

$$J(v, x, t) = \int_t^T (u(v_s, x_s) - g[\rho](x_s, s)) \mathrm{d}s + \Psi(x_T) \quad (34-13)$$

和式(34-4)相比，这里取 $\alpha = 0$。$g[\rho]$ 表示其他个体对该个体的影响，$\rho(x, t)$ 表示 t 时刻处于状态 x 的个体密度：

$$\int \mathrm{d}x \rho(x, t) = 1, \quad \rho(x, t) \geqslant 0 \quad (34-14)$$

为了简单起见，在式(34-1)中取 f 为

$$f(v_t, x_t) = v_t \quad (34-15)$$

此时，式(34-5)中的值函数满足 Hamilton-Jacobi 方程

$$V_t(x, t) + H(x, V_x(x, t)) = g[\rho](x, t) \quad (34-16)$$

Hamilton 函数为

$$H(x, p) = \sup_v (p \cdot v + u(v, x)) \quad (34-17)$$

式(34-12)中的最优控制 v^* 变为

$$H_p(x^*, V_x(x^*, t)) = v^* \quad (34-18)$$

代入状态方程得到

$$\dot{x}_t^* = H_p(x^*, V_x(x^*, t)) \quad (34-19)$$

从而得到群体概率密度 ρ 满足[20]

$$\rho_t(x, t) + (H_p(x, V_x(x, t)) \rho(x, t))_x = 0 \quad (34-20)$$

在 V 的终端条件式(34-6)和 ρ 的初始条件下，方程(34-16)、方程(34-20)确定了 V 和 ρ，称为平均场博弈(mean field game, MFG)模型。式(34-18)确定的最优控制 v^* 为 Nash 平衡，其中 x^* 由式(34-19)得到。

MFG 模型中方程(34-16)和(34-20)可以通过变分得到[18]。为了避免边界的影响，设状态 $x \in \mathbb{T}^d$，$\mathbb{T}^d$ 为 d 维的环面(torus)。记 $W = \mathbb{T}^d \times [0, T]$，$C^\infty(W)$ 表示所有定义在 W 上的无穷光滑函数全体。定义非线性算子 $\mathcal{N}: C^\infty(W) \to C^\infty(W)$。

$$\mathcal{N}(V) = V_t + H(x, V_x), \quad V \in C^\infty(W) \quad (34-21)$$

V_t 和 V_x 分别表示 V 对 t 和 x 的偏导数。算子 $\mathcal{N}$ 在 u 关于 v 方向的导数定义为

$$\frac{\mathrm{d}}{\mathrm{d}\varepsilon}\mathscr{N}(u+\varepsilon v)\Big|_{\varepsilon=0}=\mathscr{L}_u v \tag{34-22}$$

其中 $\mathscr{L}_u:C^\infty(W)\to C^\infty(W)$ 为线性算子。简单计算表明

$$\mathscr{L}_V v=v_t+H_p(x,V_x)v_x \tag{34-23}$$

给定 $G:\boldsymbol{R}\to\boldsymbol{R}$，引入泛函

$$\int_W G(\mathscr{N}(V))\mathrm{d}x \tag{34-24}$$

该泛函的极小点 V 满足弱形式

$$\int_W G'(\mathscr{N}(V))\mathscr{L}_V v\mathrm{d}x=0,\quad \forall v\in C_c^\infty(W) \tag{34-25}$$

其中 $C_c^\infty(W)$ 表示所有在 W 内具有紧支撑的无穷阶导数的函数全体。令 $\rho=G'(\mathscr{N}(V))$，式(34-25)变为强形式

$$\begin{cases}\mathscr{N}(V)=(G')^{-1}(\rho)\\ \mathscr{L}_V^*\rho=0\end{cases} \tag{34-26}$$

$\mathscr{L}_V^*$ 为 $\mathscr{L}_V$ 的共轭算子，$(G')^{-1}$ 为 G' 的反函数。显然，式(34-26)的第二式就是式(34-20)。取 $(G')^{-1}=g$，式(34-26)的第一式就是式(34-16)。

34.2 Solow 经济增长模型

建立模型描述经济体中各个体的行为。设 $k_t(\geqslant 0)$ 表示个体在 t 时刻的资本，$\rho=\rho(k,t)$ 为 t 时刻资本为 k 的个体数量密度。设资本为 k 对应的生产函数 $f(k)$ 给定，假设 $f(k)\geqslant 0$，

$$\lim_{k\to 0}f'(k)=+\infty,\quad \lim_{k\to\infty}f'(k)=0$$

$f(k_t)$ 包含两部分

$$f(k_t)=c_t+i_t \tag{34-27}$$

$c_t\geqslant 0$ 和 $i_t\geqslant 0$ 分别表示 t 时刻的消费和投资。资本 k 满足状态方程

$$\dot{k}_t=i_t-\delta k_t=(f(k_t)-c_t)-\delta k_t \tag{34-28}$$

等号右端第一项表示投资导致资本的增长，$\delta(0<\delta<1)$ 为资本的贬值速率。状态变量为资本 k，控制变量为消费 c_t。

对于自由市场，

$$0 \leqslant c_t \leqslant f(k_t) \tag{34-29}$$

利益函数为

$$J(c,\, k,\, t) = \int_t^\infty e^{-\alpha(s-t)} u(c_s,\, k_s) \mathrm{d}s \tag{34-30}$$

值函数为

$$V(k,\, t) = \sup_c J(c,\, k,\, t) \tag{34-31}$$

满足 Hamilton-Jacobi 方程

$$V_t(k,\, t) - \alpha V(k,\, t) + H(k,\, V_k(k,\, t)) = 0 \tag{34-32}$$

Hamilton 函数为

$$H(k,\, p) = \sup_{0 \leqslant c \leqslant f(k)} (p \cdot (f(k) - c - \delta k) + u(c,\, k)) \tag{34-33}$$

最优控制 v^* 满足

$$H_p(k^*,\, V_k(k^*,\, t)) = f(k^*) - c^* - \delta k^* \tag{34-34}$$

群体概率密度 ρ 满足

$$\rho_t(k,\, t) + (H_p(k,\, V_k(k,\, t))\rho(k,\, t))_k = 0 \tag{34-35}$$

方程式(34-35)和方程(34-32)称为自由市场的 Solow 经济增长模型。

对于计划经济市场,计划者决定投资和消费

$$i_t = \lambda_t f(k_t), \quad c_t = (1 - \lambda_t) f(k_t) \tag{34-36}$$

$\lambda_t (0 \leqslant \lambda_t \leqslant 1)$ 为宏观经济控制的投资速率。 由式(34-35)和式(34-34)得到群体概率密度 ρ 满足

$$\rho_t(k,\, t) + ((\lambda_t f(k) - \delta k)\rho(k,\, t))_k = 0 \tag{34-37}$$

整个经济的生产量

$$F_t = \int \mathrm{d}k f(k) \rho(k,\, t) \tag{34-38}$$

确定 λ_t 使得

$$\int_t^\infty e^{\alpha(s-t)} U((1 - \lambda_s) F_s) \mathrm{d}s \tag{34-39}$$

达到极大，其中 F_s 和 ρ 分别由式(34 - 38)和式(34 - 37)确定，该模型称为计划经济市场的 Solow 经济增长模型。

34.3 经济增长模型：个体、银行和国家

34.3.1 个体

经济体中个体在 t 时刻的消费品为 a_t、资本为 k_t，$\rho(a, k, t)$ 表示 t 时刻消费品为 a、资本为 k 的个体密度：

$$\int \mathrm{d}a\,\mathrm{d}k\rho(a, k, t) = 1, \quad \rho(a, k, t) \geqslant 0 \qquad (34 - 40)$$

宏观变量

$$W(t) = \int a\rho(a, k, t)\mathrm{d}a\,\mathrm{d}k + p_t \int k\rho(a, k, t)\mathrm{d}a\,\mathrm{d}k \qquad (34 - 41)$$

表示 t 时刻的总财富，这里假设消费品的单位价格为 1，t 时刻单位资本的价格为 p_t。在资本 k 和价格 p 下的生产函数为

$$F(k, p) = \Theta(k, p) + p\Xi(k, p) \qquad (34 - 42)$$

$\Theta(k, p)$ 表示资本产生了消费品，$\Xi(k, p)$ 表示资本产生的资本货物。用 $g(k, p)$ 表示资本的贬值率。对于个体来说，c_t 和 i_t 分别表示消费和投资，它们是个体可以控制的变量。个体的状态方程为

$$\dot{a}_t = -c_t - p_t i_t + F(k_t, p_t) \qquad (34 - 43)$$

$$\dot{k}_t = i_t + g(k_t, p_t) \qquad (34 - 44)$$

个体极大化自己的利益得到值函数

$$V(a, k, t) = \sup_{c,i} \int_t^\infty \mathrm{e}^{-\alpha(s-t)} u(c_s, i_s, a_s, k_s, p_s)\mathrm{d}s \qquad (34 - 45)$$

它满足 Hamilton-Jacobi 方程

$$V_t(a, k, t) - \alpha V(a, k, t) + H(a, k, p, V_a, V_k) = 0 \qquad (34 - 46)$$

Hamilton 函数为

$$H(a, k, p, V_a, V_k) = \sup_{c,i}(V_a\dot{a} + V_k\dot{k} + u) \qquad (34 - 47)$$

式中，等号右端 $\dot{a}$ 和 $\dot{k}$ 分别用式(34 - 43)、式(34 - 44)的右端项替换。最优控制 c^* 和 i^* 满足

$$
\begin{cases}
H_{p_a}(a_t,\,k_t,\,p_t,\,V_a,\,V_k) = -c_t^* - p_t i_t^* + F(k_t,\,p_t) \\
H_{p_k}(a_t,\,k_t,\,p_t,\,V_a,\,V_k) = i_t^* + g(k_t,\,p_t)
\end{cases}
\tag{34-48}
$$

其中 H 由式(34 - 47)给出,H_{p_a} 和 H_{p_k} 分别表示 $H(a_t,\,k_t,\,p_t,\,V_a,\,V_k)$ 对 V_a 和 V_k 的偏导数。群体概率密度 ρ 满足

$$
\rho_t + (H_{p_a}\rho)_a + (H_{p_k}\rho)_k = 0
\tag{34-49}
$$

平均场模型为式(34 - 46)、式(34 - 49),其中价格 p_t 通过市场清算(平衡)条件决定,资本货物和投资匹配:

$$
\int \Xi(k,\,p)\mathrm{d}\rho(a,\,k,\,t) = \int i\mathrm{d}\rho(a,\,k,\,t),\quad t > 0
\tag{34-50}
$$

34.3.2 个体和银行

上一小节 34.3.1 中的模型是讨论无数个体之间的作用,现在引入银行,它决定了利率 r_t。上述模型做适当修改,则式(34 - 43)变为

$$
\dot{a}_t = r_t a_t - c_t - p_t i_t + F(k_t,\,p_t)
\tag{34-51}
$$

式(34 - 45)中的效用函数

$$
u(c_s,\,i_s,\,a_s,\,k_s,\,p_s,\,r_s)
$$

和利率 r_s 有关,式(34 - 47)中的 Hamilton 函数也和利率 r_s 有关

$$
H(a,\,k,\,p,\,r,\,V_a,\,V_k)
$$

最优控制 c^* 和 i^* 满足

$$
\begin{cases}
H_{p_a}(a_t,\,k_t,\,p_t,\,r_t,\,V_a,\,V_k) = r_t^* a_t - c_t^* - p_t i_t^* + F(k_t,\,p_t) \\
H_{p_k}(a_t,\,k_t,\,p_t,\,r_t,\,V_a,\,V_k) = i_t^* + g(k_t,\,p_t)
\end{cases}
\tag{34-52}
$$

利率由银行决定

$$
\sup_r \int_t^\infty \mathrm{e}^{-\beta(s-t)} U(A_s,\,W_s,\,p_s)\mathrm{d}s
\tag{34-53}
$$

其中 W_s 由式(34 - 41)给出,A_s 为 s 时刻银行的资产,满足

$$
\dot{A}_t = -r_t \int a\rho(a,\,k,\,t)\mathrm{d}a\,\mathrm{d}k
\tag{34-54}
$$

式(34 - 53)中 U 是依赖银行资产、经济总财富和价格的函数。以下给出了各种量的相应计算公式

$$式(34-46)\Rightarrow V, \quad 式(34-49)\Rightarrow \rho, \quad 式(34-50)\Rightarrow p, \quad (34-55)$$
$$式(34-41)、式(34-53)、式(34-54)\Rightarrow r$$

34.3.3 贸易不平衡

贸易不平衡量化了经济总投资与资本货物生产之间的差异

$$E_t = \int i \, \mathrm{d}\rho(a, k, t) - \int \varXi(k, p) \mathrm{d}\rho(a, k, t) \quad (34-56)$$

$E_t > 0$ 表示对资本货物的需求过剩，$E_t < 0$ 表示供应过剩。此时价格 p 通过式 (34-56) 被 E_t 确定，上一小节的模型除了 p 之外其他参数、变量都不变。

现在考虑两个国家之间的贸易不平衡。此时，

$$E_t^1 + E_t^2 = 0 \quad (34-57)$$

但是两个国家内单位资本价格不一样：$p_t^1 \neq p_t^2$。第 i 个国家经济体的 MFG 方程为

$$\begin{cases} V_t^i(a^i, k^i, t) - \alpha V^i(a^i, k^i, t) + H^i(a^i, k^i, p^i, r^i, V_a^i, V_k^i) = 0 \\ \rho_t^i + (H_{p_a}^i \rho^i)_a + (H_{p_k}^i \rho^i)_k = 0, \quad i = 1, 2 \end{cases} \quad (34-58)$$

第 i 个国家经济体的银行决定利率

$$\sup_{r^i} \int_t^\infty e^{-\beta(s-t)} U(A_s^i, W_s^i, p_s^i) \mathrm{d}s \quad (34-59)$$

其中第 i 个国家经济体的总财富为

$$W^i(t) = \int a \rho^i(a, k, t) \mathrm{d}a \, \mathrm{d}k + p_t^i \int k \rho^i(a, k, t) \mathrm{d}a \, \mathrm{d}k \quad (34-60)$$

和第 i 个国家的银行的资产变化率为

$$\dot{A}_t^i = -r_t^i \int a \rho^i(a, k, t) \mathrm{d}a \, \mathrm{d}k \quad (34-61)$$

34.4 随机控制问题

考虑随机微分方程：

$$\mathrm{d}x_t = v_t \mathrm{d}t + \sigma \mathrm{d}W_t, \quad x_{t_0} = x \quad (34-62)$$

v 为确定的控制变量，W_t 为 d 维 Brownian 运动，σ 为 d 阶实矩阵。个体极大化自己利益

$$J(v, x, t) = E^{x_t = x} \left[\int_t^T L(v_s, x_s; \rho_s) \mathrm{d}s \right] + \varPsi(x_T) \quad (34-63)$$

其中个体密度 $\rho(x,s)$ 满足式(34-14)，$E^{x_t=x}$ 表示在初始条件 $x_t=x$ 下的期望值。值函数为

$$V(x,t)=\sup_v J(v,x,t) \qquad (34-64)$$

满足

$$V(x,T)=\Psi(x) \qquad (34-65)$$

可以证明值函数满足 Hamilton-Jacobi 方程

$$V_t(x,t)+H(x,V_x(x,t);\rho)+\frac{\mathrm{Tr}(\sigma^{\mathrm{T}}\sigma V_{xx}(x,t))}{2}=0 \qquad (34-66)$$

V_{xx} 表示 V 的 Hessian 矩阵，$H(x,p,m)$ 为 Hamilton 函数

$$H(x,p;\rho)=\sup_v(p\cdot v+L(v,x;\rho)) \qquad (34-67)$$

最优控制 v^* 满足

$$H_p(x,V_x(x,t))=v^*(x,t) \qquad (34-68)$$

为了描述 ρ 的方程，引入 Markov 随机过程 x_t 的（无穷小）生成子 A：

$$Af(x_0,t_0)\equiv\lim_{t\to t_0+}\frac{E^{x_{t_0}=x_0}(f(x_t,t))-f(x_0,t_0)}{t-t_0} \qquad (34-69)$$

f 属于某个函数类确保 A 的定义有意义。扩散过程

$$\mathrm{d}x_s=h(x_s,v_s,s)\mathrm{d}s+\sigma(x_s,v_s,s)\mathrm{d}W_s \qquad (34-70)$$

的生成子 A 为

$$Af(x,t)=f_t(x,t)+h\cdot f_x(x,t)+\frac{\mathrm{Tr}(\sigma^{\mathrm{T}}\sigma f_{xx}(x,t))}{2} \qquad (34-71)$$

记 A^* 为 A 的共轭算子，式(34-71)中 A 的共轭算子为

$$(A)^*\rho=-\rho_t-\mathrm{div}(h\rho)+\frac{((\sigma^{\mathrm{T}}\sigma)_{ij}\rho)_{x_ix_j}}{2} \qquad (34-72)$$

概率密度 ρ 满足

$$A^*[\rho](x,t)=0 \qquad (34-73)$$

随机最优控制问题式(34-62)、式(34-63)对应的 MFG 为

$$
\begin{cases}
V_t(x,\,t)+H(x,\,V_x(x,\,t)\,;\,\rho)+\dfrac{\mathrm{Tr}(\sigma^\mathrm{T}\sigma V_{xx}(x,\,t))}{2}=0 \\[3mm]
\rho_t+\mathrm{div}(H_p(x,\,V_x\,;\,\rho)\rho)=\dfrac{((\sigma^\mathrm{T}\sigma)_{ij}\rho)_{x_ix_j}}{2}
\end{cases}
\tag{34-74}
$$

终端和初始条件为

$$
\begin{cases}
V(x,\,T)=\Psi(x) \\
\rho(x,\,t_0)=\rho_0(x)
\end{cases}
\tag{34-75}
$$

34.5　随机微观增长模型

对微观增长模型式(34-40)、式(34-50)加入随机性,个体的状态方程为

$$
\mathrm{d}a_t=-c_t-p_ti_t+F(k_t,\,p_t)+\sigma_a\mathrm{d}B_t^a
\tag{34-76}
$$

$$
\mathrm{d}k_t=i_t+g(k_t,\,p_t)+\sigma_k\mathrm{d}B_t^k
\tag{34-77}
$$

B^a 和 B^k 为一维 Brownian 运动。个体极大化自己的利益得到值函数

$$
V(a,\,k,\,t)=\sup_{c,i}E^{a,k,t}\int_t^\infty \mathrm{e}^{-\alpha(s-t)}u(c_s,\,i_s,\,a_s,\,k_s,\,p_s)\mathrm{d}s
\tag{34-78}
$$

它满足 Hamilton-Jacobi 方程

$$
V_t(a,\,k,\,t)-\alpha V(a,\,k,\,t)+H(a,\,k,\,p,\,V_a,\,V_k)+\frac{\sigma_a^2}{2}\Delta_a V+\frac{\sigma_k^2}{2}\Delta_k V=0
\tag{34-79}
$$

Hamilton 函数为

$$
H(a,\,k,\,p,\,V_a,\,V_k)=\sup_{c,i}(V_a(-c-pi+F)+V_k(g+i)+u)
\tag{34-80}
$$

最优控制 c^* 和 i^* 满足

$$
\begin{cases}
H_{p_a}(a_t,\,k_t,\,p_t,\,V_a,\,V_k)=-c_t^*-p_ti_t^*+F(k_t,\,p_t) \\
H_{p_k}(a_t,\,k_t,\,p_t,\,V_a,\,V_k)=i_t^*+g(k_t,\,p_t)
\end{cases}
\tag{34-81}
$$

其中 H 由式(34-80)给出。

随机过程式(34-76)、式(34-77)的生成子为

$$A^{c,i}f(a,k) = (-c - pi + F)f_a(a,k) + (g+i)f_k(a,k)$$
$$+ \frac{\sigma_a^2}{2}\Delta_a f(a,k) + \frac{\sigma_k^2}{2}\Delta_k f(a,k) \tag{34-82}$$

A 的共轭算子为

$$(A^{c,i})^* \rho(a,k,t) = -((-c-pi+F)\rho)_a - ((g+i)\rho)_k + \frac{\sigma_a^2}{2}\Delta_a\rho + \frac{\sigma_k^2}{2}\Delta_k\rho \tag{34-83}$$

故 ρ 满足

$$\rho_t + (H_{p_a}\rho)_a + (H_{p_k}\rho)_k = \frac{\sigma_a^2}{2}\Delta_a\rho + \frac{\sigma_k^2}{2}\Delta_k\rho \tag{34-84}$$

平均场模型为式(34-79)和式(34-84),其中价格 p_t 由式(34-50)确定。当 $\sigma=0$ 时,该平均场模型退化到确定性微观增长模型的平均场模型式(34-46)和式(34-49)。

案例 35

Burgers 模型

湍流一直是流体力学领域中的研究热点,如湍流有间歇性(intermittency)和反常标度(anomalous scaling)等现象。Burgers 模型作为最简单的湍流模型,常被人们用于检验各种计算格式。

一维 Burgers 方程为

$$\partial_t v + v \partial_x v - \nu \partial_x^2 v = \eta \tag{35-1}$$

$v(x, t)$ 表示 $t \in [t_0, t_f]$ 时刻 $x \in \mathbb{R}$ 处的速度,它是关于 $x \in [-L/2, L/2]$ 的周期函数。ν 为动力学黏性系数,随机噪声 $\eta(x, t)$ 满足均值为 0 的 Gauss 分布,它被两点关联函数决定

$$\langle \eta(x, t)\eta(x', t') \rangle \equiv \int \mathscr{D}\eta \, \mathscr{P}_\eta \eta(x, t)\eta(x', t') \tag{35-2}$$

$\mathscr{P}_\eta$ 是随机噪声 η 的概率分布,$\int \mathscr{D}\eta \cdots$ 表示对所有噪声 $\eta = \eta(x, t)$ 进行(泛函)积分。设观测量 $\mathscr{O}_\phi$ 依赖 ϕ,则 $\langle \mathscr{O}_\phi \rangle = \int \mathscr{D}\phi \, \mathscr{P}_\phi \mathscr{O}_\phi$,其中 $\int \mathscr{D}\phi \, \mathscr{P}_\phi = 1$。设两点关联函数在 Fourier 空间有如下形式

$$\langle \eta(k, t)\eta(k', t') \rangle = \Gamma(k)\delta_{k+k', 0}\delta(t - t') \tag{35-3}$$

k、$k' \in \mathbb{Z}$,$\Gamma(k) = \Gamma_0 |k|^\beta$,幂指数 $\beta > 0$。随机偏微分方程(35-1)可用拟谱配点(spectral collocation)法求解。

35.1 拟谱配点法

在 Fourier 空间中,Bergers 方程(35-1)变为

本案例参考文献[42]。

$$\frac{\mathrm{d}}{\mathrm{d}t}v(k,\,t)+\widehat{v\partial_x v}(k)+\nu\left(\frac{2\pi k}{L}\right)^2 v(k,\,t)=\eta(k,\,t),\quad k\in\mathbb{Z},t\in[t_0,\,t_f]$$

$$(35-4)$$

其中

$$
\begin{aligned}
\widehat{v\partial_x v}(k) &=\frac{1}{L}\int_{-L/2}^{L/2}\mathrm{d}x\,v(x,\,t)\partial_x v(x,\,t)\mathrm{e}^{-\mathrm{i}2\pi kx/L}\\
&=\frac{\mathrm{i}2\pi k}{L}\frac{1}{L}\int_{-L/2}^{L/2}\mathrm{d}x\,\frac{1}{2}v^2(x,\,t)\mathrm{e}^{-\mathrm{i}2\pi kx/L}\\
&=\frac{\mathrm{i}2\pi k}{L}\frac{1}{L}\int_{-L/2}^{L/2}\mathrm{d}x\,\frac{1}{2}\sum_{lm}v(l,\,t)v(m,\,t)\mathrm{e}^{\mathrm{i}2\pi(l+m)x/L}\mathrm{e}^{-\mathrm{i}2\pi kx/L}\\
&=\frac{\mathrm{i}2\pi k}{L}\frac{1}{2}\sum_{l,\,m\in\mathbb{Z}}v(l,\,t)v(m,\,t)\delta_{l+m,\,k}
\end{aligned}
$$

耦合了各种模式。由于式(35-4)包含了无穷多个模式,把式(35-4)截断到 $k=-N/2,\cdots,N/2-1$。当 k 不在这个范围时,$v(k,\,t)=0$。截断后,方程(35-4)变为

$$\frac{\mathrm{d}}{\mathrm{d}t}v(k,\,t)=f^{(\nu)}(k,\,t)+\eta(k,\,t),\quad k=-N/2,\cdots,N/2-1\quad(35-5)$$

其中

$$f^{(\nu)}(k,\,t)=-\frac{\mathrm{i}2\pi k}{L}\frac{1}{2}\sum_{l,\,m=-N/2}^{N/2-1}v(l,\,t)v(m,\,t)\delta_{l+m,\,k}-\nu\left(\frac{2\pi k}{L}\right)^2 v(k,\,t)$$

当 $k=0$ 或 $k=-N/2$,$v(k,\,t)$ 为实数;当 $k=1,\cdots,N/2-1$,$v(-k,\,t)=v(k,\,t)^*$。$f^{(\nu)}(k,\,t)$ 和 $\eta(k,\,t)$ 也有这个性质。$-f^{(\nu=0)}(k,\,t)$ 则表示 $\{\partial_x v^2(x_j,\,t)\}_{j=-N/2}^{N/2-1}$ 的 Fourier 变换的近似。应用自由度 $\{v(k,\,t)\}_{k=-N/2}^{0}$,则

$$
\sum_{l,\,m=-N/2}^{N/2-1}v(l,\,t)v(m,\,t)\delta_{l+m,\,k}=
\begin{cases}
\displaystyle\sum_{l=-N/2}^{N/2+k}v(l,t)v(k-l,t), & k=-N/2,\cdots,-1\\
\displaystyle\sum_{l=-N/2+k+1}^{N/2-1}v(l,t)v(k-l,t), & k=0,1,\cdots,N/2-1
\end{cases}
$$

方程(35-5)的非线性项往往会导致混叠(aliasing)误差,应用 2/3 规则[43]。定义投影算子

$$
P(f(k))=
\begin{cases}
f(k), & |k|\leqslant N/3\\
0, & |k|>0
\end{cases}
$$

$$\hat{f}^{(\nu)}(k,t)=P(f^{(\nu)}(k,t))=P(f^{(\nu=0)}(k,t))-\nu\left(\frac{2\pi k}{L}\right)^2 v(k,t)$$

方程(35-5)变为

$$\frac{\mathrm{d}}{\mathrm{d}t}v(k,t)=\hat{f}^{(\nu)}(k,t)+\eta(k,t),\quad k=-N/2,\cdots,N/2-1 \quad (35-6)$$

引入

$$v'(k,t)=\mathscr{G}^{(\nu)}(k,t_0-t)v(k,t) \quad (35-7)$$

其中

$$\mathscr{G}^{(\nu)}(k,t)=\exp(-\nu(2\pi k/L)^2 t)$$

式(35-7)等号两边对时间 t 求导

$$\frac{\mathrm{d}}{\mathrm{d}t}v'(k,t)=\nu\left(\frac{2\pi k}{L}\right)^2\mathscr{G}^{(\nu)}(k,t_0-t)v(k,t)+\mathscr{G}^{(\nu)}(k,t_0-t)\frac{\mathrm{d}}{\mathrm{d}t}v(k,t)$$

$$=\mathscr{G}^{(\nu)}(k,t_0-t)[\hat{f}^{(\nu=0)}(k,t)+\eta(k,t)]$$

方程(35-6)对时间 t 积分,

$$v(k,t+\Delta t)=\mathscr{G}^{(\nu)}(k,\Delta t)(v(k,t)+\hat{f}^{(\nu=0)}(k,t)\Delta t+\overline{\eta}_n(k)\sqrt{\Delta t})+O(\Delta t)$$
$$(35-8)$$

其中

$$\int_{t^n}^{t^{n+1}}\eta(k,t)\mathrm{d}t=\overline{\eta}_n(k)\sqrt{\Delta t}+O(\Delta t)\approx\overline{\eta}_n(k)\sqrt{\Delta t}$$

等式(35-3)两边关于时间 t 积分,

$$\left\langle\int_{t^n}^{t^{n+1}}\mathrm{d}t\eta(k,t)\int_{t^m}^{t^{m+1}}\mathrm{d}t'\eta(k',t')\right\rangle=\Gamma(k)\delta_{k+k'}\int_{t^n}^{t^{n+1}}\int_{t^m}^{t^{m+1}}\mathrm{d}t\mathrm{d}t'\delta(t-t')$$

即

$$\langle\Delta t\overline{\eta}_n(k)\overline{\eta}_m(k')\rangle=\Gamma(k)\delta_{k+k',0}\delta_{n,m}\Delta t\Leftrightarrow\langle\overline{\eta}_n(k)\overline{\eta}_m(k')\rangle=\Gamma(k)\delta_{k+k',0}\delta_{n,m}$$

$\overline{\eta}_n(k)=\overline{\eta}(k)$(忽略下标 n 的书写)的实部和虚部都满足分布 $N(0,\Gamma(k)/2)$,
$k=-N/2+1,\cdots,-1$。当 $k=0,-N/2$,随机变量 $\overline{\eta}(k)\sim N(0,\Gamma(k))$ 是实数。定义

$$\tilde{\eta}(k)=\begin{cases}\overline{\eta}(k)/\sqrt{\Gamma(k)/2}, & k=-N/2+1,\cdots,-1 \\ \overline{\eta}(k)/\sqrt{\Gamma(k)}, & k=0,-N/2\end{cases}$$

它满足标准正态分布 $\tilde{\eta}(k) \sim N(0,1)$。在式$(35-8)$中忽略 $O(\Delta t)$ 得到计算格式。

积分 $\int_{-L/2}^{L/2} \mathrm{d}x v^2(x,t)$ 和 $\int_{-L/2}^{L/2} \mathrm{d}x (\partial_x v)^2$ 可在 Fourier 空间的计算格式分别为

$$\int_{-L/2}^{L/2} \mathrm{d}x v^2(x,t) = \int_{-L/2}^{L/2} \mathrm{d}x \sum_{k,l\in\mathbb{Z}} v(k,t)v(l,t)\mathrm{e}^{\mathrm{i}2\pi(k+l)x/L}$$

$$= L\sum_{k\in\mathbb{Z}} v(k,t)v(-k,t)$$

$$\approx L\left[|v(0,t)|^2 + 2\sum_{k=-N/2}^{-1}|v(k,t)|^2\right]$$

$$\int_{-L/2}^{L/2} \mathrm{d}x(\partial_x v)^2 = \int_{-L/2}^{L/2} \mathrm{d}x \sum_{k,l\in\mathbb{Z}} \frac{\mathrm{i}2\pi k}{L}\frac{\mathrm{i}2\pi l}{L} v(k,t)v(l,t)\mathrm{e}^{\mathrm{i}2\pi(k+l)x/L}$$

$$= L\sum_{k\in\mathbb{Z}}\left(\frac{2\pi k}{L}\right)^2 v(k,t)v(-k,t)$$

$$\approx L\left[2\sum_{k=-N/2}^{-1}\left(\frac{2\pi k}{L}\right)^2|v(k,t)|^2\right]$$

35.2　随机偏微分方程的场论形式

一维 Burgers 方程$(35-1)$可推广到一般的随机偏微分方程

$$F(x,t,v,\partial_x^m v,\partial_t^n v) = \eta \tag{35-9}$$

其中 $-L/2 \leqslant x \leqslant L/2, 0 < t < T, F$ 为微分算子。假设任意的白噪声 $\eta(x,t)$，方程$(35-9)$有唯一解 $v(x,t)$，从而给出了 η 和 v 之间的一一对应关系。η 的分布为

$$\mathscr{P}_\eta \propto \mathrm{e}^{-\frac{1}{2}\int \mathrm{d}t \int \mathrm{d}x \eta(x,t)\int \mathrm{d}x' \Gamma^{-1}(x-x')\eta(x',t)} \tag{35-10}$$

Γ^{-1} 为式$(35-3)$中关联函数 Γ 的逆。定义配分函数

$$Z = \int \mathscr{D}\eta\, \mathrm{e}^{-\frac{1}{2}\int \mathrm{d}t(\eta,\Gamma^{-1}*\eta)} \tag{35-11}$$

其中 $*$ 表示卷积：$(f*g)(x) = \int \mathrm{d}x' f(x')g(x-x'),(\cdot,\cdot)$ 表示 $[-L/2,L/2]$ 上两个函数的内积，$(f,g) \equiv \int \mathrm{d}x f(x)g(x)$。从泛函积分 η 变到 v 的泛函积分需要引入一个泛函测度

$$\mathcal{D}\eta = \mathcal{D}v \mid \det(\delta F / \delta v) \mid \qquad (35-12)$$

$\mathcal{J} = \mid \det(\delta F / \delta v) \mid$ 是一一映射 $v \mapsto \eta$ 的 Jacobi 矩阵。由于映射非奇异，$\mathcal{J} > 0$。配分函数式(35 - 11)变为

$$Z = \int \mathcal{D}v \, \mathcal{J} \, \mathrm{e}^{-\frac{1}{2} \int \mathrm{d}t (F, \, \Gamma^{-1} * F)} \equiv \int \mathcal{D}v \, \mathrm{e}^{-S} \qquad (35-13)$$

有效自由能为

$$S = \frac{1}{2} \int \mathrm{d}t \, (F, \, \Gamma^{-1} * F) - \ln \mathcal{J} \qquad (35-14)$$

对于 Burgers 方程，$F(v, \partial_x v, \partial_t v) = \partial_t v + v \partial_x v - \nu \partial_x^2 v$，$\mathcal{J}$ 为常数，相应的有效自由能为

$$S = \frac{1}{2} \int \mathrm{d}t \int \mathrm{d}x \, (\partial_t v + v \partial_x v - \nu \partial_x^2 v) \int \mathrm{d}x' \Gamma^{-1}(x - x') (\partial_t v + v \partial_{x'} v - \nu \partial_{x'}^2 v)$$

$$(35-15)$$

根据式(35 - 13)，有效自由能可用杂交 Monte Carlo 算法求解平均量，并且和拟谱配点法算法可以进行比较，具体参见文献[42]。

案例 **36**

神经网络：平均场近似和混沌

哺乳动物大脑外壳的组织（大脑皮层）会涉及各种空间尺度，从神经元之间的连接结构到有层次的皮层组织。这种网络结构和物理中多体相互作用类似。如何从微观的神经元动力学模拟介观或宏观的量，从而和实验做比较是一个非常重要的课题。在微观层次上，神经元动力涉及非常多的神经元，它可用随机微分方程组描述。设 N 为神经元个数，描述整个神经网络的状态空间的维度为 $O(N)$。下文应用场论语言描述神经网络，当 $N \to \infty$ 时，场论模型会得到极大简化。平均场模型就是常用方法，但是这些模型的推导往往是经验的。在粒子物理的相关模型中，一个基本工具就是函数积分（也称 Feynman 路径积分），从而也有相应的小参数摄动理论，各种近似格式以及重整化等。这个工具和技巧被用于神经网络场论[40,44,45]。关于这方面的一个早期工作可参见文献[41]。

记 t 时刻 N 个神经元的状态为 $\boldsymbol{x}(t) = (x^1(t), \cdots, x^N(t))^{\mathrm{T}}$，$x^i(t)$ 为第 i 个神经元的状态，N 个神经元动力学用随机微分方程描述

$$\mathrm{d}\boldsymbol{x}(t) + \boldsymbol{x}(t)\mathrm{d}t = \boldsymbol{J}\phi(\boldsymbol{x}(t))\mathrm{d}t + \mathrm{d}\boldsymbol{W}(t) \tag{36-1}$$

$\boldsymbol{W}(t) = (W^1(t), \cdots, W^N(t))^{\mathrm{T}}$ 为 Wiener 过程，$\langle \mathrm{d}W^i(t)\mathrm{d}W^j(s) \rangle = D\delta_{ij}\delta_{st}\mathrm{d}t$。$\phi(\boldsymbol{x}(t)) = (\phi(x^i(t))_{i=1}^N$，非线性函数 ϕ 定义为 $\phi(x) = \tanh(x)$。神经元之间的连接用矩阵 $\boldsymbol{J} = (J_{ij})$ 表示

$$J_{ij} \sim \begin{cases} N\left(0, \dfrac{g^2}{N}\right) \text{i. i. d.}, & \text{当 } i \neq j \\ 0, & \text{当 } i = j \end{cases} \tag{36-2}$$

即不同神经元 i 和 j 之间的作用强度 J_{ij} 满足均值为 0、方差为 g^2/N 的正态分布，而且不同连接之间的强度是互相独立。当 N 变大后，方差趋于 0。随机微分方程

本案例参考文献[40]。

不仅考虑了外界白噪声（Wiener 过程）的影响，也考虑了不同神经元之间连接强度的随机性影响。原则上，对每个随机实现，都可求解随机微分方程（36-1），从而确定一些宏观量，比如，不同时刻的关联函数等。当 N 很大时，计算量往往非常大，这时可以用场论语言重新描述该系统，并且给出一些计算量较少的计算格式。

考虑更一般方程

$$\mathrm{d}\boldsymbol{x}(t) + \boldsymbol{x}(t)\mathrm{d}t + \tilde{\boldsymbol{j}}(t)\mathrm{d}t = \boldsymbol{J}\phi(\boldsymbol{x}(t))\mathrm{d}t + \mathrm{d}\boldsymbol{W}(t) \tag{36-3}$$

和该随机方程相对应的配分函数

$$Z[\boldsymbol{j}, \tilde{\boldsymbol{j}}](\boldsymbol{J}) = \int \mathscr{D}\boldsymbol{x} \int \mathscr{D}\tilde{\boldsymbol{x}} \exp\{S_0[\boldsymbol{x}, \tilde{\boldsymbol{x}}] - \tilde{\boldsymbol{x}}^{\mathrm{T}}\boldsymbol{J}\phi(\boldsymbol{x}) + \boldsymbol{j}^{\mathrm{T}}\boldsymbol{x} + \tilde{\boldsymbol{j}}^{\mathrm{T}}\tilde{\boldsymbol{x}}\} \tag{36-4}$$

其中

$$S_0[\boldsymbol{x}, \tilde{\boldsymbol{x}}] = \tilde{\boldsymbol{x}}^{\mathrm{T}}(\partial_t + 1)\boldsymbol{x} + \frac{D}{2}\tilde{\boldsymbol{x}}^{\mathrm{T}}\tilde{\boldsymbol{x}} \tag{36-5}$$

$\int \mathscr{D}\boldsymbol{x} = \prod_{i=1}^{N}\int \mathscr{D}x^i$ 和 $\int \mathscr{D}\tilde{\boldsymbol{x}} = \prod_{i=1}^{N}\int \mathscr{D}\tilde{x}^i$ 表示对所有的 $x^i(t)$ 和 $\tilde{x}^i(t)$ 进行积分。为了记号方便，引入 $\tilde{\boldsymbol{x}}^{\mathrm{T}}\boldsymbol{x} = \sum_i \int \tilde{x}_i(t)x_i(t)\mathrm{d}t$。式（36-4）中 $\boldsymbol{j}(t)$ 为（外）源，配分函数依赖 $\boldsymbol{J}$。当 $\boldsymbol{J}$ 给定时，式（36-3）的解满足

$$\langle x^{i_1}(t)\cdots x^{i_n}(s)\rangle = \frac{\delta^n}{\delta j^{i_1}(t)\cdots\delta j^{i_n}(s)}Z[\boldsymbol{j}, \tilde{\boldsymbol{j}}](\boldsymbol{J})\bigg|_{\boldsymbol{j}=0} \tag{36-6}$$

由于 $\boldsymbol{J}$ 满足分布式（36-2），对配分函数 $Z[\boldsymbol{j}, \tilde{\boldsymbol{j}}](\boldsymbol{J})$ 关于 $\boldsymbol{J}$ 积分

$$\overline{Z}[\boldsymbol{j}, \tilde{\boldsymbol{j}}] \equiv \langle Z[\boldsymbol{j}, \tilde{\boldsymbol{j}}](\boldsymbol{J})\rangle_{\boldsymbol{J}} = \int \prod_{ij}\mathrm{d}J_{ij}\mathscr{N}\left(0, \frac{g^2}{N}, J_{ij}\right)Z[\boldsymbol{j}, \tilde{\boldsymbol{j}}](\boldsymbol{J}) \tag{36-7}$$

对 $\boldsymbol{J}$ 的积分是 Gauss 积分，忽略和 $O(N^{-1})$ 相关的项，

$$\begin{aligned}
\overline{Z}[\boldsymbol{j}, \tilde{\boldsymbol{j}}] = &\int \mathscr{D}\boldsymbol{x} \int \mathscr{D}\tilde{\boldsymbol{x}} \exp(S_0[\boldsymbol{x}, \tilde{\boldsymbol{x}}] + \boldsymbol{j}^{\mathrm{T}}\boldsymbol{x} + \tilde{\boldsymbol{j}}^{\mathrm{T}}\tilde{\boldsymbol{x}}) \\
&\exp\bigg\{\frac{1}{2}\int_{-\infty}^{\infty}\int_{-\infty}^{\infty}\Big[\sum_i \tilde{x}_i(t)\tilde{x}_i(t')\Big]\cdot \\
&\Big[\frac{g^2}{N}\sum_j \phi(x_j(t))\phi(x_j(t'))\Big]\mathrm{d}t\mathrm{d}t'\bigg\}
\end{aligned} \tag{36-8}$$

令

$$Q_1(t,s) \equiv \frac{g^2}{N} \sum_j \phi(x_j(t)) \phi(x_j(s)) \tag{36-9}$$

在式(36-8)中，应用式(36-9)[将右端项用左边的 $Q_1(t,s)$ 替换]，则必须插入 δ 泛函，再对 Q_1 进行函数积分。δ 泛函可表示为

$$\delta\left[-\frac{N}{g^2} Q_1(s,t) + \sum_j \phi(x_j(s)) \phi(x_j(t)) \right]$$

$$= \int \mathscr{D} Q_2 \exp\left(\iint Q_2(s,t) \left[-\frac{N}{g^2} Q_1(s,t) + \sum_j \phi(x_j(s)) \phi(x_j(t)) \right] ds \, dt \right)$$

$$\tag{36-10}$$

这里对 Q_2 进行函数积分，其中 $Q_2(s,t) \in i\mathbb{R}$。最后计算的平均量在 $j=0$ 时取到，以及原问题式(36-1)对应问题式(36-3)中 $\tilde{j}=0$，不妨取 $j(\tilde{j})$ 中每个分量都是 $j(\tilde{j})$，式(36-8) 可写为

$$\overline{Z}[j,\tilde{j}] = \int \mathscr{D} Q_1 \int \mathscr{D} Q_2 \exp\left(-\frac{N}{g^2} Q_1^{\mathrm{T}} Q_2 + N \ln Z[Q_1, Q_2] \right) \tag{36-11}$$

其中

$$Z[Q_1, Q_2] = \int \mathscr{D} x \int \mathscr{D} \tilde{x} \exp\left(S_0[x, \tilde{x}] + \frac{1}{2} \tilde{x}^{\mathrm{T}} Q_1 \tilde{x} + \phi(x)^{\mathrm{T}} Q_2 \phi(x) + jx + \tilde{j}^{\mathrm{T}} \tilde{x} \right)$$

$$\tag{36-12}$$

$\int \mathscr{D} x \left(\int \mathscr{D} \tilde{x} \right)$ 表示对 $x(t)(\tilde{x}(t))$ 中任意的一个分量进行积分。

$$S_0[x, \tilde{x}] = \tilde{x}^{\mathrm{T}} (\partial_t + 1) x + \frac{D}{2} \tilde{x}^{\mathrm{T}} \tilde{x} \tag{36-13}$$

和式(36-5)定义类似。引入辅助函数 Q_1 和 Q_2 后，$x(\tilde{x})$ 的不同分量只通过 Q_1 和 Q_2 耦合，从而对 $x(\tilde{x})$ 进行积分得到式(36-11)。这里引入了记号

$$Q_1^{\mathrm{T}} Q_2 \equiv \iint Q_1(s,t) Q_2(s,t) ds \, dt, \quad \tilde{x}^{\mathrm{T}} Q_1 \tilde{x} \equiv \iint \tilde{x}(s) Q_1(s,t) \tilde{x}(t) ds \, dt$$

$$\tag{36-14}$$

平均场方程为（取 $j = \tilde{j} = 0$）

$$0 = \frac{\delta S[Q_1, Q_2]}{\delta Q_{\{1,2\}}} = \frac{\delta}{\delta Q_{\{1,2\}}} \left(-\frac{N}{g^2} Q_1^{\mathrm{T}} Q_2 + N \ln Z[Q_1, Q_2] \right) = 0 \tag{36-15}$$

即

$$0 = -\frac{N}{g^2} Q_1^*(s, t) + \frac{N}{Z} \frac{\delta Z[Q_1, Q_2]}{\delta Q_2(s, t)} \Big|_{Q^*}$$

$$0 = -\frac{N}{g^2} Q_2^*(s, t) + \frac{N}{Z} \frac{\delta Z[Q_1, Q_2]}{\delta Q_1(s, t)} \Big|_{Q^*}$$

具体地可写为[40]

$$Q_1^*(s, t) = g^2 \langle \phi(x(s)) \phi(x(t)) \rangle_{Q^*} \equiv g^2 C_{\phi(x)\phi(x)}(s, t) \quad (36-16)$$

$$Q_2^*(s, t) = \frac{g^2}{2} \langle \widetilde{x}(s) \widetilde{x}(t) \rangle_{Q^*} = 0$$

该平均场方程的解$(Q_1^*, Q_2^* = 0)$称为鞍点。配分函数$Z[j, \widetilde{j}](J)$可以归一化:$Z[0, \widetilde{j}](J) = 1$对任意$\widetilde{j}$成立,故对$\widetilde{j}$的各阶变分为0,即仅涉及$\widetilde{x}$的平均都为0,从而得到$Q_2^* = 0$[40]。在鞍点近似下,式(36-11)中的配分函数为

$$\overline{Z}[j, \widetilde{j}] \Big|_{j=\widetilde{j}=0} \propto \int \mathscr{D} x \int \mathscr{D} \widetilde{x} \exp\left(S_0[x, \widetilde{x}] + \frac{g^2}{2} \widetilde{x}^{\mathrm{T}} C_{\phi(x)\phi(x)} \widetilde{x}\right)$$

$$(36-17)$$

根据定义,

$$C_{\phi(x)\phi(x)}(s, t) = \langle \phi(x(s)) \phi(x(t)) \rangle_{Q^*} \quad (36-18)$$

表示在配分函数式(36-12)中的平均,其中$j = \widetilde{j} = 0$,(Q_1, Q_2)用鞍点近似$(Q_1^*, Q_2^* = 0)$替换。方程(36-16)通过迭代实现Q_1^*的计算,每一步迭代都需要计算式(36-18),显然也可同时得到$\langle x(s)x(t) \rangle_{Q^*}$。

和鞍点近似下的配分函数式(36-18)相对应的随机微分方程为

$$(\partial_t + 1)x(t) = \eta(t) \quad (36-19)$$

Gaussian 噪声 η 满足

$$\langle \eta(t)\eta(s) \rangle = g^2 C_{\phi(x)\phi(x)}(t, s) + D\delta(t-s) \quad (36-20)$$

记$C_{xx}(t, s) \equiv \langle x(t)x(s) \rangle$,由式(36-19)、式(36-20)得到

$$(\partial_t + 1)(\partial_s + 1)C_{xx}(t, s) = g^2 C_{\phi(x)\phi(x)}(t, s) + D\delta(t-s) \quad (36-21)$$

考虑到$C_{xx}(t, s) \equiv c(t-s)$,$C_{\phi(x)\phi(x)}(t+\tau, t)$仅是$\tau$的函数。令$\tau = t - s$,方程(36-21)可写为

$$(-\partial_\tau^2 + 1)c(\tau) = g^2 C_{\phi(x)\phi(x)}(t+\tau, t) + D\delta(\tau) \tag{36-22}$$

引入

$$\Phi(x) \equiv \int_0^x \phi(x)\mathrm{d}x = \ln\cosh(x) \tag{36-23}$$

设 $(x_1, x_2) \sim \mathcal{N}\left(0, \begin{pmatrix} c_0 & c \\ c & c_0 \end{pmatrix}\right)$，对于任意的函数 u，

$$f_u(c, c_0) \equiv \langle u(x_1)u(x_2)\rangle = \iint u\left(\sqrt{c_0 - \frac{c^2}{c_0}}\, z_1 + \frac{c}{\sqrt{c_0}} z_2\right) u(\sqrt{c_0}\, z_2) Dz_1 Dz_2 \tag{36-24}$$

其中 $Dz = \exp(-z^2/2)/\sqrt{2\pi}\, \mathrm{d}z$。令

$$V(c; c_0) \equiv -\frac{1}{2}c^2 + g^2 f_\Phi(c, c_0) - g^2 f_\Phi(0, c_0), \quad V' = \frac{\partial}{\partial c}V \tag{36-25}$$

可证明式(36-22)可写为

$$\partial_\tau^2 c(\tau) = -V'(c(\tau); c_0) - D\delta(\tau) \tag{36-26}$$

其中 $c_0 = c(0)$，方程(36-26)可看成一个粒子在势能 V 下的运动，δ 分布引起粒子速度在 $\tau = 0$ 有一个跳跃$\left(\text{从} \frac{D}{2} \text{到} -\frac{D}{2}\right)$。由于 Φ 是偶函数，$V(c; c_0)$ 关于 c 也是偶函数，所以，$c(\tau) = c(-\tau)$，$\dot{c}(\tau) = -\dot{c}(-\tau)$。方程(36-26)可通过数值求解，它的计算结果应该和平均场方程(36-16)得到的 $\langle x(s)x(t)\rangle_{Q^*}$ 接近。

混沌相变

考虑两个系统 $\{x^\alpha\}_{\alpha=1}^2$，系统 α 满足

$$(\partial_t + 1)x^\alpha(t) = \eta^\alpha(t), \ \alpha \in \{1, 2\} \tag{36-27}$$

其中

$$\langle \eta^\alpha(s)\eta^\beta(t)\rangle = D\delta(t-s) + g^2 \langle \phi(x^\alpha(s))\phi(x^\beta(t))\rangle \tag{36-28}$$

根据式(36-27)，

$$(\partial_t + 1)(\partial_s + 1)\langle x^\alpha(t)x^\beta(s)\rangle = \langle \eta^\alpha(t)\eta^\beta(s)\rangle \tag{36-29}$$

令

$$c^{\alpha\beta}(t, s) = \langle x^\alpha(t)x^\beta(s)\rangle \tag{36-30}$$

式(36-29)可写为

$$(\partial_t + 1)(\partial_s + 1)c^{\alpha\beta}(t, s) = D\delta(t-s) + g^2 F_\phi(c^{\alpha\beta}(t, s), c^{\alpha\alpha}(t, t), c^{\beta\beta}(s, s))$$

$$(36-31)$$

F_ϕ 定义为

$$F_\phi(c^{12}, c^1, c^2) \equiv \langle \phi(x^1)\phi(x^2) \rangle, \quad \begin{pmatrix} x^1 \\ x^2 \end{pmatrix} \sim \mathcal{N}\left(0, \begin{pmatrix} c^1 & c^{12} \\ c^{12} & c^2 \end{pmatrix}\right)$$

$$(36-32)$$

方程(36-31)中 c^{11} 和 c^{22} 满足和式(36-19)相同的方程，

$$c^{11}(s, t) = c^{22}(s, t) = c(t-s) \tag{36-33}$$

令

$$c^{12}(t, s) = c(t-s) + \varepsilon k^{(1)}(t, s), \quad \varepsilon \ll 1 \tag{36-34}$$

则 $k^{(1)}$ 满足

$$(\partial_t + 1)(\partial_s + 1)k^{(1)}(t, s) = g^2 f_{\phi'}(c(t-s), c_0)k^{(1)}(t, s) \tag{36-35}$$

两个系统在 t 时刻的距离为

$$d(t) = c^{11}(t, t) + c^{22}(t, t) - c^{12}(t, t) - c^{21}(t, t) = -2\varepsilon k^{(1)}(t, t)$$

$$(36-36)$$

令 $T = t+s$，$\tau = t-s$，$k(T, \tau) \equiv k^{(1)}(t, s)$，经过变量分离，$k(T, \tau) = e^{\frac{1}{2}\kappa T}\psi(\tau)$，$\psi$ 满足

$$\left(\frac{\kappa}{2} + 1\right)^2 \psi(\tau) - \partial_\tau^2 \psi(\tau) = g^2 f_{\phi'}(c(\tau), c_0)\psi(\tau) \tag{36-37}$$

可写为如下特征值问题

$$(-\partial_\tau^2 - V''(c(\tau); c_0))\psi(\tau) = \left(1 - \left(\frac{\kappa}{2} + 1\right)^2\right)\psi(\tau) \tag{36-38}$$

其中

$$V''(c(\tau); c_0) = -1 + g^2 f_{\phi'}(c(\tau), c_0) \tag{36-39}$$

$d(t) = -2\varepsilon k^{(1)}(t, t) = -2\varepsilon k(2t, 0)$，

$$k(2t, 0) = e^{\kappa_n t}\psi_n(0) \tag{36-40}$$

$$\kappa_n^{\pm} = 2(-1 \pm \sqrt{1 - E_n}) \Leftrightarrow E_n = 1 - \left(\frac{\kappa_n}{2} + 1\right)^2 \tag{36-41}$$

$k(2t, 0)$ 关于时间 t 增长被最大的 $\kappa_0^+ = 2(-1 + \sqrt{1 - E_0})$ 决定，E_0 为特征值问题式(36-38)的最小特征值。当 $\kappa_0^+ = 0$（$E_0 = 0$）时，称系统处于混沌相变点。需要寻找特征值问题[式(36-38)]和特征值 0 相对应的特征函数。可验证 $\dot{c}(\tau)$ 满足

$$(-\partial_\tau^2 - V''(c(\tau); c_0))\psi(\tau) = 0 \tag{36-42}$$

记

$$y_1(\tau) = \begin{cases} \dot{c}(\tau), & \tau \geqslant 0 \\ -\dot{c}(\tau), & \tau < 0 \end{cases} \tag{36-43}$$

当 $\tau \neq 0$ 时，y_1 满足式(36-42)，但是

$$\partial_\tau y_1(0+) - \partial_\tau y_1(0-) = \ddot{c}(0+) + \ddot{c}(0-) = 2(c_0 - g^2 f_\phi(c_0; c_0)) \tag{36-44}$$

当

$$0 = c_0 - g^2 f_\phi(c_0, c_0) = -V'(c_0; c_0) \tag{36-45}$$

y_1 的一阶导数在 0 处连续，y_1 是特征值问题[式(36-38)]和特征值为 0 相对应的特征函数。总之，当

$$V'(c_0; c_0) = 0 \tag{36-46}$$

时，系统会发生混沌相变。

案例 **37**

扭曲柱状丝状物的平衡态

丝状物(filamentous matter)是由一捆细长的丝状物体组成,它在现实生活中无处不在,如米量级的绳子、生物中的细胞外组织等。本案例考虑柱状的丝状物沿着柱状方向扭转后的平衡态结构。

37.1 扭曲圆柱丝

首先利用数学公式描述一根扭曲的圆柱状的丝(称为扭曲圆柱丝)。扭曲圆柱丝的中心线为

$$\boldsymbol{X}(z) = \rho\cos(\phi + \Omega z)\boldsymbol{x} + \rho\sin(\phi + \Omega z)\boldsymbol{y} + z\boldsymbol{z} \tag{37-1}$$

Ω 为正常数,$\boldsymbol{x}$、$\boldsymbol{y}$ 和 $\boldsymbol{z}$ 分别是直角坐标系三个方向的单位向量,这里用 z 方向的坐标 z 参数化中心线。$\boldsymbol{X}(0) = \rho\cos(\phi)\boldsymbol{x} + \rho\sin(\phi)\boldsymbol{y}$ 表示 xy 平面上的点,它和 x 正方向成角度 ϕ,ρ 为它到原点的距离。把中心线上 $z = 0$ 的和弧长参数 $s = 0$ 相对应。随着 z 的增大,$\boldsymbol{X}(z)$ 的辐角 $\phi + \Omega z$ 随之增大,但到 z 轴的距离仍是 ρ。当 n 为整数时,$\boldsymbol{X}(z)$ 和 $\boldsymbol{X}(z + 2n\pi/\Omega)$ 在 xy 平面上的投影相同。设三维的扭曲圆柱丝和它的中心线垂直的截面都是半径相同的圆盘,它不随截面位置而改变,故一根扭曲圆柱丝的构型被截面半径和它的中心线式(37-1)确定。

$\boldsymbol{X}(z)$ 的切向量为

$$\boldsymbol{X}'(z) = -\rho\Omega\sin(\phi + \Omega z)\boldsymbol{x} + \rho\Omega\cos(\phi + \Omega z)\boldsymbol{y} + \boldsymbol{z} \tag{37-2}$$

$\boldsymbol{X}(0)$ 到 $\boldsymbol{X}(z)$ 的长度(弧长)为

$$s = \int_0^z |\boldsymbol{X}'(z)| \, \mathrm{d}z = (\rho^2\Omega^2 + 1)^{1/2} z \tag{37-3}$$

本案例参考文献[23]。

它给出了参数 z 和弧长 s 的关系

$$z = s\cos\theta(\rho), \quad \theta(\rho) = \arctan(\Omega\rho) \tag{37-4}$$

其中,$\theta(\rho)$ 为切向量 $\boldsymbol{X}'(z)$ 和 z 的夹角。单位切向量为

$$\boldsymbol{T}(z) = \frac{\boldsymbol{X}'(z)}{|\boldsymbol{X}'(z)|} = \frac{-\rho\Omega\sin(\phi+\Omega z)\boldsymbol{x} + \rho\Omega\cos(\phi+\Omega z)\boldsymbol{y} + z}{(\rho^2\Omega^2+1)^{1/2}}$$
$$= \sin\theta(\rho)(-\sin(\phi+\Omega z)\boldsymbol{x} + \cos(\phi+\Omega z)\boldsymbol{y}) + \cos\theta(\rho)\boldsymbol{z} \tag{37-5}$$

中心线 $\boldsymbol{X}(z)$ 关于 z 的二阶导数为

$$\boldsymbol{X}''(z) = -\rho\Omega^2\cos(\phi+\Omega z)\boldsymbol{x} - \rho\Omega^2\sin(\phi+\Omega z)\boldsymbol{y} \tag{37-6}$$

它的归一化向量为

$$\boldsymbol{N} = \frac{\boldsymbol{X}''}{|\boldsymbol{X}''|} = -\cos(\phi+\Omega z)\boldsymbol{x} - \sin(\phi+\Omega z)\boldsymbol{y} \tag{37-7}$$

中心线式(37-1)的曲率

$$\kappa = \frac{|\boldsymbol{X}' \times \boldsymbol{X}''|}{|\boldsymbol{X}'|^3} = \frac{\Omega^2\rho}{1+(\Omega\rho)^2} \tag{37-8}$$

不依赖 z。

设扭曲圆柱丝的中心线的弧长为 L,式(37-3)表明弧长为 L 对应的端点的 z 坐标为

$$H(\rho) = L\cos\theta(\rho) = \frac{L}{(\rho^2\Omega^2+1)^{1/2}} \tag{37-9}$$

它是 ρ 的函数,但不依赖 ϕ。H 对 ρ 的一阶导数为

$$H'(\rho) = -L\rho\Omega^2(\rho^2\Omega^2+1)^{-3/2} \tag{37-10}$$

把式(37-9)看成二维曲面 $H = H(\rho, \phi)$,它的单位法向为

$$\boldsymbol{n} = \frac{\boldsymbol{z} - H'(\rho)\boldsymbol{\rho}}{\sqrt{1+H'(\rho)^2}} \tag{37-11}$$

$\boldsymbol{\rho}$ 为和 z 垂直的径向单位向量。

37.2　两个相邻黏附的扭曲圆柱丝

考虑两个相邻黏附的扭曲圆柱丝 i 和 j 之间的作用。扭曲圆柱丝 i 和 j 的中

心线分别为 $\boldsymbol{X}_i(s_i)$、$\boldsymbol{X}_j(s_j)$,s_i 和 s_j 分别为它们的弧长参数。扭曲圆柱丝 i 和 j 的作用能为

$$E_{ij} = \int \mathrm{d}s_i \int \mathrm{d}s_j V(|\boldsymbol{X}_i(s_i) - \boldsymbol{X}_j(s_j)|) \qquad (37-12)$$

$V(r)$ 是两个距离为 r 的单元之间的作用势能。记 $s_j^* \equiv s_j^*(s_i)$ 为中心线 $\boldsymbol{X}_j(s_j)$ 中离 $\boldsymbol{X}_i(s_i)$ 最近的点的弧长参数。

$\boldsymbol{X}_j(s_j)$ 在 s_j^* 处 Taylor 展开

$$\boldsymbol{X}_j(s_j) = \boldsymbol{X}_j(s_j^*) + \delta s_j \boldsymbol{T}_j + (\delta s_j)^2 \frac{\kappa_j}{2} \boldsymbol{N}_j + O((\delta s_j)^3) \qquad (37-13)$$

$\boldsymbol{T}_j$、$\boldsymbol{N}_j$ 和 κ_j 分别表示 $\boldsymbol{X}_j$ 在 s_j^* 处的切向量、法向量和曲率。记 $\boldsymbol{\Delta} \equiv \boldsymbol{X}_j(s_j) - \boldsymbol{X}_i(s_i)$,则

$$|\boldsymbol{\Delta}|^2 = |\boldsymbol{\Delta}_{ij}|^2 + (\delta s_j)^2(1 + \kappa_j \boldsymbol{\Delta}_{ij} \cdot \boldsymbol{N}_j) + O((\delta s_j)^3) \qquad (37-14)$$

其中 $\boldsymbol{\Delta}_{ij} = \boldsymbol{X}_j(s_j^*) - \boldsymbol{X}_i(s_i)$,这里用到了 $\boldsymbol{\Delta}_{ij} \cdot \boldsymbol{T}_j = 0$,$|\boldsymbol{T}_j| = 1$。假设 V 描述了短程作用,忽略 $O((\delta s_j)^3)$,中心线 i 处微元 s_i 和整个中心线 j 的作用能为

$$\mathrm{d}E_{ij} = \mathrm{d}s_i \int_{-\infty}^{\infty} \mathrm{d}(\delta s_j) V(|\boldsymbol{\Delta}(\delta s_j)|) = \frac{\gamma(|\boldsymbol{\Delta}_{ij}|)}{\sqrt{1 + \kappa_j \boldsymbol{\Delta}_{ij} \cdot \boldsymbol{N}_j}} \mathrm{d}s_i \qquad (37-15)$$

其中

$$\gamma(|\boldsymbol{\Delta}_{ij}|) = \int_{-\infty}^{\infty} \mathrm{d}u V(\sqrt{|\boldsymbol{\Delta}_{ij}|^2 + u^2}) \qquad (37-16)$$

为单位长度的扭曲圆柱丝 i 和扭曲圆柱丝 j 因接触导致的接触势能。推导式(37-15)的第二等式用到了变量替换 $u = \delta s_j \sqrt{1 + \kappa_j \boldsymbol{\Delta}_{ij} \cdot \boldsymbol{N}_j}$。式(37-15)两边关于 s_i 积分得到 E_{ij}。

当 V 为 Lennard-Jones 作用势能时

$$V(r) = \varepsilon[(\sigma/r)^{12} - 2(\sigma/r)^6] \qquad (37-17)$$

$$\gamma(|\boldsymbol{\Delta}_{ij}|) = \gamma_0 \left[\frac{5}{6}\left(\frac{d}{|\boldsymbol{\Delta}_{ij}|}\right)^{11} - \frac{11}{6}\left(\frac{d}{|\boldsymbol{\Delta}_{ij}|}\right)^5\right] \qquad (37-18)$$

其中 $\gamma_0 = 1.686\varepsilon\sigma$,$d = 0.9471\sigma$。$\gamma(|\boldsymbol{\Delta}_{ij}|)$ 和 Lennard-Jones 作用势能类似:短程排斥、长程吸引;它在 d 处吸引作用最大,吸引势能为 $-\gamma_0$。

由式(37-1)给出扭曲圆柱丝 i 的中心线

$$\boldsymbol{X}_i(z_i) = \rho_i \cos(\phi_i + \Omega z_i)\boldsymbol{x} + \rho_i \sin(\phi_i + \Omega z_i)\boldsymbol{y} + z_i\boldsymbol{z} \qquad (37-19)$$

扭曲圆柱丝 j 的中心线为

$$X_j(z_j) = \rho_j \cos(\phi_j + \Omega z_j)\boldsymbol{x} + \rho_j \sin(\phi_j + \Omega z_j)\boldsymbol{y} + z_j\boldsymbol{z} \qquad (37-20)$$

记 $z_{ij} = z_i - z_j$，$\phi_{ij} = \phi_i - \phi_j$，$\boldsymbol{X}_i(z_i)$ 到 $\boldsymbol{X}_i(z_i)$ 的距离平方

$$\Delta^2 \equiv \Delta^2(z_{ij}) = \rho_i^2 + \rho_j^2 - 2\rho_i\rho_j\cos(\phi_{ij} + \Omega z_{ij}) + z_{ij}^2 \qquad (37-21)$$

依赖 z_{ij}。根据 $\mathrm{d}\Delta^2/\mathrm{d}z_{ij} = 0$ 得到 Δ^2 在 z_{ij}^* 处极小，z_{ij}^* 满足超越方程

$$\Omega z_{ij}^* = -\Omega^2\rho_i\rho_j\sin(\phi_{ij} + \Omega z_{ij}^*) \qquad (37-22)$$

可验证

$$\Omega z_{ij}^* = -\frac{\Omega^2\rho_i\rho_j\sin\phi_{ij}}{1 + \Omega^2\rho_i\rho_j\cos\phi_{ij}} + O((\Omega^2\rho_i\rho_j)^3)，\quad \Omega^2\rho_i\rho_j \ll 1 \quad (37-23)$$

由于 $|\Omega z_{ij}^*| < 2\pi$，根据式(37-22)

$$\lim_{\Omega^2\rho_i\rho_j \to \infty} \Omega z_{ij}^* = -\phi_{ij} \qquad (37-24)$$

在上述两种极限式(37-23)、式(37-24)下构造近似

$$\Omega z_{ij}^* \approx -\arctan\left(\frac{\Omega^2\rho_i\rho_j\sin\phi_{ij}}{1 + \Omega^2\rho_i\rho_j\cos\phi_{ij}}\right) \qquad (37-25)$$

把式(37-25)代入式(37-21)得到最短距离

$$|\boldsymbol{\Delta}_{ij}| = \Delta(z_{ij}^*) \qquad (37-26)$$

它和 z_i 无关。

式(37-15)中的 $\boldsymbol{\Delta}_{ij} \cdot \boldsymbol{N}_j$ 可写为

$$\begin{aligned}
\boldsymbol{\Delta}_{ij} \cdot \boldsymbol{N}_j &= [X_j(z_j^*) - X_i(z_i)] \cdot [-\cos(\phi_j + \Omega z_j^*)\boldsymbol{x} - \sin(\phi_j + \Omega z_j^*)\boldsymbol{y}] \\
&= -\rho_j + \rho_i\cos(\phi_{ij} + \Omega z_{ij}^*)
\end{aligned}$$

$$(37-27)$$

它和 z_i 无关，其中 $z_i - z_j^* = z_{ij}^*$。式(37-27) 的第二等式用到了式(37-19)、式(37-20)。式(37-15) 中 κ_j 和 s_j 无关，故

$$E_{ij} = \frac{\gamma(|\boldsymbol{\Delta}_{ij}|)L_{ij}}{\sqrt{1 + \kappa_j\boldsymbol{\Delta}_{ij} \cdot \boldsymbol{N}_j}} \qquad (37-28)$$

其中 $|\boldsymbol{\Delta}_{ij}|$ 由式(37-21)、式(37-25) 和式(37-26) 给出，$\kappa_j = \dfrac{\Omega^2\rho_j}{1+(\Omega\rho_j)^2}$ 由式

(37-8) 得到。$\boldsymbol{\Delta}_{ij} \cdot \boldsymbol{N}_j$ 由式 (37-27) 给出,式 (37-28) 中 L_{ij} 表示扭曲圆柱丝 i 中和扭曲圆柱丝 j 接触部分的长度。简化起见,假设扭曲圆柱丝的长度都是 L、并且 L 很大,可用 L 代替 L_{ij}。式 (37-28) 表明扭曲圆柱丝 i 和 j 的黏附作用 E_{ij} 除了依赖参数 Ω、d 和 L 外,还依赖 (ρ_i, ϕ_i) 和 (ρ_j, ϕ_j)。

37.3　一捆扭转圆柱丝的平衡态

有 N 根长度都为 L、截面半径为 d 的圆柱丝。把 N 根圆柱丝按 z 方向排列成一捆圆柱丝,它们的截面构成了六角形 (hexagonal) 结构。把这捆圆柱丝沿 z 方向旋转成一个角度形成一捆扭曲圆柱丝,第 i 个扭曲圆柱丝的中心线由式 (37-19) 给出 $i=1, \cdots, N$。根据式 (37-24),第 i 个扭曲圆柱丝中心线的切线和 z 轴的夹角为 $\theta(\rho_i) = \arctan(\Omega \rho_i)$,$(\rho_i, \phi_i)$ 表示第 i 个扭曲圆柱丝中心线在 $z=0$ 平面上交点的极坐标。一捆扭曲圆柱丝之间的黏附作用为

$$E = \sum_{1 \leqslant i < j \leqslant N} E_{ij} \tag{37-29}$$

它依赖 $\{(\rho_i, \phi_i)\}_{i=1}^N$,也依赖参数 Ω、d 和 L。可用标准的优化方法求解给定参数下的构型 $\{(\rho_i, \phi_i)\}_{i=1}^N$ 使得 E 最小,即一捆扭转圆柱丝的平衡态结构。

37.4　连续模型

长度都为 L、半径为 d 的 N 根圆柱丝构成一捆圆柱丝,它们的截面为六角形 (hexagonal) 结构,它和 z 垂直的截面是半径为 R_0 的圆盘。第 i 根圆柱丝扭转了角度 $\Omega \rho_i$ 后高度变为 $H(\rho_i) = L/(\rho_i^2 \Omega^2 + 1)^{1/2}$,它是 ρ_i 的减函数,故当第 i 根扭转圆柱丝在最外侧时,$H(\rho_i)$ 最小。因此,每个圆柱丝扭转后,整捆扭转圆柱丝的最外侧的圆柱丝会沿 z 方向收缩,内侧的扭转圆柱丝的两端暴露在外面,整捆扭转圆柱丝的中间部分仍是柱体,但是它的截面半径 $R > R_0$,柱体的高度为 $H(R)$。

给定 $(\rho_i, \phi_i)_{i=1}^N$,长为 L 的每根扭转圆柱丝被圆柱线唯一确定,参见方程 (37-19)。每根扭转圆柱丝的两端被暴露,它们构成一个二维曲面[式 (37-9)],整捆扭转圆柱丝的边界由两端的暴露曲面和中间的圆柱侧面构成。整捆扭转圆柱丝的体积为

$$V(\Omega, R) = 2\pi \Omega^{-2} L (\sqrt{1 + \Omega^2 R^2} - 1) \tag{37-30}$$

它和扭曲前的一捆圆柱丝的体积 $\pi R_0^2 L$ 相等,故 R 满足:

$$2\Omega^{-2}(\sqrt{1 + \Omega^2 R^2} - 1) = R_0^2 \tag{37-31}$$

发生扭曲前的一捆圆柱丝的单位面积的圆柱丝数密度为 n_0，$n_0^{-1}=\frac{\sqrt{3}}{2}d^2$。当扭转后单位面积的扭曲圆柱丝数密度为 $n=n(\rho)$，它依赖半径 ρ。由于扭转后圆柱丝的条数保持不变

$$n_0\pi R_0^2=\int_0^{2\pi}\int_0^R n(\rho)\rho\mathrm{d}\rho \tag{37-32}$$

它对任意 $R>R_0$ 成立，从而得到

$$n(\rho)=\frac{n_0}{\sqrt{1+\Omega^2\rho^2}} \tag{37-33}$$

每根扭曲圆柱丝由于弯曲机械能消耗为 $B\kappa^2 L/2$，$B>0$ 为弯曲模量，整捆扭曲圆柱丝的弯曲机械能为

$$\begin{aligned}
E_{\text{bend}}&=\frac{BL}{2}\int\mathrm{d}A\,n(\rho)\kappa(\rho)^2\\
&=\frac{BL}{2}2\pi\int_0^R\rho\mathrm{d}\rho\frac{n_0}{\sqrt{1+\Omega^2\rho^2}}\left(\frac{\Omega^2\rho}{1+(\Omega\rho)^2}\right)^2\\
&=\frac{\pi Bn_0L}{3}\left(2-\frac{2+3\Omega^2R^2}{(1+\Omega^2R^2)^{3/2}}\right)
\end{aligned} \tag{37-34}$$

现在计算圆柱丝从扭转前到扭转后表面能的变化。考虑圆柱丝一端的暴露曲面的表面能。暴露曲面的单位法向 $\boldsymbol{n}$［见式(37-11)］和扭转圆柱丝的中心线末端的单位切向 $\boldsymbol{T}$［见式(37-5)］不正交导致了两端曲面的暴露。两根相邻圆柱丝的暴露长度和 $|\boldsymbol{T}\times\boldsymbol{n}|$ 成比例，暴露曲面的表面能为

$$\begin{aligned}
E_{\text{end}}&=\Sigma_0\int\mathrm{d}A\,|\boldsymbol{T}\times\boldsymbol{n}|\\
&=\Sigma_0 2\pi\int_0^R\rho\mathrm{d}\rho\sqrt{1+(H'/2)^2}\,|\boldsymbol{T}\times\boldsymbol{n}|\\
&=2\pi\Sigma_0\int_0^R\frac{\mathrm{d}\rho\,|\Omega|\rho^2}{\sqrt{1+(H')^2}}\left(1+\frac{(\Omega L/2)^2}{(1+\Omega^2\rho^2)^2}\right)^{1/2}
\end{aligned} \tag{37-35}$$

式中，Σ_0 为单位面积的表面能，第一等式右端是在暴露曲面［式(37-9)］上的积分，其中 $0\leqslant\rho\leqslant R$，$\mathrm{d}A=2\pi\mathrm{d}\rho\sqrt{1+(H'/2)^2}$。由于暴露了两端，一端暴露曲面对应的高度是式(37-9)中 H 的一半，故为 $H'/2$。

在整捆扭转圆柱丝的中间部分是半径为 R、长为 $H(R)$ 的圆柱体表面上，$\boldsymbol{T}$ 和 $\boldsymbol{n}$ 正交。圆柱体的表面能和没有扭转的表面能之差为

$$E_{\text{side}} = \Sigma_0 [2\pi RH(R) - 2\pi R_0 L] = \Sigma_0 A_0 \left(\frac{R/R_0}{\sqrt{1 + \Omega^2 R^2}} - 1 \right) \quad (37-36)$$

$A_0 = 2\pi R_0 L$ 为没有发生扭转时的表面积。

故总能量为

$$E = 2E_{\text{side}} + E_{\text{bend}} \quad (37-37)$$

它是 Ω、L 和 d 的函数,但也依赖弯曲模量 B 和单位面积的表面能 Σ_0。

对 E 关于 Ω 求极小可以计算相关的相图。该连续模型没有考虑形变的影响,关于形变的影响参见文献[24]。

Hubbard 模型

在固态物理中,Hubbard 模型常用于描述超导和绝缘系统之间的相变。该模型给出了格子系统中相邻格子中粒子的相互作用,其中粒子可以是费米子(如电子),也可以是玻色子。Hubbard 模型自从 1963 年被引入研究固态中的电子后,该模型也用于高温超导、量子磁性和电荷密度波等研究中。

38.1 量子多体体系

考虑 N 个相同粒子的体系。记 $\psi(r_1, \cdots, r_N)$ 为 N 个粒子在 $(r_1, \cdots, r_N)$ 的概率振幅,它满足

$$\langle \psi \mid \psi \rangle = \int dr_1 \cdots dr_N \mid \psi(r_1, \cdots, r_N) \mid^2 < \infty \tag{38-1}$$

N 个相同粒子体系的 Hilbert 空间为 N 个单粒子体系的 Hilbert 空间 $\mathcal{H}$ 的张量积

$$\mathcal{H}_N = \mathcal{H} \otimes \cdots \otimes \mathcal{H} \tag{38-2}$$

$\mathcal{H}_N$ 中的(规范)基为

$$\mid \alpha_1 \cdots \alpha_N \rangle \equiv \mid \alpha_1 \rangle \otimes \cdots \otimes \mid \alpha_N \rangle \tag{38-3}$$

$\mid \alpha_i \rangle$ 为 $\mathcal{H}$ 中的基 $\{\mid \alpha \rangle\}$,$i = 1, \cdots, N$。若 $\{\mid \alpha \rangle\}$ 为 $\mathcal{H}$ 中的正交基,则 $\mid \alpha_1 \cdots \alpha_N \rangle$ 为 $\mathcal{H}_N$ 中的正交基。$\mathcal{H}_N$ 中两组基态的内积为

$$\langle \alpha_1 \cdots \alpha_N \mid \alpha_1' \cdots \alpha_N' \rangle = \langle \alpha_1 \mid \alpha_1' \rangle \cdots \langle \alpha_N \mid \alpha_N' \rangle \tag{38-4}$$

特别地,基态 $\mid \alpha_1 \cdots \alpha_N \rangle$ 对应的波函数为

本案例参考文献[11]。

$$\psi_{\alpha_1 \cdots \alpha_N}(r_1, \cdots, r_N) = (r_1 \cdots r_N \mid \alpha_1 \cdots \alpha_N) = \psi_{\alpha_1}(r_1) \cdots \psi_{\alpha_N}(r_N) \qquad (38-5)$$

$\psi_{\alpha_i}(r_i) = \langle r_i \mid \alpha_i \rangle$ 为单粒子体系的基 $\mid \alpha_i \rangle$ 对应的波函数。由于 $\mathscr{H}$ 中基 $\mid \alpha \rangle$ 是完备的，$\mathscr{H}_N$ 中基也是完备的

$$\sum_{\alpha_1, \cdots, \alpha_N} \mid \alpha_1 \cdots \alpha_N)(\alpha_1 \cdots \alpha_N \mid = 1 \qquad (38-6)$$

这里 1 表示 $\mathscr{H}_N$ 中的单位算符。

对于玻色子或费米子的体系，其波函数满足对称性

$$\psi(r_{P_1} \cdots r_{P_N}) = \zeta^P \psi(r_1 \cdots r_N) \qquad (38-7)$$

其中 $P = (P_1, \cdots, P_N)$ 为 $(1, \cdots, N)$ 的任意一个排列。$\zeta = +1$ 和 $\zeta = -1$ 分别表示玻色子和费米子体系。若 P 为偶(奇)排列，则 ζ^P 的指数 $P = 0(P = 1)$，$\zeta^P = 1(\zeta^P = -1)$。定义投影算符

$$\mathscr{P}\psi(r_1, \cdots, r_N) = \frac{1}{N!} \sum_P \zeta^P \psi(r_{P_1}, \cdots, r_{P_N}) \qquad (38-8)$$

这里求和表示对所有 $(1, \cdots, N)$ 的排列累加。投影算符 $\mathscr{P}$ 满足 $\mathscr{P}^2 = 1$。把空间 $\mathscr{H}_N$ 投影到

$$\widetilde{\mathscr{H}}_N = \mathscr{P}\mathscr{H}_N \qquad (38-9)$$

得到 N 个同一玻色子或费米子体系的 Hilbert 空间。$\mathscr{H}_N$ 中的基被投影到 $\widetilde{\mathscr{H}}_N$ 中的(对称/反对称)基

$$\mid \alpha_1 \cdots \alpha_N \} = \sqrt{N!} \, \mathscr{P} \mid \alpha_1 \cdots \alpha_N) = \frac{1}{\sqrt{N!}} \sum_P \zeta^P \mid \alpha_{P_1} \rangle \otimes \cdots \otimes \mid \alpha_{P_N} \rangle$$

$$(38-10)$$

对于费米子体系，若 $\mid \alpha_1 \cdots \alpha_N \}$ 中至少两个粒子对应的态相同，则它必定为 0($\widetilde{\mathscr{H}}_N$ 中的零元)，这就是 Pauli 不相容原理。由 $\mathscr{H}_N$ 中基的完备性[式(38-6)]得到 $\widetilde{\mathscr{H}}_N$ 中基的完备性

$$\frac{1}{N!} \sum_{\alpha_1, \cdots, \alpha_N} \mid \alpha_1 \cdots \alpha_N \}\{\alpha_1 \cdots \alpha_N \mid = 1 \qquad (38-11)$$

若 $\{\mid \alpha \rangle\}$ 为 $\mathscr{H}$ 中正交基，则 $\mid \alpha_1 \cdots \alpha_N \}$ 为 $\widetilde{\mathscr{H}}_N$ 中的正交基。设 $\mid \alpha_1 \cdots \alpha_N \}$ 和 $\mid \alpha'_1 \cdots \alpha'_N \}$ 都是从 $\{\mid \alpha \rangle\}$ 中构造的 $\widetilde{\mathscr{H}}_N$ 中两个基态。若 $(\alpha'_1, \cdots, \alpha'_N)$ 不是 $(\alpha_1, \cdots, \alpha_N)$ 的置换，这两个基态的内积分为 0；否则，内积为

$$\{\alpha'_1\cdots\alpha'_N \mid \alpha_1\cdots\alpha_N\} = \zeta^P \prod_\alpha n_\alpha ! \tag{38-12}$$

其中置换 P 满足

$$\alpha'_1 = \alpha_{P_1}, \cdots, \alpha'_N = \alpha_{P_N} \tag{38-13}$$

n_α 为态 $\mid\alpha\rangle$ 在 $\mid\alpha_1\cdots\alpha_N\}$ 中出现的次数，$\sum_\alpha n_\alpha = N$。如 3-玻色子态 $(\alpha_1\alpha_1\alpha_2)$，$n_{\alpha_1} = 2$、$n_{\alpha_2} = 1$、$n_\alpha = 0, \alpha \neq \alpha_1, \alpha_2$。

根据式 $(38-12)$，归一化 $\mid\alpha_1\cdots\alpha_N\}$ 得到归一化的（对称／反对称）基

$$\mid\alpha_1\cdots\alpha_N\rangle = \frac{1}{\sqrt{\prod_\alpha n_\alpha !}} \mid\alpha_1\cdots\alpha_N\} = \frac{1}{\sqrt{N! \prod_\alpha n_\alpha !}} \sum_P \zeta^P \mid\alpha_{P_1}\rangle \otimes \cdots \otimes \mid\alpha_{P_N}\rangle \tag{38-14}$$

$\mathcal{H}_N$ 中基的完备性可表示为

$$\sum_{\alpha_1,\cdots,\alpha_N} \frac{\prod_\alpha n_\alpha !}{N!} \mid\alpha_1\cdots\alpha_N\rangle\langle\alpha_1\cdots\alpha_N\mid = 1 \tag{38-15}$$

$\mid\beta_1\cdots\beta_N)$ 和 $\mid\alpha_1\cdots\alpha_N\rangle$ 的内积为

$$(\beta_1\cdots\beta_N \mid \alpha_1\cdots\alpha_N\rangle = \frac{1}{\sqrt{N! \prod_\alpha n_\alpha !}} \sum_P \zeta^P \langle\beta_1 \mid \alpha_{P_1}\rangle \cdots \langle\beta_N \mid \alpha_{P_N}\rangle$$

$$= \frac{1}{\sqrt{N! \prod_\alpha n_\alpha !}} S(\langle\beta_i \mid \alpha_j\rangle) \tag{38-16}$$

对于玻色子，

$$S(M_{ij}) = \sum_P M_{1,P_1} \cdots M_{N,P_N} \tag{38-17}$$

对于费米子，

$$S(M_{ij}) = \sum_P (-1)^P M_{1,P_1} \cdots M_{N,P_N} = \det(M_{ij}) \tag{38-18}$$

两个归一化的基态的内积为

$$\langle\beta_1\cdots\beta_N \mid \alpha_1\cdots\alpha_N\rangle = \frac{1}{\sqrt{\prod_\beta n'_\beta ! \prod_\alpha n_\alpha !}} S(\langle\beta_i \mid \alpha_j\rangle) \tag{38-19}$$

为了研究 $\mathscr{H}_N$ 中的多体算符，只要在规范化基式(38-3)下考虑，在对称/反对称基下还需要对称/反对称化操作。记 O 为 $\mathscr{H}_N$ 中的任意算符，它满足

$$(\beta_{P_1}\cdots\beta_{P_N} \mid \hat{O} \mid \beta'_{P_1}\cdots\beta'_{P_N}) = (\beta_1\cdots\beta_N \mid \hat{O} \mid \beta'_1\cdots\beta'_N) \qquad (38-20)$$

其中 P 为 $(1, \cdots, N)$ 的任意排列。对于单体算符 $\hat{U}$，

$$\hat{U} \mid \alpha_1\cdots\alpha_N) = \sum_{i=1}^{N} \hat{U}_i \mid \alpha_1\cdots\alpha_N) \qquad (38-21)$$

其中 $\hat{U}_i$ 为作用在第 i 个粒子上的算符。比如，在动量基 $|p\rangle$ 下，动能算符：

$$\hat{T} \mid p_1\cdots p_N) = \sum_{i=1}^{N} \frac{p_i^2}{2m} \mid p_1\cdots p_N) \qquad (38-22)$$

在坐标基 $|r\rangle$ 下，单体势能算符：

$$\hat{W} \mid r_1\cdots r_N) = \sum_{i=1}^{N} W(r_i) \mid r_1\cdots r_N) \qquad (38-23)$$

单体算符 $\hat{U}$ 在两个态 $\mid \alpha_1\cdots\alpha_N)$ 和 $\mid \beta_1\cdots\beta_N)$ 下的矩阵元为

$$\begin{aligned}(\alpha_1\cdots\alpha_N \mid \hat{U} \mid \beta_1\cdots\beta_N) &= \sum_{i=1}^{N} (\alpha_1\cdots\alpha_N \mid \hat{U}_i \mid \beta_1\cdots\beta_N) \\ &= \sum_{i=1}^{N} \prod_{k\neq i} [\langle\alpha_k \mid \beta_k\rangle]\langle\alpha_i \mid \hat{U}_i \mid \beta_i\rangle\end{aligned} \qquad (38-24)$$

对于两体算符 $\hat{V}$，

$$\hat{V} \mid \alpha_1\cdots\alpha_N) = \frac{1}{2}\sum_{1\leqslant i\neq j\leqslant N} \hat{V}_{ij} \mid \alpha_1\cdots\alpha_N) \qquad (38-25)$$

其中 $\hat{V}_{ij} = \hat{V}_{ji}$ 为作用在第 i 和第 j 个粒子上的算符。和式(38-24)类似，

$$(\alpha_1\cdots\alpha_N \mid \hat{V} \mid \beta_1\cdots\beta_N) = \frac{1}{2}\sum_{1\leqslant i\neq j\leqslant N} \Big[\prod_{k\neq i,j} \langle\alpha_k \mid \beta_k\rangle\Big]\langle\alpha_i\alpha_j \mid \hat{U}_i \mid \beta_i\beta_j\rangle$$

$$(38-26)$$

比如，在坐标基下，一类和速度无关的两体算符

$$\hat{V} \mid r_1\cdots r_N) = \frac{1}{2}\sum_{1\leqslant i\neq j\leqslant N} v(r_i - r_j) \mid r_1\cdots r_N) \qquad (38-27)$$

当 $N=2$ 时，

$$(r_1 r_2) \mid \hat{V} \mid r_3 r_4) = \delta(r_1 - r_3)\delta(r_2 - r_4)v(r_1 - r_2) \qquad (38-28)$$

产生算符和湮灭算符在多体态和多体算符描述中非常有用。设$\mid \lambda \rangle$为$\mathscr{H}$中某个态,定义和它相关的产生算符

$$a_\lambda^\dagger \mid \alpha_1 \cdots \alpha_N \rangle = \mid \lambda \alpha_1 \cdots \alpha_N \rangle \qquad (38-29)$$

在归一化的基下,

$$a_\lambda^\dagger \mid \alpha_1 \cdots \alpha_N \rangle = \sqrt{n_\lambda + 1} \mid \lambda \alpha_1 \cdots \alpha_N \rangle \qquad (38-30)$$

其中 n_λ 为态 $\mid \lambda \rangle$ 在 $\mid \alpha_1 \cdots \alpha_N \rangle$ 中的占位数。记 $\mid 0 \rangle$ 为真空态,则

$$a_\lambda^\dagger \mid 0 \rangle = \mid \lambda \rangle \qquad (38-31)$$

由于 $a_\lambda^\dagger$ 是从 $\mathscr{H}_N$ 到 $\mathscr{H}_{N+1}$ 的算符,定义 Fock 空间

$$\mathscr{H} = \mathscr{H}_0 \oplus \mathscr{H}_1 \oplus \cdots \qquad (38-32)$$

其中 $\mathscr{H}_0 = \mid 0 \rangle$, $\mathscr{H}_1 = \mathscr{H}$。 Fock 中没有归一化的基为

$$\{ \mid 0 \rangle, \mid \lambda_1 \rangle, \mid \lambda_1 \lambda_2 \rangle, \cdots \} \qquad (38-33)$$

归一化的基为

$$\{ \mid 0 \rangle, \mid \lambda_1 \rangle, \mid \lambda_1 \lambda_2 \rangle, \cdots \} \qquad (38-34)$$

Fock 中基的完备性为

$$1 = \mid 0 \rangle \mid 0 \rangle + \sum_{N=1}^{\infty} \frac{1}{N!} \sum_{\lambda_1, \cdots, \lambda_N} \mid \lambda_1 \cdots \lambda_N \rangle \langle \lambda_1 \cdots \lambda_N \mid \qquad (38-35)$$

$$= \mid 0 \rangle \mid 0 \rangle + \sum_{N=1}^{\infty} \frac{1}{N!} \left(\prod_\lambda n_\lambda ! \right) \sum_{\lambda_1, \cdots, \lambda_N} \mid \lambda_1 \cdots \lambda_N \rangle \langle \lambda_1 \cdots \lambda_N \mid \qquad (38-36)$$

任意基态 $\mid \lambda_1 \cdots \lambda_N \rangle$ 和 $\mid \lambda_1 \cdots \lambda_N \rangle$ 都可从真空态 $\mid 0 \rangle$ 中产生

$$\mid \lambda_1 \cdots \lambda_N \rangle = a_{\lambda_1}^\dagger \cdots a_{\lambda_N}^\dagger \mid 0 \rangle, \quad \mid \lambda_1 \cdots \lambda_N \rangle = \frac{1}{\sqrt{\prod_\lambda n_\lambda !}} a_{\lambda_1}^\dagger \cdots a_{\lambda_N}^\dagger \mid 0 \rangle \qquad (38-37)$$

根据玻色子或费米子的多体体系中态的对称性,可得到产生算符满足对易关系

$$a_\lambda^\dagger a_\mu^\dagger - \zeta a_\mu^\dagger a_\lambda^\dagger = 0 \qquad (38-38)$$

湮灭算符 a_λ 是 $a_\lambda^\dagger$ 的共轭算符

$$\langle \alpha_1 \cdots \alpha_N \mid a_\lambda = a_\lambda^\dagger \langle \alpha_1 \cdots \alpha_N \mid = \langle \lambda \alpha_1 \cdots \alpha_N \mid \qquad (38-39)$$

湮灭算符满足和产生算符相同的对易关系

$$a_\lambda a_\mu - \zeta a_\mu a_\lambda = 0 \qquad (38-40)$$

显然，

$$a_\lambda \mid 0 \rangle = \langle 0 \mid a_\lambda^\dagger = 0 \qquad (38-41)$$

可以验证

$$a_\lambda \mid \beta_1 \cdots \beta_N \rangle = \sum_{i=1}^{N} \zeta^{i-1} \delta_{\lambda\beta_i} \mid \beta_1 \cdots \hat{\beta}_i \cdots \beta_N \rangle \qquad (38-42)$$

当 $\lambda \neq \beta_1, \cdots, \beta_N$，上式等号右边为 $\mid 0 \rangle$。$\hat{\beta}_i$ 表示 β_i 被移除。 同理，

$$a_\lambda \mid \beta_1 \cdots \beta_N \rangle = \frac{1}{\sqrt{n_\lambda}} \sum_{i=1}^{N} \zeta^{i-1} \delta_{\lambda\beta_i} \mid \beta_1 \cdots \hat{\beta}_i \cdots \beta_N \rangle \qquad (38-43)$$

对玻色子,令 $\mid n_{\beta_1} n_{\beta_2} \cdots \rangle$ 表示对称化的态,其中有 n_{β_1} 个粒子处于态 $\mid \beta_1 \rangle$,n_{β_2} 个粒子处于态 $\mid \beta_2 \rangle$,$\cdots\cdots$, 则

$$a_\lambda \mid n_{\beta_1} n_{\beta_2} \cdots n_\lambda \cdots \rangle = \sqrt{n_\lambda} \mid n_{\beta_1} n_{\beta_2} \cdots (n_\lambda - 1) \cdots \rangle \qquad (38-44)$$

对于费米子,若态 $\mid \lambda \rangle$ 被占有:

$$a_\lambda \mid \beta_1 \cdots \beta_N \rangle = (-1)^{i-1} \mid \beta_1 \cdots \hat{\beta}_\lambda \cdots \beta_N \rangle \qquad (38-45)$$

否则,它为 $\mid 0 \rangle$。a_λ 和 $a_\lambda^\dagger$ 满足如下对易关系

$$a_\lambda a_\mu^\dagger - \zeta a_\mu^\dagger a_\lambda = \delta_{\lambda\mu} \qquad (38-46)$$

产生算符 $a_\alpha^\dagger$ 和湮灭算符 a_α 的定义依赖到一组基 $\mid \alpha \rangle$。在另一组基 $\mid \tilde{\alpha} \rangle$ 下,可定义相应的产生算符 $a_{\tilde{\alpha}}^\dagger$ 和湮灭算符 $a_{\tilde{\alpha}}$。从正交基 $\mid \alpha \rangle$ 到另一正交基 $\mid \tilde{\alpha} \rangle$ 下的变换

$$\mid \tilde{\alpha} \rangle = \sum_\alpha \langle \alpha \mid \tilde{\alpha} \rangle \mid \alpha \rangle \qquad (38-47)$$

则

$$a_{\tilde{\alpha}}^\dagger = \sum_\alpha \langle \alpha \mid \tilde{\alpha} \rangle a_\alpha^\dagger, \quad a_{\tilde{\alpha}} = \sum_\alpha \langle \tilde{\alpha} \mid \alpha \rangle a_\alpha \qquad (38-48)$$

$(a_{\tilde{\alpha}}^{\dagger}, a_{\tilde{\alpha}})$ 满足如下对易关系

$$a_{\tilde{\alpha}}^{\dagger}a_{\tilde{\beta}}^{\dagger} - \zeta a_{\tilde{\beta}}^{\dagger}a_{\tilde{\alpha}}^{\dagger} = 0, \quad a_{\tilde{\alpha}}a_{\tilde{\beta}} - \zeta a_{\tilde{\beta}}a_{\tilde{\alpha}} = 0, \quad a_{\tilde{\beta}}a_{\tilde{\alpha}}^{\dagger} - \zeta a_{\tilde{\alpha}}^{\dagger}a_{\tilde{\beta}} = \langle \tilde{\beta} \mid \tilde{\alpha} \rangle$$

$$(38-49)$$

取坐标基 $\mid x \rangle$，产生算符和湮灭算符分别用 $\hat{\psi}^{\dagger}(x)$ 和 $\hat{\psi}(x)$ 表示，由式(38-49)得到它们的对易关系

$$\begin{aligned}
\hat{\psi}^{\dagger}(x)\hat{\psi}^{\dagger}(y) - \zeta\hat{\psi}^{\dagger}(y)\hat{\psi}^{\dagger}(x) &= 0, \\
\hat{\psi}(x)\hat{\psi}(y) - \zeta\hat{\psi}(y)\hat{\psi}(x) &= 0, \\
\hat{\psi}(x)\hat{\psi}^{\dagger}(y) - \zeta\hat{\psi}^{\dagger}(y)\hat{\psi}(x) &= \delta(x-y)
\end{aligned}$$

$$(38-50)$$

根据式(38-48)，$\hat{\psi}^{\dagger}(x)$ 和 $\hat{\psi}(x)$ 关于 $a_{\alpha}^{\dagger}$ 和 a_{α} 的展开为

$$\hat{\psi}^{\dagger}(x) = \sum_{\alpha} \psi^{*}(x)a_{\alpha}^{\dagger}, \quad \hat{\psi}(x) = \sum_{\alpha} \psi(x)a_{\alpha} \qquad (38-51)$$

其中 $\psi(x) = \langle x \mid \alpha \rangle$ 为态 $\mid \alpha \rangle$ 在坐标基下 $\mid x \rangle$ 的波函数。

$a_{\alpha}^{\dagger}$ 和 a_{α} 也用于其他算符的表示。态 $\mid \alpha \rangle$ 的计数算符

$$\hat{n}_{\alpha} = a_{\alpha}^{\dagger}a_{\alpha} \qquad (38-52)$$

满足

$$\hat{n}_{\alpha} \mid \alpha_1 \cdots \alpha_N \rangle = \Big(\sum_{i=1}^{N} \delta_{\alpha\alpha_i}\Big) \mid \alpha_1 \cdots \alpha_N \rangle \qquad (38-53)$$

$\hat{N} = \sum_{\alpha} \hat{n}_{\alpha} = \sum_{\alpha} a_{\alpha}^{\dagger}a_{\alpha}$ 为计数算符。

对于式(38-21)中的单体算符 $\hat{U}$，取基态 $\mid \alpha \rangle$ 为 $\hat{U}$ 的特征态，$\hat{U} \mid \alpha \rangle = U_{\alpha} \mid \alpha \rangle$，则可验证

$$\hat{U} = \sum_{\alpha} U_{\alpha} n_{\alpha} = \sum_{\alpha} \langle \alpha \mid U \mid \alpha \rangle a_{\alpha}^{\dagger}a_{\alpha} \qquad (38-54)$$

对于一般的态 $\mid \alpha \rangle$，由式(38-48)得到

$$\hat{U} = \sum_{\alpha\lambda\mu} U_{\alpha} \langle \lambda \mid \alpha \rangle \langle \alpha \mid \mu \rangle a_{\lambda}^{\dagger}a_{\mu} = \sum_{\lambda\mu} \langle \lambda \mid U \mid \mu \rangle a_{\lambda}^{\dagger}a_{\mu} \qquad (38-55)$$

其中

$$\langle \lambda \mid U \mid \mu \rangle = \sum_{\alpha} \langle \lambda \mid \alpha \rangle U_{\alpha} \langle \alpha \mid \mu \rangle = \int \mathrm{d}x\mathrm{d}y \psi_{\lambda}^{*}(x) \langle x \mid U \mid y \rangle \psi_{\mu}(y)$$

$$(38-56)$$

在坐标基 $\mid x \rangle$ 下，由式(38-54)得到单体势能算符

$$\hat{U} = \int \mathrm{d}x\, U(x)\hat{\psi}^{\dagger}(x)\hat{\psi}(x) \tag{38-57}$$

动能算符

$$\hat{T} = -\frac{\hbar^2}{2m}\int \mathrm{d}x\, \hat{\psi}^{\dagger}(x)\,\nabla^2\hat{\psi}(x) \tag{38-58}$$

在动量基 $|p\rangle$ 下，动能算符为

$$\hat{T} = \int \mathrm{d}p\,\frac{p^2}{2m}\hat{\psi}^{\dagger}(p)\hat{\psi}(p) \tag{38-59}$$

对于两体算符 $\hat{V}$，取基态 $|\alpha\beta\rangle$ 为 $\hat{V}$ 的特征态，$\hat{V}|\alpha\beta\rangle = V_{\alpha\beta}|\alpha\beta\rangle$，则

$$\hat{V} = \frac{1}{2}\sum_{\alpha\beta} V_{\alpha\beta} a_{\alpha}^{\dagger} a_{\beta}^{\dagger} a_{\beta} a_{\alpha} = \frac{1}{2}\sum_{\alpha\beta}(\alpha\beta\mid V\mid\alpha\beta) a_{\alpha}^{\dagger} a_{\beta}^{\dagger} a_{\beta} a_{\alpha} \tag{38-60}$$

对于一般的态，

$$\hat{V} = \frac{1}{2}\sum_{\lambda\mu\nu\rho}(\lambda\mu\mid V\mid\nu\rho) a_{\lambda}^{\dagger} a_{\mu}^{\dagger} a_{\rho} a_{\nu} \tag{38-61}$$

若 $\hat{V}$ 在坐标基 $|x\rangle$ 下对角化，由式(38-60)得到

$$\hat{V} = \frac{1}{2}\int \mathrm{d}x\,\mathrm{d}y\, v(x-y)\psi^{\dagger}(x)\psi^{\dagger}(y)\psi(y)\psi(x) \tag{38-62}$$

对于一维体系 $[0, L]$，离散化得到格点

$$x_i = i\Delta x, \quad i = 0, \cdots, N-1 \tag{38-63}$$

其中 $\Delta x = \dfrac{L}{N}$。式(38-58)近似为

$$\hat{U} \approx \sum_{i=0}^{N-1}\Delta x\, U(x_i)\hat{\psi}^{\dagger}(x_i)\hat{\psi}(x_i) = \sum_{i=0}^{N-1} U_i b_i^{\dagger} b_i \tag{38-64}$$

其中

$$b_i^{\dagger} = \sqrt{\Delta x}\,\psi^{\dagger}(x_i), \quad b_i = \sqrt{\Delta x}\,\psi(x_i), \quad U_i = U(x_i) \tag{38-65}$$

由式(38-50)得到 $(b_i^{\dagger}, b_i)$ 的对易关系

$$b_i^{\dagger} b_j^{\dagger} - \zeta b_j^{\dagger} b_i^{\dagger} = 0, \quad b_i b_j - \zeta b_j b_i = 0, \quad b_i b_j^{\dagger} - \zeta b_j^{\dagger} b_i = \delta_{i,j} \tag{38-66}$$

动能算符式(38-58)近似为

$$\hat{T} = \frac{\hbar^2}{2m} \int \mathrm{d}x \ \nabla \hat{\psi}^{\dagger}(x) \cdot \nabla \hat{\psi}(x)$$

$$\approx \frac{\hbar^2}{2m} \sum_{i=0}^{N-1} \frac{\hat{\psi}^{\dagger}(x_{i+1}) - \hat{\psi}^{\dagger}(x_i)}{\Delta x} \frac{\hat{\psi}(x_{i+1}) - \hat{\psi}(x_i)}{\Delta x} \Delta x \qquad (38-67)$$

$$= \frac{\hbar^2}{2m(\Delta x)^2} \sum_{i=0}^{N-1} (b_{i+1}^{\dagger} - b_i^{\dagger})(b_{i+1} - b_i)$$

式(38 - 62)可近似为

$$\hat{V} \approx \frac{1}{2} \sum_{i,j=0}^{N-1} (\Delta x)^2 v(x_i - x_j) \psi^{\dagger}(x_i) \psi^{\dagger}(x_j) \psi(x_j) \psi(x_i) = \frac{1}{2} \sum_{i,j=0}^{N-1} v_{i,j} b_i^{\dagger} b_j^{\dagger} b_j b_i$$

$$(38-68)$$

其中，$v_{i,j} = \Delta x v(x_i - x_j)$。合并式(38 - 64)、式(38 - 67)、式(38 - 68) 得到

$$\frac{\hbar^2}{2m(\Delta x)^2} \sum_{i=0}^{N-1} (b_{i+1}^{\dagger} - b_i^{\dagger})(b_{i+1} - b_i) + \sum_{i=0}^{N-1} U_i b_i^{\dagger} b_i + \frac{1}{2} \sum_{i,j=0}^{N-1} v_{i,j} b_i^{\dagger} b_j^{\dagger} b_j b_i$$

$$= -\frac{\hbar^2}{2m(\Delta x)^2} \sum_{i=0}^{N-1} (b_{i+1}^{\dagger} b_i + b_i b_{i+1}^{\dagger}) + \sum_{i=0}^{N-1} \hat{U}_i b_i^{\dagger} b_i + \frac{1}{2} \sum_{i,j=0}^{N-1} v_{i,j} b_i^{\dagger} b_j^{\dagger} b_j b_i$$

$$(38-69)$$

其中 $b_N^{\dagger} = b_0^{\dagger}$，$b_N = b_0$，$(b_i^{\dagger}, b_i)$ 满足对易关系式(38 - 66)。

38.2　无旋玻色 Hubbard 模型

考虑式(38 - 69)的一个特例。无旋玻色 Hubbard 模型：

$$H = -t \sum_{\langle i,j \rangle, i<j} (b_i^{\dagger} b_j + b_i b_j^{\dagger}) + V \sum_{\langle i,j \rangle, i<j} n_i n_j + \frac{U}{2} \sum_{i=0}^{N-1} n_i (n_i - 1)$$

$$(38-70)$$

其中 $n_i = b_i^{\dagger} b_i$，$\langle i,j \rangle$ 表示两个相邻的对。产生算符 $b_i^{\dagger}$ 和湮灭算符 b_i 满足式 (38 - 66)，其中 $\zeta = 1$。 化学势下的无旋玻色 Hubbard 模型

$$H = -t \sum_{\langle i,j \rangle, i<j} (b_i^{\dagger} b_j + b_i b_j^{\dagger}) + V \sum_{\langle i,j \rangle, i<j} n_i n_j + \frac{U}{2} \sum_{i=0}^{N-1} n_i (n_i - 1)$$

$$(38-71)$$

μ 为化学势。 由于哈密顿量 H 是 Hermite 算符，它的所有特征值都是实数。下面 计算化学势下无旋玻色 Hubbard 模型的基态能：哈密顿量 H 的最小特征值。

b_i 和 $b_i^{\dagger}$ 分别是格点 i 对应的局部 Hilbert 空间的玻色子的湮灭算符和产生算

符。局部 Hilbert 空间的维数为无限维,计算时需要对维数截断,不妨取每个局部 Hilbert 空间的维数为 4,故它有 4 个态:$|k\rangle$,$k=0,1,2,3$。$|k\rangle$ 表示有 k 个玻色子的态。所以,$|0\rangle$ 表示真空态。用向量表示这 4 个态

$$|0\rangle=\begin{pmatrix}1\\0\\0\\0\end{pmatrix},\quad|1\rangle=\begin{pmatrix}0\\1\\0\\0\end{pmatrix},\quad|2\rangle=\begin{pmatrix}0\\0\\1\\0\end{pmatrix},\quad|3\rangle=\begin{pmatrix}0\\0\\0\\1\end{pmatrix}\tag{38-72}$$

湮灭算符、产生算符和数密度算符用四阶矩阵表示

$$b_i=\begin{pmatrix}0&1&0&0\\0&0&\sqrt{2}&0\\0&0&0&\sqrt{3}\\0&1&0&0\end{pmatrix},\quad b_i^\dagger=\begin{pmatrix}0&0&0&0\\1&0&0&0\\0&\sqrt{2}&0&0\\0&0&\sqrt{3}&0\end{pmatrix},\quad n_i=\begin{pmatrix}0&0&0&0\\0&1&0&0\\0&0&2&0\\0&0&0&3\end{pmatrix}$$

$$\tag{38-73}$$

利用这些矩阵表示,哈密顿量式(38-71)是 $4^N\times4^N$ 的 Hermite 矩阵。由于矩阵的阶数指数依赖格点个数 N,当 N 较大时,直接求解该矩阵的特征值需要很大工作量,这里采用密度矩阵重整化群(density matrix renormalization group,DMRG)算法[49]进行计算。表 38-1 是每个格子基态能(基态能除以格点数),它依赖 t 和化学势 μ,其他参数为 $U=-1$、$V=0$ 和 $N=10$。

表 38-1　化学势下 Bose-Hubbard 模型式(38-71)的每个格子基态能,$U=-1$、$V=0$ 和 $N=10$

μ/t	1.0	2.0	5.0
0.0	−4.242	−6.8024	−14.804
0.5	−5.450	−7.8980	−15.854
1.0	−6.701	−9.0480	−16.904
1.5	−7.500	−10.204	−17.948
2.0	−9.000	−11.404	−19.048
2.5	−10.500	−12.605	−20.148
3.0	−12.000	−13.855	−21.248

38.3　费米 Hubbard 模型

费米 Hubbard 模型：

$$H = -t \sum_{\langle i,j \rangle,\, i<j,\, \sigma} (c_{\sigma,i}^{\dagger} c_{\sigma,j} + c_{\sigma,i} c_{\sigma,j}^{\dagger}) + V \sum_{\langle i,j \rangle,\, i<j,\, \sigma} (n_{\uparrow i} + n_{\downarrow,i})(n_{\uparrow,j} + n_{\downarrow,j}) +$$

$$U \sum_{i=0}^{N-1} n_{\uparrow,i} n_{\downarrow,i} \tag{38-74}$$

$(c_{\sigma,i}^{\dagger},\, c_{\tau,j})$ 满足

$$c_{\sigma,i}^{\dagger} c_{\tau,j}^{\dagger} + c_{\tau,j}^{\dagger} c_{\sigma,i}^{\dagger} = 0, \quad c_{\sigma,i} c_{\tau,j} + c_{\tau,j} c_{\sigma,i} = 0, \quad c_{\sigma,i} c_{\tau,j}^{\dagger} + c_{\tau,j}^{\dagger} c_{\sigma,i} = \delta_{i,j} \delta_{\sigma,\tau} \tag{38-75}$$

这里 $n_{\sigma,j} = c_{\sigma,i}^{\dagger} c_{\sigma,i}, \sigma = \uparrow, \downarrow$。费米 Hubbard 模型描述了电子的互相作用，$c_{\sigma,i}^{\dagger}$ 是在格点 i 产生自旋为 σ 的态。化学势 μ 下的费米 Hubbard 模型

$$H = -t \sum_{\langle i,j \rangle,\, i<j,\, \sigma} (c_{\sigma,i}^{\dagger} c_{\sigma,j} + c_{\sigma,i} c_{\sigma,j}^{\dagger}) + V \sum_{\langle i,j \rangle,\, i<j,\, \sigma} (n_{\uparrow i} + n_{\downarrow,i})(n_{\uparrow,j} + n_{\downarrow,j}) +$$

$$U \sum_{i=0}^{N-1} n_{\uparrow,i} n_{\downarrow,i} - \mu \sum_i (n_{i,\uparrow} + n_{i,\downarrow}) \tag{38-76}$$

局部 Hilbert 空间的维数为 4，它有 4 个态：$|k\rangle$，$k=0,1,2,3$。$|0\rangle = |\downarrow\rangle$ 为一个自旋朝下的电子态，$|1\rangle$ 为真空态，$|2\rangle = |\uparrow\downarrow\rangle$ 为一个自旋朝上、另一个自旋朝下的电子态，$|3\rangle = |\uparrow\rangle$ 为一个自旋朝上的电子态。用向量表示这 4 个态

$$|0\rangle = \begin{pmatrix} 1 \\ 0 \\ 0 \\ 0 \end{pmatrix}, \quad |1\rangle = \begin{pmatrix} 0 \\ 1 \\ 0 \\ 0 \end{pmatrix}, \quad |2\rangle = \begin{pmatrix} 0 \\ 0 \\ 1 \\ 0 \end{pmatrix}, \quad |3\rangle = \begin{pmatrix} 0 \\ 0 \\ 0 \\ 1 \end{pmatrix} \tag{38-77}$$

湮灭算符、产生算符和数密度算符用四阶矩阵表示

$$c_{\uparrow,i} = \begin{pmatrix} 0 & 0 & 1 & 0 \\ 0 & 0 & 0 & 1 \\ 0 & 0 & 0 & 0 \\ 0 & 0 & 0 & 0 \end{pmatrix}, \quad c_{\downarrow,i} = \begin{pmatrix} 0 & 0 & 0 & 0 \\ 1 & 0 & 0 & 0 \\ 0 & 0 & 0 & 0 \\ 0 & 0 & -1 & 0 \end{pmatrix},$$

$$c_{\uparrow,i}^{\dagger} = \begin{pmatrix} 0 & 0 & 0 & 0 \\ 0 & 0 & 0 & 0 \\ 1 & 0 & 0 & 0 \\ 0 & 1 & 0 & 0 \end{pmatrix}, \quad c_{\downarrow,i}^{\dagger} = \begin{pmatrix} 0 & 1 & 0 & 0 \\ 0 & 0 & 0 & 0 \\ 0 & 0 & 0 & -1 \\ 0 & 0 & 0 & 0 \end{pmatrix} \tag{38-78}$$

利用这些矩阵表示，则哈密顿量式(38-76)是 $4^N \times 4^N$ 的 Hermite 矩阵。表 38-2 是用 DMRG 算法得到的每个格子的基态能(基态能除以格点数)，它依赖 t 和化学 势 μ，其他参数为 $U=-1$、$V=0$ 和 $N=10$。

表 38-2　化学势下 Fermi-Hubbard 模型[式(38-76)]的每个格子
基态能($U=-1$、$V=0$、$N=10$)

μ/t	1.0	2.0	5.0
0.0	−0.602	−1.205	−3.013
0.5	−0.852	−1.455	−3.263
1.0	−1.102	−1.705	−3.513
1.5	−1.352	−1.955	−3.763
2.0	−1.602	−2.205	−4.013
2.5	−1.852	−2.455	−4.263
3.0	−2.102	−2.705	−4.513

案例 39

量子色动力学模型

39.1 欧氏空间下连续的量子色动力学模型

量子色动力学模型描述强作用粒子(强子)的夸克和与色量子数相联系的规范场的相互作用,它可以统一地描述强子的结构和它们之间的强相互作用。夸克为有质量的费米子,它可用 Dirac 4 -旋量场描述

$$\bar{\psi}(x) = (\bar{\psi}^f_{\alpha,c}(x)), \quad \psi(x) = (\psi^f_{\alpha,c}(x))$$

它们为两个独立的 Grassmann 场。四维欧氏时空用 x 表示,$\alpha = 1, 2, 3, 4$ 为 Dirac 指标,$c = 1, 2, 3$ 为色指标,$f = 1, \cdots, N_f = 6$ 为味指标。夸克之间的作用可用胶子场描述

$$A_\mu(x) = (A_\mu(x)_{cd})$$

式中,c, d 表示色指标,$\mu = 1, \cdots, 4$ 为 Lorentz 指标,表示欧氏时空中 4 个方向。$A_\mu(x) \in su(3)$ 是迹为 0 的 3×3 Hermite 矩阵。

量子色动力学(quantum chromodynamics,QCD)模型由系统的自由能决定。它的自由能包含两部分,第一部分为欧氏费米子作用能

$$
\begin{aligned}
S_F &= \int \bar{\psi}(x) \Big[\sum_{\mu=1}^4 \gamma_\mu(\partial_\mu + \mathrm{i} A_\mu(x)) + m\,\mathbb{I} \Big] \psi(x) \\
&= \int \bar{\psi}^f_{\alpha,c}(x) \Big[\sum_{\mu=1}^4 (\gamma_\mu)_{\alpha\beta}(\delta_{cd}\partial_\mu + \mathrm{i} A_\mu(x)_{cd}) + m^f \delta_{\alpha\beta}\delta_{cd} \Big] \psi^f_{\beta,d}(x)
\end{aligned}
$$

$$(39-1)$$

本模型部分参考文献[14]。

$i=\sqrt{-1}$ 为虚数单位,在积分中常常忽略微元 dx 的书写。4×4 阶欧氏 γ 矩阵 γ_{μ} 满足

$$\gamma_{\mu}\gamma_{\nu}+\gamma_{\nu}\gamma_{\mu}=2\delta_{\mu\nu}I_4,\quad \mu,\nu=1,2,3,4$$

I_4 为 4 阶单位矩阵。由于费米作用能[式(39-1)]为无量纲的量,式(39-1)中的各个量的单位为

$$[\bar{\psi}]=[\psi]=\text{length}^{-3/2},\quad [A_{\mu}]=[m]=\text{length}^{-1} \tag{39-2}$$

式(39-1)中的费米子作用能 S_F 依赖费米子(Grassmann)场 $(\bar{\psi},\psi)$ 和胶子场 A。作用能 S_F 对 $\bar{\psi}$ 的一阶变分为 0,得到在胶子场 A 下的(欧氏空间下的)Dirac 方程

$$[\gamma_{\mu}(\partial_{\mu}+iA_{\mu}(x))+m]\psi(x)=0 \tag{39-3}$$

作用能 S_F 在规范变换式(39-3)、式(39-4)下不变

$$\psi(x)\to\Omega(x)\psi(x),\quad \bar{\psi}(x)\to\bar{\psi}(x)\Omega(x)^{\dagger} \tag{39-4}$$

$$A_{\mu}(x)\to\Omega(x)A_{\mu}(x)\Omega(x)^{\dagger}+i(\partial_{\mu}\Omega(x))\Omega(x)^{\dagger} \tag{39-5}$$

其中 $\Omega(x)\in SU(3)$ 是行列式为 1 的 3×3 阶酉矩阵。

QCD 模型自由能的第二部分为欧氏规范作用能

$$S_G=\frac{1}{2g^2}\int\text{tr}[F_{\mu\nu}(x)F_{\mu\nu}(x)] \tag{39-6}$$

这里 μ、ν 需要从 1 到 4 求和,g 为耦合强度,tr 表示矩阵的迹,场强张量 $F_{\mu\nu}(x)$ 为共变导数 $D_{\mu}(x)=\partial_{\mu}+iA_{\mu}(x)$ 的交换子

$$F_{\mu\nu}(x)=-i[D_{\mu}(x),D_{\nu}(x)]=\partial_{\mu}A_{\nu}(x)-\partial_{\nu}A_{\mu}(x)+i[A_{\mu}(x),A_{\nu}(x)] \tag{39-7}$$

可以验证在规范变换式(39-5)下,$F_{\mu\nu}(x)\to\Omega(x)F_{\mu\nu}(x)\Omega(x)^{\dagger}$,从而式(39-6)中的规范作用能 S_G 在规范变换式(39-5)下不变。构造 QCD 模型作用能的一个原则就是保持规范不变,所以它也是规范理论/模型。

$su(3)$ 为 $SU(3)$ 矩阵的李代数,$\{T_i\}_{i=1}^{8}$ 为它的一组基,满足

$$[T_j,T_k]=if_{jkl}T_l,\quad j,k,l=1,\cdots,8$$

f_{ijk} 为结构系数。$A_{\mu}(x)\in su(3)$ 可表示为

$$A_{\mu}(x)=\sum_{i=1}^{8}A_{\mu}^i(x)T_i$$

$A_\mu^i(x)(i = 1, \cdots, 8)$ 为实值场。 根据式$(39 - 7)$,$F_{\mu\nu}(x)$ 可表示为

$$F_{\mu\nu}(x) = \sum_{i=1}^{8} F_{\mu\nu}^i(x) T_i \in su(3)$$

$$F_{\mu\nu}^i(x) = \partial_\mu A_\nu^i(x) - \partial_\nu A_\mu^i(x) - f_{ijk} A_\mu^j(x) A_\nu^k(x)$$

式$(39 - 6)$中规范作用能 S_G 可写为

$$S_G = \frac{1}{4g^2} \sum_{i=1}^{8} \int F_{\mu\nu}^i(x) F_{\mu\nu}^i(x) \tag{39 - 8}$$

连续 QCD 模型的配分函数为

$$Z = \int dA \, d\bar\psi \, d\psi \, e^{-(S_F + S_G)} \tag{39 - 9}$$

$\int dA \, d\bar\psi \, d\psi$ 表示对所有的 $A_\mu(x)$、$\bar\psi(x)$ 和 $\psi(x)$ 的积分。 对于每一个指标 x、f、α、c,$\int d\psi_{a,c}^f(x)$ 表示对 Grassmann 变量 $\psi_{a,c}^f(x)$ 积分。 所以,这些积分都是 Feynman 路径积分。

39.2 格子色动力学模型

微扰展开方法是 QCD 模型求解的一个重要方法。下面应用格子离散化计算 QCD。它作为非微扰方法,在强相互作用中有非常重要的作用。把欧氏四维连续空间 $\prod_{i=1}^{4} [0, L_i]$ 离散化为

$$\Lambda = \{x = a(n_1, n_2, n_3, n_4), 0 \leqslant n_i < N_i = L_i/a, i = 1, 2, 3, 4\} \tag{39 - 10}$$

N_i 为 i 方向的小区间的个数,a 为格子大小。式$(39-1)$中的费米子作用能 S_F 离散为(Wilson 费米作用能)

$$S_F = a^4 \sum_{x, y} \bar\psi_x D_w(x \mid y) \psi_y \tag{39 - 11}$$

式中,$\sum_{x, y}$ 表示对所有格点 x、$y \in \Lambda$ 累加,定义在格点 x、y 上的 $\bar\psi_x$ 和 ψ_y 中包含了 Dirac 指标、色指标和味指标。Wilson Dirac 矩阵 D_w 为

$$D_w(x \mid y) = \left(m + \frac{4}{a}\right)\delta_{x, y} - \frac{1}{2a} \sum_{\mu=1}^{4} ((1 - \gamma_\mu) U_{\mu, x} \delta_{x + a\mu, y} + (1 + \gamma_\mu) U_{-\mu, x} \delta_{x - a\mu, y})$$

$$\tag{39 - 12}$$

式中，$\boldsymbol{\mu}$ 表示 μ 方向的单位向量，$U_{\mu, x} = \mathrm{e}^{iaA_{\mu}\left(x + \frac{a\boldsymbol{\mu}}{2}\right)} \in SU(3)$ 称为定义在边 $(x, \boldsymbol{\mu})$ 上的链变量，$U_{-\mu, x} \equiv U_{\mu, x-a\boldsymbol{\mu}}^{\dagger}$。

另一个离散格式为交错费米子作用能

$$S_{\mathrm{F}} = a^4 \sum_{x, y} \overline{\chi}_x D_{st}(x \mid y) \chi_y \qquad (39-13)$$

其中交错费米子矩阵

$$D_{\mathrm{st}}(x \mid y) = \frac{1}{2a} \sum_{\mu=1}^{4} \eta_{\mu, x}(U_{\mu, x} \delta_{x+a\boldsymbol{\mu}, y} - U_{-\mu, x} \delta_{x-a\boldsymbol{\mu}, y}) + m\delta_{x, y}$$

$$(39-14)$$

交错因子 $\eta_{1, x} = 1$，$\eta_{\mu, x} = (-1)^{(x_1 + \cdots + x_{\mu-1})/a}$，$\mu = 2, 3, 4$。交错因子起到 Dirac 矩阵的作用，故在交错费米子作用能中的 $\overline{\chi}_x$ 和 χ_y 都不依赖 Dirac 指标。

交错费米子作用能和 Wilson 交错费米子之间存在联系。不妨设 $U_{\mu, x} = I$ 为单位矩阵。交错费米子作用能可表示为

$$S_{\mathrm{F}} = b^4 \sum_{x, \mu} \overline{\psi}_x \left[(\gamma_{\mu} \otimes \mathbb{I}) \partial_{\mu} + \frac{1}{2} b(\gamma_5 \otimes t_{\mu} t_5) \Delta_{\mu} \right] \psi_x + b^4 2m \sum_x \overline{\psi}_x \mathbb{I} \otimes \mathbb{I} \psi_x$$

$$(39-15)$$

其中 $b = 2a$，$\sum_x$ 表示对所有 $x = nb(n = (n_1, \cdots, n_4) \in Z^4)$ 累加，

$$\partial_{\mu} \psi_x = \frac{1}{2b}(\psi_{x+b\boldsymbol{\mu}} - \psi_{x-b\boldsymbol{\mu}}), \qquad \Delta_{\mu} \psi_x = \frac{1}{b^2}(\psi_{x+b\boldsymbol{\mu}} - 2\psi_x + \psi_{x-b\boldsymbol{\mu}})$$

$t_{\mu} = \gamma_{\mu}^{\mathrm{T}}$，$\mu = 1, \cdots, 5$。式（39-15）中 $\overline{\psi}(x)$、$\psi(x)$ 都包含了 Dirac 指标和味指标。式（39-15）中第一项为和 Wilson 费米子相同，但是第二项和 Wilson 费米子相应的项不同，它在味空间上是混合的，即味空间上对称破缺。为了减弱这种对称破缺，引入 ASQTAD 费米子作用能（$a = 1$, $x = an = n$, $m = 0$）

$$\sum_{x, y} \overline{\chi}_x (c_N [D_N]_{x, y} + c_1 [D_1]_{x, y} + c_3 [D_3]_{x, y} + c_5 [D_5]_{x, y} + c_7 [D_7]_{x, y} + c_L [D_L]_{x, y}) \chi_y$$

$$(39-16)$$

其中 Naik 项（$4 \times 2 = 8$ 项）

$$[D_N]_{x, y} = \sum_{\mu} \eta_{\mu, x} [U_{\mu, x} U_{\mu, x+\boldsymbol{\mu}} U_{\mu, x+2\boldsymbol{\mu}} \delta_{x+3\boldsymbol{\mu}, y} - (\mu \rightarrow -\mu)] \qquad (39-17)$$

1-link 项（$4 \times 2 = 8$ 项）

$$[D_1]_{x,y} = \sum_{\mu} \eta_{\mu,x} [U_{\mu,x} \delta_{x+\mu,y} - (\mu \rightarrow -\mu)] \tag{39-18}$$

3-staple 项（$4 \times 3 \times 4 = 48$ 项）

$$[D_3]_{x,y} = \sum_{\mu} \eta_{\mu,x} \sum_{\nu \neq \mu} [U_{\pm\nu,x} U_{\mu,x\pm\nu} U_{\mp\nu,x+\mu\pm\nu} \delta_{x+\mu,y} - (\mu \rightarrow -\mu)] \tag{39-19}$$

5-staple 项（$4 \times 3 \times 2 \times 8 = 192$ 项）

$$[D_5]_{x,y} = \sum_{\mu} \eta_{\mu,x} \sum_{\nu \neq \mu} \sum_{\rho \neq \mu,\nu} [U_{\pm\nu,x} U_{\pm\rho,x\pm\nu} U_{\mu,x\pm\nu\pm\rho} U_{\mp\rho,x+\mu\pm\nu\pm\rho} U_{\mp\nu,x+\mu\pm\nu} \delta_{x+\mu,y} - (\mu \rightarrow -\mu)] \tag{39-20}$$

7-staple 项（$4 \times 3 \times 2 \times 16 = 384$ 项）

$$[D_7]_{x,y} = \sum_{\mu} \eta_{\mu,x} \sum_{\nu \neq \mu} \sum_{\rho \neq \mu,\nu} \sum_{\nu\sigma \neq \mu,\nu,\rho} [U_{\pm\nu,x} U_{\pm\rho,x\pm\nu} U_{\pm\sigma,x\pm\nu\pm\rho} U_{\mu,x\pm\nu\pm\rho\pm\sigma}$$

$$U_{\mp\sigma,x+\mu\pm\nu\pm\rho\pm\sigma} U_{\mp\rho,x+\mu\pm\nu\pm\rho} U_{\mp\nu,x+\mu\pm\nu} \delta_{x+\mu,y} - (\mu \rightarrow -\mu)] \tag{39-21}$$

Lepage 项（$4 \times 3 \times 4 = 48$ 项）

$$[D_L]_{x,y} = \sum_{\mu} \eta_{\mu,x} \sum_{\nu \neq \mu} [U_{\pm\nu,x} U_{\pm\nu,x\pm\nu} U_{\mu,x\pm 2\nu} U_{\mp\nu,x+\mu\pm 2\nu} U_{\mp\nu,x+\mu\pm\nu} \delta_{x+\mu,y} - (\mu \rightarrow -\mu)] \tag{39-22}$$

式（39-16）中的每项都分别表示如下：

式（39-6）的规范作用能离散为（称为 Wilson 规范作用能）

$$S_G[U] = \frac{\beta}{3} \sum_{x \in \Lambda} \sum_{\mu < \nu} \text{Retr}[\mathbb{I} - U_{\mu\nu,x}] \tag{39-23}$$

其中 $\beta = \dfrac{6}{g^2}$，Retr 为矩阵迹的实部，$U_{\mu\nu,x}$ 为 plaquette(x，μ，ν) 的四条边上的链变量的乘积

$$U_{\mu\nu,x} = U_{\mu,x} U_{\nu,x+a\mu} U_{-\mu,x+a\mu+a\nu} U_{-\nu,x+a\nu} \tag{39-24}$$

可验证 Wilson 规范作用能式(39－23)和它的连续极限式(39－6)的误差为$O(a^2)$。

　　Wilson 重整化群表明，在格点上实现完全无格距误差的描述连续物理的作用量是可能实现的。但是，获得这样的完美作用量需要严格求解重整化群变换的每一步，这是极其困难的。因此退而求其次，试图构造合理的改进作用量，消除部分格点误差。改进作用量能够通过微扰论的计算逐阶获得。Symanzik 改进作用量利用微扰论逐阶计算在壳(on-shell)物理量，并与连续极限的相应值对比确定各算符的相对系数。对于纯规范场，首先介绍 one-loop Symanzik 改进作用量，它在元格的基础上，再考察具有三维结构、6 个链接的 Wilson 圈。这种 Wilson 圈的拓扑结构有三种，其中两种是独立的。该改进方案可以部分消除的格点误差。式(39－24)中的 $\sum\limits_{n}\sum\limits_{\mu<\nu}U_{\mu\nu,x}$ 被改进为($a=1$，$x=an=n$)：

$$\sum_{n}\sum_{\mu<\nu}U_{\mu,n}U_{\nu,n+\mu}U_{-\mu,n+\mu+\nu}U_{-\nu,n+\nu} -$$

$$\frac{1+0.480\,5\alpha_s}{20u_0^2}\sum_{n}\sum_{\mu\neq\nu}U_{\mu,n}U_{\mu,n+\mu}U_{\nu,n+2\mu}U_{-\mu,n+2\mu+\nu}U_{-\mu,n+\mu+\nu}U_{-\nu,n+\nu} -$$

$$\frac{2\times0.033\,25\alpha_s}{u_0^2}\sum_{n}\sum_{(\mu,\nu,\rho)16\text{sums}}U_{\mu,n}U_{\nu,n+\mu}U_{\rho,n+\mu+\nu}U_{-\mu,n+\mu+\nu+\rho}U_{-\nu,n+\nu+\rho}U_{-\rho,n+\rho}$$

$$=\sum_{n}\sum_{P\in\text{all paths}}c_P P(n) \tag{39-25}$$

其中 u_0 为 tadpole 系数，$\alpha_s=-4\ln(u_0)/3.068\,39$。 式(39－25)等号左边的三行分别表示为

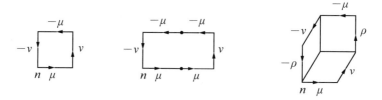

　　Wilson 规范作用能式(39－23)被改进为 one-loop Symanzik 改进作用量

$$S_G[U]=\frac{\beta}{3}\sum_{n}\sum_{P\in\text{all paths}}c_P[3-\text{Retr}(P(n))] \tag{39-26}$$

格子 QCD 模型的配分函数为

$$Z=\int \mathrm{d}U\mathrm{d}\bar{\psi}\mathrm{d}\psi\,\mathrm{e}^{-(S_F+S_G)} \tag{39-27}$$

式中，$\int \mathrm{d}U\mathrm{d}\bar{\psi}\psi$ 表示对所有的 $U_{\mu,x}$、$\bar{\psi}_x$ 和 ψ_x 的积分，其中 S_G 由式(39-23)给出，S_F 由式(39-11)或式(39-13)或式(39-16)给出。对每条边(x,μ)，$\int \mathrm{d}U_{\mu,x}$ 表示在 $SU(3)$ 上群积分。

39.3　有理杂交 Monte Carlo 算法

只考虑 $N_f = 2+1$ 味夸克(u、d 和 s 夸克)，最轻的两个夸克(u、d)质量相同 m_1，较重的夸克 s 的质量为 m_s。下面只对交错费米子进行讨论。此时交错费米矩阵式(39-14)或式(39-16)依赖质量 $m = m_1、m_s$，分别记为 M_1 和 M_s，它们依赖格点指标、色指标，但不依赖 Dirac 指标。格点分为偶格点和奇格点。当 $(-1)^{(x_1+\cdots+x_{\mu-1})/a} = 1$，格点$(x_1,\cdots,x_4)$ 称为偶格点；否则，称为奇格点。对 $M_{1/s}$ 的格点指标进行预处理：偶格点先编号，奇格点后编号。预处理后的交错费米矩阵可表示为

$$M_{1/s} = D_{eo}D_{eo}^{\dagger} + 4m^2 \equiv M_0 + 4m_{1/s}^2 \qquad (39-28)$$

这里 $M_0 = D_{eo}D_{eo}^{\dagger}$。对于交错费米子矩阵式(39-14)，

$$D_{eo}(x \mid y) = \sum_{\mu=1}^{4} \eta_{\mu,x}(U_{\mu,x}\delta_{x+a\boldsymbol{\mu},y} - U_{-\mu,x}\delta_{x-a\boldsymbol{\mu},y}) \qquad (39-29)$$

其中 x 为偶格点，y 为奇格点。

在配分函数式(39-27)中对 Grassmann 场 $\bar{\psi}_{1/s}$、$\psi_{1/s}$ 积分，产生行列式 $\det(M_{1/s})$。由于每个交错费米子产生 4 个退化的费米子场，对它开 4 次方，故配分函数变为

$$Z = \int DU \det(M_1)^{\frac{2}{4}} \det(M_s)^{\frac{1}{4}} \mathrm{e}^{-S_G} = \int DU \det(M_1^{\frac{2}{4}} M_s^{-\frac{2}{4}}) \det(M_s^{\frac{3}{4}}) \mathrm{e}^{-S_G}$$

$$= \int DUD\phi_1 D\phi_s \mathrm{e}^{-S_G-S_F} \qquad (39-30)$$

其中，最后的等式中引入了假费米场 $\phi_{1/s}$。对于每个格点和每个色指标，它们都对应一个复数。假费米场 $\phi_{1/s}$ 和原来的费米场 $\bar{\psi}_{1/s}$、$\psi_{1/s}$ 有相同的自由度，它只是把 Grassmann 数变为复数。式(39-30)中的 S_F 为

$$S_F = \phi_1^{\dagger}(M_1^{-\frac{2}{4}} M_s^{\frac{2}{4}})\phi_1 + \phi_s^{\dagger} M_s^{-\frac{3}{4}} \phi_s \qquad (39-31)$$

式(39-30)中最后等式用到了

$$\det M = \int \mathrm{d}\phi\, \mathrm{e}^{-\phi^{\dagger}M^{-1}\phi} \qquad (39-32)$$

其中 M 为对称正定矩阵。S_G 在式(39 - 23)或式(39 - 26)中定义，它依赖 $U = (U_{\mu,x})$，$U_{\mu,x} \in SU(3)$ 为边 (x,μ) 上的链变量。式(39-31)中的交错费米矩阵由 U 确定，S_F 的计算依赖矩阵的分数次幂的计算。利用有理逼近

$$M_1^{-\frac{2}{8}} M_s^{\frac{2}{8}} = (M_0 + 4m_1)^{\frac{2}{8}} (M_0 + 4m_s)^{-\frac{2}{8}} \approx \alpha_0 + \sum_{p=1}^{N} \alpha_p (M_0 + \beta_p)^{-1}$$

$$(39 - 33)$$

其中 N 为有理逼近的阶数，α_p 和 β_p 为有理逼近的系数。类似地，可估计 $M_s^{-\frac{3}{8}}$。在式(39 - 31)中 S_F 可写为

$$S_F = (M_1^{-\frac{2}{8}} M_s^{\frac{2}{8}} \phi_1)^{\dagger} (M_1^{-\frac{2}{8}} M_s^{\frac{2}{8}} \phi_1) + (M_s^{-\frac{3}{8}} \phi_s)^{\dagger} (M_s^{-\frac{3}{8}} \phi_s) \qquad (39 - 34)$$

故 $M_1^{-\frac{2}{8}} M_s^{\frac{2}{8}} \phi_1$ 的计算归结为计算 $(M_0 + \beta_p)^{-1} \phi_l$，$p = 1, \cdots, N$，即对 N 个方程组的求解。这些方程组的系数矩阵的区别在于平移参数 β_p 不一样，可以实现快速求解。

用杂交 Monte Carlo 方法对 $(U, \phi_{1/s})$ 取样。由式(39 - 31)知道，概率密度对 $\phi_{1/s}$ 是 Gaussian 分布

$$\phi_1 = M_l^{\frac{2}{8}} M_s^{-\frac{2}{8}} \eta, \quad \phi_s = M_s^{\frac{3}{8}} \eta \qquad (39 - 35)$$

其中 η 取样自 Gaussian 分布 $e^{-\eta^{\dagger} \eta}$，$M_1^{\frac{2}{8}} M_s^{-\frac{2}{8}}$ 和 $M_s^{\frac{3}{8}}$ 也可用有理逼近做近似。用杂交 Monte Carlo 方法实现对 U 的取样。在一个 Monte Carlo 步中，用分子动力学做尝试。U 可参数化为

$$U_{\mu,x} = \exp\left(i \sum_{i=1}^{8} w_{\mu,x}^i T_i\right) = \exp(iQ_{\mu,x}), \quad Q_{\mu,x} \in su(3) \qquad (39 - 36)$$

引入一个动量变量 $P = (P_{\mu,x})$，$P_{\mu,x} = P_{\mu,x}^i T_i \in su(3)$。定义哈密顿量

$$H[Q, P] = S[Q] + \frac{1}{2} P^2 \qquad (39 - 37)$$

其中 $S[Q] = S_G + S_F$ 依赖 U，从而也依赖 Q。

$$\sum_{x,\mu} \text{tr}[P_{\mu,x}^2] = \frac{1}{2} \sum_{x,\mu,i} (P_{\mu,x}^i)^2 = \frac{1}{2} P^2$$

应用分子动力学求解方程

$$\dot{P} = -\frac{\partial H}{\partial Q} = -\frac{\partial S}{\partial Q} \qquad (39 - 38)$$

$$\dot{Q} = \frac{\partial H}{\partial P} = P \qquad (39-39)$$

它用蛙跳格式近似求解：设初始时刻的 (P, Q) 记为 (P_0, Q_0)，一步蛙跳格式为

$$P_{\frac{1}{2}} = P_0 - \frac{\partial S}{\partial Q} \Big|_{Q_0} \frac{\varepsilon}{2} \qquad (39-40)$$

$$Q_1 = Q_0 + P_{\frac{1}{2}} \varepsilon \qquad (39-41)$$

其中 ε 为时间步长，$P_{\frac{1}{2}}$ 为 P 在 ε 时刻的近似，Q_1 为 Q 在 ε 时刻的近似。力的计算 $\frac{\partial S}{\partial Q} \equiv F[U, \phi]$ 非常关键，是整个算法中最费时的，具体力的计算参见文献[15]。

根据式（39 - 36），U 的更新为

$$U_1 = \exp(P_{\frac{1}{2}}) U_0 \qquad (39-42)$$

n 步的蛙跳格式可表示为

$$\text{初始步：} P_{\frac{1}{2}} = P_0 - \frac{\varepsilon}{2} F[U, \phi] \Big|_{U_0} \qquad (39-43)$$

$$\text{中间步：} U_k = \exp(i\varepsilon P_{k-\frac{1}{2}}) U_{k-1}, \quad P_{k+\frac{1}{2}} = P_{k-\frac{1}{2}} - \varepsilon F[U, \phi] \Big|_{U_k}, \quad k = 1, \cdots, n-1 \qquad (39-44)$$

$$\text{最后步：} U_n = \exp(i\varepsilon P_{n-\frac{1}{2}}) U_{n-1}, \quad P_n = P_{n-\frac{1}{2}} - \frac{\varepsilon}{2} F[U, \phi] \Big|_{U_n} \qquad (39-45)$$

有理杂交 Monte Carlo 算法中的一个 Monte Carlo 步如下：

（1）根据式（39 - 35）对 ϕ_1 和 ϕ_s 取样。

（2）根据 Gauss 分布 $\exp[-P^2]$ 对 P 取样，取样后记 P_0。当前的 U 记为 U_0。

（3）根据式（39 - 43）、式（39 - 44）、式（39 - 45）做 n 次蛙跳步得到 (U_n, P_n)。

（4）Monte Carlo 步以如下概率

$$\exp(\mathrm{tr}[P_0^2] - \mathrm{tr}[P_n^2] + S[U_0] - S[U_n])$$

接受 U_n，并把它作为当前的 U。

根据式（39 - 27），$\ln Z$ 对 m_l 的偏导数为

$$\langle \bar{\psi}_l \psi_l \rangle = \frac{1}{m_l} \frac{\partial \ln Z}{\partial m_l} = \frac{1}{Z} \frac{\partial Z}{\partial m_l} = \frac{1}{Z} \int DU \frac{2}{4} \det(M_l)^{\frac{2}{4}-1} \frac{\partial \det(M_l)}{\partial m_l} \det(M_s)^{\frac{1}{4}} e^{-S_G}$$

$$= \frac{1}{Z} \int DU \frac{2}{4} \det(M_l)^{\frac{2}{4}-1} \det(M_l) \mathrm{tr}(M_l^{-1} 8 m_l) \det(M_s)^{\frac{1}{4}} e^{-S_G}$$

$$= 8m_1 \times \frac{2}{4} \langle \text{tr}(M_1^{-1}) \rangle \qquad (39-46)$$

u 和 d 夸克的手性凝聚为

$$\langle \bar{\psi}_1 \psi_1 \rangle = \frac{1}{m_1} \frac{\partial \ln Z}{\partial m_1} = 4 \langle \text{tr}(M_1^{-1}) \rangle \qquad (39-47)$$

同理可计算 s 夸克的手性凝聚 $\langle \bar{\psi}_1 \psi_s \rangle$。

模拟结果：取 $\beta = 6.5$、8.5，$N_f = 2+1$ 为三个夸克 u、d 和 s，设最轻的两个夸克(u,d)质量相同 $m_1 = 0.01$，较重的夸克 s 的质量为 $m_s = 0.05$。每个方向格点数都为 $N = 6$，tadpole 因子 $u_0 = 0.862$，Monte Carlo 迭代次数 400。$\beta = 6.5$ 或 8.5，平均的费米子作用能 $\langle S_F \rangle = 1.499 \pm 0.015$。表 39-1 给出了不同的 β 时，u 和 d 夸克的手性凝聚(第 1、3 行数据)、s 夸克的手性凝聚(第 2、4 行数据)。

表 39-1   不同参数的手性凝聚

β	m	$\langle \bar{\psi}\psi \rangle$	$\sigma(\bar{\psi}\psi)$	τ
6.5	0.01	0.021 9	0.001 3	1.503 9
6.5	0.05	0.103 6	0.004 3	10.51
8.5	0.01	0.010 8	$4.806\,5e^{-0.4}$	0.560 3
8.5	0.05	0.049 1	$4.569\,2e^{-0.4}$	0.502 4

注：第 3 列为手性凝聚 $\langle \bar{\psi}_1 \psi_1 \rangle$(u 和 d 夸克)，$\langle \bar{\psi}_s \psi_s \rangle$(s 夸克)，第 4 列为统计误差。第 5 列为自关联系数，当它为 0.5 时，表示取样独立。

对两个轻夸克，不同的 β 都得到相对较小的统计误差。当 $\beta = 6.5$ 时，s 夸克的手性凝聚有相对较大的统计误差，并且自关联系数 τ 较大。图 39-1 给出不同 β 时

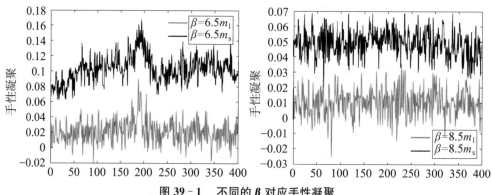

图 39-1   不同的 β 对应手性凝聚

的手性凝聚随 Monte Carlo 迭代步的变化，从左图看出，$\beta=6.5$ 时的夸克 s 的手性凝聚更慢达到平衡。

39.4　Yang-Mills 模型

没有费米场的 QCD 模型称为 Yang-Mills 模型，它的作用能只包含依赖链变量 $U_{\mu,x}$ 的规范作用能 S_G，在式（39-6）中定义。格子 Yang-Mills 模型的作用能为式（39-23）或式（39-26）。配分函数为 $Z=\int \mathrm{d}U e^{-S_G}$，有理杂交 Monte Carlo 算法变为只有 U 取样的杂交 Monte Carlo 算法。

考虑二维的圈 P_{rt}：空间方向的长度为 $r=na$，（欧氏）时间方向的长度为 $t=n_t a$，n、$n_t \in \mathbb{Z}^+$。P_{rt} 的平均量被拟合为

$$\langle P_{rt}\rangle = Ce^{-tV(r)}=Ce^{-n_t aV(na)} \tag{39-48}$$

其中

$$V(r)=A+\frac{B}{r}+\sigma r \Leftrightarrow aV(an)=Aa+\frac{B}{n}+\sigma a^2 n \tag{39-49}$$

势能 $V(r)$ 的导数表示不同夸克间的相互作用力

$$F(r)=\frac{\mathrm{d}V(r)}{\mathrm{d}r}=\sigma-\frac{B}{r^2} \tag{39-50}$$

根据实验测量条件

$$1.65=F(r_0)r_0^2=-B+\sigma r_0^2 \tag{39-51}$$

式中，1.65 为实验室所测得数据，$r_0=0.5\,\mathrm{fm}$ 为 Sommer 长度。由式（39-51）得到

$$n_0 \equiv \frac{r_0}{a}=\sqrt{\frac{1.65+B}{\sigma a^2}} \tag{39-52}$$

给定参数 $\beta=\dfrac{6}{g^2}$ 下，拟合无量纲参数 $(Aa, B, \sigma a^2)$，再利用式（39-52）得到 n_0，从而得到格子大小 $a=\dfrac{r_0}{n_0}$，它和 β 有关。取格点个数为 $16^3 \times 6$，（欧氏时间）x_4 方向的格点个数为 6。图 39-2 给出了 Polyakov 圈观测值 $\langle P_{rt}\rangle$ 对 β 的依赖。当 β 超过某个临界值时，它的值非零，并随着 β 的增大而增大。表 39-2 给出对应 3 个不同的 β，无量纲参数的拟合结果和相应的格子大小：当 β 变大，即 g 变小，a 也变小，这表明它趋向了连续极限。图 39-3 的左图给出了不同的 β 下，$aV(an)$ 对 n 的依赖。为

了更好说明 β 变大会趋向连续极限,右图则给出了$[aV(an)-aV(an_0)]r_0$ 对 r/r_0 的依赖,显然,$\beta=6.40$ 和 $\beta=6.92$ 时$[aV(an)-aV(an_0)]r_0$ 非常接近。

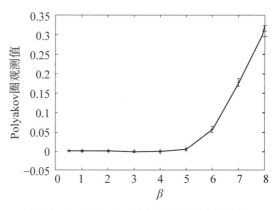

图 39-2   **Polyakov 圈的观测值对 β 的依赖**

表 39-2   **不同 β 下的参数拟合结果**

β	Aa	B	σa^2	n_0	a
5.70	0.585	−0.301	0.224	2.449	0.204
6.40	0.495	−0.213	0.081	4.205	0.118
6.92	0.427	−0.176	0.061	4.892	0.102

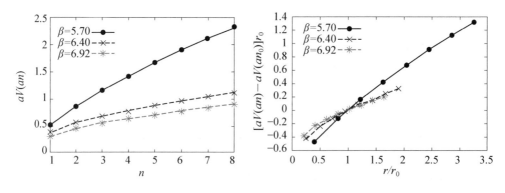

图 39-3 $aV(an)$ 对 n 的依赖(左),$[aV(an)-aV(an_0)]r_0$ 对 r/r_0 的依赖(右)

39.5   强耦合近似

讨论关于温度 T 和化学势 μ 的相图。在强耦合近似下($g\rightarrow\infty$),Wilson 规范

作用能[式(39-23)]可忽略,作用能只有交错费米子作用能[式(39-13)]:

$$S = \sum_x \overline{\chi}_x^f \left[\frac{1}{2} \sum_{\mu=0}^3 \eta_{\mu, x} (e^{\mu_f \delta_{\mu, 0}} U_{\mu, x} \chi_{x+\boldsymbol{\mu}}^f - e^{-\mu_f \delta_{\mu, 0}} U_{-\mu, x} \chi_{x-\boldsymbol{\mu}}^f) + m \chi_x^f \right]$$

$$(39-53)$$

味为 $f(1 \leqslant f \leqslant N_f)$ 的费米子场 $\overline{\chi}_x^f$ 和 χ_x^f 定义在格点上

$$\{x = (x_0, \cdots, x_3) = (\tau, \boldsymbol{x}); 0 \leqslant x_i \leqslant N_i - 1, i = 0, 1, 2, 3\}$$

它们在空间方向 $x_\mu (\mu = 1, 2, 3)$ 和欧氏时间方向 $x_0 = \tau$ 分别满足周期和反周期边界条件。空间体积为 $V = \prod_{i=1}^3 N_i$,时间方向的大小为有限温度 $T = 1/N_0$,N_0 为偶数。这里取格距大小 $a = 1$ 。空间方向的格点数相同: $N_i = N_x$,$i = 1, 2, 3$,$N_0 = N_\tau$ 。μ_f 是和味 f 相对应的化学势。交错因子 $\eta_{\mu, x} = (-1)^{x_0 + \cdots + x_{\mu-1}}$,$\mu > 1$,$\eta_0(x) = 1$ 。有限温度和有限化学势下格子 QCD 的配分函数变为

$$Z = \int \mathrm{d}U \mathrm{d}\overline{\chi} \mathrm{d}\chi \, e^{-S} \qquad (39-54)$$

S 在式(39-53)中定义。

对每个空间方向的链变量进行积分

$$\prod_{x, j} \int \mathrm{d}U_{j, x} \exp\left(-\frac{\eta_{j, x}}{2} [\overline{\chi}_x^f U_{j, x} \chi_{x+j}^f - \overline{\chi}_{x+j}^f U_{j, x}^\dagger \chi_x^f] \right)$$

$$= \prod_{x, j} \left(1 + \frac{N_c}{4} M_{x+j} M_x + \cdots \right) = \exp\left(\sum_{x, j} \frac{N_c}{4} M_{x+j} M_x \right) \quad (忽略 \cdots)$$

$$= \exp\left(\sum_{x, y} M_x V_{x, y} M_y \right) = \int \mathrm{d}\sigma \exp(-\sigma V \sigma - 2\sigma V M) \qquad (39-55)$$

其中 $M_x = \frac{1}{N_c} \overline{\chi}_{a, x}^f \chi_{a, x}^f$ 为 mesonic 子,$N_c = 3$,$M = (M_{fg, x})$,$M_{fg, x} = \frac{1}{N_c} \overline{\chi}_{a, x}^f \chi_{a, x}^g$,$V_{x, y} = \frac{N_c}{8} \sum_{j=1}^d (\delta_{x+j, y} + \delta_{x-j, y})$ 。式(39-54)中的配分函数可表示为[16]

$$Z = \int \mathrm{d}\sigma \mathrm{d}U_0 \mathrm{d}\overline{\chi} \mathrm{d}\chi \, e^{-S'} \qquad (39-56)$$

其中

$$S' = \sum_{x, y} \overline{\chi}_x^f \left[\frac{1}{2} (e^{\mu_f} U_{0, x} \delta_{x+\mathbf{0}, y} - e^{-\mu_f} U_{0, y}^\dagger \delta_{x-\mathbf{0}, y}) + m \delta_{x, y} \right] \chi_y^f$$

$$+\sum_{x,y}\left[\sigma_{gf,x}V_{x,y}\sigma_{fg,y}+2\sigma_{gf,x}V_{x,y}M_{fg,y}\right]\tag{39-57}$$

f 和 g 为交错费米子的位指标。由于 $1\big/\int\mathrm{d}\sigma\exp(-\sigma V\sigma)$ 只依赖 N_f、N_t 和 N_s，在配分函数式(39-56)前忽略了该因子，这是由于该因子不会对相图和热力学量产生影响。为了保证 $\prod_{j=1}^{d}M_{x+j}M_x\sim O(1)$ 有限(不依赖空间维数 d)，$M_x\sim O(d^{-1/2})$，从而 $\overline{\chi}$，$\chi\sim O(d^{-1/4})$。式(39-55)中忽略的项和 $O(d^{-1})$ 成比例。推导中假设空间维数 d 很大，在下面模拟中取 $d=3$。

引入实数格点场 σ_f：$\sigma_{f,x}=\sigma_{ff,x}$。对 $f<g$，引入复数格点场 π_{fg}：$\sigma_{fg,x}=\mathrm{i}\varepsilon_x\pi_{fg,x}$，$\sigma_{gf,x}=\mathrm{i}\varepsilon_x\pi^*_{fg,x}$，$\varepsilon_x=(-1)^{\sum_{\mu}x_{\mu}}$。$S'$ 可表示为

$$S'=\sum_x\frac{N_cd}{4}\Big[\sum_f\sigma_f^2+2\sum_{f<g}|\pi_{fg}|^2\Big]+\sum_{x,y}\sum_{a,b}\overline{\chi}_{a,x}^{f}G_{ab,fg,xy}^{-1}\chi_{b,y}^{g}\tag{39-58}$$

这里 a、b 为色指标。

$$G_{ab,fg,xy}^{-1}=\begin{cases}\dfrac{1}{2}(\mathrm{e}^{\mu_f}(U_{0,x})_{ab}\delta_{x+0,y}-\mathrm{e}^{-\mu_f}(U_{0,y}^{\dagger})_{ab}\delta_{x-0,y})+\Big(m+\dfrac{\mathrm{d}\sigma_f}{2}\Big)\delta_{ab}\delta_{x,y},&f=g\\[2ex]-\mathrm{i}\dfrac{d}{2}\pi_{gf}\delta_{ab}\delta_{x,y}\varepsilon_y,&f>g\\[2ex]-\mathrm{i}\dfrac{d}{2}\pi^*_{fg}\delta_{ab}\delta_{x,y}\varepsilon_y,&f<g\end{cases}\tag{39-59}$$

在时间方向做 Fourier 展开

$$\overline{\chi}_{\tau,x}^{f}=\frac{1}{\sqrt{N_0}}\sum_{m=0}^{N_0-1}\overline{\chi}_{m,x}^{f}\mathrm{e}^{-\mathrm{i}k_m\tau},\quad\chi_{\tau,x}^{f}=\frac{1}{\sqrt{N_0}}\sum_{m=0}^{N_0-1}\chi_{m,x}^{f}\mathrm{e}^{\mathrm{i}k_m\tau},\quad k_m=2\pi\frac{m+1/2}{N_0}\tag{39-60}$$

使用 Polyakov 规范：$U_{0,x}=\mathrm{diag}(\exp(\mathrm{i}\phi_{a,x}/N_c))_{1\leqslant a\leqslant N_c}$，$\sum_{a=1}^{N_c}\phi_{a,x}=0$，在式(39-58)中替换这些等式得到

$$S'=\sum_x\frac{N_cd}{4}\Big[\sum_f\sigma_f^2+2\sum_{f<g}|\pi_{fg}|^2\Big]+\sum_{x}\sum_{a}\overline{\chi}_{a,m,x}^{f}G_{fg,mn,\vec{x},\phi_{a,\vec{x}}}^{-1}\chi_{a,n,x}^{g}\tag{39-61}$$

其中 $G^{-1}_{fg,\,mn,\,\vec{x},\phi_a,\,x}$ 在动量空间中为 $N_0 \times N_0$ 矩阵

$$G^{-1}_{fg,\,mn,\,\vec{x},\phi_a,\,\vec{x}} = \begin{cases} \left[M_f + \mathrm{i}\sin\left(k_m + \dfrac{\phi_{a,\,\vec{x}}}{N_0} - \mathrm{i}\mu_f\right)\right]\delta_{mn}, & f=g \\[2mm] -\mathrm{i}\varepsilon(\vec{x})\dfrac{d}{2}\pi^*_{fg}\delta_{n,\,m-\frac{N_0}{2}}, & f<g \\[2mm] -\mathrm{i}\varepsilon(\vec{x})\dfrac{d}{2}\pi_{gf}\delta_{n,\,m-\frac{N_0}{2}}, & f>g \end{cases}$$

$$(39-62)$$

这里 $M_f = m + \dfrac{d}{2}\sigma_f$，$\varepsilon(\vec{x}) = (-1)^{\sum\limits_{j=1}^{3} x_j}$。

对 $(39-56)$ 中对 Grassmann 变量场进行积分，再对时间方向的链变量 U_0 积分得到

$$Z = \int \mathrm{d}\sigma\,\mathrm{e}^{-F} \qquad (39-63)$$

F 为有效作用能

$$\begin{aligned} F &= \frac{N_c d}{4}\left[\sum_f \sigma_f^2 + 2\sum_{f<g} |\pi_{fg}|^2\right] - T\ln\left\{\int \mathrm{d}U_{0,\,x} \prod_a \mathrm{Det}\left[G^{-1}_{\vec{x},\phi_a,\,x}\right]\right\} \\ &= \frac{N_c d}{4}\left[\sum_f \sigma_f^2 + 2\sum_{f<g} |\pi_{fg}|^2\right] - T\ln\left\{N_c!\sum_{n=-\infty}^{\infty}\det(M_{n+i-j})_{1\leqslant i,j\leqslant N_c}\right\} \end{aligned}$$

$$(39-64)$$

$\mathrm{Det}\left[G^{-1}_{\vec{x},\phi_a,\,\vec{x}}\right]$ 是 $G^{-1}_{fg,\,mn,\,\vec{x},\phi,\,\vec{x}}$ 在味空间和动量空间上的行列式。最后等式用到了 $SU(N)$ 上的群积分[16]，其中

$$M_n = \int_{-\pi}^{\pi}\frac{\mathrm{d}\phi}{2\pi}\mathrm{Det}\left[G^{-1}_{\vec{x},\phi_a(\vec{x})}\right]\mathrm{e}^{-\mathrm{i}n\phi}, \qquad \phi = \phi_a(\boldsymbol{x}) \qquad (39-65)$$

当 $N_f = 1$，有效作用能为[16]

$$F = \frac{N_c d}{4}\sigma_1^2 - T\ln\left\{\frac{\sinh((N_c+1)N_0 E_1)}{\sinh(N_0 E_1)} + 2\cosh(N_c N_0 \mu_1)\right\}$$

$$(39-66)$$

式中，$E_1 = \mathrm{arcsinh}M_1$，$M_1 = m + \dfrac{d}{2}\sigma_f$。当 $T = 1/N_0 = 0$，

$$F = \frac{N_c d}{4}\sigma_1^2 - \max(\mu_B,\,N_c|E_1|) \qquad (39-67)$$

特别地，当 $m=0$，

$$F = \frac{N_c d}{4}\sigma_1^2 - \max(\mu_B, N_c \operatorname{arcsinh}(d \mid \sigma_1 \mid /2)) \qquad (39-68)$$

令

$$\sigma_0^2 = \frac{2\sqrt{1+d^2}-2}{d^2}$$

和临界化学势 μ_B^{cri}

$$-\mu_B^{cri} = \frac{N_c d}{4}\sigma_0^2 - N_c \operatorname{arcsinh}(d \mid \sigma_0 \mid /2)$$

式 (39-68) 中 F 极小点 σ_1（序参量）满足

$$\sigma_1 = \begin{cases} \sigma_0, & \mu_B < \mu_B^{cri} \\ 0, & \mu_B > \mu_B^{cri} \end{cases}$$

在临界化学势 μ_B^{cri} 处发生一级相变，相应的 baryon 密度 ρ_B 为

$$\rho_B = -\frac{\partial F}{\partial \mu_B} = \begin{cases} 0, & \mu_B < \mu_B^{cri} \\ 1, & \mu_B > \mu_B^{cri} \end{cases}$$

当 $N_f = 2$ 时，式 (39-62) 中 G^{-1} 的行列式

$$\operatorname{Det}[G^{-1}_{\vec{x},\,\phi_a(\vec{x})}] = \prod_{m=0}^{N_0-1}\left[\frac{d^2}{4}\mid \pi_{12}\mid^2 + \left(M_1 + i\sin\left(k_m + \frac{\phi_{a,\,\vec{x}}}{N_0} - i\mu_1\right)\right)\right.$$
$$\left.\left(M_2 - i\sin\left(k_m + \frac{\phi_{a,\,\vec{x}}}{N_0} - i\mu_2\right)\right)\right] \qquad (39-69)$$

它是关于 $\phi_{a,\,\vec{x}}$ 的周期函数，周期为 2π。在两种特殊情形下（$\pi_{12}=0$ 或 $\sigma_1=\sigma_2$），式 (39-69) 可以解析计算，从而得到有效作用能[16]。

现在考虑一个特殊情形：$\mu_f = \mu$，$\pi_{fg}=0$，$f<g$。

$$\operatorname{Det}[G^{-1}_{\vec{x},\,\phi_a(\vec{x})}] = \prod_{f=1}^{N_f}(2\cosh(N_0 E_f) + 2\cos(\phi_{a,\,\vec{x}} - iN_0\mu)) \qquad (39-70)$$

式中，$E_f = \operatorname{arcsinh}(M_f)$。设 $\sigma_f = \sigma$，$1 \leqslant f \leqslant N_f$。式 (39-64) 中的有效作用能为

$$F = \frac{N_f N_c d}{4}\sigma^2 - T\ln\left\{N_c! \sum_{n=-\infty}^{\infty} \det(M_{n+i-j})_{1\leqslant i,\,j\leqslant N_c}\right\} \qquad (39-71)$$

其中

$$M_n = \int_{-\pi}^{\pi} \frac{\mathrm{d}\phi}{2\pi} (2\cosh(N_0 E) + 2\cos(\phi - \mathrm{i} N_0 \mu))^{N_f} \mathrm{e}^{-\mathrm{i} n \phi} \qquad (39 - 72)$$

$E = \mathrm{arcsinh}\left(m + \dfrac{d}{2}\sigma\right)$。式(39-71)中 F 的极小点 σ 和极小点处的费米密度 ρ_B 依赖 μ_B、T、m 和 N_f。

　　图 39-4 给出了不同温度($T = 0.8$、0.2)和不同 N_f 下 σ 对化学势 $\mu_B = N_c \mu$ 的依赖。当 $\mu_B = 0$ 时,σ 随 N_f 的增大而减小。在低温 $T = 0.2$ 时,相变为一级相变。当 $\mu < 1.7$ 时,$\sigma \approx 0.69$,此时为破缺的相。当 $\mu \geqslant 1.7$ 时,$\sigma = 0$,对称性得到恢复(见图 39-4)。当温度趋向 0 时,不同味之间不再耦合,式(39-71)中的作用能为

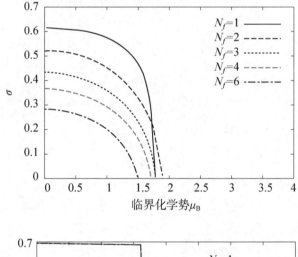

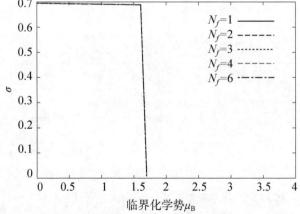

图 39-4　在不同温度下[$T = 0.8$(上),$T = 0.2$(下)]σ 对 $\mu_B = N_c \mu$ 的依赖,$m = 0$

$$F = N_f N_c \left[\frac{d}{4} \sigma^2 - \max(\mu, \operatorname{arcsinh}(d|\sigma|/2)) \right] \qquad (39-73)$$

计算表明:当 $\mu_B \leqslant \mu_{B,\text{cri}} = 1.6465$ 时,极小点为 $\sigma = 0.69318$;否则,极小点为 0。

图 39-5 给出了费米密度 ρ 对 μ_B 的依赖。当 $T = 0.8$ 时,ρ 随 μ_B 增大而增大。当 $T = 0.2$ 时,费米密度在一级相变点处产生跳跃,并最终变为 N_f。图 39-6 给出了不同 N_f 下关于 (μ_B, T) 的相图。给定温度下,当化学势小于某个临界值时,σ 不为 0。

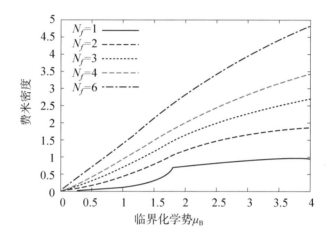

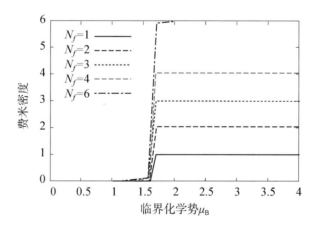

图 39-5 在不同温度下 $[T = 0.89(\text{上}), T = 0.2(\text{下})]$
费米密度对 $\mu_B = N_c \mu$ 的依赖,$m = 0$

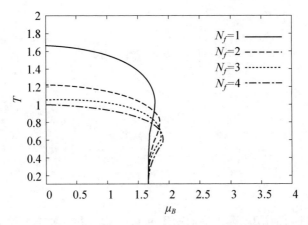

图 39 - 6　在不同的 N_f 下关于 (μ_B, T) 的相图

案例 **40**

标 准 模 型

自然界有四种作用：重力、弱作用、电磁和强作用。在粒子物理中，非常弱的重力被忽略，其他三种力的模型被标准模型统一。费米子（包括轻子和夸克）之间的弱作用通过带电的 W^+ 玻色子、W^- 玻色子和中性的 Z 玻色子实现。W 玻色子和 Z 玻色子的质量分别为 $M_w \approx 80\,\mathrm{GeV}$，$M_z \approx 90\,\mathrm{GeV}$，弱作用范围为 10^{-3} fm。带电的费米子之间的电磁作用通过无质量的光子（photons）实现。夸克之间也受到强相互作用，它通过无质量的胶子（gluon）实现。为了解释夸克、轻子以及玻色子（W^+、W^- 和 Z）的质量，需要引入 Higgs 场，它和这些粒子耦合作用，并经过对称破缺解析了这些粒子的质量来源。

40.1 Higgs 场模型

下面建立一个有质量的具有 $SU(2) \times U(1)$ 对称的 Higgs 场模型，该模型描述了 Higgs 场自身作用以及它和 W 玻色子、Z 玻色子和光子的作用。引入二分量（doublet）场 $\phi = (\phi_A, \phi_B)^\mathrm{T}$，$\phi_A$ 和 ϕ_B 都是复数场

$$\phi_A = \phi_1 + \mathrm{i}\phi_2, \quad \phi_B = \phi_3 + \mathrm{i}\phi_4$$

$U(1)$ 规范变换为

$$\phi(x) \to \phi'(x) = \mathrm{e}^{-\mathrm{i}\theta(x)}\phi(x), \quad \theta(x) \in U(1) \tag{40-1}$$

相应的规范场 $B_\mu(x)$ 的变换

$$B_\mu(x) \to B'_\mu(x) = B_\mu(x) + (2/g_1)\partial_\mu\theta(x) \tag{40-2}$$

g_1 为无量纲的参数。和 $B_\mu(x)$ 对应的强场为 $B_{\mu\nu} = \partial_\mu B_\nu - \partial_\nu B_\mu$ 在变换式(40-2)下不变，从而 $B_{\mu\nu}B^{\mu\nu}$ 在变换式(40-2)下也不变。这里 $B^{\mu\nu} = g^{\mu\alpha}g^{\nu\beta}B_{\alpha\beta}$，$(g^{\mu\nu}) = \mathrm{diag}(1, -1, -1, -1) = (g_{\mu\nu})$，Dirac 指标在上标和下标之间的切换通过 $(g_{\mu\nu})$ 或它的逆 $(g^{\mu\nu})$ 实现。$SU(2)$ 规范变换为

$$\phi(x) \to \phi'(x) = U(x)\phi(x), \quad U(x) = \exp(-i\alpha^k(x)\sigma^k) \in SU(2)$$
$$(40-3)$$

σ^k 为 2 阶 Pauli 矩阵

$$\sigma^1 = \begin{pmatrix} 0 & 1 \\ 1 & 0 \end{pmatrix}, \ \sigma^2 = \begin{pmatrix} 0 & -i \\ i & 0 \end{pmatrix}, \ \sigma^3 = \begin{pmatrix} 1 & 0 \\ 0 & -1 \end{pmatrix} \qquad (40-4)$$

记 σ^0 为 2 阶单位矩阵。相应的规范场

$$W_\mu(x) = W_\mu^i(x)\sigma^i = \begin{pmatrix} W_\mu^3 & W_\mu^1 - iW_\mu^2 \\ W_\mu^1 + iW_\mu^2 & -W_\mu^3 \end{pmatrix} \qquad (40-5)$$

的变换为

$$W_\mu(x) \to W_\mu'(x) = U(x)W_\mu(x)U^\dagger(x) + (2i/g_2)(\partial_\mu U(x))U^\dagger(x)$$
$$(40-6)$$

g_2 为无量纲的参数。和 $W_\mu(x)$ 对应的强场为

$$W_{\mu\nu} = \partial_\mu W_\nu - \partial_\nu W_\mu + (ig_2/2)(W_\mu W_\nu - W_\nu W_\mu) \equiv W_{\mu\nu}^i\sigma^i \qquad (40-7)$$

$W_{\mu\nu}$ 在变换式(40-6)下变为

$$W_{\mu\nu} \to W_{\mu\nu}' = UW_{\mu\nu}U^\dagger \qquad (40-8)$$

从而 $\mathrm{Tr}(W_{\mu\nu}W^{\mu\nu})$ 在变换式(40-6)下不变。

规范场的 Lagrange 密度为

$$\mathscr{L}_{\mathrm{dyn}} = -\frac{1}{4}B_{\mu\nu}B^{\mu\nu} - \frac{1}{8}\mathrm{Tr}(W_{\mu\nu}W^{\mu\nu}) = -\frac{1}{4}B_{\mu\nu}B^{\mu\nu} - \frac{1}{4}\sum_{i=1}^{3}W_{\mu\nu}^i W^{i\mu\nu}$$
$$(40-9)$$

其在变换式(40-2)、式(40-6)下不变。

式(40-7)中 $W_{\mu\nu}$ 的各个分量为

$$W_{\mu\nu}^1 = \partial_\mu W_\nu^1 - \partial_\nu W_\mu^1 - g_2(W_\mu^2 W_\nu^3 - W_\nu^2 W_\mu^3)$$
$$W_{\mu\nu}^2 = \partial_\mu W_\nu^2 - \partial_\nu W_\mu^2 - g_2(W_\mu^3 W_\nu^1 - W_\nu^3 W_\mu^1) \qquad (40-10)$$
$$W_{\mu\nu}^3 = \partial_\mu W_\nu^3 - \partial_\nu W_\mu^3 - g_2(W_\mu^1 W_\nu^2 - W_\nu^1 W_\mu^2)$$

引入 W^+ 玻色子和 W^- 玻色子

$$W_\mu^+ = (W_\mu^1 - iW_\mu^2)/\sqrt{2}, \quad W_\mu^- = (W_\mu^1 + iW_\mu^2)/\sqrt{2} \qquad (40-11)$$

$$W_{\mu\nu}^{+}=(W_{\mu\nu}^{1}-\mathrm{i}W_{\mu\nu}^{2})/\sqrt{2}=(\partial_{\mu}+\mathrm{i}g_{2}W_{\mu}^{3})W_{\nu}^{+}-(\partial_{v}+\mathrm{i}g_{2}W_{\nu}^{3})W_{\mu}^{+}$$

$$(40-12)$$

$W_{\mu\nu}^{-}$ 类似定义。 另外,

$$W_{\mu\nu}^{3}=\partial_{\mu}W_{\nu}^{3}-\partial_{v}W_{\mu}^{3}-\mathrm{i}g_{2}(W_{\mu}^{-}W_{\nu}^{+}-W_{\nu}^{-}W_{\mu}^{+})\qquad(40-13)$$

规范场的 Lagrange 密度[式(40-9)]可表示为

$$\mathscr{L}_{\mathrm{dyn}}=-\frac{1}{4}B_{\mu\nu}B^{\mu\nu}-\frac{1}{4}W_{\mu\nu}^{3}W^{3\mu\nu}-\frac{1}{2}W_{\mu\nu}^{-}W^{+\mu\nu}\qquad(40-14)$$

定义协变导数

$$D_{\mu}\phi=[\partial_{\mu}+(\mathrm{i}g_{1}/2)B_{\mu}+(\mathrm{i}g_{2}/2)W_{\mu}]\phi\qquad(40-15)$$

$SU(2)\times U(1)$ 的规范变换为

$$\phi(x)\rightarrow\phi'(x)=\mathrm{e}^{-\mathrm{i}\theta(x)}U(x)\phi(x),\quad\theta(x)\in U(1),\ U(x)\in SU(2)$$

$$(40-16)$$

以及在变换式(40-2)、式(40-6)下,$D_{\mu}\phi$ 变为

$$D_{\mu}\phi\rightarrow D_{\mu}'\phi'=[\partial_{\mu}+(\mathrm{i}g_{1}/2)B_{\mu}'+(\mathrm{i}g_{2}/2)W_{\mu}']\phi'=\mathrm{e}^{-\mathrm{i}\theta}UD_{\mu}\phi\quad(40-17)$$

引入 Lagrange 密度

$$\mathscr{L}_{\phi}=(D_{\mu}\phi)^{\dagger}D^{\mu}\phi-V(\phi^{\dagger}\phi)\qquad(40-18)$$

它在式(40-2)、式(40-6)、式(40-16)下保持不变,这里 V 是给定的函数。

Lagrange 密度为式(40-14)、式(40-18)的和

$$\mathscr{L}^{\mathrm{bosons}}\equiv\mathscr{L}_{\mathrm{dyn}}+\mathscr{L}_{\phi}\qquad(40-19)$$

其称为 $SU(2)\times U(1)$ 对称的 Higgs 规范场模型。

为了研究对称破缺,取

$$V(\phi^{\dagger}\phi)=\frac{m^{2}}{2\phi_{0}^{2}}[(\phi^{\dagger}\phi)-\phi_{0}^{2}]^{2}=\frac{m^{2}}{2\phi_{0}^{2}}[\phi_{1}^{2}+\phi_{2}^{2}+\phi_{3}^{2}+\phi_{4}^{2}-\phi_{0}^{2}]^{2}\ (40-20)$$

ϕ_{0} 为给定的常数。 满足 $V(\phi^{\dagger}\phi)$ 为 0 的 ϕ 都是真空态,它是退化的,不妨取为 $(0,\ \phi_{0})^{\mathrm{T}}$。 由于 Lagrange 密度 $\mathscr{L}_{\mathrm{dyn}}+\mathscr{L}_{\phi}$ 的规范不变性,故可取 $U\in SU(2)$ 使得 $U\phi$ 满足第一分量为 0、第二分量为实数。 所以,不妨取激发态为

$$\phi=(0,\ \phi_{0}+h(x)/\sqrt{2})^{\mathrm{T}}\qquad(40-21)$$

其中 $h(x)$ 为实数场。经计算：

$$V(\phi^\dagger\phi) = m^2 h^2 + \frac{m^2 h^3}{\sqrt{2}\,\phi_0} + \frac{m^2 h^4}{8\phi_0^2} = V(h) \qquad (40-22)$$

$$D^\mu\phi = \binom{0}{\partial^\mu h/\sqrt{2}} + \frac{\mathrm{i}g_1}{2}\binom{0}{B^\mu(\phi_0 + h/\sqrt{2})} + \frac{\mathrm{i}g_2}{2}\binom{\sqrt{2}\,W_\mu^+(\phi_0 + h/\sqrt{2})}{-W_\mu^3(\phi_0 + h/\sqrt{2})}$$

$$(40-23)$$

Lagrange 密度式(40-18)可写为

$$\mathscr{L}_\phi = \frac{1}{2}\partial_\mu h \partial^\mu h + \frac{g_2^2}{2}W_\mu^- W^{+\mu}(\phi_0 + h/\sqrt{2})^2 +$$

$$\left[\frac{g_2^2}{4}W_\mu^3 W^{3\mu} - \frac{g_1 g_2}{2}W_\mu^3 B^\mu + \frac{g_1^2}{4}B_\mu B^\mu\right](\phi_0 + h/\sqrt{2})^2 - V(h)$$

$$= \frac{1}{2}\partial_\mu h \partial^\mu h + \frac{g_2^2}{2}W_\mu^- W^{+\mu}(\phi_0 + h/\sqrt{2})^2$$

$$+ \frac{1}{4}(g_1^2 + g_2^2)Z_\mu Z^\mu (\phi_0 + h/\sqrt{2})^2 - V(h)$$

$$(40-24)$$

其中

$$Z_\mu = W_\mu^3 \cos\theta_\mathrm{w} - B_\mu \sin\theta_\mathrm{w} \qquad (40-25)$$

为 Z 玻色子，

$$\cos\theta_\mathrm{w} = \frac{g_2}{(g_1^2 + g_2^2)^{1/2}}, \quad \sin\theta_\mathrm{w} = \frac{g_1}{(g_1^2 + g_2^2)^{1/2}} \qquad (40-26)$$

θ_w 称为 Weinberg 角。定义光子(电磁场)

$$A_\mu = W_\mu^3 \sin\theta_\mathrm{w} + B_\mu \cos\theta_\mathrm{w} \qquad (40-27)$$

由式(40-25)、式(40-27)得到

$$B_\mu = A_\mu \cos\theta_\mathrm{w} - Z_\mu \sin\theta_\mathrm{w}, \quad W_\mu^3 = A_\mu \sin\theta_\mathrm{w} + Z_\mu \cos\theta_\mathrm{w} \qquad (40-28)$$

从而

$$B_{\mu\nu} = A_{\mu\nu}\cos\theta_\mathrm{w} - Z_{\mu\nu}\sin\theta_\mathrm{w}, \quad W_{\mu\nu}^3 = A_{\mu\nu}\sin\theta_\mathrm{w} + Z_{\mu\nu}\cos\theta_\mathrm{w} - \mathrm{i}g_2(W_\mu^- W_\nu^+ - W_\nu^- W_\mu^+)$$

$$(40-29)$$

这里

$$A_{\mu\nu} = \partial_\mu A_\nu - \partial_\nu A_\mu , \quad Z_{\mu\nu} = \partial_\mu Z_\nu - \partial_\nu Z_\mu \tag{40-30}$$

$\mathcal{L}_{dyn} + \mathcal{L}_\phi$ 中包含两次项为

$$\mathcal{L}_1 = \frac{1}{2}\partial_\mu h \partial^\mu h - m^2 h^2 - \frac{1}{4}Z_{\mu\nu}Z^{\mu\nu} + \frac{1}{4}\phi_0^2(g_1^2+g_2^2)Z_\mu Z^\mu - \frac{1}{4}A_{\mu\nu}A^{\mu\nu} -$$

$$\frac{1}{2}\big[(D_\mu W_\nu^+)^* - (D_\nu W_\mu^+)^*\big]\big[D^\mu W^{+\nu} - D^\nu W^{+\mu}\big] + \frac{1}{2}g_2^2\phi_0^2 W_\mu^- W^{+\mu} \tag{40-31}$$

其中

$$D_\mu W_\nu^+ = (\partial_\mu + ig_2\sin\theta_w A_\mu)W_\nu^+ \tag{40-32}$$

由 W 玻色子和 Z 玻色子的质量得到

$$\phi_0 g_2/\sqrt{2} = M_w = 80.425 \pm 0.038\,\mathrm{GeV}, \tag{40-33}$$
$$\phi_0(g_1^2+g_2^2)^{1/2}/\sqrt{2} = M_z = 91.1876 \pm 0.0021\,\mathrm{GeV}$$

所以，Weinberg 角满足

$$\cos\theta_w = M_w/M_z = 0.8810 \pm 0.0016 \tag{40-34}$$

式（40-33）电磁场 A_μ 和 W_ν^+ 的作用系数为电荷

$$e = g_2\sin\theta_w = g_1\cos\theta_w \tag{40-35}$$

已知单位电荷 e，由式（40-35）确定 g_1 和 g_2

$$g_1 = \frac{e}{\cos\theta_w}, \quad g_2 = \frac{e}{\sin\theta_w} \tag{40-36}$$

再由式（40-33）得到

$$\phi_0 = \frac{\sqrt{2}M_w}{g_2} = \frac{\sqrt{2}M_w\sin\theta_w}{e} = 180\,\mathrm{GeV} \tag{40-37}$$

40.2 Weinberg-Salam 模型

轻子（lepton）分为 3 代：第一代电子（electron）、第二代介子（muon）族和第三代陶子（tau），如表 40-1 所示。每代轻子都有相应的中微子（neutrino），比如，电子 e 有中微子 ν_e。下面以第一代（电子族）e 为例说明弱电相互作用。电子 e 和中微子 ν_e 用依赖时空的 Dirac 场描述，即它包含 Dirac 指标 $\alpha(=0,1,2,3)$，每个 Dirac 分量都是 Grassmann 场，40.3 节讨论的夸克场也是 Grassmann 场：交换两个 Grassmann 场的顺序需要改变符号。虽然在给出 Lagrange 密度时不涉及两个 Grassmann 场的顺序改变，但在积分运算求平均量时需要 Grassmann 场的反交换性质，否则它不满足费米统计。

中微子 ν_e 只有左旋（也记为 ν_{eL}），电子 e 有左旋 e_L 和右旋 e_R，

表 40 - 1　轻子和夸克分为 3 代，每代夸克有上、下夸克，每代轻子都包含对应的中微子

第 1 代	第 2 代	第 3 代
ν_e　u（上）	ν_μ　c（奇）	ν_τ　t（顶）
e　d（下）	μ　s（粲）	τ　b（底）

$$e_L = P_- e = \frac{1}{2}(1-\gamma^5)e, \quad e_R = P_+ e = \frac{1}{2}(1+\gamma^5)e, \qquad (40-38)$$

$P_\pm = \frac{1}{2}(1 \pm \gamma^5)$ 为 4 阶投影矩阵，$\gamma^5 = i\gamma^0\gamma^1\gamma^2\gamma^3$，$i = \sqrt{-1}$ 为虚数单位。4 个 4 阶 γ 矩阵满足 Dirac 代数

$$\{\gamma^\mu, \gamma^\nu\} \equiv \gamma^\mu\gamma^\nu + \gamma^\nu\gamma^\mu = 2g^{\mu\nu}I_4, \quad \mu, \nu = 0, 1, 2, 3 \qquad (40-39)$$

I_4 为四阶单位矩阵。γ 矩阵的（chiral）表示为

$$\gamma^0 = \begin{pmatrix} 0 & \sigma^0 \\ \sigma^0 & 0 \end{pmatrix}, \quad \gamma^i = \begin{pmatrix} 0 & \sigma^i \\ -\sigma^i & 0 \end{pmatrix}, \quad i = 1, 2, 3$$

将上述 γ 矩阵代入 γ^5 得到

$$\gamma^5 = \begin{pmatrix} -\sigma^0 & 0 \\ 0 & \sigma^0 \end{pmatrix}, \quad P_- = \frac{1}{2}(1-\gamma^5) = \begin{pmatrix} \sigma^0 & 0 \\ 0 & 0 \end{pmatrix}, \quad P_+ = \frac{1}{2}(1+\gamma^5) = \begin{pmatrix} 0 & 0 \\ 0 & \sigma^0 \end{pmatrix}$$

电子左旋 e_L 和 e 的前两个 Dirac 分量相同，e_L 的后两个 Dirac 分量为 0。省去 e_L 的后两个 Dirac 分量，e_L 只有两个 Dirac 分量。对 e_R 同样处理，它只保留了 e 的后两个 Dirac 分量。下面讨论的左/右旋场是这样处理后的具有两个分量的 Dirac 场。电子族分为右旋场 e_R 和左旋场 $\psi_L \equiv (\nu_e, e_L)^T$。左旋场 ψ_L 有两个分量，故称为二分量场（doublet），它是 $SU(2)$ 变换下的向量。右旋场 e_R 只有一个分量，故称为单分量场（singlet），它是 $U(1)$ 变换下的向量（只有一个分量）。

对左旋场 ψ_L 定义协变（covariant）导数

$$D_\mu\psi_L = [\partial_\mu + i(g_2/2)W_\mu + i(g'/2)B_\mu]\psi_L \qquad (40-40)$$

根据式（40-28），$D_\mu\psi_L$ 中和电磁场 A_μ 相关的项为

$$\begin{pmatrix} \partial_\mu + [\mathrm{i}(g_2/2)\sin\theta_{\mathrm w} + \mathrm{i}(g'/2)\cos\theta_{\mathrm w}]A_\mu, & 0 \\ 0, & \partial_\mu + [-\mathrm{i}(g_2/2)\sin\theta_{\mathrm w} + \mathrm{i}(g'/2)\cos\theta_{\mathrm w}]A_\mu \end{pmatrix} \begin{pmatrix} \nu_{e\mathrm L} \\ e_{\mathrm L} \end{pmatrix} \qquad (40-41)$$

不带电的中微子 $\nu_{e\mathrm L}$ 和带负电的电子的规范导数分别为 $\partial_\mu\nu_{e\mathrm L}$ 和 $(\partial_\mu - \mathrm{i}eA_\mu)e_{\mathrm L}$，和上式进行比较得到

$$g'\cos\theta_{\mathrm w} = -g_2\sin\theta_{\mathrm w} = -e \qquad (40-42)$$

把它代入式(40-40)得到

$$D_\mu\psi_{\mathrm L} = \begin{pmatrix} \partial_\mu + \mathrm{i}(e/\sin 2\theta_{\mathrm w})Z_\mu, & \mathrm{i}[e/(\sqrt 2\sin\theta_{\mathrm w})]W_\mu^+ \\ \mathrm{i}[e/(\sqrt 2\sin\theta_{\mathrm w})]W_\mu^-, & \partial_\mu - \mathrm{i}eA_\mu - \mathrm{i}e\cot(2\theta_{\mathrm w})Z_\mu \end{pmatrix} \begin{pmatrix} \nu_{\mathrm L} \\ e_{\mathrm L} \end{pmatrix} \qquad (40-43)$$

$e_{\mathrm R}$ 的规范导数为

$$D_\mu e_{\mathrm R} = [\partial_\mu + \mathrm{i}(g''/2)B_\mu]e_{\mathrm R} \qquad (40-44)$$

由于电子带负电荷 $-e$，故取 $g'' = -2e/\cos\theta_{\mathrm w} = -2g_1$。从而

$$D_\mu e_{\mathrm R} = [(\partial_\mu - \mathrm{i}eA_\mu) + \mathrm{i}e\tan\theta_{\mathrm w}Z_\mu]e_{\mathrm R} \qquad (40-45)$$

由于 $g'' = -2g_1$ 和 $g' = -g_1$，在规范变换

$$\begin{aligned} \psi_{\mathrm L}(x) &\to \psi_{\mathrm L}'(x) = e^{\mathrm{i}\theta(x)}U(x)\psi_{\mathrm L}(x) \\ e_{\mathrm R}(x) &\to e_{\mathrm R}'(x) = e^{2\mathrm{i}\theta(x)}e_{\mathrm R}(x) \end{aligned} \qquad (40-46)$$

规范导数变为

$$\begin{aligned} D_\mu'\psi_{\mathrm L}' &= (\partial_\mu + \mathrm{i}(g_2/2)W_\mu' + \mathrm{i}(g'/2)B_\mu')\psi_{\mathrm L}' = e^{\mathrm{i}\theta}UD_\mu\psi_{\mathrm L} \\ D_\mu'e_{\mathrm R}' &= (\partial_\mu + \mathrm{i}(g''/2)B_\mu')e_{\mathrm R}' = e^{2\mathrm{i}\theta}D_\mu e_{\mathrm R} \end{aligned} \qquad (40-47)$$

这里 B_μ 和 W_μ 根据式(40-2)、式(40-6)变换。

关于电子族的 Lagrange 密度为

$$\mathscr{L}_{\mathrm{dyn}}^e = \psi_{\mathrm L}^\dagger\tilde\sigma^\mu\mathrm{i}D_\mu\psi_{\mathrm L} + e_{\mathrm R}^\dagger\sigma^\mu\mathrm{i}D_\mu e_{\mathrm R} \qquad (40-48)$$

这里 $\psi_{\mathrm L}^\dagger$ 和 $e_{\mathrm R}^\dagger$ 分别表示 $\psi_{\mathrm L}$ 和 $e_{\mathrm R}$ 的共轭转置。

$$\sigma^\mu = (\sigma^0, \sigma^1, \sigma^2, \sigma^3), \quad \tilde\sigma^\mu = (\sigma^0, -\sigma^1, -\sigma^2, -\sigma^3) \qquad (40-49)$$

式(40-48)中需要对 Dirac 指标 $\mu = 0, 1, 2, 3$ 累加，2 阶矩阵 $\tilde\sigma^\mu$ 和 σ^μ 分别作用在左旋场和右旋场的两个 Dirac 分量上。Lagrange 密度为式(40-48)关于规范变换式(40-2)、式(40-6)、式(40-46)变换下保持不变。

为了解释电子的质量，考虑二分量 Higgs 场 ϕ 和电子以及和它的中微子的

作用

$$\mathscr{L}^e_{\text{dyn}} = \psi^\dagger_L \tilde{\sigma}^\mu iD_\mu \psi_L + e^\dagger_R \sigma^\mu iD_\mu e_R \tag{40-50}$$

$$\mathscr{L}^e_{\text{mass}} = -c_e[(\psi^\dagger_L \phi)e_R + e^\dagger_R(\phi^\dagger \psi_L)] = -c_e[(v_e^\dagger \phi_A + e^\dagger_L \phi_B)e_R + e^\dagger_R(\phi^\dagger_A v_e + \phi^\dagger_B e_L)] \tag{40-51}$$

c_e 为无量纲的常数。把式(40-21)的激发态 ϕ 代入上式,

$$\mathscr{L}^e_{\text{mass}} = -c_e \phi_0 (e^\dagger_L e_R + e^\dagger_R e_L) - \frac{c_e h}{\sqrt{2}}(e^\dagger_L e_R + e^\dagger_R e_L) \tag{40-52}$$

由电子质量 m_e 得到

$$\frac{c_e}{\sqrt{2}} = \frac{m_e}{\sqrt{2}\phi_0} = 2.01 \times 10^{-6} \tag{40-53}$$

从而确定 c_e。电子族的 Lagrange 总密度为

$$\mathscr{L}^e = \mathscr{L}^e_{\text{dyn}} + \mathscr{L}^e_{\text{mass}} \tag{40-54}$$

同理,介子族和陶子族的 Lagrange 总密度也可写为形式式(40-54),其中

$$\frac{c_\mu}{\sqrt{2}} = \frac{m_\mu}{\sqrt{2}\phi_0} = 4.15 \times 10^{-4}, \quad \frac{c_\tau}{\sqrt{2}} = \frac{m_\tau}{\sqrt{2}\phi_0} = 6.98 \times 10^{-3} \tag{40-55}$$

m_μ 和 m_τ 分别为介子和陶子的质量。把每一代轻子的 Lagrange 总密度合并得到 Weinberg-Salam 模型

$$\mathscr{L}^{\text{ws}} = \mathscr{L}^e + \mathscr{L}^\mu + \mathscr{L}^\tau + \mathscr{L}^{\text{bosons}} \tag{40-56}$$

最后一项 $\mathscr{L}^{\text{bosons}}$ 是 Higgs 场模型的 Lagrange 密度式(40-19)。

40.3 标准模型

夸克(quark)分为3代:每代有两类夸克,共6种夸克,如表40-1所示。和轻子相比,每种夸克有色指标 $c = r, g, b$。每种夸克都有左旋和右旋。

包含色指标的夸克通过胶子场产生强相互作用。以上夸克 u 为例。$SU(3)$ 的 Hermite 生成子满足

$$[\lambda^a, \lambda^b] = 2if^{abc}\lambda^c, \quad a, b = 1, \cdots, 8 \tag{40-57}$$

λ^a 为 3 阶 Gell-Mann 矩阵

$$\lambda_1 = \begin{bmatrix} 0 & 1 & 0 \\ 1 & 0 & 0 \\ 0 & 0 & 0 \end{bmatrix}, \quad \lambda_2 = \begin{bmatrix} 0 & -i & 0 \\ i & 0 & 0 \\ 0 & 0 & 0 \end{bmatrix}, \quad \lambda_3 = \begin{bmatrix} 1 & 0 & 0 \\ 0 & -1 & 0 \\ 0 & 0 & 0 \end{bmatrix},$$

$$\lambda_4 = \begin{bmatrix} 0 & 0 & 1 \\ 0 & 0 & 0 \\ 1 & 0 & 0 \end{bmatrix}, \quad \lambda_5 = \begin{bmatrix} 0 & 0 & -i \\ 0 & 0 & 0 \\ i & 0 & 0 \end{bmatrix}, \quad \lambda_6 = \begin{bmatrix} 0 & 0 & 0 \\ 0 & 0 & 1 \\ 0 & 1 & 0 \end{bmatrix}, \quad (40-58)$$

$$\lambda_7 = \begin{bmatrix} 0 & 0 & 0 \\ 0 & 0 & -i \\ 0 & i & 0 \end{bmatrix}, \quad \lambda_8 = \frac{1}{\sqrt{3}} \begin{bmatrix} 1 & 0 & 0 \\ 0 & 1 & 0 \\ 0 & 0 & -2 \end{bmatrix}$$

它们是 2 阶 Pauli 矩阵的推广，满足 $\mathrm{Tr}(\lambda_a \lambda_b) = 2\delta_{ab}$。式(40-57)中 f^{abc} 称为结构常数，关于指标 a 和 b 反对称，不为 0 的结构常数如下

$$f_{123} = 1, \ f_{147} = f_{246} = f_{257} = f_{345} = f_{516} = f_{637} = 1/2, \ f_{458} = f_{678} = \sqrt{3}/2$$

$SU(3)$ 规范变换为

$$u(x) \to u'(x) = U(x)u(x), \quad U(x) \in SU(3) \quad (40-59)$$

相应的规范场（胶子场）

$$G_\mu(x) = G_\mu^a(x)\lambda_a \quad (40-60)$$

的变换为

$$G_\mu(x) \to G_\mu'(x) = U(x)G_\mu(x)U^\dagger(x) + (i/g_s)(\partial_\mu U(x))U^\dagger(x), \quad U(x) \in SU(3)$$
$$(40-61)$$

g_s 为参数。协变导数的变换为

$$D_\mu \equiv \partial_\mu + ig_s G_\mu \to D_\mu' \equiv \partial_\mu + ig_s G_\mu' = UD_\mu U^\dagger \quad (40-62)$$

和 $G_\mu(x)$ 对应的强场为

$$G_{\mu\nu} \equiv \frac{1}{ig_s}[D_\mu, D_\nu] = \partial_\mu G_\nu - \partial_\nu G_\mu + (ig_s)(G_\mu G_\nu - G_\nu G_\mu) \equiv G_{\mu\nu}^a \lambda_a$$
$$(40-63)$$

在变换式(40-62)下变为

$$G_{\mu\nu} \to G_{\mu\nu}' \equiv \frac{1}{ig_s}[D_\mu', D_\nu'] = \frac{1}{ig_s}[UD_\mu U^\dagger, UD_\nu U^\dagger]$$
$$= U\left(\frac{1}{ig_s}[D_\mu, D_\nu]\right)U^\dagger = UG_{\mu\nu}U^\dagger$$
$$(40-64)$$

从而,胶子的规范作用

$$\mathscr{L}_{\text{gluon}} = -\frac{1}{2}\text{Tr}(G_{\mu\nu}G^{\mu\nu}) = -G_{\mu\nu}^a G_{\mu\nu}^a \qquad (40-65)$$

在变换式(40-61)下不变。

第一代夸克的左旋场构成二分量场(u_L, d_L),右旋场构成单分量场u_R和d_R。左旋夸克场的协变导数为

$$D_\mu \begin{pmatrix} u_L \\ d_L \end{pmatrix} = \left[\partial_\mu + \frac{\text{i}g_1}{6}B_\mu + \frac{\text{i}g_2}{2}W_\mu + \text{i}g_s G_\mu \right] \begin{pmatrix} u_L \\ d_L \end{pmatrix} \qquad (40-66)$$

右旋夸克场的协变导数为

$$D_\mu u_R = \left[\partial_\mu + \frac{\text{i}2g_1}{3}B_\mu + \text{i}g_s G_\mu \right] u_R, \quad D_\mu d_R = \left[\partial_\mu - \frac{\text{i}g_1}{3}B_\mu + \text{i}g_s G_\mu \right] d_R \qquad (40-67)$$

g_1和g_2在式(40-36)中定义。在左/右旋夸克场的协变导数中,G_μ作用在色空间上,反映了夸克和胶子的作用。实数场B_μ的作用是平凡的,反映了带电夸克和光子和Z粒子的作用,参见式(40-28)。常数$+2/3$和$-1/3$表示上夸克和下夸克的带电量为$+2e/3$和$-e/3$。左旋场是二分量场,故它和W_μ有作用。

夸克左/右旋场和G_μ、W_μ和B_μ的作用为

$$\mathscr{L}_u = (\overline{u}_L, \overline{d}_L)\tilde{\sigma}^\mu \text{i}D_\mu \begin{pmatrix} u_L \\ d_L \end{pmatrix} + \overline{u}_R \sigma^\mu \text{i}D_\mu u_R + \overline{d}_R \sigma^\mu \text{i}D_\mu d_R \qquad (40-68)$$

式中,上标$^-$表示共轭转置。式(40-68)关于变换式(40-2)、式(40-6)、式(40-61)和夸克左/右旋场相应规范变换下保持不变。第二(三)代的夸克场的作用$\mathscr{L}_c(\mathscr{L}_t)$也可写为形如式(40-68)。

为了解释夸克质量,需要引入 Higgs 场 ϕ 和夸克左/右旋场的作用

$$\mathscr{L}_{\text{mass}}^{\text{quark}} = -\frac{1}{\phi_0}\left[(\overline{U}_L, \overline{D}_L)\phi M^d D_R + \overline{D}_R \overline{M}^d \overline{\phi} \begin{pmatrix} U_L \\ D_L \end{pmatrix} \right]$$
$$-\frac{1}{\phi_0}\left[(-\overline{D}_L, \overline{U}_L)\phi^* M^u U_R + \overline{U}_R \overline{M}^u \phi^{\text{T}} \begin{pmatrix} -D_L \\ U_L \end{pmatrix} \right] \qquad (40-69)$$

$U = (u, c, t)$表示三代上夸克,$D = (d, s, b)$表示三代下夸克,下标 L 和 R 表示左/右旋场。式(40-69)中等号右边第一项表示 Higgs 场和三代下夸克D的作用,第二项表示 Higgs 场和三代上夸克U的作用。3 阶矩阵$M^d(M^u)$作用在代指

标上。

和夸克相关的 Lagrange 密度为

$$\mathscr{L}_{\text{gluon}} + \mathscr{L}_u + \mathscr{L}_c + \mathscr{L}_t + \mathscr{L}_{\text{mass}}^{\text{quark}} \tag{40-70}$$

它和 Weinberg-Salam 密度式(40-56)合并即标准模型。

案例 *41*

标 量 场 模 型

本案例讨论 ϕ^4 模型以及它的推广 $O(N)$ 模型,它们都属于标量场模型。在高能物理中标准模型的 Higgs 场可用标量场描述。

41.1 ϕ^4 模型

记 $\eta_{\mu\nu}=\mathrm{diag}(1,-1,-1,-1)$ 为平凡的四维时空度量,$(x^{\mu})_{\mu=0}^{3}=(ct,\boldsymbol{x})$ 为时空(逆变)坐标,c 为真空中的光速,$\boldsymbol{x}$ 为三维空间坐标。$x_{\mu}=\eta_{\mu\nu}x^{\nu}=(ct,-\boldsymbol{x})$ 为(协变)时空坐标。 记

$$\partial_{\mu}=\frac{\partial}{\partial x^{\mu}}=\left(\frac{1}{c}\frac{\partial}{\partial t},\nabla\right), \quad \partial^{\mu}=\frac{\partial}{\partial x_{\mu}}=\left(\frac{1}{c}\frac{\partial}{\partial t},-\nabla\right) \tag{41-1}$$

在相对论中,能量-动量关系为

$$p^{\mu}p_{\mu}=M^2c^2 \tag{41-2}$$

这里 $p^{\mu}=(p^0,\boldsymbol{p})=(E/c,\boldsymbol{p})$, $p_{\mu}=\eta_{\mu\nu}p^{\nu}=(p_0,-\boldsymbol{p})=(E/c,-\boldsymbol{p})$, E 为能量, $\boldsymbol{p}$ 为动量。利用对应关系

$$p_{\mu}\leftrightarrow\mathrm{i}\hbar\partial_{\mu} \tag{41-3}$$

把能量-动量关系式(41-3)应用于函数 ϕ 得到 Klein-Gordon 方程

$$\partial_{\mu}\partial^{\mu}\phi=-m^2\phi, \quad m^2=\frac{M^2c^2}{\hbar^2} \tag{41-4}$$

它可看成经典标量场方程,方程(41-4)可从最小作用能原理得到

$$\frac{\delta S}{\delta\phi}=\frac{\delta\mathscr{L}}{\delta\phi}-\partial_{\mu}\frac{\delta\mathscr{L}}{\delta(\partial_{\mu}\phi)}=0 \tag{41-5}$$

本案例参考文献[30]。

其中 $S = \int \mathrm{d}t L = \int \mathrm{d}^4 x \mathscr{L}$ 为作用能，$\mathrm{d}^4 x = \mathrm{d}t\, \mathrm{d}\boldsymbol{x}$，$\mathscr{L}$ 为 Lagrange 密度

$$\mathscr{L} = \frac{1}{2} \partial_\mu \phi \partial^\mu \phi - \frac{1}{2} m^2 \phi^2 \tag{41-6}$$

称通过式(41-6)给出的作用能 S 为无作用的 ϕ^4 模型。

在外场 J 下的配分函数为

$$Z[J] = \int \boldsymbol{\mathscr{D}} \phi \, \mathrm{e}^{\frac{\mathrm{i}}{\hbar} S[\phi] + \frac{\mathrm{i}}{\hbar} \int \mathrm{d}^4 x J(x) \phi(x)} \tag{41-7}$$

它是所有矩阵元 $\langle 0 | T(\phi(x_1) \cdots \phi(x_n)) | 0 \rangle$ 的生成函数(也称 n 点 Green 函数)

$$\begin{aligned}
\langle 0 | T(\phi(x_1) \cdots \phi(x_n)) | 0 \rangle &= \frac{1}{Z[0]} \left(\frac{\hbar}{\mathrm{i}} \right)^n \frac{\delta^n Z[J]}{\delta J(x_1) \cdots \delta J(x_n)} \bigg|_{J=0} \\
&= \frac{\int \boldsymbol{\mathscr{D}} \phi \, \phi(x_1) \cdots \phi(x_n) \mathrm{e}^{\frac{\mathrm{i}}{\hbar} S[\phi]}}{\int \boldsymbol{\mathscr{D}} \phi \, \mathrm{e}^{\frac{\mathrm{i}}{\hbar} S[\phi]}}
\end{aligned} \tag{41-8}$$

其中作用能为

$$S[\phi] = \int \mathrm{d}^4 x \left[\frac{1}{2} \partial_\mu \phi \partial^\mu \phi - \frac{1}{2} m^2 \phi^2 - \frac{\lambda}{4!} \phi^4 \right] \tag{41-9}$$

称之为 ϕ^4 模型。m 和 λ 为常参数，称为裸(bare)参数，这些裸参数可由重整化参数确定。

41.2 Wick 旋转

Minkowski 时空经过 Wick 旋转得到 Euclidean 时空：$t \rightarrow -\mathrm{i}\tau$，$x^0 = ct \rightarrow -\mathrm{i}x^4 = -\mathrm{i}c\tau$，$\partial_0 \rightarrow \mathrm{i}\partial_4$。所以 $\partial_\mu \phi \partial^\mu \phi \rightarrow -(\partial_\mu \phi)^2$，$\mathrm{i}S \rightarrow -S_\mathrm{E}$

$$S_\mathrm{E}[\phi] = \int \mathrm{d}^4 x \left[\frac{1}{2} (\partial_\mu \phi)^2 + \frac{1}{2} m^2 \phi^2 + \frac{\lambda}{4!} \phi^4 \right] \tag{41-10}$$

Euclidean n 点 Green 函数为

$$\begin{aligned}
\langle 0 | T(\phi(x_1) \cdots \phi(x_n)) | 0 \rangle_\mathrm{E} &= \frac{1}{Z[0]} (\hbar)^n \frac{\delta^n Z_\mathrm{E}[J]}{\delta J(x_1) \cdots \delta J(x_n)} \bigg|_{J=0} \\
&= \frac{\int \boldsymbol{\mathscr{D}} \phi \, \phi(x_1) \cdots \phi(x_n) \mathrm{e}^{-\frac{1}{\hbar} S_\mathrm{E}[\phi]}}{\int \boldsymbol{\mathscr{D}} \phi \, \mathrm{e}^{-\frac{1}{\hbar} S_\mathrm{E}[\phi]}}
\end{aligned} \tag{41-11}$$

无作用的 ϕ^4 模型为

$$S_E[\phi] = \int d^4 x \left[\frac{1}{2}(\partial_\mu \phi)^2 + \frac{1}{2}m^2\phi^2 \right] = \frac{1}{2}\int d^4 x \phi[-\partial^2 + m^2]\phi \quad (41-12)$$

相应的配分函数为

$$Z_E[J] = \int \mathscr{D}\phi e^{-\frac{1}{\hbar}S_E[\phi]+\frac{1}{\hbar}\int d^4x J(x)\phi(x)} = e^{\frac{1}{2\hbar}\int d^4x(JKJ)(x)} \int \mathscr{D}\phi e^{-\frac{1}{2\hbar}\int d^4x(\phi-JK)(-\partial^2+m^2)(\phi-KJ)}$$

$$= \mathscr{N}e^{\frac{1}{2\hbar}\int d^4x(JKJ)(x)} = \mathscr{N}e^{\frac{1}{2\hbar}\int d^4x d^4y J(x)K(x,y)J(y)} \quad (41-13)$$

这里 JKJ 表示 J、K 和 J 的卷积，JK 表示 J 和 K 的卷积，$\mathscr{N}$ 为无关紧要的常数。函数 $K(x,y)$ 看作算符，它满足

$$K(-\partial^2 + m^2) = (-\partial^2 + m^2)K = 1 \quad (41-14)$$

右端项为单位算符。欧氏 n 点 Green 函数为

$$\langle 0 \mid T(\phi(x_1)\phi(x_2)) \mid 0 \rangle_E = \frac{\int \mathscr{D}\phi \phi(x_1)\phi(x_2)e^{-\frac{1}{\hbar}S_E[\phi]}}{\int \mathscr{D}\phi e^{-\frac{1}{\hbar}S_E[\phi]}}$$

$$= \frac{1}{Z[0]}\hbar^2 \frac{\delta^2 Z_E[J]}{\delta J(x_1)\delta J(x_2)}\bigg|_{J=0} \quad (41-15)$$

简单计算表明

$$\langle 0 \mid T(\phi(x_1)\phi(x_2)) \mid 0 \rangle_E = \hbar K(x_1, x_2) \quad (41-16)$$

式(41-14)等价于

$$(-\partial^2 + m^2)K(x,y) = \delta^4(x-y) \quad (41-17)$$

利用平移不变性，

$$K(x,y) = K(x-y) = \int \frac{d^4k}{(2\pi)^4}\widetilde{K}(k)e^{ik(x-y)} \quad (41-18)$$

其中

$$\widetilde{K}(k) = \frac{1}{k^2 + m^2} \quad (41-19)$$

是 $K(x,y)$ 的 Fourier 变换。Euclidian 两点 Green 函数可表示为

$$\langle 0 \mid T(\phi(x_1)\phi(x_2)) \mid 0 \rangle_E = \int \frac{d^4k}{(2\pi)^4}\frac{\hbar}{k^2+m^2}e^{ik(x-y)} \quad (41-20)$$

41.3　有效作用能

式(41-7)的配分函数 $Z[J]$ 产生连通、非连通、可约和非可约的图。所有连通的图可通过真空能 $W[J]$ 得到

$$Z[J] = \mathrm{e}^{\frac{\mathrm{i}}{\hbar} W[J]} \tag{41-21}$$

为了引入有效作用能，定义古典场

$$\phi_\mathrm{c}(x) = \frac{\delta W[J]}{\delta J(x)} \tag{41-22}$$

它是 J 的泛函。当 $J=0$ 时，古典场就是 1 点 Green 函数

$$\phi_\mathrm{c}(x)\,|_{J=0} = \frac{\hbar}{\mathrm{i}} \frac{1}{Z[0]} \frac{\delta Z[J]}{\delta J(x)}\Big|_{J=0} = \langle 0 \mid \phi(x) \mid 0 \rangle \tag{41-23}$$

有效作用能 $\Gamma[\phi_\mathrm{c}]$ 是 $W[J]$ 的 Legendre 变换

$$\Gamma[\phi_\mathrm{c}] = W[J] - \int \mathrm{d}^4 x J(x) \phi_\mathrm{c}(x) \tag{41-24}$$

它是古典作用能 $S[\phi]$ 的量子对应。有效作用能 $\Gamma[\phi_\mathrm{c}]$ 产生所有连通不可约截肢图。古典方程可由 $S[\phi] + \int \mathrm{d}^4 x J(x) \phi(x)$ 关于 ϕ 极小得到

$$\frac{\delta S[\phi]}{\delta \phi(x)} = -J(x) \tag{41-25}$$

量子对应的方程为

$$
\begin{aligned}
\frac{\delta \Gamma}{\delta \phi_\mathrm{c}(x)} &= \frac{\delta W}{\delta \phi_\mathrm{c}(x)} - \int \mathrm{d}^4 y \frac{\delta J(y)}{\delta \phi_\mathrm{c}(x)} \phi_\mathrm{c}(y) - J(x) \\
&= \frac{\delta W}{\delta \phi_\mathrm{c}(x)} - \int \mathrm{d}^4 y \frac{\delta J(y)}{\delta \phi_\mathrm{c}(x)} \frac{\delta W}{\delta J(y)} - J(x) = -J(x)
\end{aligned}
\tag{41-26}
$$

上式第二个等式用到了式(41-22)。

下面推导量子运动方程。

$$
\begin{aligned}
0 &= \int \mathscr{D}\phi \frac{\hbar}{\mathrm{i}} \frac{\delta}{\delta \phi(x)} \mathrm{e}^{\frac{\mathrm{i}}{\hbar} S[\phi] + \frac{\mathrm{i}}{\hbar} \int \mathrm{d}^4 x J(x) \phi(x)} = \int \mathscr{D}\phi \left(\frac{\delta S}{\delta \phi(x)} + J \right) \mathrm{e}^{\frac{\mathrm{i}}{\hbar} S[\phi] + \frac{\mathrm{i}}{\hbar} \int \mathrm{d}^4 x J(x) \phi(x)} \\
&= \left(\frac{\delta S}{\delta \phi(x)}\Big|_{\phi = \frac{\hbar}{\mathrm{i}} \frac{\delta}{\delta J}} + J \right) \mathrm{e}^{\frac{\mathrm{i}}{\hbar} W[J]} = \mathrm{e}^{\frac{\mathrm{i}}{\hbar} W[J]} \left(\frac{\delta S}{\delta \phi(x)}\Big|_{\phi = \frac{\hbar}{\mathrm{i}} \frac{\delta}{\delta J} + \frac{\delta W}{\delta J}} + J \right)
\end{aligned}
\tag{41-27}
$$

最后等式应用了

$$F(\partial_x)\mathrm{e}^{g(x)}=\mathrm{e}^{g(x)}F(\partial_x g+\partial_x) \tag{41-28}$$

由于

$$\frac{\delta}{\delta J(x)}=\int\mathrm{d}^4 y\frac{\delta\phi_c(y)}{\delta J(x)}\frac{\delta}{\delta\phi_c(y)}=\int\mathrm{d}^4 y G^{(2)}(x,y)\frac{\delta}{\delta\phi_c(y)} \tag{41-29}$$

$G^{(2)}(x,y)$ 是在源 $J(x)$ 下的 2 点 Green 函数

$$G^{(2)}(x,y)=\frac{\delta\phi_c(y)}{\delta J(x)}=\frac{\delta^2 W[J]}{\delta J(x)\delta J(y)} \tag{41-30}$$

式(41-27)表明量子运动方程为

$$\frac{\delta S}{\delta\phi(x)}\bigg|_{\phi=\frac{\hbar}{i}\frac{\delta}{\delta J}+\frac{\delta W}{\delta J}}=\frac{\delta S}{\delta\phi(x)}\bigg|_{\phi=\frac{\hbar}{i}\int\mathrm{d}^4 y G^{(2)}(x,y)\frac{\delta}{\delta\phi_c(y)}+\phi_c(x)}=-J=\frac{\delta\Gamma[\phi_c]}{\delta\phi_c} \tag{41-31}$$

n 点 Green 函数定义为

$$G^{(n)}(x_1,\cdots,x_n)=G^{i_1\cdots i_n}=\frac{\delta^n W[J]}{\delta J(x_1)\cdots\delta J(x_n)} \tag{41-32}$$

n 点顶点函数(proper n-point vertices)定义为

$$\Gamma^{(n)}(x_1,\cdots,x_n)=\Gamma_{,i_1\cdots i_n}=\frac{\delta^n\Gamma[\phi_c]}{\delta\phi_c(x_1)\cdots\delta\phi_c(x_n)} \tag{41-33}$$

2 点顶点函数和 2 点 Green 函数的关系为

$$\int\mathrm{d}^4 z G^{(2)}(x,z)\Gamma^{(2)}(z,y)=\int\mathrm{d}^4 z\frac{\delta\phi_c(z)}{\delta J(x)}\frac{\delta^2\Gamma[\phi_c]}{\delta\phi_c(z)\delta\phi_c(y)}$$
$$=-\int\mathrm{d}^4 z\frac{\delta\phi_c(z)}{\delta J(x)}\frac{\delta J(y)}{\delta\phi_c(z)}=-\delta^4(x-y) \tag{41-34}$$

即

$$G^{ik}\Gamma_{,kj}=-\delta_j^i \tag{41-35}$$

根据定义，

$$\frac{\delta G^{i_1\cdots i_n}}{\delta J_{i_{n+1}}}=G^{i_1\cdots i_n i_{n+1}} \tag{41-36}$$

$$\frac{\delta \Gamma_{,i_1 \cdots i_n}}{\delta J_{i_{n+1}}} = \frac{\delta \Gamma_{,i_1 \cdots i_n}}{\delta \phi_c^k} \frac{\delta \phi_c^k}{\delta J_{i_{n+1}}} = \Gamma_{,i_1 \cdots i_n k} G^{ki_{n+1}} \tag{41-37}$$

式(41-35)两边对 J_l 求导，再利用式(41-36)、式(41-37)得到

$$G^{ikl}\Gamma_{,kj} + G^{ik}\Gamma_{,kjr}G^{rl} = 0 \tag{41-38}$$

两边乘以 G^{js} 得到 3 点 Green 函数

$$G^{isl} = G^{ik}G^{rl}G^{js}\Gamma_{,kjr} \tag{31-39}$$

式(41-39)两边对 J_m 求导得到 4 点 Green 函数

$$G^{islm} = (G^{ikm}G^{rl}G^{js} + G^{ik}G^{rlm}G^{js} + G^{ik}G^{rl}G^{jsm})\Gamma_{,kjr} + G^{ik}G^{rl}G^{js}\Gamma_{,kjrn}G^{nm}$$
$$\tag{41-40}$$

再利用 3 点 Green 函数式(41-39)得到

$$G^{islm} = \Gamma_{,k'j'r'}G^{ik'}G^{kj'}G^{mr'}G^{rl}G^{js}\Gamma_{,kjr} + \text{两个交换} + G^{ik}G^{rl}G^{js}\Gamma_{,kjrn}G^{nm}$$
$$\tag{41-41}$$

41.4 $O(\hbar)$ 近似

给定作用能

$$S[\phi] = S_i\phi^i + \frac{1}{2!}S_{ij}\phi^i\phi^j + \frac{1}{3!}S_{ijk}\phi^i\phi^j\phi^k + \frac{1}{4!}S_{ijkl}\phi^i\phi^j\phi^k\phi^l + \cdots$$
$$\tag{41-42}$$

它依赖 (ϕ^i)，S 对 ϕ^i 的偏导数为

$$S[\phi]_{,i} = S_i + S_{ij}\phi^j + \frac{1}{2!}S_{ijk}\phi^j\phi^k + \frac{1}{3!}S_{ijkl}\phi^j\phi^k\phi^l \tag{41-43}$$
$$+ \frac{1}{4!}S_{ijklm}\phi^j\phi^k\phi^l\phi^m + \frac{1}{5!}S_{ijklmn}\phi^j\phi^k\phi^l\phi^m\phi^n + \cdots$$

根据式(41-31)

$$\Gamma[\phi_c]_{,i} = S[\phi]_{,i}\Big|_{\phi_i = \phi_{ci} + \frac{\hbar}{i}G^{ii_0}\frac{\delta}{\delta\phi_{ci_0}}}$$

$$= S_i + S_{ij}\phi_c^j + \frac{1}{2!}S_{ijk}\left(\phi_c^j + \frac{\hbar}{i}G^{jj_0}\frac{\delta}{\delta\phi_{cj_0}}\right)\phi_c^k$$

$$+ \frac{1}{3!}S_{ijkl}\left(\phi_c^j + \frac{\hbar}{i}G^{jj_0}\frac{\delta}{\delta\phi_{cj_0}}\right)\left(\phi_c^k + \frac{\hbar}{i}G^{kk_0}\frac{\delta}{\delta\phi_{ck_0}}\right)\phi_c^l$$

$$+ \frac{1}{4!} S_{ijklm} \left(\phi_c^j + \frac{\hbar}{i} G^{jj_0} \frac{\delta}{\delta \phi_{cj_0}} \right) \left(\phi_c^k + \frac{\hbar}{i} G^{kk_0} \frac{\delta}{\delta \phi_{ck_0}} \right)$$

$$\left(\phi_c^l + \frac{\hbar}{i} G^{ll_0} \frac{\delta}{\delta \phi_{cl_0}} \right) \phi_c^m + \cdots$$

$$= S[\phi_c]_{,i} + \frac{1}{2} \frac{\hbar}{i} G^{jk} \left(S_{ijk} + S_{ijkl} \phi_c^l + \frac{1}{2} S_{ijklm} \phi_c^j \phi_c^m + \cdots \right) + O\left(\left(\frac{\hbar}{i} \right)^2 \right)$$

$$= S[\phi_c]_{,i} + \frac{1}{2} \frac{\hbar}{i} G^{jk} S[\phi_c]_{,ijk} + O\left(\left(\frac{\hbar}{i} \right)^2 \right) \tag{41-44}$$

将 Γ 关于 $\hbar$ 展开

$$\Gamma = \Gamma_0 + \frac{\hbar}{i} \Gamma_1 + \left(\frac{\hbar}{i} \right)^2 \Gamma_2 + \cdots, \quad G^{ij} = G_0^{ij} + \frac{\hbar}{i} G_1^{ij} + \left(\frac{\hbar}{i} \right)^2 G_2^{ij} + \cdots$$

$$\tag{41-45}$$

代入式(41-44)得到

$$\Gamma_0[\phi_c]_{,i} = S[\phi_c]_{,i} \Rightarrow \Gamma_0[\phi_c] = S[\phi_c] \tag{41-46}$$

$$\Gamma_1[\phi_c]_{,i} = \frac{1}{2} G_0^{jk} S[\phi_c]_{,ijk} \tag{41-47}$$

根据式(41-45)，$G^{ik} \Gamma_{,kj} = -\delta_j^i$ 等价于

$$G_0^{ik} \Gamma_{0,kj} = -\delta_j^i$$
$$G_0^{ik} \Gamma_{1,kj} + G_1^{ik} \Gamma_{0,kj} = 0$$
$$G_0^{ik} \Gamma_{2,kj} + G_1^{ik} \Gamma_{1,kj} + G_2^{ik} \Gamma_{0,kj} = 0 \tag{41-48}$$
$$\vdots$$

由前两个等式得到

$$G_0^{ik} = -S_{,ik}^{-1}, \quad G_1^{ij} = G_0^{ik} G_0^{jl} \Gamma_{1,kl} \tag{41-49}$$

由式(41-47)得到

$$\Gamma_1[\phi_c]_{,i} = \frac{1}{2} G_0^{jk} \frac{\delta S[\phi_c]_{,jk}}{\delta \phi_{ci}} = -\frac{1}{2} G_0^{jk} \frac{\delta (G_0^{-1})_{jk}}{\delta \phi_{ci}} = -\frac{1}{2} \frac{\delta}{\delta \phi_{ci}} \ln \det G_0^{-1}$$

$$\tag{41-50}$$

式(41-50)两边积分得到

$$\Gamma_1[\phi_c] = -\frac{1}{2} \ln \det G_0^{-1} \tag{41-51}$$

把式(41-46)、式(41-51)代入式(41-45)得到

$$\Gamma = S + \frac{1}{2}\frac{\hbar}{i}\ln\det G_0 + \cdots \tag{41-52}$$

它是有效作用能直到 $O(\hbar)$ 阶的展开。

41.5　$O(N)$模型

$O(N)$模型的作用能为

$$S[\phi] = \int \mathrm{d}^4 x\left[\frac{1}{2}\partial_\mu\phi_i\partial^\mu\phi_i - \frac{1}{2}m^2\phi_i^2 - \frac{\lambda}{4!}(\phi_i^2)^2\right] \tag{41-53}$$

它依赖 $\phi = (\phi_i)_{i=1}^N$，该作用能在变换 $\phi_i \to M_{ij}\phi_j$ 下保持不变，其中 $M \in O(N)$ 为 N 阶复酉矩阵。把 $S[\phi]$ 写为

$$S[\phi] = \frac{1}{2!}S_{IJ}\phi^I\phi^J + \frac{1}{4!}S_{IJKL}\phi^I\phi^J\phi^K\phi^L \tag{41-54}$$

其中 $I = (i, x)$ 表示 i 和时空坐标 x。类似，定义记号 $J = (j, y)$，$K = (k, z)$，$L = (l, w)$。式(41-54)中的系数为

$$S_{IJ} = -\delta_{ij}(\Delta + m^2)\delta^4(x - y) \tag{41-55}$$

$$S_{IJKL} = -\frac{\lambda}{3}\delta_{ijkl}\delta^4(y-x)\delta^4(z-x)\delta^4(w-x), \quad \delta_{ijkl} = \delta_{ij}\delta_{kl} + \delta_{ik}\delta_{jl} + \delta_{il}\delta_{jk} \tag{41-56}$$

$O(\hbar)$精确的有效作用能为

$$\Gamma[\phi] = S[\phi] + \frac{1}{2}\frac{\hbar}{i}\ln\det G_0 \tag{41-57}$$

n 顶点函数为

$$\Gamma^{(n)}_{i_1\cdots i_n}(x_1, \cdots, x_n) = \Gamma_{,I_1\cdots I_n} = \frac{\delta^n\Gamma[\phi]}{\delta\phi_{i_1}(x_1)\cdots\delta\phi_{i_n}(x_n)}\Big|_{\phi=0} \tag{41-58}$$

2 顶点函数为

$$\Gamma^{(2)}_{ij}(x, y) = \frac{\delta^2\Gamma[\phi]}{\delta\phi_i(x)\delta\phi_j(y)}\Big|_{\phi=0} = \frac{\delta^2 S[\phi]}{\delta\phi_i(x)\delta\phi_j(y)}\Big|_{\phi=0} + \frac{\hbar}{i}\frac{\delta^2\Gamma_1[\phi]}{\delta\phi_i(x)\delta\phi_j(y)}\Big|_{\phi=0}$$

$$= -\delta_{ij}(\Delta + m^2)\delta^4(x-y) + \frac{\hbar}{i}\frac{\delta^2\Gamma_1[\phi]}{\delta\phi_i(x)\delta\phi_j(y)}\Big|_{\phi=0} \tag{41-59}$$

$O(\hbar)$ 项的矫正为

$$\Gamma_1[\phi]_{j_0 k_0} = \frac{1}{2} G_0^{mn} S[\phi]_{,j_0 k_0 mn} + \frac{1}{2} G_0^{mm_0} G_0^{nn_0} S[\phi]_{,j_0 mn} S[\phi]_{,k_0 m_0 n_0}$$

$$(41-60)$$

取 $\phi = 0$,

$$\Gamma_1[\phi]_{,IJ} = \frac{1}{2} G_0^{mn} S[\phi]_{,ijmn}$$

$$= -\frac{\lambda}{6} \int \mathrm{d}^4 z \mathrm{d}^4 w G_0^{mn}(z, w)(\delta_{ij}\delta_{mn} + \delta_{im}\delta_{jn} + \delta_{in}\delta_{jm}) \quad (41-61)$$

$$\delta^4(y-x)\delta^4(z-x)\delta^4(w-x)$$

$$= -\frac{\lambda}{6}(\delta_{ij} G_0^{mn}(x, y) + 2G_0^{ij}(x, y))\delta^4(x-y)$$

由于 $G_0^{IJ} = -S_{,IJ}^{-1}$, 考虑到 $S_{,IJ} = S_{IJ}$, $S_{IJ} = -\delta_{ij} S(x, y)$, $S(x, y) = (\Delta + m^2)\delta^4(x-y)$,

$$G_0^{IJ} = \delta_{ij} G_0(x, y) \qquad (41-62)$$

显然, $\int \mathrm{d}^4 y G_0(x, y) S(y, z) = \delta^4(x-y)$, 从而

$$\Gamma_1[\phi]_{,IJ} = -\frac{\lambda}{6}(N+2)\delta_{ij} G_0(x, y)\delta^4(x-y) \qquad (41-63)$$

4 顶点函数为

$$\Gamma_{i_1 \cdots i_4}^{(4)}(x_1, \cdots, x_4) = \left. \frac{\delta^4 \Gamma[\phi]}{\delta\phi_{i_1}(x_1) \cdots \delta\phi_{i_4}(x_4)} \right|_{\phi=0}$$

$$= \left. \frac{\delta^4 S[\phi]}{\delta\phi_{i_1}(x_1) \cdots \delta\phi_{i_4}(x_4)} \right|_{\phi=0} + \frac{\hbar}{\mathrm{i}} \left. \frac{\delta^4 \Gamma_1[\phi]}{\delta\phi_{i_1}(x_1) \cdots \delta\phi_{i_4}(x_4)} \right|_{\phi=0}$$

$$= S_{I_1 \cdots I_4} + \frac{\hbar}{\mathrm{i}} \left. \frac{\delta^2 \Gamma_1[\phi]}{\delta\phi_{i_1}(x_1) \cdots \delta\phi_{i_4}(x_4)} \right|_{\phi=0}$$

$$(41-64)$$

利用

$$\frac{\delta G_0^{mn}}{\delta\phi_{cl}} = G_0^{mm_0} G_0^{nn_0} S[\phi_c]_{,lm_0 n_0} \qquad (41-65)$$

得到

$$\Gamma_1[\phi]_{,j_0 k_0 l l_0} = \Big[\frac{1}{2}G_0^{mm_0}G_0^{nn_0}S[\phi]_{,j_0 k_0 mn}S[\phi]_{,ll_0 m_0 n_0} +$$

$$\frac{1}{2}G_0^{mm_0}G_0^{nn_0}S[\phi]_{,j_0 lmn}S[\phi]_{,k_0 l_0 m_0 n_0} + \qquad (41-66)$$

$$\frac{1}{2}G_0^{mm_0}G_0^{nn_0}S[\phi]_{,j_0 l_0 mn}S[\phi]_{,k_0 lm_0 n_0}\Big]\Big|_{\phi=0}$$

从而

$$\frac{\delta^4 \Gamma_1[\phi]}{\delta\phi_{i_1}(x_1)\cdots\delta\phi_{i_4}(x_4)}\Big|_{\phi=0} = \frac{1}{2}\Big(\frac{\lambda}{3}\Big)^2 \delta^4(x_1-x_2)\delta^4(x_3-x_4)$$

$$((N+2)\delta_{i_1 i_2}\delta_{i_3 i_4}+2\delta_{i_1 i_2 i_3 i_4})G_0(x_1,x_3)^2 +$$

$$\frac{1}{2}\Big(\frac{\lambda}{3}\Big)^2 \delta^4(x_1-x_3)\delta^4(x_2-x_4)$$

$$((N+2)\delta_{i_1 i_3}\delta_{i_2 i_4}+2\delta_{i_1 i_2 i_3 i_4})G_0(x_1,x_2)^2 +$$

$$\frac{1}{2}\Big(\frac{\lambda}{3}\Big)^2 \delta^4(x_1-x_4)\delta^4(x_2-x_3)$$

$$((N+2)\delta_{i_1 i_4}\delta_{i_2 i_3}+2\delta_{i_1 i_2 i_3 i_4})G_0(x_1,x_2)^2$$

$$(41-67)$$

41.6 动量空间

在 $O(\hbar)$ 精确下的 2 顶点函数为

$$\Gamma_{ij}^{(2)}(x,y) = -\delta_{ij}(\Delta+m^2)\delta^4(x-y) - \frac{\hbar}{i}\frac{\lambda}{6}(N+2)\delta_{ij}G_0(x,y)\delta^4(x-y)$$

$$(41-68)$$

它的 Fourier 变换为

$$\int d^4 x\, d^4 y\, \Gamma_{ij}^{(2)}(x,y)e^{ipx+iky} = (2\pi)^4\delta^4(p+k)\Gamma_{ij}^{(2)}(p,k)$$

$$= (2\pi)^4\delta^4(p+k)\Gamma_{ij}^{(2)}(p,-p)$$

$$= (2\pi)^4\delta^4(p+k)\Gamma_{ij}^{(2)}(p)$$

根据定义 $S(x,y)=(\Delta+m^2)\delta^4(x-y)$，

$$S(x,y) = \int \frac{d^4 p}{(2\pi)^4}(-p^2+m^2)e^{ip(x-y)} \qquad (41-69)$$

从 $\int \mathrm{d}^4 y G_0(x, y) S(y, z) = \delta^4(x-y)$ 得到

$$G_0(x, y) = \int \frac{\mathrm{d}^4 p}{(2\pi)^4} \frac{1}{-p^2+m^2} \mathrm{e}^{\mathrm{i}p(x-y)} \tag{41-70}$$

所以，

$$\Gamma_{ij}^{(2)}(p) = -\delta_{ij}(-p^2+m^2) - \frac{\hbar}{\mathrm{i}} \frac{\lambda}{6}(N+2)\delta_{ij} \int \frac{\mathrm{d}^4 p_1}{(2\pi)^4} \frac{1}{-p_1^2+m^2} \tag{41-71}$$

在 $O(\hbar)$ 精确下的 4 顶点函数为

$$\begin{aligned} \Gamma_{i_1\cdots i_4}^{(4)}(x_1, \cdots, x_4) = & -\frac{\lambda}{3}(\delta_{ij}\delta_{kl}+\delta_{ik}\delta_{jl}+\delta_{il}\delta_{jk})\delta^4(y-x)\delta^4(z-x)\delta^4(w-x) + \\ & \frac{1}{2}\left(\frac{\hbar}{\mathrm{i}}\right)\left(\frac{\lambda}{3}\right)^2 \times [\delta^4(x_1-x_2)\delta^4(x_3-x_4) \\ & ((N+2)\delta_{i_1 i_2}\delta_{i_3 i_4}+2\delta_{i_1 i_2 i_3 i_4})G_0(x_1,x_3)^2 + \\ & \delta^4(x_1-x_3)\delta^4(x_2-x_4)((N+2)\delta_{i_1 i_3}\delta_{i_2 i_4} + \\ & 2\delta_{i_1 i_2 i_3 i_4})G_0(x_1,x_2)^2 + \delta^4(x_1-x_4)\delta^4(x_2-x_3) \\ & ((N+2)\delta_{i_1 i_4}\delta_{i_2 i_3}+2\delta_{i_1 i_2 i_3 i_4})G_0(x_1,x_2)^2] \end{aligned} \tag{41-72}$$

它的 Fourier 变换 $\Gamma_{i_1\cdots i_4}^{(4)}(p_1\cdots p_4)$ 通过下式得到

$$\int \mathrm{d}^4 x_1\cdots \mathrm{d}^4 x_4 \Gamma_{i_1\cdots i_4}^{(4)}(x_1, \cdots, x_4)\mathrm{e}^{\mathrm{i}p_1 x_1+\cdots+\mathrm{i}p_4 x_4} \tag{41-73}$$
$$=(2\pi)^4\delta^4(p_1+\cdots+p_4)\Gamma_{i_1\cdots i_4}^{(4)}(p_1, \cdots, p_4)$$

所以，

$$\begin{aligned} \Gamma_{i_1\cdots i_4}^{(4)}(p_1, \cdots, p_4) = & -\frac{\lambda}{3}\delta_{i_1 i_2 i_3 i_4} + \frac{\hbar}{\mathrm{i}}\left(\frac{\lambda}{3}\right)^2 \frac{1}{2}\Big[((N+2)\delta_{i_1 i_2}\delta_{i_3 i_4}+2\delta_{i_1 i_2 i_3 i_4}) \\ & \int_k \frac{1}{(-k^2+m^2)(-(p_{12}-k)^2+m^2)} + 两个交换\Big] \end{aligned} \tag{41-74}$$

式中，$p_{12}=p_1+p_2$，$p_{14}=p_1+p_4$。

41.7 截断正则化

根据式(41-71)、式(41-74)，在 $O(\hbar)$ 精确下，

$$\Gamma_{ij}^{(2)}(p) = -\delta_{ij}(-p^2 + m^2) - \frac{\hbar}{i}\frac{\lambda}{6}(N+2)\delta_{ij}I(m^2) \qquad (41-75)$$

$$\Gamma_{i_1 \cdots i_4}^{(4)}(p_1, \cdots, p_4) = -\frac{\lambda}{3}\delta_{i_1 i_2 i_3 i_4} + \frac{\hbar}{i}\left(\frac{\lambda}{3}\right)^2$$
$$\frac{1}{2}\left[((N+2)\delta_{i_1 i_2}\delta_{i_3 i_4} + 2\delta_{i_1 i_2 i_3 i_4})J(p_{12}^2, m^2) + \text{两个交换}\right]$$

$$(41-76)$$

其中

$$\Delta(k) = \frac{1}{-k^2 + m^2}, \quad I(m^2) = \int \frac{\mathrm{d}^4 k}{(2\pi)^4}\Delta(k),$$
$$J(p_{12}^2, m^2) = \int \frac{\mathrm{d}^4 k}{(2\pi)^4}\Delta(k)\Delta(p_{12} - k) \qquad (41-77)$$

在 Wick 旋转 $x^0 = -\mathrm{i}x^4$ 下，在动量空间中它等价于 $k_0 = \mathrm{i}k_4$，故 $-k_4^2 - \boldsymbol{k}^2 = -k^2$ 替换了 $k^2 = k_0^2 - \boldsymbol{k}^2$。在 Euclidean 时空下，式(41-75)、式(41-76)变为

$$\Gamma_{ij}^{(2)}(p) = \delta_{ij}(p^2 + m^2) + \hbar\frac{\lambda}{6}(N+2)\delta_{ij}I(m^2) \qquad (41-78)$$

$$\Gamma_{i_1 \cdots i_4}^{(4)}(p_1, \cdots, p_4) = \frac{\lambda}{3}\delta_{i_1 i_2 i_3 i_4} - \hbar\left(\frac{\lambda}{3}\right)^2$$
$$\frac{1}{2}\left[((N+2)\delta_{i_1 i_2}\delta_{i_3 i_4} + 2\delta_{i_1 i_2 i_3 i_4})J(p_{12}^2, m^2) + \text{两个交换}\right]$$

$$(41-79)$$

其中

$$\Delta(k) = \frac{1}{k^2 + m^2}, \quad I(m^2) = \int \frac{\mathrm{d}^4 k}{(2\pi)^4}\Delta(k),$$
$$J(p_{12}^2, m^2) = \int \frac{\mathrm{d}^4 k}{(2\pi)^4}\Delta(k)\Delta(p_{12} - k) \qquad (41-80)$$

经过计算，

$$I(m^2) = \frac{1}{16\pi^2}\int_0^\infty \mathrm{d}\alpha \frac{\mathrm{e}^{-\alpha m^2}}{\alpha^2} \qquad (41-81)$$

该积分是发散的。引入截断 Λ 和正则化的传播子

$$\Delta(k, \Lambda) = \frac{\mathrm{e}^{-\frac{k^2}{\Lambda^2}}}{k^2 + m^2} \qquad (41-82)$$

$I(m^2)$被正则化为

$$I(m^2,\Lambda)=\frac{1}{16\pi^2}\int_{\frac{1}{\Lambda^2}}^{\infty}\mathrm{d}\alpha\,\frac{\mathrm{e}^{-\alpha m^2}}{\alpha^2}=\frac{1}{16\pi^2}\left(\Lambda^2+m^2Ei\left(-\frac{m^2}{\Lambda^2}\right)\right)\quad(41-83)$$

其中

$$Ei(x)=\int_{-\infty}^{x}\frac{\mathrm{e}^t}{t}\mathrm{d}t\qquad(41-84)$$

为指数积分函数。经过计算

$$J(p_{12}^2,m^2)=\frac{1}{(4\pi)^2}\int\mathrm{d}\alpha_1\mathrm{d}\alpha_2\,\frac{\mathrm{e}^{-m^2(\alpha_1+\alpha_2)-\frac{\alpha_1\alpha_2}{\alpha_1+\alpha_2}p_{12}^2}}{(\alpha_1+\alpha_2)^2}\qquad(41-85)$$

和相应的正则化

$$J(p_{12}^2,m^2,\Lambda)=\frac{1}{(4\pi)^2}\int_{\frac{1}{\Lambda^2}}\mathrm{d}\alpha_1\mathrm{d}\alpha_2\,\frac{\mathrm{e}^{-m^2(\alpha_1+\alpha_2)-\frac{\alpha_1\alpha_2}{\alpha_1+\alpha_2}p_{12}^2}}{(\alpha_1+\alpha a_2)^2}=\frac{1}{16\pi^2}\ln\frac{\Lambda^2}{2m^2}+\cdots$$

$$(41-86)$$

它是对数发散的。

41.8　重整化

式(41-78)的$\Gamma_{ij}^{(2)}$的正则化为($p=0$)

$$\Gamma_{ij}^{(2)}(0)=\delta_{ij}m_{\mathrm{R}}^2=\delta_{ij}m^2+\hbar\,\frac{\lambda}{6}(N+2)\delta_{ij}I(m^2,\Lambda)\qquad(41-87)$$

式(41-79)的$\Gamma_{ij}^{(2)}$的正则化为($p_1=p_2=p_3=p_4=0$)

$$\Gamma_{i_1\cdots i_4}^{(4)}(0,\cdots,0)=\frac{\lambda_{\mathrm{R}}}{3}\delta_{i_1i_2i_3i_4}=\frac{\lambda}{3}\delta_{i_1i_2i_3i_4}-\hbar\left(\frac{\lambda}{3}\right)^2\frac{N+8}{2}\delta_{i_1i_2i_3i_4}J(0,m^2,\Lambda)$$

$$(41-88)$$

这里m_{R}和λ_{R}为重整化参数。裸参数(m,λ)可用重整化参数$(m_{\mathrm{R}},\lambda_{\mathrm{R}})$表示

$$m^2=m_{\mathrm{R}}^2-\hbar\,\frac{\lambda_{\mathrm{R}}}{6}(N+2)I(m_{\mathrm{R}}^2,\Lambda)\qquad(41-89)$$

$$\frac{\lambda}{3}=\frac{\lambda_{\mathrm{R}}}{3}+\hbar\left(\frac{\lambda_{\mathrm{R}}}{3}\right)^2\frac{N+8}{2}J(0,m_{\mathrm{R}}^2,\Lambda)\qquad(41-90)$$

这里用到了 $m^2 = m_R^2 + O(\hbar)$ 和 $\lambda = \lambda_R + O(\hbar)$。相应的 2 点和 4 点顶点函数为

$$\Gamma_{ij}^{(2)}(p) = \delta_{ij}(p^2 + m_R^2)$$

$$\Gamma_{i_1 \cdots i_4}^{(4)}(p_1, \cdots, p_4) = \frac{\lambda_R}{3} \delta_{i_1 i_2 i_3 i_4} - \hbar \left(\frac{\lambda_R}{3}\right)^2 \frac{1}{2} \big[((N+2)\delta_{i_1 i_2}\delta_{i_3 i_4} +$$

$$2\delta_{i_1 i_2 i_3 i_4})(J(p_{12}^2, m_R^2, \Lambda) - J(0, m_R^2, \Lambda)) + \text{两个交换} \big]$$

案例 *42*

黑洞和宇宙模型

古典意义下的重力理论可用 Einstein 场方程描述。

42.1 Riemann 几何基础

取光速为 1,四维时空的坐标记为 $x^\mu = (t, \boldsymbol{x}), \mu = 0, \cdots, 3$。引入另一个坐标 u^μ

$$x = x(u) \tag{42-1}$$

它是坐标 x 和 u 之间的一一对应。一个标量场在 x 和 u 坐标下分别记为 $\phi(x)$ 和 $\tilde{\phi}(u)$

$$\tilde{\phi}(u) = \phi(x) \tag{42-2}$$

这里坐标 x 和 u 通过式(42-1)建立对应,这种对应关系在下面的描述中不再加以说明。式(42-2)中两边对 u^ν 求偏导,

$$\tilde{\phi}_\nu(u) = x^\mu_{,\nu} \phi_\mu(x) \tag{42-3}$$

其中 $\tilde{\phi}_\nu(u) = \dfrac{\partial \tilde{\phi}}{\partial u^\nu}$, $\phi_\mu(x) = \dfrac{\partial \phi}{\partial x^\mu}$,

$$x^\mu_{,\nu} = \frac{\partial x^\mu}{\partial u^\nu} \tag{42-4}$$

式(42-3)中,相同的上、下指标表示需要对该指标求和,下文对此不再加以说明。

满足式(42-3)的向量场称为协变(covariant)向量场,协变向量场 $A_\mu(x)$ 满足

本案例的前 3 节参考文献[25]。

$$\widetilde{A}_\nu(u) = x^\mu_{,\nu} A_\mu(x) \tag{42-5}$$

所以，标量场的梯度是协变向量场，协变向量场不一定是某个标量场的梯度场。协变向量场可推广到协变张量场，比如，两个下标的 2 阶协变张量场 $B_{\mu\nu}$ 满足

$$\widetilde{B}_{\mu\nu}(u) = x^\alpha_{,\mu} x^\beta_{,\nu} B_{\alpha\beta}(x) \tag{42-6}$$

上述变换可推广到逆变（contravariant）张量场：比如，逆变向量场 $F^\mu(x)$ 满足

$$\widetilde{F}^\mu(u) = u^\mu_{,\alpha} F^\alpha(x) \tag{42-7}$$

其中 $u^\mu_{,\alpha} = \dfrac{\partial u^\mu}{\partial x^\alpha}$ 满足

$$u^\mu_{,\alpha} x^\alpha_{,\nu} = \delta^\mu_\nu \tag{42-8}$$

协变指标是下标，逆变指标为上标。当张量场既有协变指标又有逆变指标时，它应满足相应的变换，这就是张量场（简称张量）的定义。特别地，当协变指标和逆变指标相同时（需要求和），比如，

$$\widetilde{F}^\mu(u)\widetilde{A}_\mu(u) = u^\mu_{,\alpha} F^\alpha(x) x^\nu_{,\mu} A_\nu(x) = F^\nu(x) A_\nu(x) \tag{42-9}$$

是标量场。

标量的梯度场是协变向量场，但是协变向量场的梯度不是协变张量场：等式（42-5）两边对 u^α 求偏导

$$\partial_\alpha \widetilde{A}_\nu(u) = x^\mu_{,\nu} x^\beta_{,\alpha} \partial_\beta A_\mu(x) + x^\mu_{,\alpha,\nu} A_\mu(x) \tag{42-10}$$

式中，等号右边第二项的存在导致 $\partial_\beta A_\mu$ 不是协变张量场。由于 $x^\mu_{,\alpha,\nu} = \dfrac{\partial^2 x^\mu}{\partial u^\alpha \partial u^\nu}$ 中指标 α 和 ν 互换保持不变，$\partial_\beta A_\mu$ 的反对称部分 $F_{\beta\mu} \equiv \partial_\beta A_\mu - \partial_\mu A_\beta$ 为协变张量场

$$\widetilde{F}_{\alpha\nu}(u) = x^\mu_{,\nu} x^\beta_{,\alpha} F_{\beta\mu}(x) \tag{42-11}$$

可以继续这个过程。当 A 为反对称的 2 阶协变张量场：$A_{\alpha\beta} = -A_{\beta\alpha}$，则

$$F_{\alpha\beta\gamma} = \partial_\alpha A_{\beta\gamma} + \partial_\beta A_{\gamma\alpha} + \partial_\gamma A_{\alpha\beta} \tag{42-12}$$

是一个完全反对称的 3 阶协变张量场：$F_{\alpha\beta\gamma}$ 中交换任意两个指标都需要改变符号。四维时空中 4 阶完全反对称的张量场可表示为

$$g_{\mu\nu\alpha\beta} = \omega \varepsilon_{\mu\nu\alpha\beta} \tag{42-13}$$

其中

$$\varepsilon_{0123}=1, \quad \varepsilon_{\mu\nu\alpha\beta}=\varepsilon_{\mu\alpha\beta\nu}=-\varepsilon_{\nu\mu\alpha\beta} \tag{42-14}$$

当 $\varepsilon_{\mu\nu\alpha\beta}$ 中任意两个下标相同时,它为 0。式(42-13)中的 ω 不满足式(42-2),但是满足

$$\tilde{\omega}(u) = \det(x^{\mu}_{,\nu})\omega(x) \tag{42-15}$$

称 ω 为密度。当 ω 作为密度场时,积分

$$\int \omega(x)\phi(x)\mathrm{d}x = \int \tilde{\omega}(u)\tilde{\phi}(u)\mathrm{d}u \tag{42-16}$$

在式(42-1)下保持不变。

张量有两个重要的性质:

(1) 分解定理:每个张量 $X^{\mu\nu\cdots}_{\kappa\lambda\cdots}$ 可表示为协变向量和逆变向量乘积之和

$$X^{\mu\nu\cdots}_{\kappa\lambda\cdots} = \sum_{t=1}^{N} A^{\mu}_{(t)}B^{\nu}_{(t)}\cdots P^{(t)}_{\kappa}Q^{(t)}_{\lambda}\cdots \tag{42-17}$$

其中 $N \leqslant n^{r-1}$,n 为时空的维数,r 为指标的个数(张量的秩)。

(2) 商定理:给定分量 $X^{\mu\nu\cdots\alpha\beta\cdots}_{\kappa\lambda\cdots\sigma\tau\cdots}$,若对任意张量 $A^{\sigma\tau\cdots}_{\alpha\beta\cdots}$,

$$B^{\mu\nu\cdots}_{\kappa\lambda\cdots} = X^{\mu\nu\cdots\alpha\beta\cdots}_{\kappa\lambda\cdots\sigma\tau\cdots}A^{\sigma\tau\cdots}_{\alpha\beta\cdots} \tag{42-18}$$

都为张量,则 $X^{\mu\nu\cdots\alpha\beta\cdots}_{\kappa\lambda\cdots\sigma\tau\cdots}$ 也为张量。

设 $\xi^{\mu}(x)$ 为逆变向量场,$x^{\mu}(\tau)$ 是一个时空轨道。定义它沿曲线 $x^{\mu}(\tau)$ 的协变导数

$$\dot{\xi}^{\mu} = \frac{\mathrm{d}}{\mathrm{d}\tau}\xi^{\mu}(x(\tau)) + \Gamma^{\mu}_{\kappa\lambda}(x(\tau))\frac{\mathrm{d}x^{\lambda}}{\mathrm{d}\tau}\xi^{\kappa}(x(\tau)) \tag{42-19}$$

根据式(42-7),该导数在坐标 u 下可表示为

$$\dot{\xi}^{\mu} = \frac{\mathrm{d}}{\mathrm{d}\tau}(x^{\mu}_{,\nu}\tilde{\xi}^{\nu}(u(x))) + \Gamma^{\mu}_{\kappa\lambda}(x)x^{\lambda}_{,\alpha}\frac{\mathrm{d}u^{\alpha}}{\mathrm{d}\tau}x^{\kappa}_{,\beta}\tilde{\xi}^{\beta}(u(x)) \quad (\xi^{\mu}(x) \text{ 为逆变向量场})$$

$$= x^{\mu}_{,\nu}\frac{\mathrm{d}}{\mathrm{d}\tau}\tilde{\xi}^{\nu}(u(x(\tau))) + [x^{\mu}_{,\nu,\lambda} + \Gamma^{\mu}_{\kappa\alpha}x^{\alpha}_{,\lambda}x^{\kappa}_{,\nu}]\frac{\mathrm{d}u^{\lambda}}{\mathrm{d}\tau}\tilde{\xi}^{\nu}(u) \tag{42-20}$$

为了使得协变导数 $\dot{\xi}^{\mu}$ 为逆变向量场:$\dot{\xi}^{\mu} = x^{\mu}_{,\nu}\dot{\tilde{\xi}}^{\nu}$,该式和式(42-20) 比较得到

$$\dot{\tilde{\xi}}^{\nu} = \frac{\mathrm{d}}{\mathrm{d}\tau}\tilde{\xi}^{\nu}(u(\tau)) + \tilde{\Gamma}^{\nu}_{\kappa\lambda}(u)\frac{\mathrm{d}u^{\lambda}}{\mathrm{d}\tau}\tilde{\xi}^{\kappa}(u) \tag{42-21}$$

其中

$$\widetilde{\Gamma}^{\nu}_{\kappa\lambda}(u) = u^{\nu}_{,\mu} \left[x^{\alpha}_{,\kappa} x^{\beta}_{,\lambda} \Gamma^{\mu}_{\alpha\beta}(x) + x^{\mu}_{,\kappa,\lambda} \right] \qquad (42-22)$$

故在式(42-19)中需要引入满足式(42-22)的仿射联络 $\Gamma^{\mu}_{\alpha\beta}$,确保沿曲线的协变导数 $\dot{\xi}^{\mu}$ 是一个逆变向量场。式(42-22)中的第二项导致仿射联络不是张量场,但是它的反对称部分 $\Gamma^{\mu}_{\alpha\beta} - \Gamma^{\mu}_{\beta\alpha}$ 是张量场。即使在 x 坐标下,$\Gamma^{\mu}_{\alpha\beta}(x)$ 为 0,但在 u 坐标下,$\widetilde{\Gamma}^{\nu}_{\kappa\lambda}(u) = u^{\nu}_{,\mu} x^{\mu}_{,\kappa,\lambda}$ 不为 0。如果 $\Gamma^{\mu}_{\alpha\beta}$ 关于下标对称,则 $\widetilde{\Gamma}^{\nu}_{\kappa\lambda}(u)$ 也关于下标对称。下面只考虑两个下标对称的仿射联络 $\Gamma^{\mu}_{\alpha\beta}(x)$,否则,需要引入扭曲(torsion)。

若式(42-19)中沿曲线 $x^{\mu}(\tau)$ 的协变导数为 0,称逆变向量场 $\xi^{\mu}(x)$ 沿曲线 $x^{\mu}(\tau)$ 平移。曲线 $x^{\mu}(\tau)$ 的切方向 $\dfrac{\mathrm{d}x^{\mu}}{\mathrm{d}\tau} = x^{\mu}_{,\nu} \dfrac{\mathrm{d}u^{\nu}}{\mathrm{d}\tau}$ 为 1 阶逆变张量,如果 $\dfrac{\mathrm{d}x^{\mu}}{\mathrm{d}\tau}$ 是沿 $x^{\mu}(\tau)$ 的平移,即

$$\frac{\mathrm{d}^2 x^{\mu}}{\mathrm{d}\tau^2} + \Gamma^{\mu}_{\kappa\lambda}(x(\tau)) \frac{\mathrm{d}x^{\lambda}}{\mathrm{d}\tau} \frac{\mathrm{d}x^{\kappa}}{\mathrm{d}\tau} = 0 \qquad (42-23)$$

称曲线 $x^{\mu}(\tau)$ 为测地线。

和逆变向量场沿曲线的协变导数定义式(42-19)类似,张量 $X^{\mu\nu\cdots}_{\kappa\lambda\cdots}$ 的协变导数定义为

$$\nabla_{\alpha} X^{\mu\nu\cdots}_{\kappa\lambda\cdots} = \partial_{\alpha} X^{\mu\nu\cdots}_{\kappa\lambda\cdots} + \left[\Gamma^{\mu}_{\alpha\beta} X^{\beta\nu\cdots}_{\kappa\lambda\cdots} + \Gamma^{\nu}_{\alpha\beta} X^{\mu\beta\cdots}_{\kappa\lambda\cdots} + \cdots \right] - \left[\Gamma^{\beta}_{\kappa\alpha} X^{\mu\nu\cdots}_{\beta\lambda\cdots} + \Gamma^{\beta}_{\lambda\alpha} X^{\mu\nu\cdots}_{\kappa\beta\cdots} + \cdots \right]$$
$$(42-24)$$

它还是张量场。设张量 Z 由两个张量 X 和 Y 乘积得到

$$Z^{\kappa\lambda\cdots\pi\rho\cdots}_{\mu\nu\cdots\alpha\beta\cdots} = X^{\kappa\lambda\cdots}_{\mu\nu\cdots} Y^{\pi\rho\cdots}_{\alpha\beta\cdots} \qquad (42-25)$$

则协变导数满足链式法则

$$\nabla_{\alpha} Z = (\nabla_{\alpha} X) Y + X \nabla_{\alpha} Y \qquad (42-26)$$

一个标量场 ϕ 的协变导数规定为偏导数。根据式(42-13)和 $\varepsilon^{\alpha\iota\alpha\lambda} \varepsilon_{\beta\mu\nu\lambda} = 6\delta^{\alpha}_{\beta}$,密度函数 ω 的协变导数为

$$\nabla_{\alpha} \omega = \partial_{\alpha} \omega - \Gamma^{\mu}_{\mu\alpha} \omega \qquad (42-27)$$

为了引入曲率,考虑一个逆变向量场 $\xi^{\nu}(x)$ 沿封闭曲线 $x(\tau)$ 平移

$$\dot{\xi}^{\nu}(x(\tau)) = 0 \qquad (42-28)$$

假设曲线 $x(\tau)$ 非常小,$\xi^{\nu}(x)$ 可展开为

$$\xi^{\nu}(x) = \xi^{\nu} + \xi^{\nu}_{,\mu} x^{\mu} + O(x^2) \qquad (42-29)$$

由式（42-28）得到 $\oint d\tau\,\dot{\xi}=0$，根据沿曲线的协变导数定义式（42-19）得到 $\dfrac{d}{d\tau}\xi^\nu(x(\tau))$ 关于封闭曲线 $x(\tau)$ 的积分

$$\delta\xi^\nu\equiv\oint\frac{d}{d\tau}\xi^\nu(x(\tau))=-\oint\Gamma^\nu_{\kappa\lambda}(x(\tau))\frac{dx^\lambda}{d\tau}\xi^\kappa(x(\tau))d\tau$$

$$=-\oint(\Gamma^\nu_{\kappa\lambda}+\Gamma^\nu_{\kappa\lambda,a}x^a)\frac{dx^\lambda}{d\tau}(\xi^\kappa+\xi^\kappa_{,\mu}x^\mu) \tag{42-30}$$

最后等式中已对 $\Gamma^\nu_{\kappa\lambda}(x(\tau))$ 做了关于 x 展开，并且忽略了 $O(x^2)$。对于曲线，$\oint\dfrac{d}{d\tau}\dfrac{dx^\lambda}{d\tau}=0$ 且

$$\nabla_\mu\xi^\kappa\approx0\Rightarrow\xi^\kappa_{,\mu}\approx-\Gamma^\kappa_{\mu\beta}\xi^\beta \tag{42-31}$$

把式（42-31）代入式（42-30）得到

$$\delta\xi^\nu=\frac{1}{2}\left(\oint x^a\frac{dx^\lambda}{d\tau}\right)R^\nu_{\kappa\lambda a}\xi^\kappa+关于\ x\ 的高阶项 \tag{42-32}$$

其中

$$R^\nu_{\kappa\lambda a}=\partial_\lambda\Gamma^\nu_{\kappa a}-\partial_a\Gamma^\nu_{\kappa\lambda}+\Gamma^\nu_{\lambda\sigma}\Gamma^\sigma_{\kappa a}-\Gamma^\nu_{a\sigma}\Gamma^\sigma_{\kappa\lambda} \tag{42-33}$$

为 Riemann 曲率张量。由于

$$\oint x^a\frac{dx^\lambda}{d\tau}+\oint x^\lambda\frac{dx^a}{d\tau}=\oint\frac{d(x^\lambda x^a)}{d\tau}=0$$

由式（42-32）得到 $R^\nu_{\kappa\lambda a}$ 关于 λ 和 a 反对称

$$R^\nu_{\kappa\lambda a}=-R^\nu_{\kappa a\lambda} \tag{42-34}$$

根据商定理，$\delta\xi^\nu$ 和 $\dfrac{1}{2}\left(\oint x^a\dfrac{dx^\lambda}{d\tau}\right)$ 都是张量，反应空间弯曲程度的 Riemann 曲率张量 $R^\nu_{\kappa\lambda a}$ 也是一个张量。根据式（42-33），Riemann 曲率张量满足：

$$R^\nu_{\kappa\lambda a}+R^\nu_{\lambda a\kappa}+R^\nu_{a\kappa\lambda}=0 \tag{42-35}$$

和 Bianchi 恒等式

$$\nabla_a R^\nu_{\kappa\beta\gamma}+\nabla_\beta R^\nu_{\kappa\gamma a}+\nabla_\gamma R^\nu_{\kappa a\beta}=0 \tag{42-36}$$

以及协变导数不可交换

$$\nabla_\mu \nabla_\nu A_\alpha - \nabla_\nu \nabla_\mu A_\alpha = -R^\lambda_{\alpha\mu\nu} A_\lambda \qquad (42-37)$$

$$\nabla_\mu \nabla_\nu A^\alpha - \nabla_\nu \nabla_\mu A^\alpha = R^\alpha_{\lambda\mu\nu} A^\lambda \qquad (42-38)$$

为了度量距离，引入二阶对称协变张量 $g_{\mu\nu}(x)$

$$g_{\mu\nu} = g_{\nu\mu} = g_{\mu\nu}(x) \qquad (42-39)$$

$\mathrm{d}x^\mu$ 为一阶逆变张量，

$$\pm g_{\mu\nu} \mathrm{d}x^\mu \mathrm{d}x^\nu$$

为标量场。定义二阶逆变张量 $g^{\mu\nu}(x)$

$$g_{\mu\nu} g^{\nu\alpha} = \delta^\alpha_\mu \qquad (42-40)$$

现取仿射联络 $\Gamma^\lambda_{\alpha\mu}$ 使得

$$\nabla_\alpha g_{\mu\nu} = \partial_\alpha g_{\mu\nu} - \Gamma^\lambda_{\alpha\mu} g_{\lambda\nu} - \Gamma^\lambda_{\alpha\nu} g_{\mu\lambda} = 0 \qquad (42-41)$$

记

$$\Gamma_{\lambda\alpha\mu} = g_{\lambda\nu} \Gamma^\nu_{\alpha\mu} \qquad (42-42)$$

它关于最后两个指标($\alpha\mu$)对称。根据式(42-41)，

$$\Gamma_{\lambda\mu\nu} = \frac{1}{2}(\partial_\mu g_{\lambda\nu} + \partial_\nu g_{\lambda\mu} - \partial_\lambda g_{\mu\nu}) \qquad (42-43)$$

$$\Gamma^\lambda_{\mu\nu} = g^{\lambda\alpha} \Gamma_{\alpha\mu\nu} \qquad (42-44)$$

根据式(42-40) 和 $\nabla_\alpha \delta^\lambda_\mu = \partial_\alpha \delta^\lambda_\mu - \Gamma^\lambda_{\alpha\kappa} \delta^\kappa_\mu - \Gamma^\kappa_{\alpha\mu} \delta^\lambda_\kappa = 0$ 得到

$$\nabla_\alpha g^{\mu\nu} = 0 \qquad (42-45)$$

度量 $g_{\mu\nu}$ 不仅唯一地给定了仿射联络式(42-43)、式(42-44)，它也可以实现协变张量和逆变张量之间的变换

$$A_\mu = g_{\mu\nu} A^\nu, \quad A^\nu = g^{\nu\mu} A_\mu \qquad (42-46)$$

根据式(42-45)，

$$\nabla_\alpha A_\mu = g_{\mu\nu} \nabla_\alpha A^\nu, \quad \nabla_\alpha A^\nu = g^{\nu\mu} \nabla_\alpha A_\mu \qquad (42-47)$$

引入度量可以从路径极值角度重新推导测地线方程(42-23)。设 X 和 Y 为度量空间中的两个点。$C = \{x^\mu(\sigma)\}$ 满足

$$x^\mu(0) = X^\mu, \quad x^\mu(1) = Y^\mu$$

考虑积分

$$l = \int_{C:\sigma=0}^{1} \mathrm{d}s \qquad (42-48)$$

当 C 为空类(spacelike)时,

$$\mathrm{d}s^2 = g_{\mu\nu}\,\mathrm{d}x^\mu\,\mathrm{d}x^\nu \qquad (42-49)$$

当 C 为时类(timelike)时,

$$\mathrm{d}s^2 = -g_{\mu\nu}\,\mathrm{d}x^\mu\,\mathrm{d}x^\nu \qquad (42-50)$$

下面对空类曲线进行讨论。取 C 的一个小扰动

$$x'^{\mu}(\sigma) = x^\mu(\sigma) + \eta^\mu(\sigma), \quad \eta^\mu(0) = \eta^\mu(1) = 0 \qquad (42-51)$$

l 的无穷小扰动为

$$\delta l = \int_{C:\sigma=0}^{1} \delta\,\mathrm{d}s \qquad (42-52)$$

根据式(42-49),

$$2\mathrm{d}s\delta\,\mathrm{d}s = \delta g_{\mu\nu}\,\mathrm{d}x^\mu\,\mathrm{d}x^\nu + 2g_{\mu\nu}\,\mathrm{d}x^\mu\,\mathrm{d}\eta^\nu = g_{\mu\nu,\alpha}\eta^\alpha\,\mathrm{d}x^\mu\,\mathrm{d}x^\nu + 2g_{\mu\nu}\,\mathrm{d}x^\mu\,\mathrm{d}\eta^\nu \qquad (42-53)$$

取参数 σ 为弧长 s,从而 $\mathrm{d}s/\mathrm{d}\sigma = 1$,则

$$\begin{aligned}
\delta l &= \int \mathrm{d}\sigma \left(\frac{1}{2}\eta^\alpha g_{\mu\nu,\alpha}\frac{\mathrm{d}x^\mu}{\mathrm{d}\sigma}\frac{\mathrm{d}x^\nu}{\mathrm{d}\sigma} + g_{\mu\alpha}\frac{\mathrm{d}x^\mu}{\mathrm{d}\sigma}\frac{\mathrm{d}\eta^\alpha}{\mathrm{d}\sigma} \right) \\
&= \int \mathrm{d}\sigma \left[\eta^\alpha \left(\frac{1}{2}g_{\mu\nu,\alpha}\frac{\mathrm{d}x^\mu}{\mathrm{d}\sigma}\frac{\mathrm{d}x^\nu}{\mathrm{d}\sigma} - g_{\mu\alpha,\lambda}\frac{\mathrm{d}x^\lambda}{\mathrm{d}\sigma}\frac{\mathrm{d}x^\mu}{\mathrm{d}\sigma} - g_{\mu\alpha}\frac{\mathrm{d}^2 x^\mu}{\mathrm{d}\sigma^2} \right) + \frac{\mathrm{d}}{\mathrm{d}\sigma}\left(g_{\mu\alpha}\frac{\mathrm{d}x^\mu}{\mathrm{d}\sigma}\eta^\alpha \right) \right] \\
&= -\int \mathrm{d}\sigma\eta^\alpha g_{\mu\alpha}\left(\frac{\mathrm{d}^2 x^\mu}{\mathrm{d}\sigma^2} + \Gamma^\mu_{\kappa\lambda}\frac{\mathrm{d}x^\kappa}{\mathrm{d}\sigma}\frac{\mathrm{d}x^\lambda}{\mathrm{d}\sigma} \right) \qquad (42-54)
\end{aligned}$$

由 η 的任意性得到测地线方程(42-23)。对于时类的曲线,测地线为极大点;对于空类的曲线,测地线为鞍点;只有当 $g_{\mu\nu}$ 为正定时,测地线为极短曲线。

在度量 $g_{\mu\nu}$ 下,引入

$$R_{\mu\nu\alpha\beta} = g_{\mu\lambda}R^\lambda_{\nu\alpha\beta} \qquad (42-55)$$

它满足

$$R_{\mu\nu\alpha\beta} = -R_{\nu\mu\alpha\beta} = R_{\alpha\beta\mu\nu} \qquad (42-56)$$

定义 Ricci 张量

$$R_{\mu\nu} = R^{\lambda}_{\mu\lambda\nu} \tag{42-57}$$

它关于两个下标($\mu\nu$)对称。定义 Ricci 标量为

$$R = g^{\mu\nu} R_{\mu\nu} \tag{42-58}$$

由 Bianchi 恒等式(42-36)得到

$$\nabla_{\mu} G_{\mu\nu} = 0 \tag{42-59}$$

其中

$$G_{\mu\nu} = R_{\mu\nu} - \frac{1}{2} R g_{\mu\nu} \tag{42-60}$$

为 Einstein 张量。Einstein 场方程为

$$G_{\mu\nu} = R_{\mu\nu} - \frac{1}{2} R g_{\mu\nu} = -8\pi G_N T_{\mu\nu} \tag{42-61}$$

$T_{\mu\nu}$ 为能量-动量-应力张量，G_N 为重力常数。

下面由最小作用能原理推导 Einstein 场方程。定义

$$g \equiv \det(g_{\mu\nu}) \tag{42-62}$$

Einstein-Hilbert 作用能为

$$I = \int_V \sqrt{-g} R \, \mathrm{d}^4 x \tag{42-63}$$

R 为 Ricci 标量，V 为 4 维时空中某个区域。式(42-63)被积分中的每一项$\sqrt{-g}$、R 和 $\mathrm{d}^4 x$ 都在坐标变换下不变，故作用能 I 也是坐标变换式(42-1)下不变。对度量 $g_{\mu\nu}$ 做一个小扰动

$$\tilde{g}_{\mu\nu} = g_{\mu\nu} + \delta g_{\mu\nu} \tag{42-64}$$

它的逆为

$$\tilde{g}^{\mu\nu} = g^{\mu\nu} - \delta g^{\mu\nu} \tag{42-65}$$

这里取 $\delta g_{\mu\nu}$ 以及它的一阶导数在 V 的边界上为 0。由式(42-44)得到

$$\tilde{\Gamma}^{\lambda}_{\mu\nu} = \Gamma^{\lambda}_{\mu\nu} + \delta \Gamma^{\lambda}_{\mu\nu} \tag{42-66}$$

其中

$$\delta\varGamma^\lambda_{\mu\nu}=\frac{1}{2}g^{\lambda\alpha}(\partial_\mu\delta g_{\alpha\nu}+\partial_\nu\delta g_{\alpha\mu}-\partial_\alpha\delta g_{\mu\nu})-\delta g^{\alpha\lambda}\varGamma_{\alpha\mu\nu} \tag{42-67}$$

$$=\frac{1}{2}g^{\lambda\alpha}(\nabla_\mu\delta g_{\alpha\nu}+\nabla_\nu\delta g_{\alpha\mu}-\nabla_\alpha\delta g_{\mu\nu})$$

最后的等式用到了 $\delta\varGamma^\lambda_{\mu\nu}$ 是张量，导数用协变导数替换。Riemann 张量扰动为

$$\widetilde{R}^\nu_{\kappa\lambda\alpha}=R^\nu_{\kappa\lambda\alpha}+\nabla_\lambda\delta\varGamma^\nu_{\kappa\alpha}-\nabla_\alpha\delta\varGamma^\nu_{\kappa\lambda} \tag{42-68}$$

Ricci 张量扰动为

$$\widetilde{R}_{\mu\nu}=R_{\mu\nu}+\frac{1}{2}(-\nabla^2\delta g_{\mu\nu}+\nabla_\alpha\nabla_\mu\delta g^\alpha_\nu+\nabla_\alpha\nabla_\nu\delta g^\alpha_\mu-\nabla_\mu\nabla_\nu\delta g^\alpha_\alpha) \tag{42-69}$$

Ricci 标量扰动为

$$\widetilde{R}=R-R_{\mu\nu}\delta g^{\mu\nu}+(\nabla_\mu\nabla_\nu\delta g^{\mu\nu}-\nabla^2\delta g^\alpha_\alpha) \tag{42-70}$$

g 的行列式扰动为

$$\det(\widetilde{g}_{\mu\nu})=\det(g_{\mu\lambda}(\delta^\lambda_\nu+g^{\lambda\alpha}\delta g_{\alpha\nu}))=\det(g_{\mu\nu})\det(\delta^\mu_\nu+g^{\mu\alpha}\delta g_{\alpha\nu})=g(1+\delta g^\mu_\mu) \tag{42-71}$$

$$\sqrt{-\widetilde{g}}=\sqrt{-g}\left(1+\frac{1}{2}\delta g^\mu_\mu\right)$$

所以，积分 I 扰动为

$$\widetilde{I}=I+\int_V\sqrt{-g}\left(-R^{\mu\nu}+\frac{1}{2}Rg^{\mu\nu}\right)\delta g_{\mu\nu}+\int_V\sqrt{-g}(\nabla_\mu\nabla_\nu-g_{\mu\nu}\nabla^2)\delta g^{\mu\nu} \tag{42-72}$$

由于

$$\sqrt{-g}\,\nabla_\mu X^\mu=\partial_\mu(\sqrt{-g}X^\mu) \tag{42-73}$$

式(42-72)中第二个积分的被积函数可表示为某函数的导数，故第二个积分为 0，从而

$$\delta I=-\int_V\sqrt{-g}G^{\mu\nu}\delta g_{\mu\nu} \tag{42-74}$$

所以，Einstein-Hilbert 作用能关于度量 $g_{\mu\nu}$ 的一阶变分为 0 得到真空时的 Einstein 场方程。

非真空时，Einstein-Hilbert 作用能变为

$$S = \int_V \sqrt{-g} \left(\frac{R - 2\Lambda}{2\kappa} + \mathscr{L}_M \right) \qquad (42-75)$$

$\mathscr{L}_M$ 是描述物质的 Lagrangian 密度函数，Λ 为宇宙常数。可计算

$$\frac{1}{\sqrt{-g}} \frac{\delta S}{\delta g^{\mu\nu}} = \frac{1}{2\kappa} \frac{\delta R}{\delta g^{\mu\nu}} + \frac{R - 2\Lambda}{2\kappa} \frac{1}{\sqrt{-g}} \frac{\delta \sqrt{-g}}{\delta g^{\mu\nu}} + \frac{\delta \mathscr{L}_M}{\delta g^{\mu\nu}} + \frac{\mathscr{L}_M}{\sqrt{-g}} \frac{\delta \sqrt{-g}}{\delta g^{\mu\nu}}$$

$$(42-76)$$

根据

$$\frac{\delta R}{\delta g^{\mu\nu}} = R_{\mu\nu}, \quad \frac{1}{\sqrt{-g}} \frac{\delta \sqrt{-g}}{\delta g^{\mu\nu}} = -\frac{g_{\mu\nu}}{2} \qquad (42-77)$$

引入能量-动量-应力张量

$$T_{\mu\nu} \equiv \mathscr{L}_M g_{\mu\nu} - 2 \frac{\delta \mathscr{L}_M}{\delta g^{\mu\nu}} \qquad (42-78)$$

S 关于 $g_{\mu\nu}$ 的一阶变分为 0 得到

$$R_{\mu\nu} - \frac{1}{2} g_{\mu\nu} R + \Lambda g_{\mu\nu} = 8\pi G_N T_{\mu\nu} \qquad (42-79)$$

式中，$\kappa = 8\pi G_N$。

42.2 Schwarzschild 解

对于 Einstein 场方程，需要找一个真空下球对称的解。在真空状态，式(42-61)中 $T_{\mu\nu} = 0$。取球坐标

$$(x^0, x^1, x^2, x^3) = (t, r, \theta, \varphi)$$

在球对称下，

$$g_{02} = g_{03} = g_{12} = g_{13} = g_{23} = 0, \quad g_{33} = \sin^2\theta g_{22} \qquad (42-80)$$

以及时间反演对称

$$g_{01} = 0 \qquad (42-81)$$

在这些条件下，度量表示为

$$\mathrm{d}s^2 = -A\mathrm{d}t^2 + B\mathrm{d}r^2 + Cr^2(\mathrm{d}\theta^2 + \sin^2\theta \mathrm{d}\varphi^2) \qquad (42-82)$$

其中 A、B 和 C 都是 r 的函数，满足

$$r \to \infty, \quad A, B, C \to 1 \tag{42-83}$$

对 r 做变量替换可吸收 C，故不妨取 $C=1$，式(42-82)变为

$$\mathrm{d}s^2 = -A\mathrm{d}t^2 + B\mathrm{d}r^2 + r^2(\mathrm{d}\theta^2 + \sin^2\theta \mathrm{d}\varphi^2) \tag{42-84}$$

下面计算测地线来确定 $\Gamma^{\nu}_{\kappa\lambda}$。根据测地线的变分原理

$$0 = \delta\int\sqrt{g_{\mu\nu}\frac{\mathrm{d}x^\mu}{\mathrm{d}\sigma}\frac{\mathrm{d}x^\nu}{\mathrm{d}\sigma}}\,\mathrm{d}\sigma \tag{42-85}$$

现取 $\sigma = s$。则式(42-85)可写为

$$\delta\int L(s)\mathrm{d}s = 0 \tag{42-86}$$

其中，

$$F \equiv L^2 = g_{\mu\nu}\frac{\mathrm{d}x^\mu}{\mathrm{d}s}\frac{\mathrm{d}x^\nu}{\mathrm{d}s} = -A\dot{t}^2 + B\dot{r}^2 + r^2\dot{\theta}^2 + r^2\sin^2\theta\dot{\varphi}^2 \tag{42-87}$$

顶部的点表示对 s 求导。由式(42-86)得到

$$\frac{\mathrm{d}}{\mathrm{d}s}\frac{\partial L}{\partial \dot{x}^\mu} - \frac{\partial L}{\partial x^\mu} = 0 \tag{42-88}$$

故

$$\frac{1}{2}\left[\frac{\mathrm{d}}{\mathrm{d}s}\frac{\partial F}{\partial \dot{x}^\mu} - \frac{\partial F}{\partial x^\mu}\right] = L\left[\frac{\mathrm{d}}{\mathrm{d}s}\frac{\partial L}{\partial \dot{x}^\mu} - \frac{\partial L}{\partial x^\mu}\right] + \frac{\partial L}{\partial \dot{x}^\mu}\frac{\mathrm{d}L}{\mathrm{d}s} = \frac{\partial L}{\partial \dot{x}^\mu}\frac{\mathrm{d}L}{\mathrm{d}s} = 0 \tag{42-89}$$

式中，最后一步计算是由于沿曲线：$\dfrac{\mathrm{d}L}{\mathrm{d}s} = 0$。式(42-89)称为 Lagrange 方程

$$\frac{\mathrm{d}}{\mathrm{d}s}\frac{\partial F}{\partial \dot{x}^\mu} = \frac{\partial F}{\partial x^\mu} \tag{42-90}$$

当 $\mu = 0$，

$$\frac{\mathrm{d}}{\mathrm{d}s}(-2A\dot{t}) = 0 \Leftrightarrow \ddot{t} + \frac{1}{A}(A'\dot{r})\dot{t} = 0 \tag{42-91}$$

$\Gamma^0_{\mu\nu}$ 中不为零的项只有

$$\Gamma^0_{10} = \Gamma^0_{01} = A'/2A \tag{42-92}$$

当 $\mu=1$，

$$\ddot{r} + \frac{B'}{2B}\dot{r}^2 + \frac{A'}{2B}\dot{t}^2 - \frac{r}{B}\dot{\theta}^2 - \frac{r}{B}\sin^2\theta\dot{\varphi}^2 = 0 \qquad (42-93)$$

$\Gamma^1_{\mu\nu}$ 中不为零只有

$$\Gamma^1_{00} = \frac{A'}{2B}, \quad \Gamma^1_{11} = \frac{B'}{2B}, \quad \Gamma^1_{22} = -\frac{r}{B}, \quad \Gamma^1_{33} = -\frac{r}{B}\sin^2\theta \qquad (42-94)$$

当 $\mu=2$，

$$\frac{\mathrm{d}}{\mathrm{d}s}(r^2 2\dot{\theta}) = r^2 2\sin\theta\cos\theta\dot{\varphi}^2 \Leftrightarrow \ddot{\theta} + 2r^{-1}\dot{r}\dot{\theta} - \sin\theta\cos\theta\dot{\varphi}^2 = 0 \quad (42-95)$$

$\Gamma^2_{\mu\nu}$ 中不为零的项只有

$$\Gamma^2_{21} = \Gamma^2_{12} = \frac{1}{r}, \quad \Gamma^2_{33} = -\sin\theta\cos\theta \qquad (42-96)$$

当 $\mu=3$，

$$\frac{\mathrm{d}}{\mathrm{d}s}(r^2\sin^2\theta 2\dot{\varphi}) = 0 \Leftrightarrow \ddot{\varphi} + 2r^{-1}\dot{r}\dot{\varphi} + 2\cot\theta\dot{\theta}\dot{\varphi} = 0 \qquad (42-97)$$

$\Gamma^3_{\mu\nu}$ 中不为零的项只有

$$\Gamma^3_{23} = \Gamma^3_{32} = \cot\theta, \quad \Gamma^3_{13} = \Gamma^3_{31} = \frac{1}{r} \qquad (42-98)$$

另外，$\sqrt{-g} = r^2\sin\theta\sqrt{AB}$，

$$\Gamma^\mu_{\mu\nu} = g^{\mu\alpha}\Gamma_{\alpha\mu\nu} = g^{\mu\alpha}\frac{1}{2}(\partial_\mu g_{\alpha\nu} + \partial_\nu g_{\alpha\mu} - \partial_\alpha g_{\mu\nu})$$

$$= g^{\mu\alpha}\frac{1}{2}\partial_\nu g_{\alpha\mu} = \frac{\partial_\nu\sqrt{-g}}{\sqrt{-g}} = \partial_\nu\ln\sqrt{-g} \qquad (42-99)$$

$$\Gamma^\mu_{\mu 1} = \frac{A'}{2A} + \frac{B'}{2B} + \frac{2}{r}, \quad \Gamma^\mu_{\mu 2} = \cot\theta \qquad (42-100)$$

考虑下述方程

$$R_{\mu\nu} = -(\ln\sqrt{-g})_{,\mu,\nu} + \Gamma^\alpha_{\mu\nu,\alpha} - \Gamma^\beta_{\alpha\mu}\Gamma^\alpha_{\beta\nu} + \Gamma^\alpha_{\mu\nu}(\ln\sqrt{-g})_{,\alpha} = 0$$

$$(42-101)$$

的解。特别地，

$$R_{00} = \Gamma^1_{00,\,1} - 2\Gamma^1_{00}\Gamma^0_{01} + \Gamma^1_{00}(\ln\sqrt{-g})_{,\,1}$$

$$= (A'/2B)' - A'^2/2AB + (A'/2B)\left(\frac{A'}{2A} + \frac{B'}{2B} + \frac{2}{r}\right) \quad (42-102)$$

$$= \frac{1}{2B}\left(A'' - \frac{A'B'}{2B} - \frac{A'^2}{2A} + \frac{2A'}{r}\right) = 0$$

$$R_{11} = -(\ln\sqrt{-g})_{,\,1,\,1} + \Gamma^1_{11,\,1} - \Gamma^0_{10}\Gamma^0_{10} - \Gamma^1_{11}\Gamma^1_{11} - \Gamma^2_{21}\Gamma^2_{21}$$

$$- \Gamma^3_{31}\Gamma^3_{31} + \Gamma^1_{11}(\ln\sqrt{-g})_{,\,1} = 0$$

把相关联络的表达式代入上式

$$\frac{1}{2A}\left(-A'' + \frac{A'B'}{2B} + \frac{A'^2}{2A} + \frac{2AB'}{rB}\right) = 0$$

它和式(42-102)联合得到

$$\frac{2}{rB}(AB)' = 0$$

故 AB 和 r 无关。根据式(42-83),

$$B = 1/A \quad (42-103)$$

根据

$$R_{22} = (-\ln\sqrt{-g})_{,\,2,\,2} + \Gamma^1_{22,\,1} - 2\Gamma^1_{22}\Gamma^2_{21} - \Gamma^3_{23}\Gamma^3_{23} + \Gamma^1_{22}(\ln\sqrt{-g})_{,\,1}$$

$$= -\frac{\partial}{\partial\theta}\cot\theta - \left(\frac{r}{B}\right)' + \frac{2}{B} - \cot^2\theta - \frac{r}{B}\left(\frac{2}{r} + \frac{(AB)'}{2AB}\right) = 0$$

和式(42-103)得到

$$(r/B)' = 1$$

积分后得到

$$r/B = r - 2M, \quad A = 1 - \frac{2M}{r}, \quad B = \left(1 - \frac{2M}{r}\right)^{-1} \quad (42-104)$$

式中,M 为积分常数。可以验证这样确定的 A 和 B 满足 $R_{\mu\nu} = 0$, $0 \leqslant \mu$, $\nu \leqslant 3$。从而得到 $R = g^{\mu\nu}R_{\mu\nu} = 0$,所以,它是方程 $R_{\mu\nu} - \frac{1}{2}Rg_{\mu\nu} = 0$ 的解。另外,这个解也满足 Bianchi 恒等式(42-36)和式(42-59)。这个解称为 Schwarzschild 解

$$ds^2 = -\left(1 - \frac{2M}{r}\right)dt^2 + \frac{dr^2}{1 - \frac{2M}{r}} + r^2(d\theta^2 + \sin^2\theta d\varphi^2) \quad (42-105)$$

当 $M \to 0$，Schwarzschild 解式（42-105）退化为 Minkowski 空间。当 $r \to \infty$，Schwarzschild 解接近 Minkowski 空间。对于 Schwarzschild 解，$R^{\mu\nu\rho\sigma} R_{\mu\nu\rho\sigma} = 12M^2/r^6$，所以 $r=0$ 是 Schwarzschild 解的奇点。从解的形式上看，解在 $r=2M$ 处有奇性，这是坐标选取引起的，所以它不是真正的奇点。在 Kruskal 坐标下

$$(t, r, \theta, \varphi) \to (x, y, \theta, \varphi)$$

其中

$$\left(\frac{r}{2M} - 1\right) \mathrm{e}^{r/2M} = xy, \quad \mathrm{e}^{t/2M} = x/y$$

Schwarzschild 解可表示为

$$\mathrm{d}s^2 = 16M^2\left(1 - \frac{2M}{r}\right)\frac{\mathrm{d}x\,\mathrm{d}y}{xy} + r^2\mathrm{d}\Omega^2 = \frac{32M^3}{r}\mathrm{e}^{-r/2M}\mathrm{d}x\,\mathrm{d}y + r^2\mathrm{d}\Omega^2$$

其中，$\mathrm{d}\Omega^2 \equiv \mathrm{d}\theta^2 + \sin^2\theta\mathrm{d}\varphi^2$。上述度量在 $r=2M$ 处的奇性消失。$r=2M$ 称为 Schwarzschild 半径。恢复到物理单位，Schwarzschild 半径为 $2GM/c^2$，G_N 为重力常数，这里 M 为天体质量，c 为光速。

　　Schwarzschild 解只在一个静止球形天体（如静止的黑洞、太阳等）的外部真空中成立。对于太阳来说，它的质量 $M_\odot \approx 2 \times 10^{33}$ g，太阳的 Schwarzschild 半径为 $2GM_\odot/c^2 \approx 3 \times 10^5$ cm 远小于太阳半径 $R_\odot \approx 7 \times 10^{10}$ cm。在太阳的 Schwarzschild 半径内不适用 Schwarzschild 解，Schwarzschild 解适用于远离太阳的区域。

　　现在求解测地线方程（42-91）、方程（42-93）、方程（42-95）、方程（42-97），其中 A 和 B 由式（42-104）给出，这也是在 Schwarzschild 度量下的测地线方程。由于方程（42-93）比较复杂，它用下面方程替换

$$1 = \left(1 - \frac{2M}{r}\right)\dot{t}^2 - \left(1 - \frac{2M}{r}\right)^{-1}\dot{r}^2 - r^2(\dot{\theta}^2 + \sin^2\theta\dot{\varphi}^2) \quad (42\text{-}106)$$

这是由方程（42-105）两边同时除以 $-\mathrm{d}s^2$ 得到。取

$$\theta = \pi/2, \quad \dot{\theta} = 0$$

显然，它满足式（42-95）。根据式（42-97）得到

$$r^2\dot{\varphi} = J = 常数 \quad (42\text{-}107)$$

由式（42-91）得到

$$\left(1 - \frac{2M}{r}\right)\dot{t} = E = 常数 \quad (42\text{-}108)$$

式(42-106)可写为

$$1 = \left(1 - \frac{2M}{r}\right)^{-1} E^2 - \left(1 - \frac{2M}{r}\right)^{-1} \dot{r}^2 - J^2/r^2 \qquad (42-109)$$

把 r 看作 φ 的函数，令

$$r' \equiv \frac{\mathrm{d}r}{\mathrm{d}\varphi} = \dot{r}/\dot{\varphi}$$

式(42-109)可写为

$$1 - 2M/r = E^2 - J^2 r'^2/r^4 - J^2(1 - 2M/r)/r^2 \qquad (42-110)$$

令

$$r = 1/u, \quad r' = \dot{r}/\dot{\varphi} = -u^{-2}\dot{u}/\dot{\varphi} = -u'/u^2$$

式(42-110)变为

$$1 - 2Mu = E^2 - J^2 u'^2 - J^2 u^2 (1 - 2Mu) \qquad (42-111)$$

即

$$\frac{\mathrm{d}u}{\mathrm{d}\varphi} = u' = \sqrt{(2Mu - 1)\left(u^2 + \frac{1}{J^2}\right) + E^2/J^2}$$

从而得到

$$\varphi - \varphi_0 = \int_{u_0}^{u} \mathrm{d}u \left(\frac{E^2 - 1}{J^2} + \frac{2Mu}{J^2} - u^2 + 2Mu^3\right)^{-\frac{1}{2}}$$

该公式可解释近日点偏移(perihelion shift)现象。一个更直观的方法如下。

式(42-111)两边对 φ 求导

$$\frac{2M}{J^2}u' - 2u'u'' - 2uu' + 6Mu^2 u' = 0$$

显然 $u' = 0$ 是一个解，此时，$r' = 0$，即 $\dot{r} = 0$，从而 r 不变，由式(42-107)、式(42-108)得到 $\dot{\varphi}$ 和 $\dot{t}$ 都是常数。当 $u' \neq 0$ 时，

$$u'' + u = \frac{M}{J^2} + 3Mu^2 \qquad (42-112)$$

把它写为

$$u'' + u = A + \varepsilon u^2 \qquad (42-113)$$

当 $\varepsilon=0$ 时,上面方程解的周期为 2π。当 $\varepsilon>0$,解的周期取为

$$2\pi(1+\alpha\varepsilon+O(\varepsilon^2)) \tag{42-114}$$

方程(42-113)的解 u 写为

$$u=A+B\cos[(1-\alpha\varepsilon)\varphi]+\varepsilon u_1(\varphi)+O(\varepsilon^2) \tag{42-115}$$

把它代入式(42-113)得到

$$u''_1+u_1=(-2\alpha B+2AB)\cos\varphi+B^2\cos^2\varphi+A^2$$

当 $\alpha=A$ 时,u_1 才有周期解

$$u_1=\frac{1}{2}B^2\left(1-\frac{1}{3}\cos2\varphi\right)+A^2$$

现在考虑地球绕太阳转动,将它看作在太阳引力场(Schwarzschild 解)下质点沿测地线运动。忽略 $\varepsilon u_1(\varphi)+O(\varepsilon^2)$,解 u 为

$$u=A+B\cos[(1-\alpha\varepsilon)\varphi]$$

当 $(1-\alpha\varepsilon)\varphi=(2k+1)\pi$ 时(不妨取 $B>0$),u 取到极小 $A-B$。两个相邻的 φ 的差为 $2\pi/(1-A\varepsilon)\approx2\pi(1+A\varepsilon)$。所以,每次通过近日点都偏移角度

$$\delta\varphi=2\pi A\varepsilon=2\pi\frac{3M^2}{J^2}$$

上式的计算忽略了高阶 $O(\varepsilon^2)$ 的矫正。

光线靠近一个很大质量天体会发生偏转。在近似 $\mathrm{d}s=0$ 下,光运动轨迹满足式(42-91)、式(42-95)、式(42-97)以及

$$0=\left(1-\frac{2M}{r}\right)\dot{t}^2-\left(1-\frac{2M}{r}\right)^{-1}\dot{r}^2-r^2(\dot{\theta}^2+\sin^2\theta\dot{\varphi}^2) \tag{42-116}$$

和式(42-112)类似,此时

$$u''+u=3Mu^2 \tag{42-117}$$

u 展开为

$$u=A\cos\varphi+v$$

其中

$$v''+v=3MA^2\cos^2\varphi=\frac{3}{2}MA^2(1+\cos2\varphi)$$

$$v=\frac{3}{2}MA^2\left(1-\frac{1}{3}\cos2\varphi\right)=MA^2(2-\cos^2\varphi)$$

对于小的 M，

$$\frac{1}{r} = u = A\cos\varphi + MA^2(2 - \cos^2\varphi)$$

角度 φ 由光线进入拐点和出去(无穷远)被下式确定

$$1/r = 0, \quad \cos\varphi = \frac{1 \pm \sqrt{1 + 8M^2A^2}}{2MA}$$

由于 M 为小参数，$|\cos\varphi| \leqslant 1$，故

$$\cos\varphi \approx -2MA = -2M/r_0, \quad \varphi \approx \pm\left(\frac{\pi}{2} + 2M/r_0\right)$$

r_0 为光线到天体的最短距离。光线的偏转角度为 $\Delta = 4M/r_0$，恢复到正确的物理单位，$\Delta = \dfrac{4G_N m_\odot}{r_0 c^2}$，其中 $m_\odot$ 为天体的质量。

42.3　Robertson-Walker 宇宙

广义相对论在宇宙学中有非常重要应用。考虑度量

$$ds^2 = -dt^2 + a^2(t)d\omega^2 \tag{42-118}$$

$d\omega^2$ 为三维空间中各向同性的度量

$$d\omega^2 = B(\rho)d\rho^2 + \rho^2(d\theta^2 + \sin^2\theta d\varphi^2)$$

三维空间的 Ricci 张量为

$$R_{11} = \frac{B'(\rho)}{\rho B(\rho)}, \quad R_{22} = 1 - \frac{1}{B} + \frac{\rho B'}{2B^2}$$

对于各向同性三维空间，$R_{ij} = \lambda g_{ij}$，λ 为某常数。取 $i = j = 1$ 和 2 得到

$$B'/B = \lambda B\rho, \quad 1 - \frac{1}{B} + \frac{\rho B'}{2B^2} = \lambda \rho^2$$

消去 B' 得到

$$1 - \frac{1}{B} = \frac{1}{2}\lambda \rho^2 \Leftrightarrow B = \frac{1}{1 - \dfrac{1}{2}\lambda \rho^2}$$

定义

$$\rho = \frac{\sqrt{2k/\lambda}\, u}{1 + (k/4)u^2}$$

由于

$$d\rho = \sqrt{\frac{2k}{\lambda}}\ \frac{1 - \frac{1}{4}ku^2}{\left(1 + \frac{1}{4}ku^2\right)^2}du, \quad B = \left(\frac{1 + \frac{1}{4}ku^2}{1 - \frac{1}{4}ku^2}\right)^2$$

得到

$$d\omega^2 = \frac{2k}{\lambda} \cdot \frac{du^2 + u^2(d\theta^2 + \sin^2\theta\, d\varphi^2)}{(1 + (k/4)u^2)^2}$$

k 和 λ 符号相同。把上公式代入式(42-118)，把因子 $\dfrac{2k}{\lambda}$ 吸收到 $a(t)$，

$$ds^2 = -dt^2 + a^2(t)\, \frac{d\vec{x}^2}{\left(1 + \frac{1}{4}k\vec{x}^2\right)^2}$$

若 $k = 1$，空间部分是球形；若 $k = 0$，它是平坦的；若 $k = -1$，曲率为负。经计算

$$R_0^0 = \frac{3\ddot{a}}{a}$$

$$R_1^1 = R_2^2 = R_3^3 = \frac{\ddot{a}}{a} + \frac{2}{a^2}(\dot{a}^2 + k)$$

$$R = R_\mu^\mu = \frac{6}{a^2}(a\ddot{a} + \dot{a}^2 + k)$$

Einstein 张量为(简单起见，取 $\boldsymbol{x} = 0$)

$$G_{00} = \frac{3}{a^2}(\dot{a}^2 + k) = 8\pi G_N \rho + \Lambda \tag{42-119}$$

$$G_{11} = G_{22} = G_{33} = -2a\ddot{a} - \dot{a}^2 - k = a^2 8\pi G_N p - \Lambda \tag{42-120}$$

$\rho = T_{00}/g_{00}$ 为能量密度，$T_{ij} = -pg_{ij}$，p 为压力。下面考虑 ρ 和 p 的构成关系。最简单的情形是没有压力，此时假设密度和体积成反比

$$\rho = \frac{\rho_0}{a^3}$$

代入式(42-119)得到 Friedmann 方程

$$\left(\frac{\dot{a}}{a}\right)^2 = \frac{8\pi G_N}{3} \frac{\rho_0}{a^3} - \frac{k}{a^2} + \frac{\Lambda}{3} \qquad (42-121)$$

可验证这个解满足式(42-120)。当 a 很小并增加时,等号右端第一项主导作用,再到第二项(空间曲率)主导作用,最后第三项(宇宙常数)主导作用。Friedmann 方程等价于一维空间中粒子在势能 V 下的运动

$$V(a) = -\frac{4\pi G_N}{3} \frac{\rho_0}{a} + \frac{k}{2} - \frac{\Lambda}{6} a^2$$

当 a 很小时,宇宙有一个快速的膨胀。当 $\Lambda > 0$,$k = -1$ 时,膨胀继续。当 $\Lambda < 0$ 时,膨胀到某时刻停止,并最终收缩。

42.4　3+1 形式

Einstein 场方程只有在特殊情形时可得到解析解,一般情形时只能用数值方法求解。Einstein 场方程中时空地位是相同的,为了数值计算,需要把一维时间和三维空间分离,这就是 Einstein 场方程的 3+1 形式。$(\mathcal{M}, g)$ 为全局双曲的四维时空,$g = (g_{\mu\nu})$ 为洛伦兹度量。$\mathcal{M}$ 由一族三维的空类(spacelike)超曲面 Σ_t 组成

$$\mathcal{M} = \bigcup_{t \in \mathbb{R}} \Sigma_t \qquad (42-122)$$

Σ_t 称为一个切片,不同 t 之间的 Σ_t 互不相交。取 4 维时空 $\mathcal{M}$ 的坐标为 $(x^\mu) = (t, x^i)$,(x^1, x^2, x^3) 为 Σ_t 的坐标,Σ_t 是由所有满足 $x^0 = t$ 的坐标点 (x^μ) 组成。把 $x^0 = t$ 看成 $\mathcal{M}$ 中标量场函数,则和 Σ_t 垂直的单位向量为

$$\boldsymbol{n} = -N\,\nabla t \qquad (42-123)$$

其中协变向量 ∇t 和逆变向量 ∇t 对偶,它们的分量通过度量 g 建立联系,∇ 为相应的协变导数。N 为归一化因子,称为 Lapse 函数

$$N = (-\nabla t \cdot \nabla t)^{-1/2} \qquad (41-124)$$

$$\boldsymbol{n} \cdot \boldsymbol{n} = -1 \qquad (42-125)$$

引入

$$\boldsymbol{m} = N\boldsymbol{n} \qquad (42-126)$$

可验证:当 $p \in \Sigma_t$,则 $p + \delta t \boldsymbol{m} \in \Sigma_{t+\delta t}$,即 $\Sigma_{t+\delta t}$ 是 Σ_t 沿单位向量 $\boldsymbol{n}$ 平移 $\delta t N$ 得到,故称 N 为 Lapse 函数。

四维时空 $\mathcal{M}$ 有 4 类坐标曲线:时间坐标曲线和 3 个空间坐标曲线。特别地,当 3 个空间坐标都固定时,时间坐标变化得到时间坐标曲线,沿时间 t(空间坐标 x^i)

坐标曲线的切向量记为 $\partial_t(\partial_i)$，显然，∂_i 和 Σ_t 相切。定义移位(shift)向量

$$\boldsymbol{\beta} = \partial_t - \boldsymbol{m} \tag{42-127}$$

可验证 $\boldsymbol{\beta}$ 和 Σ_t 相切：$\boldsymbol{\beta} \cdot \boldsymbol{n} = 0$，故 $\boldsymbol{\beta}$ 是 ∂_t 在 Σ_t 中的投影向量。当 $\boldsymbol{\beta} = 0$，∂_t 和 $\boldsymbol{n}$ 平行，t 坐标曲线和空间坐标曲线垂直。总之，四维时空 $\mathscr{M}$ 中坐标选取决定了 Lapse 函数 N 和移位向量 $\boldsymbol{\beta}$，适当坐标选取给相对论数值计算带来很大方便。

每个三维切片 Σ_t 看作是嵌入到四维时空的超曲面，四维时空的度量 $g_{\mu\nu}$ 诱导出三维超曲面 Σ_t 的一个 Riemann 度量 γ_{ij}，从而定义仿射联络

$$\Gamma_{ij}^k = \frac{1}{2} \gamma^{kl} \left(\frac{\partial \gamma_{lj}}{\partial x^i} + \frac{\partial \gamma_{il}}{\partial x^j} - \frac{\partial \gamma_{ij}}{\partial x^l} \right) \tag{42-128}$$

Ricci 张量

$$R_{ij} = \frac{\partial \Gamma_{ij}^k}{\partial x^k} - \frac{\partial \Gamma_{ik}^k}{\partial x^j} + \Gamma_{ij}^k \Gamma_{kl}^l - \Gamma_{ik}^l \Gamma_{lj}^k \tag{42-129}$$

Ricci 标量

$$R = \gamma^{ij} R_{ij} \tag{42-130}$$

用 D 表示和度量 γ 相对应的协变导数。比如，$D_i N = \frac{\partial N}{\partial x^i}$，

$$D_i D_j N = \frac{\partial^2 N}{\partial x^i \partial x^j} - \Gamma_{ij}^k \frac{\partial N}{\partial x^k} \tag{42-131}$$

从 $g_{\mu\nu}$ 诱导出的度量 γ_{ij} 确定了超曲面 Σ_t 的内在曲率(intrinsic curvature)，反应 Σ_t 在 $\mathscr{M}$ 中的弯曲程度用外在曲率张量 $\boldsymbol{K} = (K_{ij})$(extrinsic curvature)表示

$$\boldsymbol{K}(\boldsymbol{u}, \boldsymbol{v}) = -\boldsymbol{u} \cdot \nabla_v \boldsymbol{n} \tag{42-132}$$

这里 $\boldsymbol{u}$、$\boldsymbol{v}$ 是 Σ_t 中的切向量，可验证 $\boldsymbol{K}$ 是对称的：$K_{ij} = K_{ji}$。K 为平均曲率

$$K = \gamma^{ij} K_{ij} \tag{42-133}$$

Σ_t 的度量 γ 的演化可用 $\boldsymbol{m}$ 方向的李导数 $\mathscr{L}_m \gamma$ 表示，它和外在曲率张量 $\boldsymbol{K}$ 成比例

$$\mathscr{L}_m \gamma = -2N\boldsymbol{K} \tag{42-134}$$

Einstein 场方程的右端为能量-动量-应力张量 $\boldsymbol{T} = (T_{\mu\nu})$。能量密度

$$E = \boldsymbol{T}(\boldsymbol{n}, \boldsymbol{n}) \tag{42-135}$$

动量密度为

$$p = -T(\gamma(\cdot), n) \qquad (42-136)$$

其中，$\gamma = (\gamma_\alpha^\mu)$ 把 $\mathcal{M}$ 中任意切向量 v 投影到 Σ_t 上的切向量

$$\gamma(v) = v + (n \cdot v)n \qquad (42-137)$$

应力密度 $S = (S_{\alpha\beta})$ 为

$$S_{\alpha\beta} = T_{\mu\nu} \gamma_\alpha^\mu \gamma_\beta^\nu \qquad (42-138)$$

它的迹为

$$S = \gamma^{ij} S_{ij} = g^{\mu\nu} S_{\mu\nu} \qquad (42-139)$$

把四维时空分解后，$\mathcal{M}$ 的洛伦兹度量 $g_{\mu\nu}$ 可表示为

$$g_{\alpha\beta} = \begin{pmatrix} g_{00} & g_{0j} \\ g_{i0} & g_{ij} \end{pmatrix} = \begin{pmatrix} -N^2 + \beta_k \beta^k & \beta_j \\ \beta_i & \gamma_{ij} \end{pmatrix} \qquad (42-140)$$

　　Einstein 场方程也被分解为 3+1 形式。Σ_t 中度量 γ_{ij} 的动力学[方程式(42-134)]

$$\left(\frac{\partial}{\partial t} - \mathcal{L}_\beta \right) \gamma_{ij} = -2N K_{ij} \qquad (42-141)$$

$\mathcal{L}_\beta$ 为 β 方向的李导数，

$$\mathcal{L}_\beta \gamma_{ij} = \frac{\partial \beta_i}{\partial x^j} + \frac{\partial \beta_j}{\partial x^i} - 2\Gamma_{ij}^k \beta_k \qquad (42-142)$$

根据式(42-127)，

$$\mathcal{L}_m = \mathcal{L}_{\partial_t} - \mathcal{L}_\beta = \frac{\partial}{\partial t} - \mathcal{L}_\beta$$

Σ_t 的外在曲率度张量 K_{ij} 的动力学(Einstein 场方程在 Σ_t 上投影)：

$$\left(\frac{\partial}{\partial t} - \mathcal{L}_\beta \right) K_{ij} = -D_i D_j N + N\{ R_{ij} + K K_{ij} - 2K_{ik} K_j^k + 4\pi [(S-E)\gamma_{ij} - 2S_{ij}] \}$$
$$(42-143)$$

其中

$$\mathcal{L}_\beta K_{ij} = \beta^k \frac{\partial K_{ij}}{\partial x^k} + K_{kj} \frac{\partial \beta^k}{\partial x^i} + K_{ik} \frac{\partial \beta^k}{\partial x^j} \qquad (42-144)$$

动力学方程(42-143)给出了 Σ_t 中外在曲率张量 K_{ij} 在向量 m 方向的李导数。

哈密顿限制（Einstein 场方程在 **n** 上投影两次）

$$R + K^2 - K_{ij}K^{ij} = 16\pi E \qquad (42-145)$$

动量限制（Einstein 场方程在 **n** 和 Σ_t 上各投影一次）

$$D_j K_i^j - D_i K = 8\pi p_i \qquad (42-146)$$

其中

$$D_j K_i^j = \frac{\partial K_i^j}{\partial x^j} + \Gamma_{jk}^j K_i^k - \Gamma_{ji}^k K_k^j, \quad D_i K = \frac{\partial K}{\partial x^i} \qquad (42-147)$$

3+1 形式方程(42-141)、方程(42-143)、方程(42-145)、方程(42-146)是未知量(γ_{ij}, K_{ij}, N, β^l)的二阶非线性偏微分方程组,它于 1927 年被 Darmois 推导得到[50]。取 $N=1$, $\beta=0$,上述 3+1 形式变为未知数为 γ_{ij} 的 Cauchy 问题,它包含了 10 个方程,6 个方程是从式(42-141)、式(42-143)消去 K_{ij} 得到的二阶非线性双曲线方程,1 个方程是哈密顿限制式(42-145),3 个方程是动量限制式(42-146),但未知数 γ_{ij} 只有 6 个。在数学上严格证明了:在适当初始数据下,它们满足哈密顿限制式(42-145) 和动量限制式(42-146),则二阶非线性双曲线方程随时间演化得到的解也满足哈密顿限制式(42-145) 和动量限制式(42-146)。

Reference

参 考 文 献

［1］ 金祖孟. 地球概论[M]. 北京：人民教育出版社，1978.

［2］ 骆广琦. 航空燃气涡轮发动机数值仿真[M]. 北京：国防工业出版社，2007.

［3］ 余建军，迟楠，陈林. 基于数字信号处理的相干光通信技术[M]. 北京：人民邮电出版社，2013.

［4］ Wikimedia. Digit by digit method，volder's algorithm [EB/OL]. （2009 - 04 - 02）[2019 - 04 - 15]https：//en. wikipedia. org/wiki/CORDIC.

［5］ Safak M. Digital communication[M]. 1st ed. New Jersey：Wiley，2017.

［6］ Proakis J G，Salehi M. Contemporary communication systems using MATLAB[M]. Brooks/Cole：CL-Engineering，2000.

［7］ 王育民，李晖. 信息论与编码理论[M]. 第二版. 北京：高等教育出版社，2013.

［8］ Fredrickson G H. The equilibrium theory of inhomogeneous polymers [M]. Oxford，USA：Oxford University Press，2006.

［9］ Warren J A，Boettinger W J. Prediction of dendritic growth and micro egregation patterns in a binary alloy using the phase-field method [J]. Acta Met. ，1995，43（2）：689.

［10］ Bywalec B，Bourg D M. Physics for game developers[M]. Gravenstein：O'Reilly Media，Inc. ，2013.

［11］ Negele J W，Orland H. Quantum many-partical systems，advanced book classics[M]. Sebastopol，CA：Westview Press，1988.

［12］ 韩中庚，郭晓丽，杜剑平，等. 美国大学生数学建模竞赛赛题解析与研究（第 2 辑）[M]. 北京：高等教育出版社，2012.

［13］ Hutto C J，Gilbert E. VADER：A parsimonious rule-based model for sentiment analysis of social media text [C]. Michigan，USA：8th international AAAI conference on weblogs and social media，2014.

[14] Gattringer C, Lang C. Quantum chromodynamics on the lattice: An introductory presentation[M]. Lecture Notes in Physics, Berlin Heidelberg: Springer, 2009.

[15] Li D M. Calculation of force in lattice QCD [J/OL]. arXiv: 1806. 01385 [hep-lat] [2021 - 12 - 12]. http://arxiv-org/abs/1808. 02281.

[16] Nishida Y. Phase structures of strong coupling lattice QCD with finite baryon and isospin density[J]. Phys. Rev. D, 2004,69:094501.

[17] Baaquie B E. Interest rates and coupon bonds in quantum finance[M]. 1st ed. Cambridge: Cambridge University Press, 2009.

[18] Gomes D, Saúde J. Mean field games models—a brief survey[J]. Dyn. Games Appl, 2014,4(2):110 - 154.

[19] Burger M, Francesco M D, Markowich P A. et al. Mean field games with nonlinear mobilities in pedestrian dynamics[J]. Discrete Contin. Dyn. Syst. Ser. B, 2014,19(5):1311 - 1333.

[20] Gomes D, Nurbekyan L, Pimentel E A. Economic models and mean-field games theory publicacoes mathematicas [M]. 30CBM Publisher: IMPAISBN, 2015.

[21] Pequito S, Aguiar A P, Sinopoli B, et al. Nonlinear estimation using mean field games [C]. Paris: International Conference on NETwork Games. Control and Optimization, Netgcoop 2011.

[22] Pequito S, Aguiar A P, Sinopoli B, et al. Unsupervised learning of finite mixture using mean field games[C]. Illinvis, US: 9th Allerton Conference on Communication, Control and Computing, 2011.

[23] Bruss I R, Grason G M. Topological defects, surface geometry and cohesive energy of twisted filament bundles [J]. Soft Matter, 2013, 9:8327.

[24] Hall D M, Bruss I R, Barone J R, et al. Morphology selection via geometric frustration in chiral filament bundles[J]. Nature Materials, 2016,15:727.

[25] Gerard't Hooft. Introduction to general relativity [M]. Pretoria: Rinton Pr. InC. , 2000.

[26] Linetsky V. The path integral approach to financial modeling and options pricing[J]. Computational Economics, 1998,11:129.

[27] Krogstad H E, Arntsen Φ A. Linear wave theory, PART A, regular waves

［M］. Trondheim，Norway：Nor wegian university of science and technology.

[28] 张伟刚. 光纤光学原理及应用[M]. 天津：南开大学出版社，2008.

[29] Agrawal G P. Nonlinear fiber optics ［M］. Suite 1900，San Diego，California，USA：A Harcourt Science and Technology Company，2001.

[30] Ydri B, Quantum field theory and particle physics ［M/OL］. ［2016 – 02 – 16］. http://free book centre. net/physics-book-davnload/Quantum-Field-Theory-by-Badis-Ydri. html.

[31] 秦永元. 惯性导航[M]. 第二版. 北京：科学出版社，2014.

[32] 谢仲生，张少泓. 核反应堆物理理论与计算方法[M]. 西安：西安交通大学出版社，2000.

[33] Rosenfeld Y. Free-energy model for the inhomogeneous hard-sphere fluid mixture and density-functional theory of freezing[J]. Phys. Rev. Lett. 1989,63:980.

[34] Roth R. Fundamental measure theory for hard-sphere mixtures：A review ［J］. J. Phys.：Condens. Matter，2002,22:063102.

[35] Dowden J. The theory of laser materials processing[M]//Hull R，Jagadish C，Kawazoe Y，et al. Series in Materials Science：vol 119. Berlin：Springer，2009.

[36] Schulz W，Kostrykin V，Zefferer H，et al. A free boundary problem related to laser beam fusion cutting：ODE Approximation[J]. Int J Heat Mass Transfer, 1997,40:2913.

[37] Li D M，Yang H L，Emmerich H. Phase field model simulations of hydrogel dynamics under chemical stimulation[J]. Colloid Polym. Sci. ，2011,289:513.

[38] Stocker T. Introduction to climate modelling ［M］. Berlin：Springer，2011.

[39] Wang Z G. Fluctuation in electrolyte solutions：The self energy[J]. Phys，Rev. E, 2010,81:021501.

[40] Helias M，Dahmen D. Statistical field theory for neural networks[M]. 1st ed. Berlin：Springer，2020.

[41] Sompolinsky H，Crisanti A，Sommers H J. Chaos in random neural networks[J]. Phys. Rev. Lett. ，1988,61:259.

[42] Margazoglou G，Biferale L，Grauer R，et al. A hybrid Monte Carlo algorithm for sampling rare events in space-time histories of stochastic

fields[J]. Phys. Rev. E. , 2019,99:053303.

[43] Durran D R. Numerical methods for fluid dynamics[M]. New York: Springer，2010.

[44] Buice M A，Cowan J D. Field-theoretic approach to fluctuation effects in neural networks[J]. Phys. Rev. E, 2009,75:051919.

[45] Bressloff P C. Spatiotemporal dynamics of continuum neural fields[J]. J. Phys. A: Math. Theor. , 2012,45:033001.

[46] Boulnois J L. Photophysical processes in recent medical laser developments: A review[J]. Lasers Med. Sci. , 1986,1:47.

[47] Natterer F，Wübbeling F. Mathematical methods in image reconstruction, SIAM monographs on mathematical modeling and computation [M]. Philadelphia: Society for Industrial and Applied Mathematics，2001.

[48] Grinberg N I. Inverse boundary problem for the diffusion equation with the constant background: Investigation of uniqueness，Technical Report 10/98-N，Fachbereich mathematik und informatik[M]. Minister，Germany: Universitat Minister，1998.

[49] White S R. Density matrix formulation for quantum renormalization groups [J]. Phys. Rev. Lett. , 1992,69:2863.

[50] Darmois G. Les équations de la gravitation einsteinienne[R]. Gauthier-Villars，Paris: Mémorial des Sciences Mathématiques 25,1927.